贵州民族大学博士点建设学术文库

数学建模及其应用

储昌木　沈长春　编

西南交通大学出版社

·成都·

图书在版编目（ＣＩＰ）数据

数学建模及其应用／储昌木，沈长春编. —成都：
西南交通大学出版社，2015.10（2018.1 重印）
ISBN 978-7-5643-4089-6

Ⅰ.①数… Ⅱ.①储… ②沈… Ⅲ.①数学模型－教
材 Ⅳ.①O141.4

中国版本图书馆 CIP 数据核字（2015）第 174379 号

| **数学建模及其应用** | 储昌木 | 编 | 责任编辑 | 孟秀芝 |
| | 沈长春 | | 装帧设计 | 原谋书装 |

印张 21.5　　**字数** 537 千	**出版发行**　西南交通大学出版社
成品尺寸　185 mm×260 mm	**网址**　http://www.xnjdcbs.com
版本　2015 年 10 月第 1 版	**地址**　四川省成都市二环路北一段 111 号
	西南交通大学创新大厦 21 楼
印次　2018 年 1 月第 2 次	
印刷　成都蓉军广告印务有限责任公司	**邮政编码**　610031
	发行部电话　028-87600564　028-87600533
书号： ISBN 978-7-5643-4089-6	**定价：** 49.00 元

统计学博士点文库
编委会成员名单

前　言

今天，人类社会正处在工业化社会向信息化社会过渡的变革期。以数字化为特征的信息社会具有两个显著特点：计算机技术的迅速发展与广泛应用；数学的应用向一切领域渗透。随着计算机技术的飞速发展，科学计算的作用越来越引起人们的重视，它已经与科学理论和科学实验共同成为人们探索和研究自然界、人类社会的三大基本方法。为了适应这种社会变革，培养和造就出一批又一批适应高度信息化社会且具有创新能力的高素质工程技术和管理人才，在各高校开设"数学建模"课程，培养学生的科学计算能力和创新能力，就成为这种新形势下的历史必然。数学建模是对现实世界的特定对象，为了特定的目的，根据特有的内在规律，对其进行必要的抽象、归纳、假设和简化，运用适当的数学工具建立的一个数学结构。数学建模就是运用数学的思想方法、数学的语言去近似地刻画一个实际研究对象，构建一座沟通现实世界与数学世界的桥梁，并以计算机为工具应用现代计算技术达到解决各种实际问题的目的。建立一个数学模型的全过程称为数学建模。因此"数学建模"（或数学实验）课程教学对于开发学生的创新意识，提升学生的数学素养，培养学生创造性地应用数学工具解决实际问题的能力，都有着独特的功能。

数学建模过程就是一个创造性的工作过程。人的创新能力首先表现为创造性思维和创新的思想方法。数学本身是一门理性思维科学，数学教学正是通过各个教学环节对学生进行严格的科学思维方法训练，从而引发人的灵感思维，达到培养学生创造性思维的目的。同时数学又是一门实用科学，它能够直接用于生产和实践，解决工程实际中的问题，推动生产力的发展和科学技术的进步。学生参加数学建模活动，首先就要了解问题的实际背景，深入到具体学科领域的前沿，这就需要学生具备能迅速查阅大量科学资料、准确获得自己所需信息的能力；其次不但要求学生必须了解现代数学各门学科知识和各种数学方法，把所掌握的数学工具创造性地应用于具体的实际问题，构建其数学结构，还要求学生熟悉各种数学软件，熟练地把现代计算机技术应用于解决当前实际问题的综合能力；最后要具备把自己的实践过程和结果叙述成文字的写作能力。通过数学建模全过程的各个环节，学生们进行着创造性的思维活动，模拟了现代科学研究过程。通过开展"数学建模"课程的教学和数学建模活动，使学生了解数学科学的重要性和应用的广泛性，进一步激发学生学习数学的兴趣，深化学生对所学数学理论的理解和掌握；培养学生应用数学理论和数学思想方法，利用计算机技术等辅助手段分析、解决实际问题的综合能力；培养学生的数学应用意识，进一步拓宽学生的知识面，培养学生的科学研究能力。

通过本课程的学习，使学生熟悉并掌握建立数学模型的基本步骤、基本方法和技巧，熟悉常见的数学模型，具备数学建模的初步能力；熟练掌握数学规划、微分方程模型、目标规划的基本内容，时间序列与多元分析基础，图论基础知识、现代优化算法等初步知识，综合评价与预测的基本方法与计算机实现；使学生能熟练地使用相应的数学软件工具对相关模型进行分析与求解；提高学生的动手能力和积极思考问题、灵活运用已学知识的能力；初步具备科技论文写作能力；鼓励其参加大学生数学建模竞赛，培养其团结协作的精神。

几年的"数学建模"教学实践告诉我们，进行数学建模教学，为学生提供一本内容丰富的，既理论完整又实用性强的"数学建模"教材，使学生少走弯路尤为重要。这也是我们编写这本教材的初衷。本教材既是我们多年教学经验的总结，也是我们心血的结晶。本教材的特点是尽量为学生提供常用的数学方法，并将相应的 Matlab 和 Lingo 程序提供给学生，使学生在案例的学习中，在自己动手构建数学模型的同时进行数学实验上机，从而为学生提供数学建模全过程的训练，以便能够达到举一反三、事半功倍的教学效果。

全书共八章，涵盖了数学建模的主要内容。各章有一定的独立性，这样便于教师和学生按需选择。本书的第一、四、六、八章由储昌木编写，第二、三、五、七章由沈长春编写，全书由贵州民族大学博士点建设文库编委会统稿、审阅并定稿。

本书可作为数学、统计学专业本科生、研究生关于数学建模与仿真科目的教材及参考书。本书除了作者写作的内容外，部分内容还参考了书后所列的参考文献，在书中不一一列出，作者在这里对这些参考文献的作者表示感谢。

虽然我们很努力使本书成为一本好的教材，但好的教材还需要多年的教学实践和反复锤炼。由于我们的经验和时间有限，书中的错误和纰漏在所难免，敬请各位同行不吝指正。

编　者

2015 年 4 月

目　录

1　数学规划模型

在工程技术、经济管理、交通运输等众多领域中，有大量问题需要寻求最优化方案来辅助人们进行科学决策. 优化问题一般是指用"最好"的方式，使用或分配如劳动力、原材料、设备、资金等有限的资源，使得投入成本最小或者获利最大. 它可归结为如下优化模型：

$$
\begin{aligned}
\min(\max)\quad & z = f(\boldsymbol{x}) \\
\text{s.t.}\quad & g_i(\boldsymbol{x}) \leqslant 0, \quad i = 1, 2, \cdots, m
\end{aligned}
\tag{1.1}
$$

其中：$\boldsymbol{x} = (x_1, x_2, \cdots, x_n)$ 表示决策变量，$f(\boldsymbol{x})$ 表示目标函数，$g_i(\boldsymbol{x}) \leqslant 0$（$i = 1, 2, \cdots, m$）表示约束条件. 约束条件确定了决策变量 $\boldsymbol{x}$ 的允许取值范围，即 $\boldsymbol{x} \in \boldsymbol{\Omega}$，而 $\boldsymbol{\Omega}$ 称为模型（1.1）解的可行域.

这是一个多元函数的条件极值问题，对于简单的优化模型，可以直接用微分法求解. 然而针对许多实际问题建立的优化模型，其决策变量个数 n 和约束条件个数 m 一般较大，并且最优解往往在可行域的边界上取得，这样就不能简单地用微分法求解，数学规划是解决这类问题的有效方法.

当你打算用数学规划的方法来处理一个优化问题的时候，首先要确定优化的目标是什么，决定优化目标需寻求的决策是什么，决策受到哪些条件的限制，再次用数学工具（变量、常数、函数等）表示出来，即建立数学规划模型；最后利用数学规划的方法和相应软件求解，并对结果做一些定性、定量的分析和必要的检验.

根据目标函数和约束条件的形式，可将数学规划模型分为线性规划模型、整数规划模型、非线性规划模型、目标规划模型和动态规划模型等.

1.1　线性规划模型

当模型（1.1）中的目标函数 $f(\boldsymbol{x})$ 和约束条件中的 $g_i(\boldsymbol{x})$（$i = 1, 2, \cdots, m$）均为线性函数时，称模型（1.1）为线性规划模型. 线性规划模型可具体表示为：

$$
\begin{aligned}
\min(\max)\quad & z = \sum_{i=1}^{n} c_i x_i \\
\text{s.t.}\quad & \sum_{j=1}^{n} a_{ij} x_j \leqslant b_i, \quad i = 1, 2, \cdots, m
\end{aligned}
\tag{1.2}
$$

其矩阵形式为：

$$
\begin{aligned}
\min(\max)\quad & z = \boldsymbol{c}^{\mathrm{T}} \boldsymbol{x} \\
\text{s.t.}\quad & \boldsymbol{A} \boldsymbol{x} \leqslant \boldsymbol{b}
\end{aligned}
\tag{1.3}
$$

其中，$\boldsymbol{x} = (x_1, x_2, \cdots, x_n)^{\mathrm{T}}$ 为决策向量；$\boldsymbol{c} = (c_1, c_2, \cdots, c_n)^{\mathrm{T}}$ 为目标函数的系数向量；

$\boldsymbol{b} = (b_1, b_2, \cdots, b_m)^{\mathrm{T}}$ 为常数向量，$\boldsymbol{A} = (a_{ij})_{m \times n}$ 为系数矩阵.

1.1.1 线性规划模型的建立

例 1.1 任务分配问题

问题：某车间有甲、乙两台机床，可用于加工 3 种工件. 假定这两台车床的可用台时数分别为 800 和 900，3 种工件的数量分别为 400、600 和 500，且已知用 3 种不同车床加工单位数量不同工件所需的台时数和加工费用如表 1.1 所示.

表 1.1　机床加工工件所需的台时数和加工费用情况

车床类型	单位工件所需加工台时数			单位工件的加工费用			可用台时数
	工件 1	工件 2	工件 3	工件 1	工件 2	工件 3	
甲	0.4	1.1	1.0	13	9	10	800
乙	0.5	1.2	1.3	11	12	8	900

问：怎样分配车床的加工任务，才能既满足加工工件的要求，又使加工费用最低？

问题分析：这个优化问题的目标是使加工费用最低，要做的决策是根据甲、乙机床加工工件 1、工件 2 与工件 3 的加工能力和费用，分配甲、乙机床的加工任务，使得总的加工费用最低.

建模步骤：

（1）寻求决策.

针对本问题，需要回答分配给甲、乙车床的加工任务各是多少，加工费用是多少等.

（2）确定决策变量.

根据决策需求，用变量固定需要回答的问题. 在此，甲、乙机床生产 3 种工件的加工台时数不同，而决定加工费用的决策为两种机床分别加工 3 种工件的数量. 因此，设分配给甲机床加工工件 1、工件 2 和工件 3 的任务分别是 x_1、x_2 和 x_3 件，分配给乙机床加工工件 1、工件 2 和工件 3 的任务分别是 x_4、x_5 和 x_6 件.

（3）确定优化目标.

该问题的目标是使总加工费最低，由表 1.1 中给出的单位加工费用，列出目标函数如下：

$$z = 13x_1 + 9x_2 + 10x_3 + 11x_4 + 12x_5 + 8x_6$$

（4）寻找约束条件.

该问题受各工件加工数量和机床加工能力的约束，其中 3 个工件加工数量的约束是等式约束，机床加工能力的 2 个约束为不等式约束. 此外，根据问题实际，各决策变量还有非负约束.

（5）构成数学模型.

将目标函数和约束条件放在一起，即得到数学模型：

$$\min \quad z = 13x_1 + 9x_2 + 10x_3 + 11x_4 + 12x_5 + 8x_6$$

$$\text{s.t.} \quad \begin{cases} x_1 + x_4 = 400 \\ x_2 + x_5 = 600 \\ x_3 + x_6 = 500 \\ 0.4x_1 + 1.1x_2 + x_3 \leqslant 800 \\ 0.5x_4 + 1.2x_5 + 1.3x_6 \leqslant 900 \\ x_i \geqslant 0, \quad i = 1, 2, \cdots, 6 \end{cases} \tag{1.4}$$

1.1.2 线性规划模型的求解

1.1.2.1 Matlab 标准形式及求解

线性规划模型的目标函数可以是求最大值，也可以是求最小值，约束条件的不等号可以是小于等于也可以是大于等于. 为了避免这种形式多样性带来的不便，Matlab 中规定线性规划的标准形式为：

$$\min \quad \boldsymbol{c}^{\mathrm{T}}\boldsymbol{x}$$

$$\text{s.t.} \quad \begin{cases} \boldsymbol{Ax} \leqslant \boldsymbol{b} \\ \text{Aeq} \cdot \boldsymbol{x} = \text{beq} \\ \text{lb} \leqslant \boldsymbol{x} \leqslant \text{ub} \end{cases}$$

其中：$\boldsymbol{x}$ 为决策变量，$\boldsymbol{c}$ 为目标函数的系数向量，$\boldsymbol{A}, \boldsymbol{b}$ 分别是不等式约束中的系数矩阵和资源向量，Aeq，beq 分别是等式约束中的系数矩阵和资源向量，lb 为决策变量下界，ub 为决策变量上界，其中 $\boldsymbol{c}$，$\boldsymbol{b}$，beq，lb 与 ub 一般写出列向量，且 $\boldsymbol{c}$，lb 与 ub 维数相同.

Matlab 中求解线性规划的命令为：

[x,fval]=linprog(c,A,b,Aeq,beq,lb,ub)

其中，x 返回的是决策向量 $\boldsymbol{x}$ 的取值，fval 返回的是目标函数的最优值. 若没有某种约束，则相应的系数矩阵和资源向量赋值为空矩阵. 例如，若没有等式约束 Aeq·$\boldsymbol{x}$ = beq，则令 Aeq=[]，beq=[]，如果某个 x_i 无下界或无上界，可设定 lb(i)=-inf 或 ub(i)=inf. 关于 linprog 命令的其他的一些函数调用形式，可通过 Matlab 指令窗口运行 help linprog 获取，此处不再赘述.

为了利用 Matlab 软件求解模型（1.4），先将模型（1.4）转化为下述标准形式：

$$\min \quad z = \begin{bmatrix} 13 & 9 & 10 & 11 & 12 & 8 \end{bmatrix} \boldsymbol{x}$$

$$\text{s.t.} \quad \begin{bmatrix} 0.4 & 1.1 & 1 & 0 & 0 & 0 \\ 0 & 0 & 0 & 0.5 & 1.2 & 1.3 \end{bmatrix} \boldsymbol{x} \leqslant \begin{bmatrix} 800 \\ 900 \end{bmatrix}$$

$$\begin{bmatrix} 1 & 0 & 0 & 1 & 0 & 0 \\ 0 & 1 & 0 & 0 & 1 & 0 \\ 0 & 0 & 1 & 0 & 0 & 1 \end{bmatrix} \boldsymbol{x} = \begin{bmatrix} 400 \\ 600 \\ 500 \end{bmatrix}$$

$$x_i \geqslant 0, \quad i = 1, 2, 3, 4$$

这里 $\boldsymbol{x} = \begin{bmatrix} x_1 & x_2 & x_3 & x_4 & x_5 & x_6 \end{bmatrix}^{\mathrm{T}}$. 在 Matlab 指令窗口输入如下程序：

```
c=[13,9,10,11,12,8];
A=[0. 4,1. 1,1,0,0,0;0,0,0,0. 5,1. 2,1. 3];
b=[800; 900];
Aeq=[1,0,0,1,0,0;0,1,0,0,1,0;0,0,1,0,0,1];
beq=[400;600;500];
lb=zeros(6,1);
ub=[];
[x,fval]=linprog(c,A,b,Aeq,beq,lb,ub)
```
回车后，得到结果为
```
x =
      0. 0000
    600. 0000
      0. 0000
    400. 0000
      0. 0000
    500. 0000

fval =
        1. 3800e+004
```
即在甲机床上加工 600 个工件 2，在乙机床上加工 400 个工件 1、500 个工件 3，可在满足条件的情况下使总加工费最小，为 13 800.

1.1.2.2　利用 Lingo 软件求解

Lingo 是用来求解数学规划问题的主要工具，它内置了一种建立优化模型的语言，可以简便地表述大规模问题，并快速求解和分析结果. 使用 Lingo 的一些注意事项如下：

（1）">"（或 "<"）号与 ">="（或 "<="）功能相同；

（2）变量名以字母开头，不能超过 8 个字符，变量名不区分大小写（包括 Lin 中的关键字）；

（3）目标函数所在行是第一行，第二行起为约束条件，行结束为 ";"，行中注有 "!" 符号的后面部分为注释. 如: ! It's Comment；

（4）在模型的任何地方都可以用 "TITLE" 对模型命名（最多 72 个字符），如 TITLE This Model is only an Example；

（5）变量不能出现在一个约束条件的右端；

（6）表达式中不接受括号 "（ ）" 和逗号 "，" 等任何符号，如 400*(X1+X2) 需写为 400*X1+400*X2. 此外，表达式应化简，如 2*X1+3*X2- 4*X1 应写-2*X1+3*X2；

（7）缺省假定所有变量非负，可在约束条件后用 "free name" 将变量 name 的非负假定取消；可在约束条件后对 0-1 变量说明：@bin(name)；可在约束条件后对整数变量说明：@gin(name).

利用 Lingo 软件求解数学规划模型，只需启动 Lingo 后，在标题为 "Lingo Model- Lingo1"

的模型窗口中直接输入类似于数学公式的线型规划模型求解命令. 利用 Lingo 软件求解模型（1.4），可以在模型窗口中直接输入命令：

```
min=13*x1+9*x2+10*x3+11*x4+12*x5+8*x6;
x1+x4=400;
x2+x5=600;
x3+x6=500;
0.4*x1+1.1*x2+x3<=800;
0.5*x4+1.2*x5+1.3*x6<=900;
```

由于 Lingo 默认所有决策变量都非负，所以变量是非负的条件不需要输入. 选菜单 Lingo|Solve（或按 Ctrl+S），或用鼠标点击 "Solve" 按钮，可得如下结果：

Global optimal solution found.

Objective value: 13800.00
Total solver iterations: 0

Variable	Value	Reduced Cost
X1	0.000000	2.000000
X2	600.0000	0.000000
X3	0.000000	2.000000
X4	400.0000	0.000000
X5	0.000000	3.000000
X6	500.0000	0.000000

Row	Slack or Surplus	Dual Price
1	13800.00	-1.000000
2	0.000000	-11.00000
3	0.000000	-9.000000
4	0.000000	-8.000000
5	140.0000	0.000000
6	50.00000	0.000000

上面结果的前三行告诉我们，Lingo 求出了模型的全局最优解，最优值为 13 800（即加工的最小费用为 13 800），迭代次数为 0 次. 接下来的 7 行告诉我们，该问题的最优解为 $x_1 = x_3 = x_5 = 0$，$x_2 = 600$，$x_4 = 400$，$x_6 = 500$，即在甲机床上加工 600 个工件 2，在乙机床上加工 400 个工件 1、500 个工件 3，可在满足条件的情况下使总加工费最小，为 13 800.

1.1.3 模型分析与评价

1.1.3.1 线性规划模型的特征

在例 1.1 提到的任务分配问题中，可以发现该问题具有下面三个性质.

比例性：每个决策变量对目标函数的 "贡献" 和对每个约束条件左端项的 "贡献" 均与该决策变量的取值成正比. 例如，对在甲机床加工工件 1 的数量（决策变量）x_1 而言，在另外 5 个决策变量取值不变的情况下，x_1 每增加 k 个单位（即 x_1 的值变为 x_1+k），目标函数 z 的值就从 $z=13x_1+9x_2+10x_3+11x_4+12x_5+8x_6$ 变为 $z'=13(x_1+k)+9x_2+10x_3+11x_4+12x_5+8x_6$，即增加 $13k$ 个单位. 对工件加工数量的约束而言，在另外 5 个决策变量取值不变的情况下，x_1 每增加 k 个单位（即 x_1 的值变为 x_1+k），工件 1 的加工数量就从 x_1+x_4（约束条件 $x_1+x_4=400$ 的左端项）变成 $(x_1+k)+x_4$，即增加 k 个单位. 对加工能力的约束而言，在另外 5 个决策变量取值不变的情况下，x_1 每增加 k 个单位，在甲机床加工的台时数就从 $0.4x_1+1.1x_2+x_3$（约束条件 $0.4x_1+1.1x_2+x_3 \leqslant 800$ 的左端项）变成 $0.4(x_1+k)+1.1x_2+x_3$，即增加 $0.4k$ 个单位.

可加性： 各个决策变量对目标函数的"贡献"和对每个约束条件左端项的"贡献"，与其他决策变量的取值无关. 如，对在甲机床加工工件 1 的数量（决策变量）x_1 而言，在另外 5 个决策变量取值不变的情况下，x_1 对目标函数 z 的"贡献"为 $13x_1$；x_1 对工件 1 加工的总数量的"贡献"为 x_1；x_1 需占用甲机床的加工台时数为 $0.4x_1$. 所有决策变量对目标函数的"贡献"总和即为线性规划模型中的目标函数，所有决策变量对每个约束条件的"贡献"总和即为相应约束条件的左端项.

连续性： 每个决策变量的取值是连续的.

一般而言，只要一个数学规划问题满足上面的三个性质，就可以建立线性规划模型进行求解.

1.1.3.2　灵敏性分析

灵敏度分析是指对系统或周围事物因周围条件变化显示出来的敏感程度的分析. 在建立线性规划模型时，总是假定 a_{ij},b_i,c_j 都是常数，但实际上这些系数往往是估计值和预测值. 如市场条件一变，c_j 值就会变化；a_{ij} 往往因工艺条件的改变而改变；b_i 是根据资源投入后的经济效果决定的一种决策选择. 因此，提出这样两个问题：当这些参数有一个或几个发生变化时，已求得的线性规划问题的最优解会有什么变化；这些参数在什么范围内变化时，线性规划问题的最优解不变.

Lingo 软件具有对线性规划问题进行灵敏度分析的功能. 由于灵敏性分析耗费相当多的求解时间，所以在默认设置下不激活灵敏性分析. 当需要进行灵敏性分析时，可通过修改 Lingo 选项得到. 其具体做法为：选择"Lingo|Options"菜单，在弹出的选项卡中选择"General Solver"，然后找到选项"Dual Computations"，在下拉框中选中"Prices & Ranges"，应用或保存设置. 重新运行"Lingo|Solve"，然后选择"Lingo|Ranges"菜单（或按 Ctrl+R）. 针对例 1.1 建立的模型（1.4），按照上述操作，可得到如下结果：

Ranges in which the basis is unchanged:

	Objective Coefficient Ranges		
	Current	Allowable	Allowable
Variable	Coefficient	Increase	Decrease
X1	13.00000	INFINITY	2.000000
X2	9.000000	3.000000	INFINITY
X3	10.00000	INFINITY	2.000000

X4	11. 00000	2. 000000	INFINITY
X5	12. 00000	INFINITY	3. 000000
X6	8. 000000	2. 000000	INFINITY

Righthand Side Ranges

Row	Current RHS	Allowable Increase	Allowable Decrease
2	400. 0000	100. 0000	400. 0000
3	600. 0000	127. 2727	600. 0000
4	500. 0000	38. 46154	500. 0000
5	800. 0000	INFINITY	140. 0000
6	900. 0000	INFINITY	50. 00000

上面输出的结果有 "Objective Coefficient Ranges"（目标系数范围）和 "Righthand Side Ranges"（右边项范围）两部分.

目标系数范围是在约束条件不变的情况下对目标系数的分析，第 2 列为目标函数中变量 x_i 的当前系数，第 3 和第 4 列分别为最优解不变条件下目标函数系数的允许变化范围. 例如，在目标函数中变量 x_i ($i = 2,3,4,5,6$) 的系数不变的情况下，x_1 的系数变化范围为 $(13-2, 13+\infty)$，即 x_1 的系数取 $(11, +\infty)$ 内变化，不改变模型（1.4）的最优解，仍为 $x_1 = x_3 = x_5 = 0$，$x_2 = 600$，$x_4 = 400$，$x_6 = 500$.

右边项范围是在目标函数不变的情况下对"资源"的影子价格的分析，第 2 列对应约束条件右端项的当前取值，第 3 和第 4 列分别为各约束条件右端项可变化的范围. 将该部分与模型求解部分的 Dual Price 列相应行进行对比分析，例如对 Row 为 2 的行，表示对工件 1 的加工数量的约束 $x_1 + x_4 = 400$ 的右端项可在 $(0,500)$ 内变化，且工件 1 的加工数量每增加 1 个单位，总成本增加 11 个单位.

1.1.4 可以转化为线性规划的问题

很多看起来并非线性规划的问题也可以通过变换转化为线性规划问题来解决. 例如下面的目标函数带绝对值的规划问题:

$$\min \quad |x_1| + |x_2| + \cdots + |x_n| \qquad (1.5)$$
$$\text{s. t.} \quad \boldsymbol{Ax} \leqslant \boldsymbol{b}$$

其中，$\boldsymbol{x} = [x_1 \quad \cdots \quad x_n]^T$，$\boldsymbol{A}$ 和 $\boldsymbol{b}$ 为相应维数的矩阵和向量.

对任意的 x_i，存在 $u_i, v_i > 0$ 满足

$$x_i = u_i - v_i，\quad |x_i| = u_i + v_i$$

事实上，我们只要取 $u_i = \dfrac{x_i + |x_i|}{2}$，$v_i = \dfrac{|x_i| - x_i}{2}$ 就可以满足上面的条件.

这样，记 $\boldsymbol{u} = [u_1 \quad \cdots \quad u_n]^T$，$\boldsymbol{v} = [v_1 \quad \cdots \quad v_n]^T$，我们可以把上面的问题变成:

$$\min \quad \sum_{i=1}^{n}(u_i+v_i)$$

$$\text{s. t.} \quad \begin{cases} A(u-v) \leqslant b \\ u,v \geqslant 0 \end{cases} \tag{1.6}$$

下面通过一个实例熟悉一般数学规划模型的建模过程，并说明如何将其转化为线性规划模型．

例 1.2　一个工厂的甲、乙、丙三个车间生产同一种产品，每件产品由 4 个零件 A 和 3 个零件 B 组成．这两种零件耗用两种不同的原材料，而这两种原材料的现有数额分别是 300 公斤和 500 公斤．每个生产班的原材料的耗用量和零件产量如表 1.2 所示．问这三个车间应各开多少班数，才能使这种产品的配套数达到最大．

表 1.2　各生产车间原材料耗用量和零件产量情况

车间	每班用料数		每班产量（个）	
	原料 1	原料 2	零件 A	零件 B
甲	8	6	7	5
乙	5	9	6	9
丙	3	8	8	4

问题分析：这个优化问题的目标是使产品的配套数达到最大，要做的决策是根据甲、乙、丙三车间拥有的原材料数量和零件产量，来分配各车间的开班数，使得生产的产品配套数达到最大．

建模步骤：

（1）寻求决策．

该问题需要回答三个车间各应开多少班，如何判定产品的配套数、配套数的最大值是多少等问题．

（2）确定决策变量．

设甲、乙、丙三个车间所开的生产班数分别是 x_1, x_2, x_3．

（3）确定优化目标．

该问题的目标函数是要使产品的配套数最大，甲、乙、丙生产 A 零件总数是 $7x_1+6x_2+8x_3$，生产 B 零件总数是 $5x_1+9x_2+4x_3$．而每件产品要 4 个 A 零件，3 个 B 零件，所以产品的最大量不超过 $\dfrac{7x_1+6x_2+8x_3}{4}$ 和 $\dfrac{5x_1+9x_2+4x_3}{3}$ 中较小的一个．因此，产品的配套数

$$S = \min\left\{\frac{7x_1+6x_2+8x_3}{4}, \frac{5x_1+9x_2+4x_3}{3}\right\}.$$

（4）寻找约束条件．

由于原材料的总量有限，所以三个车间所用原料 1 和原料 2 的总和应分别小于 300 公斤和 500 公斤，即 $8x_1+5x_2+3x_3 \leqslant 300$，$6x_1+9x_2+8x_3 \leqslant 500$．另外，根据问题的实际情况，还有决策变量的非负约束．

（5）构成数学模型.

将目标函数和约束条件放在一起，即得到数学模型：

$$\max \quad S = \min\left\{\frac{7x_1+6x_2+8x_3}{4}, \frac{5x_1+9x_2+4x_3}{3}\right\}$$

$$\text{s.t.} \begin{cases} 8x_1+5x_2+3x_3 \leqslant 300 \\ 6x_1+9x_2+8x_3 \leqslant 500 \\ x_1,x_2,x_3 \geqslant 0 \end{cases} \tag{1.7}$$

模型转化：模型（1.7）的目标函数不是线性函数，但可以通过适当的变换化为线性函数，设

$$y = \min\left\{\frac{7x_1+6x_2+8x_3}{4}, \frac{5x_1+9x_2+4x_3}{3}\right\}$$

则上式可以等价于下面两个不等式：

$$\frac{7x_1+6x_2+8x_3}{4} \geqslant y, \quad \frac{5x_1+9x_2+4x_3}{3} \geqslant y \tag{1.8}$$

将条件（1.8）化为线性条件后，模型（1.7）可转化为

$$\max \quad S = y$$

$$\text{s.t.} \begin{cases} 7x_1+6x_2+8x_3-4y \geqslant 0 \\ 5x_1+9x_2+4x_3-3y \geqslant 0 \\ 8x_1+5x_2+3x_3 \leqslant 300 \\ 6x_1+9x_2+8x_3 \leqslant 500 \\ x_1,x_2,x_3,y \geqslant 0 \end{cases} \tag{1.9}$$

模型求解：将模型（1.9）化为如下标准形式：

$$\min \quad S' = -y$$

$$\text{s.t.} \begin{cases} -7x_1-6x_2-8x_3+4y \leqslant 0 \\ -5x_1-9x_2-4x_3+3y \leqslant 0 \\ 8x_1+5x_2+3x_3 \leqslant 300 \\ 6x_1+9x_2+8x_3 \leqslant 500 \\ x_1,x_2,x_3,y \geqslant 0 \end{cases} \tag{1.10}$$

（1）Matlab 软件求解.

令 $X = (x_1,x_2,x_3,y)^{\mathrm{T}}$，根据模型（1.10）中的目标函数和约束条件的系数，在 Matlab 指令窗口输入求解程序：

```
c=[0,0,0,-1];
A=[-7,-6,-8,4;-5,-9,-4,3;8,5,3,0;6,9,8,0];
b=[0,0,300,500]';
Aeq=[];
```

```
beq=[];
lb=zeros(4,1);
ub=[inf,inf,inf,inf];
[X,fval]=linprog(c,A,b,Aeq,beq,lb,ub);
S=-fval;
X,S
```

回车后，得到结果为：

```
X =
     15. 1232
     15. 7179
     33. 4749
    116. 9924
S =
    116. 9924
```

（2）Lingo 软件求解.

利用 Lingo 软件求解优化模型时，不需要像 Matlab 那样将模型（1.9）化为标准形（1.10）后才能进行. 可以直接在 Lingo 模型窗口中按模型（1.9）输入：

```
max=y;
7*x1+6*x2+8*x3-4*y>=0;
5*x1+9*x2+4*x3-3*y>=0;
8*x1+5*x2+3*x3<=300;
6*x1+9*x2+8*x3<=500;
```

求解结果如下：

```
Global optimal solution found.
     Objective value:                            116. 9924
     Total solver iterations:                    4
```

Variable	Value	Reduced Cost
Y	116. 9924	0. 000000
X1	15. 12319	0. 000000
X2	15. 71793	0. 000000
X3	33. 47494	0. 000000

Row	Slack or Surplus	Dual Price
1	116. 9924	1. 000000
2	0. 000000	-0. 1537808
3	0. 000000	-0. 1282923
4	0. 000000	0. 7136788E-01
5	0. 000000	0. 1911640

两种软件的求解结果显示，当甲、乙、丙三个车间所开的生产班数分别为 15.123 2、15.717 9 和 33.474 9 时，生产的产品配套数达到最大，为 116.992 4 套.

注记：一般而言，车间所开的生产班数和产品最大配套数应为整数. 因此，该线性规划模型的决策变量还应为整数. 在增加这一约束条件后，又该如何求解该模型呢？我们将在下一节介绍整数规划模型后给出其解法.

1.2 整数规划模型

当模型（1.1）中的决策变量 x_i（$i = 1, 2, \cdots, n$）（部分或全部）均为整数时称模型（1.1）为整数规划模型. 整数规划模型可以是线性的，也可以是非线性的. 整数规划模型大致可分为三类：当变量全限制为整数时，称之为纯（完全）整数规划模型；当变量部分限制为整数时，称之为混合整数规划模型；当变量只能取 0 或 1 时，称之为 0-1 规划模型. 当整数规划模型为线性规划模型时，称之为整数线性规划模型.

在整数线性规划模型中，为了满足变量为整数的要求，初看起来似乎只要把已得的非整数解去掉非整数部分化整就可以了，实际上化整后得到的解不一定是可行解和最优解. 若原线性规划最优解全是整数，则整数线性规划最优解与线性规划最优解一致，此时可以用求解线性规划模型的方法求解整数线性规划模型. 然而，大多数整数规划模型，需要寻求特殊的解法. 由于至今尚未找到一般的求解整数规划模型多项式解法，本节仅针对一些经典的整数规划问题，讨论建模过程和相应的计算机算法.

1.2.1 整数规划的计算机解法

对于一般的整数规划模型，无法直接利用 Matlab 的函数求解，但可以使用 Lingo 等专用软件求解.

针对上一节例 1.2 中给出的模型（1.9），增加 x_1，x_2，x_3 和 y 为整数的约束后，该模型即整数线性规划模型. 利用 Lingo 软件求解，只需在例 1.2 求解的命令中增加变量的整数限制即可. 因此，直接在 Lingo 模型窗口中输入：

```
max=y;
7*x1+6*x2+8*x3-4*y>=0;
5*x1+9*x2+4*x3-3*y>=0;
8*x1+5*x2+3*x3<=300;
6*x1+9*x2+8*x3<=500;
@gin(x1);@gin(x2);@gin(x3);@gin(y);
```

求解结果如下：

```
Global optimal solution found.
    Objective value:                        116. 0000
    Extended solver steps:                         0
    Total solver iterations:                       6
```

Variable	Value	Reduced Cost
Y	116. 0000	-1. 000000
X1	15. 00000	0. 000000
X2	16. 00000	0. 000000
X3	33. 00000	0. 000000

Row	Slack or Surplus	Dual Price
1	116. 0000	1. 000000
2	1. 000000	0. 000000
3	3. 000000	0. 000000
4	1. 000000	0. 000000
5	2. 000000	0. 000000

　　求解结果显示，当甲、乙、丙三个车间所开的生产班数分别为 15、16 和 33 时，生产的产品配套数达到最大，为 116 套.

　　注记：若将例 1.2 中模型的求解结果 $x_1 = 15.123\,2$ 、 $x_2 = 15.717\,9$ 、 $x_3 = 33.474\,9$ 、 $y = 116.992\,4$ 按四舍五入的方法化整作为该整数线性规划模型的解，则 $x_1 = 15$ 、 $x_2 = 14$ 、 $x_3 = 33$ 、 $y = 117$. 此时， $7x_1 + 6x_2 + 8x_3 - 4y = -3$ ，不满足模型（1.9）中 $7x_1 + 6x_2 + 8x_3 - 4y \geqslant 0$ 的约束条件. 因此，在整数线性规划模型中，通过把已得的非整数解舍入化整来得到可行解或最优解，一般是不可行的.

1.2.2　0-1 整数规划

　　在部分规划问题中，每个需要做的决策只有两种时，可以使用 0-1 整数规划来建模. 而 0-1 整数规划是整数规划中的特殊情形，它的变量 x_i 仅取值 0 或 1. 对于 0-1 整数规划模型，除了可以使用 Lingo 软件求解外，也可以利用 Matlab 进行求解. Matlab 中规定 0-1 规划模型的标准形式为：

$$\min \quad \boldsymbol{cx}$$
$$\text{s.t.} \begin{cases} \boldsymbol{Ax} \leqslant \boldsymbol{b} \\ \text{Aeq} \cdot \boldsymbol{x} = \text{beq} \end{cases}$$

其中， $\boldsymbol{x}$ 的每一个分量的取值为 0 或 1. Matlab 中求解 0-1 规划的命令为：

　　　　[x,fval]=bintprog(c,A,b,Aeq,beq)

其中，x 返回的是决策向量 $\boldsymbol{x}$ 的取值，fval 返回的是目标函数的最优值. 然而，使用 Matlab 软件求解数学规划模型有一个缺陷，即必须把所有的决策变量化成一维决策变量. 实际上对于很多多维变量的数学规划模型，尽管通过变量替换后就能化为一维决策变量，但约束条件会变得很难表示.

　　例 1.3　指派问题

　　问题：拟分配 n 人去干 n 项工作，每人干且仅干一项工作，若分配第 i 人去干第 j 项工作，需花费 c_{ij} 单位时间，问应如何分配工作才能使工人花费的总时间最少.

　　问题分析：在该问题中，每一个人均能从事所有的工作，只是从事不同的工作需要花费的单位时间不同而已. 由于每人干且仅干一项工作, 所以对第 i 人和第 j 项工作之间, 只存在干与不干的关系. 因此, 在第 i 人和第 j 项工作之间可以分别用 1 和 0 来刻画干与不干, 进而建立 0-1 规划模型.

建模步骤：

（1）寻求决策.

该问题需要决策的是第 i 人和第 j 项工作之间的干与不干关系, 以达到使工人花费的总时间最少的目的.

（2）确定决策变量.

由于每个人和每项工作之间均需建立关系, 所以可用变量 x_{ij} 来描述第 i 人和第 j 项工作之间的关系. 若分配第 i 人去干第 j 项工作, 则取 $x_{ij} = 1$, 否则取 $x_{ij} = 0$.

（3）确定优化目标.

该问题的目标是使工人花费的总时间最少. 对第 i 人而言, 若被分配去干第 j 项工作（此时 $x_{ij} = 1$）, 则需花费的单位时间为 c_{ij}；若不被分配去干第 j 项工作（此时 $x_{ij} = 0$）, 则需花费的单位时间为 0. 因此, 第 i 人花费在第 j 项工作的时间可用 $c_{ij}x_{ij}$ 表示. 由于在所有的工作中, 第 i 人干且仅干一项工作, 若第 i 人被分配去干第 j_0 项工作, 则当 $j \neq j_0$ 时, $c_{ij}x_{ij} = 0$, 所以第 i 人总共花费的单位时间为 $c_{ij_0}x_{ij_0} = \sum_{j=1}^{n} c_{ij}x_{ij}$. 因此, 在该问题中工人花费的总时间为

$$T = \sum_{i=1}^{n} \sum_{j=1}^{n} c_{ij}x_{ij}.$$

（4）寻找约束条件.

根据每人干且仅干一项工作的要求, 对第 i 人而言, 应有 $\sum_{j=1}^{n} x_{ij} = 1$；对第 j 项工作而言, 应有 $\sum_{i=1}^{n} x_{ij} = 1$.

（5）构成数学模型.

将目标函数和约束条件放在一起, 即得上述指派问题的数学模型：

$$\min \quad \sum_{i=1}^{n} \sum_{j=1}^{n} c_{ij}x_{ij}$$

$$\text{s.t.} \begin{cases} \sum_{j=1}^{n} x_{ij} = 1 \ (i = 1, 2, \cdots, n) \\ \sum_{i=1}^{n} x_{ij} = 1 \ (j = 1, 2, \cdots, n) \\ x_{ij} = 0 \ \text{或} \ 1 \ (i, j = 1, 2, \cdots, n) \end{cases} \tag{1.11}$$

容易看出, 要给出一个指派问题的实例, 只需给出矩阵 $\boldsymbol{C} = (c_{ij})$, $\boldsymbol{C}$ 被称为指派问题的系数矩阵. 下面针对具体系数矩阵

$$C = \begin{pmatrix} 3 & 8 & 2 & 10 & 3 \\ 8 & 7 & 2 & 9 & 7 \\ 6 & 4 & 2 & 7 & 5 \\ 8 & 4 & 2 & 3 & 5 \\ 9 & 10 & 6 & 9 & 10 \end{pmatrix}$$

给出计算机解法.

模型求解：

（1）Matlab 软件求解.

由于 x_{ij} $(i,j=1,\cdots,5)$ 为二维决策变量，所以利用 Matlab 求解需要将其变为一维决策变量 y_k $(k=1,\cdots,25)$ ，在 Matlab 指令窗口中输入求解程序：

```
c=[3 8 2 10 3;8 7 2 9 7;6 4 2 7 5;8 4 2 3 5;9 10 6 9 10];
c=c(:);
a=zeros(10,25);
for i=1:5
    a(i,(i-1)*5+1:5*i)=1;
    a(5+i,i:5:25)=1;
end
b=ones(10,1);
[y,fval]=bintprog(c,[],[],a,b);
x=reshape(y,5,5),fval
%x=reshape(y,5,5) 表示将 y 转化为矩阵 5*5 的矩阵 x,x 中元素按列从 y 中抽取.
```

回车后，得到结果为：

```
x =
     0     0     0     0     1
     0     0     1     0     0
     0     1     0     0     0
     0     0     0     1     0
     1     0     0     0     0
fval =
    21
```

（2）Lingo 软件求解.

在 Lingo 模型窗口中直接输入：

```
model:
sets:
var/1. .5/;
link(var,var):c,x;
endsets
data:
```

```
c=3 8 2 10 3
   8 7 2 9 7
   6 4 2 7 5
   8 4 2 3 5
   9 10 6 9 10;
enddata
min=@sum(link:c*x);
@for(var(i):@sum(var(j):x(i,j))=1);
@for(var(j):@sum(var(i):x(i,j))=1);
@for(link:@bin(x));
end
```

求解输出（只列需要的结果）：

```
Global optimal solution found.
    Objective value:                          21. 00000
    Extended solver steps:                    0
    Total solver iterations:              0
```

Variable	Value	Reduced Cost
X(1,1)	0. 000000	3. 000000
X(1,2)	0. 000000	8. 000000
X(1,3)	0. 000000	2. 000000
X(1,4)	0. 000000	10. 00000
X(1,5)	1. 000000	3. 000000
X(2,1)	0. 000000	8. 000000
X(2,2)	0. 000000	7. 000000
X(2,3)	1. 000000	2. 000000
X(2,4)	0. 000000	9. 000000
X(2,5)	0. 000000	7. 000000
X(3,1)	0. 000000	6. 000000
X(3,2)	1. 000000	4. 000000
X(3,3)	0. 000000	2. 000000
X(3,4)	0. 000000	7. 000000
X(3,5)	0. 000000	5. 000000
X(4,1)	0. 000000	8. 000000
X(4,2)	0. 000000	4. 000000
X(4,3)	0. 000000	2. 000000
X(4,4)	1. 000000	3. 000000
X(4,5)	0. 000000	5. 000000

X(5,1)	1.000000	9.000000
X(5,2)	0.000000	10.00000
X(5,3)	0.000000	6.000000
X(5,4)	0.000000	9.000000
X(5,5)	0.000000	10.00000

求解结果显示，当分配第 1 人去完成第 5 项工作、第 2 人去完成第 3 项工作、第 3 人去完成第 2 项工作、第 4 人去完成第 4 项工作、第 5 人去完成第 1 项工作时，工人花费的单位时间最少，为 21.

例 1.4 某公司有 5 个项目被列入投资计划，各项目的投资额和期望的投资收益如表 1.3 所示，该公司只有 600 百万资金可用于投资，由于技术上的原因投资受到以下约束：

（1）在项目 1，2 和 3 中有且只有一行被选中；

（2）项目 3 和 4 只能选中一项；

（3）项目 5 被选中的前提是项目 1 必须被选中，

如何在上述条件下选择一个最好的投资方案，使投资收益最大？

表 1.3　各项目的投资额和投资收益情况表

项目	投资额（百万元）	投资收益（百万元）
1	210	150
2	300	210
3	100	60
4	130	80
5	260	180

问题分析： 该问题是投资决策问题. 由于每个项目的投资额与投资收益是固定的，因此对每一个项目而言，不存在投资数量多少的问题，只存在是否被选中投资的问题. 针对这种两者择一的问题，可以通过引入 0-1 变量建立 0-1 规划模型.

建模步骤：

（1）寻求决策.

该问题是在已有资金和技术的条件下，需要决策的是第 i 个项目是否被选中投资，建立最好的投资方案，使得投资收益最大.

（2）确定决策变量.

由于每个项目只存在是否被选中投资的问题，所以可用 x_i 来描述第 i 个项目是否被选中投资. 若第 i 个项目被选中投资，则取 $x_i = 1$，否则取 $x_i = 0$.

（3）确定优化目标.

该问题的目标是使投资收益最大. 根据决策变量的取值，对第 i 个项目而言，无论是否被选中投资，其投资收益均可用其对应收益额与 x_i 的乘积表示. 因此，该问题的投资收益总额为 $S = 150x_1 + 210x_2 + 60x_3 + 80x_4 + 180x_5$.

（4）寻找约束条件.

由于该公司只有 600 百万资金可用于投资，所以投资不能超过公司的 600 百万资金，故

有条件 $210x_1+300x_2+100x_3+130x_4+260x_5\leqslant600$. 在项目 1，2 和 3 中有且只有一行被选中，故有条件 $x_1+x_2+x_3=1$，项目 3 和 4 只能选中一项，故有条件 $x_3+x_4\leqslant1$，项目 5 被选中的前提是项目 1 必须被选中，故有条件 $x_5\leqslant x_1$，即 $-x_1+x_5\leqslant0$.

（5）构成数学模型.

将目标函数和约束条件放在一起，即得该投资问题的 0-1 规划数学模型：

$$\max S=150x_1+210x_2+60x_3+80x_4+180x_5$$

$$\text{s.t.}\begin{cases}210x_1+300x_2+100x_3+130x_4+260x_5\leqslant600\\ x_1+x_2+x_3=1\\ x_3+x_4\leqslant1\\ -x_1+x_5\leqslant0\\ x_i=0\text{或}1\ (i=1,2\cdots,5)\end{cases} \tag{1.12}$$

模型求解：

（1）Matlab 软件求解.

在 Matlab 指令窗口中输入求解程序：

```
c=-[150,210,60,80,180];    %转换求 max 为求 min
a=[210,300,100,130,260;0,0,1,1,0;-1,0,0,0,1];
b=[600;1;0];
Aeq=[1,1,1,0,0];
beq=1;
[y,fval]=bintprog(c,a,b,Aeq,beq);
x=y';S=-fval;
x,S
```

回车后，得到结果为：

```
x =
     1    0    0    1    1
S =
   410
```

（2）Lingo 软件求解.

在 Lingo 模型窗口中直接输入程序：

```
max=150*x1+210*x2+60*x3+80*x4+180*x5;
210*x1+300*x2+100*x3+130*x4+260*x5<600;
x1+x2+x3=1;
x3+x4<1;
-x1+x5<0;
@bin(x1);@bin(x2);@bin(x3);@bin(x4);@bin(x5);
```

求解输出：

Global optimal solution found.

Objective value:		410. 0000
Extended solver steps:		0
Total solver iterations:		0

Variable	Value	Reduced Cost
X1	1. 000000	-150. 0000
X2	0. 000000	-210. 0000
X3	0. 000000	-60. 00000
X4	1. 000000	-80. 00000
X5	1. 000000	-180. 0000

Row	Slack or Surplus	Dual Price
1	410. 0000	1. 000000
2	0. 000000	0. 000000
3	0. 000000	0. 000000
4	0. 000000	0. 000000
5	0. 000000	0. 000000

求解结果表明：该公司选择投资项目 1、4、5 时，预期投资收益最大，为 410 百万元.

1.3　非线性规划模型

目标函数或约束条件中至少有一个是非线性函数的数学规划模型，称为非线性规划模型．非线性规划模型一般可写为：

$$\min(\max) \quad z = f(\boldsymbol{x})$$
$$\text{s.t.} \begin{cases} h_j(\boldsymbol{x}) \leqslant 0 & (j=1,\cdots,q) \\ g_i(\boldsymbol{x}) = 0 & (i=1,\cdots,p) \end{cases} \tag{1.13}$$

其中，$\boldsymbol{x} = [x_1 \quad \cdots \quad x_n]^{\mathrm{T}}$ 称为决策变量，$f(\boldsymbol{x})$ 称为目标函数，$g_i(\boldsymbol{x})$ $(i=1,\cdots,p)$ 和 $h_j(\boldsymbol{x})$ $(j=1,\cdots,q)$ 称为约束函数．另外，$g_i(\boldsymbol{x}) = 0$ $(i=1,\cdots,p)$ 称为等式约束，$h_j(\boldsymbol{x}) \leqslant 0$ $(j=1,\cdots,q)$ 称为不等式约束.

若模型（1.13）中无约束条件，则称其为无约束极值问题，即：

$$\min(\max) \quad z = f(\boldsymbol{x}), \quad \boldsymbol{x} \in \mathbf{R}^n \tag{1.14}$$

若模型（1.13）的目标函数为自变量 $\boldsymbol{x}$ 的二次函数，约束条件又全是线性的，就称其为二次规划模型．二次规划模型的标准形式可表述如下：

$$\min \ z = \frac{1}{2} x^{\mathrm{T}} H x + c^{\mathrm{T}} x$$

$$\text{s.t.} \begin{cases} Ax \leqslant b \\ \text{Aeq} \cdot x = \text{beq} \\ \text{lb} \leqslant x \leqslant \text{ub} \end{cases} \tag{1.15}$$

这里 H 是实对称矩阵，$c, b, \text{beq}, \text{lb}, \text{ub}$ 是列向量，A, Aeq 是相应维数的矩阵.

一般来说，求解非线性规划问题要比求解线性规划问题困难得多. 线性规划模型如果有最优解，其最优解必然在可行域的顶点（或边界）上取得，而非线性规划模型的最优解可能在可行域的任一点上取得. 目前，还没有适于各种非线性规划问题的一般算法，已有的算法都有自己特定的适用范围，带有一定的局限性. 因此，为了求解带有约束条件的非线性规划模型，常常通过将约束问题化为无约束问题、将非线性规划问题化为线性规划问题、将复杂问题化为较简单的问题等途径，进而用已有的算法求解.

本节主要介绍无约束优化、二次规划和非线性规划的 Matlab 求解命令，并通过实例分析非线性规划模型的建立和求解.

1.3.1 无约束极值问题

1.3.1.1 一元函数无约束极值问题

对于一元函数无约束优化问题：

$$\min \ f(x), \ a \leqslant x \leqslant b$$

Matlab 中的求解命令为：

[x,fval]=fminbnd('fun',a,b)

其中，fun 是函数 $f(x)$ 的 M 文件，x 返回的是决策变量 x 的取值，fval 返回的是目标函数的最优值.

例 1.5 有边长为 3m 的正方形铁板，在四个角剪去相等的正方形以制成方形无盖水槽，问如何剪使水槽的容积最大?

建立模型： 设剪去的正方形的边长为 x，则水槽的容积为 $(3-2x)^2 x$，从而建立无约束优化模型为 max $(3-2x)^2 x$，$0 < x < 1.5$.

模型求解：

先编写 M 文件：

```
function f=fun1_5(x)
f=-(3-2*x). ^2*x;% 转换求 max 为求 min
```

再在 Matlab 运行窗口中输入：

```
[x,fval]=fminbnd('fun1_5',0,1. 5);
xmax=x
fmax=-fval
```

运行结果为：

　　xmax =

　　　　0. 5000

　　fmax =

　　2. 0000

　　结果显示，当剪去的正方形边长为 0.5 m 时，水槽的容积最大，为 2 m³.

1.3.1.2　多元函数无约束极值问题

　　多元函数无约束极小值问题的标准型为：

$$\min \ f(\boldsymbol{x})$$

其中，$\boldsymbol{x} = [x_1 \ \cdots \ x_n]^{\mathrm{T}}$ 为 n 维变元向量.

　　Matlab 可以使用 fminunc 函数或 fminsearch 函数求解多元函数无约束极小值问题，命令格式为：

　　[x,fval]=fminunc('fun',x0,options)　或　[x,fval]=fminsearch('fun',x0,options)

其中，fun 是函数 $f(x)$ 的 M 文件，x0 为迭代初始值，options 为优化参数，x 返回的是决策变量 $\boldsymbol{x}$ 的取值，fval 返回的是目标函数的最优值.

　　例 1.6　产销量的最佳安排

　　问题：某厂生产一种产品有甲、乙两个牌号，讨论在产销平衡的情况下如何确定各自的产量，使总利润最大.

　　问题分析：产销平衡指工厂的产量等于市场上的销量. 利润既取决于销量和价格，也依赖于产量和成本. 按照市场规律，甲（乙）的价格会随其销量的增长而降低，同时也随乙（甲）销量的增加而有稍微下降，甲和乙的成本随其产量的增长而降低，且有一个渐近值.

　　符号说明：

　　z 表示总利润；

　　p_1，q_1，x_1 分别表示甲的价格、成本、销量；

　　p_2，q_2，x_2 分别表示乙的价格、成本、销量；

　　a_{ij}，b_i，λ_i，c_i $(i,j = 1,2)$ 是待定系数.

　　模型假设：根据上述分析，对两种产品的价格和成本作如下假设.

　　（1）价格与销量成线性关系，即：

$$p_1 = b_1 - a_{11}x_1 - a_{12}x_2, b_1, a_{11}, a_{12} > 0, \text{ 且 } a_{11} > a_{12}$$

$$p_2 = b_2 - a_{21}x_1 - a_{22}x_2, b_2, a_{21}, a_{22} > 0, \text{ 且 } a_{22} > a_{21}$$

　　（2）成本与产量成负指数关系，即：

$$q_1 = r_1 \mathrm{e}^{-\lambda_1 x_1} + c_1, r_1, \lambda_1, c_1 > 0$$

$$q_2 = r_2 \mathrm{e}^{-\lambda_2 x_2} + c_2, r_2, \lambda_2, c_2 > 0$$

模型建立：

总利润为 $z=(p_1-q_1)x_1+(p_2-q_2)x_2$ ，因此，目标函数为：

$$\max \quad z=(p_1-q_1)x_1+(p_2-q_2)x_2$$

模型求解： 若根据大量的统计数据，求出系数 $b_1=100$ ，$a_{11}=1$ ，$a_{12}=0.1$ ，$b_2=280$ ，$a_{21}=0.2$ ，$a_{22}=2$ ，$r_1=30$ ，$\lambda_1=0.015$ ，$c_1=20$ ，$r_2=100$ ，$\lambda_2=0.02$ ，$c_2=30$.为了获得较好的迭代初值，不妨忽略成本，并令 $a_{12}=a_{21}=0$ ，原问题转化为求 $z_1=(b_1-a_{11}x_1)x_1+(b_2-a_{22}x_2)x_2$ 的最大值.容易求得 z_1 的极大值点为 $\hat{x}_1=b_1/2a_{11}=50$ ，$\hat{x}_2=b_2/2a_{22}=70$ ，将其作为原问题的初始值 $x_0=(50,70)$.

先编写 M 文件：

function f = fun1_6(x)

f=-((100-x(1)-0. 1*x(2))-(30*exp(-0. 015*x(1))+20))*x(1)-((280-0. 2*x(1)- 2*x(2))-(100*exp(-0. 02*x(2))+30))*x(2);

% 转换求 max 为求 min

再在 Matlab 运行窗口中输入：

x0=[50,70];

x=fminunc('fun1_6',x0)

z=-fun1_6(x)

计算结果为：

x =23. 9025   62. 4977,z =6. 4135e+003.

或在 Matlab 运行窗口中输入：

x0=[50,70];

x=fminsearch('fun1_6',x0)

z=-fun1_6(x)

计算结果为：

x =23. 9026   62. 4977，z =6. 4135e+003.

注记： 当模型的两个假设改变时，对应模型也随之改变.因此，模型假设是决定模型好坏的主要因素.

1.3.2 二次规划

对于二次规划模型：

$$\min \quad z=\frac{1}{2}x^{\mathrm{T}}Hx+c^{\mathrm{T}}x$$

$$\text{s.t.}\quad \begin{cases} Ax\leqslant b \\ Aeq\cdot x=beq \\ lb\leqslant x\leqslant ub \end{cases}$$

Matlab 中的求解命令为：

[x,fval]= quadprog(H,c,A,b,Aeq,beq,lb,ub,x0,options)

其中，x0 为迭代初值，x 的返回值是决策变量 x，fval 的返回值是目标函数 z 的最优值.

例 1.7　生产存贮问题

问题： 某工厂向用户提供发动机，合同规定，第一、二、三季度末分别交货 40 台、60 台、80 台. 工厂的最大生产能力为每季度生产 100 台，每季度的生产费用是 $f(x) = 50x + 0.2x^2$（元），其中 x 是该季度生产的发动机台数. 若交货后有剩余，可用于下季度交货，但每台每季度需支付存贮费 4 元. 问该工厂如何安排生产，才能既满足合同要求，又使工厂所花的费用最少.（假设第一季度开始时发动机无存货.）

问题分析： 若每季度仅按交货和同生产，则不会产生存贮费，但生成产品多的季度会产生较高的生产费（因为生成费与产成品数量的平方成正比）. 由于存贮费用低于生产费，故可以适当考虑存贮. 由于第一季度开始时发动机无存货，故第一季度没有存贮费. 此外，第三季度末应无存货.

模型建立： 设第一、二、三季度生产的发动机的数量分别为 x_1，x_2 和 x_3 台，为确保按合同交货，应有 $x_1 \geqslant 40$，$x_1 + x_2 \geqslant 100$，$x_1 + x_2 + x_3 \geqslant 180$. 发动机的生产费为 $z_1 = 50(x_1 + x_2 + x_3) + 0.2(x_1^2 + x_2^2 + x_3^2)$，第二、三季度存贮的发动机分别为 $(x_1 - 40)$ 台和 $(x_1 + x_2 - 100)$ 台，故发动机的存贮费为 $z_2 = 4(2x_1 + x_2 - 140)$. 工厂需花的总费用为 $z = z_1 + z_2 = 0.2(x_1^2 + x_2^2 + x_3^2) + 58x_1 + 54x_2 + 50x_3 - 560$，故该问题的优化模型为：

$$\min \quad z = 0.2(x_1^2 + x_2^2 + x_3^2) + 58x_1 + 54x_2 + 50x_3 - 560$$

$$\text{s.t.} \begin{cases} x_1 \geqslant 40 \\ x_1 + x_2 \geqslant 100 \\ x_1 + x_2 + x_3 \geqslant 180 \\ 0 \leqslant x_1, x_2, x_3 \leqslant 100 \end{cases}$$

模型求解： 考虑目标函数 $\tilde{z} = 0.2(x_1^2 + x_2^2 + x_3^2) + 58x_1 + 54x_2 + 50x_3$，则模型可用 Matlab 二次规划命令求解，求解程序为：

```
H=0. 4*eye(3);
c=[58,54,50];
A=[-1,0,0;-1,-1,0;-1,-1,-1];
b=[-40;-100;-180];
Aeq=[];beq=[];
lb=[0;0;0];ub=[100;100;100];
x0=[40,60,80]';
[x,fval]=quadprog(H,c,A,b,Aeq,beq,lb,ub,x0);
y=fval-560;
x,y
```

计算结果为：

```
x =[50. 0000,60. 0000,70. 0000]
y =11280
```

即第一、二、三季度各生产 50、60 和 70 台，工厂花费的费用最少，为 11 280 元.

1.3.3 非线性规划的 Matlab 解法

Matlab 中非线性规划的数学模型写成以下形式：

$$\min \ f(\boldsymbol{x})$$

$$\text{s.t.} \begin{cases} \boldsymbol{Ax} \leqslant \boldsymbol{b} \\ \text{Aeq} \cdot \boldsymbol{x} = \text{beq} \\ c(\boldsymbol{x}) \leqslant 0 \\ \text{Ceq}(\boldsymbol{x}) = 0 \end{cases} \qquad (1.16)$$

其中，$\boldsymbol{x} = (x_1, x_2, \cdots, x_n)^{\text{T}}$ 为决策变量，$f(\boldsymbol{x})$ 是目标函数，$\boldsymbol{A}, \boldsymbol{b}, \text{Aeq}, \text{Beq}$ 是线性不等式和等式约束的矩阵和向量，$c(\boldsymbol{x}), \text{Ceq}(\boldsymbol{x})$ 是非线性不等式和等式约束函数.

Matlab 中求解非线性规划的命令为：

[x,fval]=fmincon('fun',x0,A,b,Aeq,beq,lb,ub,'nonlcon',options)

其中，fun 是用 M 文件定义的函数 $f(\boldsymbol{x})$，x0 是 $\boldsymbol{x}$ 的初始值；nonlcon 是用 M 文件定义的非线性约束函数 $c(\boldsymbol{x}), \text{Ceq}(\boldsymbol{x})$；options 定义了优化参数，可以使用 Matlab 缺省的参数设置.

例 1.8 选址问题

问题： 某公司有 6 个建筑工地要开工，每个工地的位置（用平面坐标系 a，b 表示，距离单位：km）及水泥日用量 d（单位：t）如表 1.4 所示. 现计划建两个临时料场，日储量各有 20 t. 假设从料场到工地之间均有直线道路相连. 试确定料场的位置和运送量，使各料场对各建筑工地总的吨千米数（即运输量与路程乘积之和）最小.

表 1.4 工地位置(a, b)及水泥日用量

工地	1	2	3	4	5	6
a	1.25	8.75	0.5	5.75	3	7.25
b	1.25	0.75	4.75	5	6.5	7.25
d	3	5	4	7	6	11

问题分析： 该问题要求在已知各工地的位置和水泥日需求量的基础上，确定两个临时料场的选址及供应量，以确保运输成本最低（假设单价成本相同）. 由于运输量和运输路程均与决策变量有关，所以目标函数为运输量与路程的乘积之和为非线性函数，这是一个非线性规划问题.

建模步骤：

（1）寻求决策.

该问题需要决策的是两个临时料场在平面坐标系 a, b 坐标上的位置及从各料场供应往各建筑工地的供应量.

（2）确定决策变量.

根据决策需要，设料场的位置为 (x_j, y_j)，从料场 j 向工地 i 的运送量为 X_{ij}，$i = 1, \cdots, 6$，$j = 1, 2$.

（3）确定优化目标.

为方便表述目标函数，记工地的位置为 (a_i, b_i)，水泥的日用量为 d_j，$i = 1, \cdots, 6$，$j = 1, 2$.

各料场对各建筑工地运输量与路程乘积之和：

$$f = \sum_{i=1}^{6} \sum_{j=1}^{2} X_{ij} \sqrt{\left(x_j - a_i\right)^2 + \left(y_j - b_i\right)^2}$$

（4）寻找约束条件.

由于各工地对水泥的需求量是固定的，而所需水泥可来自两个料场. 因此，两个临时料场供应到某工地的水泥量应等于该工地的需求量，即 $\sum_{j=1}^{2} X_{ij} = d_i$，$i = 1, \cdots, 6$. 受各临时料场水泥的日储备量约束，有 $\sum_{i=1}^{6} X_{ij} \leqslant e_j$，$j = 1, 2$. 另外，根据问题实际，运输量 X_{ij} 还有非负约束.

（5）构成数学模型.

将目标函数和约束条件放在一起，即得上述选址问题的数学模型：

$$\min \quad f = \sum_{i=1}^{6} \sum_{j=1}^{2} X_{ij} \sqrt{\left(x_j - a_i\right)^2 + \left(y_j - b_i\right)^2}$$

$$\text{s.t.} \begin{cases} \sum_{j=1}^{2} X_{ij} = d_i & (i = 1, 2 \cdots, 6) \\ \sum_{i=1}^{6} X_{ij} \leqslant e_j & (j = 1, 2) \\ X_{ij} \geqslant 0 \end{cases} \tag{1.17}$$

模型求解：

（1）Lingo 软件求解.

在 Lingo 模型窗口中直接输入：

```
model:
sets:
demand/1. . 6/:a,b,d;
supply/1. . 2/:x,y,e;
link(demand,supply):c;
endsets
data:
a=1. 25,8. 75,0. 5,5. 75,3,7. 25;
b=1. 25,0. 75,4. 75,5,6. 5,7. 75;
d=3,5,4,7,6,11;
e=20,20;
enddata
min=@sum(link(i,j):c(i,j)*((x(j)-a(i))^2+(y(j)-b(i))^2)^(1/2));
@for(demand(i):[demand_con] @sum(supply(j):c(i,j))=d(i););
@for(supply(i):[supply_con] @sum(demand(j):c(j,i))<=e(i););
```

@for(supply:@free(x);@free(y););

求解结果为（仅显示部分）：

Local optimal solution found.

Objective value:		85.26604
Total solver iterations:		18

Variable	Value	Reduced Cost
A(1)	1.250000	0.000000
A(2)	8.750000	0.000000
A(3)	0.5000000	0.000000
A(4)	5.750000	0.000000
A(5)	3.000000	0.000000
A(6)	7.250000	0.000000
B(1)	1.250000	0.000000
B(2)	0.7500000	0.000000
B(3)	4.750000	0.000000
B(4)	5.000000	0.000000
B(5)	6.500000	0.000000
B(6)	7.750000	0.000000
D(1)	3.000000	0.000000
D(2)	5.000000	0.000000
D(3)	4.000000	0.000000
D(4)	7.000000	0.000000
D(5)	6.000000	0.000000
D(6)	11.00000	0.000000
X(1)	3.254883	0.000000
X(2)	7.250000	0.8084079E-07
Y(1)	5.652332	0.000000
Y(2)	7.750000	0.2675276E-06
E(1)	20.00000	0.000000
E(2)	20.00000	0.000000
C(1,1)	3.000000	0.000000
C(1,2)	0.000000	4.008540
C(2,1)	0.000000	0.2051358
C(2,2)	5.000000	0.000000
C(3,1)	4.000000	0.000000
C(3,2)	0.000000	4.487750
C(4,1)	7.000000	0.000000
C(4,2)	0.000000	0.5535090
C(5,1)	6.000000	0.000000

C(5,2)	0. 000000	3. 544853
C(6,1)	0. 000000	4. 512336
C(6,2)	11. 00000	0. 000000

即两个料场的坐标分别为（3.254 883，5.652 332），（7.250 000，7.750 000），总的吨千米数最小，为85.266 04，由料场 A，B 向 6 个工地运料方案见表1.5.

表 1.5　A，B 向 6 个工地运料方案 1

工地	1	2	3	4	5	6
料场 A	3	0	4	7	6	0
料场 B	0	5	0	0	0	11
合计	3	5	4	7	6	11

（2）Matlab 软件求解.

为了用 Matalab 软件求解，先将二维变量化为一维变量，设

$$Y_1 = X_{11}, Y_2 = X_{21}, Y_3 = X_{31}, Y_4 = X_{41}, Y_5 = X_{51}, Y_6 = X_{61}, Y_7 = X_{12}, Y_8 = X_{22},$$

$$Y_9 = X_{32}, Y_{10} = X_{42}, Y_{11} = X_{52}, Y_{12} = X_{62}, Y_{13} = x_1, Y_{14} = y_1, Y_{15} = x_2, Y_{16} = y_2,$$

先编写 M 文件 liaoch. m 定义目标函数：

```
function f=liaoch(y)
a=[1. 25 8. 75 0. 5 5. 75 3 7. 25];
b=[1. 25 0. 75 4. 75 5 6. 5 7. 75];
d=[3 5 4 7 6 11];
e=[20 20];
f1=0;
for    i=1:6
    s(i)=sqrt((y(13)-a(i))^2+(y(14)-b(i))^2);
    f1=s(i)*y(i)+f1;
end
f2=0;
for   i=7:12
    s(i)=sqrt((y(15)-a(i-6))^2+(y(16)-b(i-6))^2);
    f2=s(i)*y(i)+f2;
end
f=f1+f2;
```

再编写主程序如下：

```
y0=rand(16,1);
A=[1 1 1 1 1 1 0 0 0 0 0 0 0 0 0 0
   0 0 0 0 0 0 1 1 1 1 1 1 0 0 0 0];
B=[20;20];
```

```
Aeq=[1 0 0 0 0 0 1 0 0 0 0 0 0 0 0
     0 1 0 0 0 0 0 1 0 0 0 0 0 0 0
     0 0 1 0 0 0 0 0 1 0 0 0 0 0 0
     0 0 0 1 0 0 0 0 0 1 0 0 0 0 0
     0 0 0 0 1 0 0 0 0 0 1 0 0 0 0
     0 0 0 0 0 1 0 0 0 0 0 1 0 0 0 0];
beq=[3 5 4 7 6 11]';
vlb=[zeros(12,1);-inf;-inf;-inf;-inf];
vub=[];
[y,fval]=fmincon('liaoch',y0,A,B,Aeq,beq,vlb,vub);
Y=y',fval
```

计算结果为:

Y=[0,5.0000,0,7.0000,0,8.0000,3.0000,0,4.0000,0,6.0000,

3.0000,5.9060,5.0732,3.0000,6.5000]

fval=93.1408

即两个料场的坐标分别为（5.906, 5.073 2），（3, 6.5），总的吨千米数最小，为 93.140 8，由料场 A，B 向 6 个工地运料方案如表 1.6 所示.

表 1.6   A，B 向 6 个工地运料方案 2

工地	1	2	3	4	5	6
料场 A	0	5	0	7	0	8
料场 B	3	0	4	0	6	3
合计	3	5	4	7	6	11

事实上，如果我们再次运行主程序，可能会得到更优的结果（每次运行结果都可能不同）. 因为初值是我们随机给出的，初值选取不同，得到的结果不同，这说明 fmincon 函数在选取初值上是很重要的. 例如，我们选取上面的结果为初值，即取:

y0=[0,5.0000,0,7.0000,0,8.0000,3.0000,0,4.0000,0,6.0000,

3.0000,5.9060,5.0732,3.0000,6.5000],

则计算结果为:

Y=[0,5.0000,0,0,0,11.0000,3.0000,0,4.0000,7.0000,6.0000,0,7.2500,

7.7500,3.2549,5.6523]

fval=85.2660

即总的吨千米数最小，为 85.266，比上面的结果更好.

例 1.9   飞行管理问题

问题：在约 10 km 高空的某边长 160 km 的正方形区域内，经常有若干架飞机做水平飞行. 区域内每架飞机的位置和速度向量均由计算机记录其数据，以便进行飞行管理. 当一架欲进入该区域的飞机到达区域边缘时，记录其数据后，要立即计算并判断是否会与区域内的飞机发生碰撞. 如果会碰撞，则应计算如何调整各架（包括新进入的）飞机飞行的方向角，以避免碰撞. 现假定条件如下:

（1）不碰撞的标准为任意两架飞机的距离大于 8 km；

（2）飞机飞行方向角调整的幅度不应超过 30°；

（3）所有飞机飞行速度均为每小时 800 km；

（4）进入该区域的飞机在到达区域边缘时，与区域内飞机的距离应在 60 km 以上；

（5）最多需考虑 6 架飞机；

（6）不必考虑飞机离开此区域后的状况.

请你对这个避免碰撞的飞行管理问题建立数学模型，列出计算步骤，对以下数据进行计算（方向角误差不超过 0.01°），要求飞机飞行方向角调整的幅度尽量小.

设该区域 4 个顶点的坐标为(0,0), (160,0), (160,160), (0,160). 记录数据见表 1.7.

表 1.7　飞行记录数据

飞机编号	横坐标 x	纵坐标 y	方向角（°）
1	150	140	243
2	85	85	236
3	150	155	220.5
4	145	50	159
5	130	150	230
新进入	0	0	52

注：方向角指飞行方向与 x 轴正向的夹角.

问题分析：该问题需要在避免飞机碰撞的前提下，使飞机飞行方向角调整的幅度尽量小. 已有假设条件已经给出了不碰撞的标准及飞机飞行方向角的调整幅度范围等，建模的主要任务是如何通过物理和几何知识量化两架飞机不碰撞的条件. 另外，该问题的优化目标函数可以有不同的形式：如使所有飞机的最大调整量最小，所有飞机的调整量绝对值之和最小等. 根据目标函数的选取和不碰撞条件的量化方式，可以建立多个数学规划模型. 下面先引进一些简单符号后，以所有飞机的调整量绝对值之和最小为目标函数，建立两个数学规划模型.

符号说明：

D 为飞行管理区域的边长；

a 为飞机飞行速度，$a = 800$ km/h；

(x_i^0, y_i^0) 为第 i 架飞机的初始位置，$i = 1, \cdots, 6$，$i = 6$ 对应新进入的飞机；

$(x_i(t), y_i(t))$ 为第 i 架飞机在 t 时刻的位置；

θ_i^0 为第 i 架飞机的原飞行方向角，$\Delta\theta_i$ 为第 i 架飞机的方向角调整量，$\theta_i = \theta_i^0 + \Delta\theta_i$ 为第 i 架飞机调整后的飞行方向角.

模型一：根据相对运动的观点在考察两架飞机 i 和 j 的飞行时，可以将飞机 i 视为不动而飞机 j 以相对速度，即

$$\vec{v} = v_j - v_i = a(\cos\theta_j - \cos\theta_i, \sin\theta_j - \sin\theta_i) \tag{1.18}$$

相对于飞机 i 运动，对（1.18）式进行适当的计算可得

$$\vec{v} = 2a\sin\frac{\theta_j - \theta_i}{2}\left(-\sin\frac{\theta_j + \theta_i}{2}, \cos\frac{\theta_j + \theta_i}{2}\right)$$

$$= 2a\sin\frac{\theta_j - \theta_i}{2}\left[\cos\left(\frac{\pi}{2} + \frac{\theta_j + \theta_i}{2}\right), \sin\left(\frac{\pi}{2} + \frac{\theta_j + \theta_i}{2}\right)\right] \tag{1.19}$$

不妨设 $\theta_j \geqslant \theta_i$，此时相对飞行方向角为 $\beta_{ij} = \frac{\pi}{2} + \frac{\theta_j + \theta_i}{2}$，如图 1.1 所示．

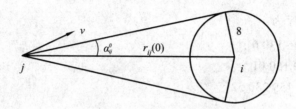

图 1.1　相对飞行方向角

由于两架飞机的初始距离为

$$r_{ij}(0) = \sqrt{(x_i^0 - x_j^0)^2 + (y_i^0 - y_j^0)^2} \tag{1.20}$$

$$\alpha_{ij}^0 = \arcsin\frac{8}{r_{ij}(0)} \tag{1.21}$$

因此，只要当相对飞行方向角 β_{ij} 满足

$$\alpha_{ij}^0 \leqslant \beta_{ij} \leqslant 2\pi - \alpha_{ij}^0 \tag{1.22}$$

时，两架飞机就不可能碰撞（图 1.1）.

记 β_{ij}^0 为调整前第 j 架飞机相对于第 i 架飞机的相对速度（向量）与这两架飞机连线（从 j 指向 i 的向量）的夹角（以连线向量为基准，逆时针方向为正，顺时针方向为负）. 则由式（1.22）知，两架飞机不碰撞的条件为：

$$\left|\beta_{ij}^0 + \frac{1}{2}(\Delta\theta_i + \Delta\theta_j)\right| > \alpha_{ij}^0 \tag{1.23}$$

其中：

$$\beta_{mn}^0 = 相对速度\ v_{mn}\ 的幅角 - 从\ n\ 指向\ m\ 的连线矢量的幅角$$

$$= \arg\frac{e^{i\theta_n} - e^{i\theta_m}}{(x_m + iy_m) - (x_n + iy_n)}$$

注：β_{mn}^0 表达式中的 i 表示虚数单位，这里为了区别虚数单位 i 或 j，下标改写成 m, n.
这里我们利用复数的幅角，可以很方便地计算角度 $\beta_{mn}^0 (m, n = 1, 2, \cdots, 6)$.

本问题中的优化目标函数可以有不同的形式：如使所有飞机的最大调整量最小；所有飞机的调整量绝对值之和最小等. 这里以所有飞机的调整量绝对值之和最小为目标函数，可以得到如下的数学规划模型：

$$\min \ \sum_{i=1}^{6}|\Delta\theta_i|$$

$$\text{s.t.} \begin{cases} \left|\beta_{ij}^0 + \dfrac{1}{2}(\Delta\theta_i + \Delta\theta_j)\right| > \alpha_{ij}^0 \ (i=1,\cdots,5,\ j=i+1,\cdots,6) \\[2mm] |\Delta\theta_i| \leqslant 30° \ (i=1,2,\cdots,6) \end{cases}$$

利用如下的 Matlab 程序为：

```
x0=[150 85 150 145 130 0];
y0=[140 85 155 50 150 0];
q=[243 236 220. 5 159 230 52];
xy0=[x0; y0];
d0=dist(xy0);      %求矩阵各个列向量之间的距离
d0(find(d0==0))=inf;
a0=asind(8. /d0)   %以度为单位的反函数
```

求得 α_{ij}^0 的值（见表 1.8）.

表 1.8 　 α_{ij}^0 的值

	1	2	3	4	5	6
1	0	5.391 19	32.230 95	5.091 816	20.963 36	2.234 507
2	5.391 19	0	4.804 024	6.613 46	5.807 866	3.815 925
3	32.230 95	4.804 024	0	4.364 672	22.833 65	2.125 539
4	5.091 816	6.613 46	4.364 672	0	4.537 692	2.989 819
5	20.963 36	5.807 866	22.833 65	4.537 692	0	2.309 841
6	2.234 507	3.815 925	2.125 539	2.989 819	2.309 841	0

再利用如下 Matlab 程序：

```
xy1=x0+i*y0;
xy2=exp(i*q*pi/180);
for m=1:6
    for n=1:6
        if n~=m
        b0(m,n)=angle((xy2(n)-xy2(m))/(xy1(m)-xy1(n)));
        end
    end
end
b0=b0*180/pi
```

求得 β_{ij}^0 的值如表 1.9 所示.

表 1.9 β_{ij}^0 的值

	1	2	3	4	5	6
1	0	109.26	-128.25	24.18	173.07	14.475
2	109.26	0	-88.871	-42.244	-92.305	9
3	-128.25	-88.871	0	12.476	-58.786	0.310 81
4	24.18	-42.244	12.476	0	5.969 2	$-3.525\ 6$
5	173.07	-92.305	-58.786	5.969 2	0	1.914 4
6	14.475	9	0.310 81	$-3.525\ 6$	1.914 4	0

利用 Matlab 将 α_{ij}^0 和 β_{ij}^0 的数据写到同一 txt 文档，并加入分割符，方便 Lingo 多次读写.

dlmwrite('txt1. txt',a0,'delimiter','\t','newline','PC');

dlmwrite('txt1. txt','~','-append');

%往纯文本文件中写 Lingo 数据的分割符

dlmwrite('txt1. txt',b0,'delimiter','\t','newline','PC','-append','roffset',1)

编写该非线性规划模型的 Lingo 程序如下:

```
model:
sets:
plane/1. . 6/:delta;
link(plane,plane):alpha,beta;
endsets
data:
alpha=@file('txt1. txt');
beta=@file('txt1. txt');
enddata
min=@sum(plane:@abs(delta));
@for(plane:@bnd(-30,delta,30));
@for(plane(i)|i#le#5:@for(plane(j)|j#ge#i+1:@abs(beta(i,j)+0. 5*delta(i)+0. 5*delta(j))>alpha(i,j)));
end
```

计算结果为:

```
Global optimal solution found.
Objective value:                    3. 629380
Extended solver steps:                  0
Total solver iterations:            127
        Variable        Value        Reduced Cost
        DELTA( 1)     0. 000000         0. 000000
        DELTA( 2)     0. 000000         0. 000000
        DELTA( 3)     2. 838580         0. 000000
        DELTA( 4)     0. 000000         0. 000000
```

| DELTA(5) | 0. 000000 | 0. 000000 |
| DELTA(6) | 0. 7908000 | 0. 000000 |

即最优解为 $\Delta\theta_3 = 2.838\ 58°$, $\Delta\theta_6 = 0.790\ 8°$, 其他调整角度为 0.

模型二：两架飞机 i, j 不发生碰撞的条件为：

$$[x_i(t) - x_j(t)]^2 + [y_i(t) - y_j(t)]^2 > 64 \tag{1.24}$$
$$1 \leqslant i \leqslant 5, i+1 \leqslant j \leqslant 6, 0 \leqslant t \leqslant \min\{T_i, T_j\}$$

其中， T_i, T_j 分别表示第 i, j 架飞机飞出正方形区域边界的时刻. 这里

$$x_i(t) = x_i^0 + at\cos\theta_i, y_i(t) = y_i^0 + at\sin\theta_i, \ i = 1, 2, \cdots, n$$

$$\theta_i = \theta_i^0 + A\theta_i, |\Delta\theta_i| \leqslant \frac{\pi}{6}, \ i = 1, 2, \cdots, n$$

下面我们把约束条件（1.24）加强为对所有的时间 t 都成立，记

$$l_{ij} = (x_i(t) - x_j(t))^2 + (y_i(t) - y_j(t))^2 - 64 = \tilde{a}_{ij}t^2 + \tilde{b}_{ij}t + \tilde{c}_{ij}$$

其中

$$\tilde{a}_{ij} = 4a^2 \sin^2\frac{\theta_i - \theta_j}{2}$$
$$\tilde{b}_{ij} = 2a\{[x_i(0) - x_j(0)](\cos\theta_i - \cos\theta_j) + [y_i(0) - y_j(0)](\sin\theta_i - \sin\theta_j)\}$$
$$\tilde{c}_{ij} = [x_i(0) - x_j(0)]^2 + [y_i(0) - y_j(0)]^2 - 64$$

则两架 i, j 飞机不碰撞的条件是：

$$\Delta_{ij} = \tilde{b}_{ij}^2 - 4\tilde{a}_{ij}\tilde{c}_{ij} < 0 \tag{1.25}$$

这样可建立如下的非线性规划模型：

$$\min \ \sum_{i=1}^{6} (\Delta\theta_i)^2$$

$$\text{s.t.} \begin{cases} \Delta_{ij} < 0, 1 \leqslant i \leqslant 5, i+1 \leqslant j \leqslant 6 \\ |\Delta\theta_i| \leqslant \dfrac{\pi}{6} \ (i = 1, 2, \cdots, 6) \end{cases}$$

先编写 M 文件：

```
function zf=exam9_2(delta);
M=100000;
f=sum(delta. ^2);
th0=[243 236 220. 5 159 230 52]'; th=th0+delta;
x0=[150 85 150 145 130 0]';
y0=[140 85 155 50 150 0]';
```

```
k=1;
for i=1:5
    for j=i+1:6
        aij=4*(sind((th(i)-th(j))/2))^2;
        bij=2*((x0(i)-x0(j))*(cosd(th(i))-cosd(th(j)))+...
            (y0(i)-y0(j))*(sind(th(i))-sind(th(j))));
        cij=(x0(i)-x0(j))^2+(y0(i)-y0(j))^2-64;
        g(k)=bij^2-4*aij*cij;
        k=k+1;
    end
end
zf=f+M*max([g,0]);
```

再以模型一的结果为初值，在 Matlab 命令窗口输入：

x0=[0,0,2. 83858,0,0,0. 7908]';

[x,fval]=fminunc(@exam9_2,x0)运行后得：

x=[-6. 7081,0,2. 5986,0,6. 2836,1. 0341]

fval =92. 7791

即最优解为 $\Delta\theta_1 = -6.708\,1°$，$\Delta\theta_3 = 2.598\,6°$，$\Delta\theta_5 = 6.283\,6°$，$\Delta\theta_6 = 1.034\,1°$，其他调整角度为 0.

下面通过一个例子，说明非线性规划模型如何转化为其他类型的模型求解.

例 1.10　原油采购与加工

问题：某公司用两种原油（A 和 B）混合加工成两种汽油（甲和乙）. 甲、乙两种汽油含原油 A 的最低比例分别为 50% 和 60%，每吨售价分别为 4 800 元/吨和 5 600 元/吨. 该公司现有原油 A 和 B 的库存量分别为 500 吨和 1 000 吨，还可以从市场上买到不超过 1 500 吨的原油 A. 原油 A 的市场价为：购买量不超过 500 吨时的单价为 10 000 元/吨；购买量超过 500 吨但不超过 1 000 吨时，超过 500 吨部分的单价为 8 000 元/吨；购买量超过 1 000 吨时，超过 1 000 吨部分的单价为 6 000 元/吨. 该公司应如何安排原有的采购和加工？

问题分析：安排原油采购、加工的目标只能是利益最大化，题目中给出的是两种汽油的售价和原油 A 的采购价，利润为销售汽油的收入与购买原油 A 支出之差. 这里的难点在于原油 A 的采购价与购买量的关系比较复杂，是分段函数关系，能否利用以及如何利用线性规划、整数规划模型加以处理是关键所在.

模型建立：设原油 A 的采购量为 x，由题意得，采购的支出 $c(x)$ 可表示为如下的分段线性函数（以下价格以千元/吨为单位）：

$$c(x) = \begin{cases} 10x, & 0 \leqslant x \leqslant 500 \\ 1\,000+8x, & 500 \leqslant x \leqslant 1\,000 \\ 3\,000+6x, & 1\,000 \leqslant x \leqslant 1\,500 \end{cases} \tag{1.26}$$

设原油 A 用于生产甲、乙两种汽油的数量分别为 x_{11} 和 x_{12}，原油 B 用于生产甲、乙两种汽油的数量分别为 x_{21} 和 x_{22}，则总收入为 $4.8(x_{11}+x_{21})+5.6(x_{12}+x_{22})$. 于是本题的目标函数即利润为：

$$\max \quad z = 4.8(x_{11} + x_{21}) + 5.6(x_{12} + x_{22}) - c(x) \tag{1.27}$$

约束条件包括加工两种汽油用的原油 A、原油 B 库存量的限制，原油 A 购买量的限制，以及两种汽油含原油 A 的比例限制，分别表示为：

$$\begin{cases} x_{11} + x_{12} \leqslant 500 + x \\ x_{21} + x_{22} \leqslant 1\,000 \\ x \leqslant 1\,500 \\ \dfrac{x_{11}}{x_{11} + x_{21}} \geqslant 0.5 \\ \dfrac{x_{12}}{x_{12} + x_{22}} \geqslant 0.6 \\ x_{11}, x_{12}, x_{21}, x_{22} \geqslant 0 \end{cases} \tag{1.28}$$

易知 $c(x)$ 不是线性函数，故该规划为非线性规划．而且，对于这样的分段函数定义的 $c(x)$，一般的非线性规划软件也难以输入和求解．能不能想办法将该模型化简，从而用现成的软件求解呢？

模型求解： 下面介绍三种解法．

解法一： 一个自然的想法是将原油 A 采购量 x 分解为三个量，即用 x_1, x_2, x_3 分别表示以价格 10 千元/吨、8 千元/吨、6 千元/吨采购的原油 A 的数量，总支出为 $c(x) = 10x_1 + 8x_2 + 6x_3$，且

$$x = x_1 + x_2 + x_3$$

这时目标函数变为线性函数：

$$\max \quad z = 4.8(x_{11} + x_{21}) + 5.6(x_{12} + x_{22}) - (10x_1 + 8x_2 + 6x_3)$$

应该注意到，只有当以 10 千元/吨的价格购买 $x_1 = 500$，才能以 8 千元/吨的价格购买 x_2 ($x_2 \geqslant 0$)，这个条件可以表示为：

$$(x_1 - 500)x_2 = 0$$

同理，只有当以 8 千元/吨的价格购买 $x_2 = 500$ 时，才能以 6 千元/吨的价格购买 x_3 ($x_3 \geqslant 0$)，于是

$$(x_2 - 500)x_3 = 0$$

此外，x_1, x_2, x_3 的取值范围是

$$0 \leqslant x_1, x_2, x_3 \leqslant 500$$

由于有非线性约束条件，因此此模型为非线性规划模型．将该模型输入 Lingo 软件如下：

```
Model:
Max=4.8*x11+4.8*x21+5.6*x12+5.6*x22-10*x1-8*x2-6*x3;
      x11+x12<500+x;
      x21+x22<1000;
      0.5*x11-0.5*x21>0;
```

```
    0. 4*x12-0. 6*x22>0;
    x=x1+x2+x3;
    (x1-500)*x2=0;
    (x2-500)*x3=0;
x1<500;
x2<500;
x3<500;
end
```

注：因为不等式 $0 \leqslant x_1, x_2, x_3 \leqslant 500$ 和 $x_{11}, x_{12}, x_{21}, x_{22} \geqslant 0$ 保证了 $x \leqslant 1\,500$ 的成立，所以约束条件 $x \leqslant 1\,500$ 可省略. 将文件储存并命名后，选择菜单"Lingo|Solve"，运行程序如下：

Local optimal solution found.

| Objective value: | | 4800. 000 |
| Total solver iterations: | | 26 |

Variable	Value	Reduced Cost
X11	500. 0000	0. 000000
X21	500. 0000	0. 000000
X12	0. 000000	0. 2666667
X22	0. 000000	0. 000000
X1	0. 000000	0. 4000000
X2	0. 000000	0. 000000
X3	0. 000000	0. 000000
X	0. 000000	0. 000000

即最优解为用库存的 500 吨原油 A、500 吨原油 B 生产 1 000 吨汽油甲，不购买新的原油 A，利润为 4 800 000 元.

但是 Lingo 得到的结果只是一个局部最优解，还能得到更好的解吗？除线性规划外，Lingo 在缺省设置下一般只给出局部最优解，但可以通过修改 Lingo 选项要求来计算全局最优解. 具体做法是：选择"Lingo|Options"菜单，在弹出的的选项卡中选择"General Solver"，然后找到并选中选项"Use Global Solver"，并应用或保存设置. 重新运行"Lingo|Solve"，可得到如下输出：

Global optimal solution found.

Objective value:		5000. 003
Extended solver steps:		5
Total solver iterations:		274

Variable	Value	Reduced Cost
X11	0. 000000	0. 9000000
X21	0. 000000	0. 000000
X12	1500. 000	0. 000000
X22	1000. 000	0. 000000
X1	500. 0000	0. 000000

X2	500. 0000	0. 000000
X3	0. 000000	0. 000000
X	1000. 000	0. 000000

即全局最优解是购买 1 000 吨原油 A，与库存的 500 吨原油 A 和 1 000 吨原油 B 一起，共生产 2 500 吨汽油乙，利润为 5 000 000 元，高于局部最优解对应的利润.

解法二：引入 0-1 变量，令 $y_1 = 1, y_2 = 1, y_3 = 1$ 分别表示以 10 千元/吨、8 千元/吨、6 千元/吨的价格采购原油 A，则约束条件 $(x_1 - 500)x_2 = 0$ 与 $(x_2 - 500)x_3 = 0$ 可以替换为

$$\begin{cases} 500y_2 \leqslant x_1 \leqslant 500y_1 \\ 500y_3 \leqslant x_2 \leqslant 500y_2 \\ x_3 \leqslant 500y_3 \\ y_1, y_2, y_3 \in \{0,1\} \end{cases}$$

可以看出，此时我们构造的模型为整数（线性）规划模型，将它输入 Lingo 软件如下：

```
Model:
Max=4. 8*x11+4. 8*x21+5. 6*x12+5. 6*x22-10*x1-8*x2-6*x3;
    x11+x12<500+x;
    x21+x22<1000;
    0. 5*x11-0. 5*x21>0;
    0. 4*x12-0. 6*x22>0;
    x=x1+x2+x3;
x1<500*y1;
x2<500*y2;
x3<500*y3;
x1>500*y2;
x2>500*y3;
@bin(y1); @bin(y2);@bin(y3);
end
```

运行该程序得到的最优解与解法一（全局最优解）的相同.

解法三：直接处理分段线性函数 $c(x)$. 其函数如图 1.2 所示.

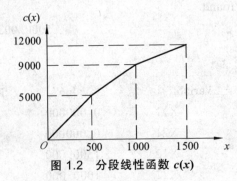

图 1.2　分段线性函数 $c(x)$

记 x 轴上的分点为 $b_1=0, b_2=500, b_3=1\,000, b_4=1\,500$. 当 x 在第一个小区间 $[b_1,b_2]$ 时，记 $x=z_1b_1+z_2b_2$，$z_1+z_2=1$，$z_1,z_2\geqslant 0$，因为 $c(x)$ 在 $[b_1,b_2]$ 是线性的，所以 $c(x)=z_1c(b_1)+z_2c(b_2)$. 同样，当 x 在第二个小区间 $[b_2,b_3]$ 时，$x=z_2b_2+z_3b_3$，$z_2+z_3=1$，$z_2,z_3\geqslant 0$，$c(x)=z_2c(b_2)+z_3c(b_3)$. 当 x 在第三个小区间 $[b_3,b_4]$ 时，$x=z_3b_3+z_4b_4$，$z_3+z_4=1$，$z_3,z_4\geqslant 0$，$c(x)=z_3c(b_3)+z_4c(b_4)$.

为了表示 x 在哪个小区间，引入 0-1 变量 $y_k(k=1,2,3)$，当 x 在第 k 个小区间时，$y_k=1$，否则 $y_k=0$. 这样，$z_1,z_2,z_3,z_4,y_1,y_2,y_3$ 应满足

$$z_1\leqslant y_1, \quad z_2\leqslant y_1+y_2, \quad z_3\leqslant y_2+y_3, \quad z_4\leqslant y_3$$

$$z_1+z_2+z_3+z_4=1, \quad z_1,z_2,z_3,z_4\geqslant 0$$

$$y_1+y_2+y_3=1 \text{ 且 } y_1,y_2,y_3 \text{ 为 0 或 1}$$

此时，x 和 $c(x)$ 可以统一表示为：

$$x=\sum_{i=2}^{4}z_ib_i=500z_2+1\,000z_3+1\,500z_4$$

$$c(x)=\sum_{i=1}^{4}z_ic(b_i)=5\,000z_2+9\,000z_3+12\,000z_4$$

此时模型为整数规划模型，将它输入 Lingo 软件求解，得到的结果与第二种解法相同.

评注：这个问题的关键是处理分段线性函数，我们推荐化为整数规划模型的第二、三种解法，第三种解法更具一般性，其做法如下：

设一个 n 段线性函数 $f(x)$ 的分点为 $b_1\leqslant\cdots\leqslant b_n\leqslant b_{n+1}$，引入 b_1，将 x 和 $f(x)$ 表示为：

$$x=\sum_{k=1}^{n-1}z_kb_k$$

$$f(x)=\sum_{k=1}^{n+1}z_kf(b_k)$$

z_k 和 0-1 变量 y_k 满足

$$z_1\leqslant y_1, \quad z_2\leqslant y_1+y_2,\cdots,z_n\leqslant y_{n-1}+y_n, \quad z_{k+1}\leqslant y_k$$

$$z_1+z_2+\cdots+z_{n+1}=1, \quad z_k\geqslant 0$$

$$y_1+y_2+\cdots+y_n=1 \text{ 且 } y_k\in\{0,1\}, \quad k=1,2,\cdots,n+1$$

1.4 目标规划模型

在前面介绍的线性规划模型中，针对实际问题，一般根据管理层决策目标的要求，首先确定一个目标函数以衡量不同决策的优劣，且根据实际问题中的资源、资金和环境等因素对决策的限制提出相应的约束条件以建立线性规划模型，然后用计算机软件求出最优方案并做灵敏度分析以供管理层决策所用. 而在一些问题中，决策目标往往不只一个，且模型中有可能存在一些互相矛盾的约束条件，用已有的线性规划的理论和方法无法解决这些问题. 因此，

1961 年美国学者查恩斯（A. Charnes）和库柏（W. W. Coopor）提出了目标规划的概念及数学模型，以解决经济管理中的多目标决策问题.

1.4.1　目标规划问题的提出

应用线性规划，可以处理许多线性系统的优化问题. 但是，线性规划作为一种决策工具，在解决实际问题时，存在一定的局限性. 下面通过两个例子来说明在实际应用中线性规划存在的局限性，首先引入目标规划问题.

例 1.11　某厂生产 A，B 两种产品每件所需的劳动力分别为 4 个人工和 6 个人工，所需设备的单位台时均为 1. 已知该厂有 10 个单位机器台时提供制造这两种产品，并且至少能提供 70 个人工. 另外，A，B 产品的利润分别为每件 300 元和 500 元. 试问该厂各应生产多少件 A，B 产品，才能使其利润值最大.

模型建立： 设该厂能生产 A，B 产品的数量分别为 x_1 和 x_2 件，取得的利润为 z，可建立如下线性规划模型：

$$\max \quad z = 300x_1 + 500x_2$$

$$\text{s.t.} \begin{cases} x_1 + x_2 \leqslant 10 \\ 4x_1 + 6x_2 \geqslant 70 \\ x_1, \ x_2 \geqslant 0 \end{cases}$$

一方面，由 $x_i \ (i=1,2)$ 的非负性约束和条件 $x_1 + x_2 \leqslant 10$，得到 $0 \leqslant x_1 \leqslant 10$，$0 \leqslant x_2 \leqslant 10$. 另一方面，由 $4x_1 + 6x_2 \geqslant 70$ 推出 $x_1 \geqslant \dfrac{70}{4}$，$x_2 \geqslant \dfrac{70}{6}$. 因此，满足约束条件的可行解集为 $\varnothing$，即机时约束和人工约束之间产生矛盾，因而该问题无解. 但在实际中，该厂要增加利润，不可能不生产 A，B 两种产品，而由线性规划模型无法为其找到一个合适的方案.

例 1.12　某厂为进行生产需采购 A，B 两种原材料，单价分别为 70 元/公斤和 50 元/公斤. 现要求购买资金不超过 5 000 元，总购买量不少于 80 公斤，而原材料 A 不少于 20 公斤. 问如何确定最好的采购方案.

问题分析： 最好的采购方案可以是花掉的资金最少，也可以是购买的总量最大，还可以是两者兼顾. 当优化目标只考虑其一时，很容易建立线性规划模型进行求解该问题. 然而，当目标两者均需要兼顾时，问题就变为含有两个目标的数学规划问题. 下面建立两个目标的目标规划模型.

模型建立： 设 x_1，x_2 分别为购买两种原材料的公斤数，$f_1(x_1, x_2)$ 为花掉的资金，$f_2(x_1, x_2)$ 为购买的总量. 建立该问题的数学模型形式如下：

$$\min \quad f_1(x_1, x_2) = 70x_1 + 50x_2$$

$$\max \quad f_2(x_1, x_2) = x_1 + x_2$$

$$\text{s.t.} \begin{cases} 70x_1 + 50x_2 \leqslant 5\ 000 \\ x_1 + x_2 \geqslant 80 \\ x_1 \geqslant 20 \\ x_1, \ x_2 \geqslant 0 \end{cases}$$

对于这样的多目标问题，线性规划很难为其找到最优方案. 极可能的结果是，第一方案使第一目标的结果值优于第二方案，同时第二方案使第二目标的结果值优于第一方案. 也就是说，很难找到一个最优方案，使两个目标的函数值同时达到最优. 另外，对于多目标问题，不同的目标还可能有不同的重要程度，而这也是线性规划所无法解决的.

在线性规划的基础上，建立了一种新的数学规划方法——目标规划法，用于弥补线性规划的上述局限性. 总的来说，目标规划和线性规划的不同之处可以从以下几点反映出来：

（1）线性规划只能处理一个目标，而现实问题往往存在多个目标. 目标规划则能统筹兼顾地处理多个目标的关系，求得切合实际需求的解.

（2）线性规划是求满足所有约束条件的最优解，而在实际问题中，可能存在相互矛盾的约束条件而导致无可行解，但此时生产还得继续进行，即使存在可行解，实际问题中也未必一定需要求出最优解. 目标规划则是要找到一个满意解，即使在相互矛盾的约束条件下也能找到尽量满足约束条件的满意解，即满意方案.

（3）线性规划的约束条件是不分主次地同等对待，这也并不完全符合实际情况. 目标规划则可根据实际需要有轻重缓急的考虑.

1.4.2 目标规划模型

针对上面的例 1.11 和例 1.12 提出的目标规划问题，一般可以采用加权系数法和优先等级法这两种思路进行转化.

加权系数法是给每一目标赋予一个权系数，把多目标模型转化为单一目标模型. 该方法的难点在于如何确定合理的权系数，以反映不同目标之间的重要程度. 例如，给例 1.12 的两个目标函数分别赋予权系数 α 和 β $(\alpha \geqslant 0, \beta \geqslant 0, \alpha + \beta = 1)$，则原模型可转化为单一目标模型：

$$\min \ z = \alpha(70x_1 + 50x_2) - \beta(x_1 + x_2)$$
$$\text{s.t.} \begin{cases} 70x_1 + 50x_2 \leqslant 5\ 000 \\ x_1 + x_2 \geqslant 70 \\ x_1 \geqslant 20 \\ x_1, \ x_2 \geqslant 0 \end{cases}$$

显然，当 $\alpha = 1$（此时 $\beta = 0$）时，为只考虑花掉的资金最少的优化方案；当 $\beta = 1$（此时 $\alpha = 0$）时，为只考虑购买的总量最大的优化方案.

优先等级法是引进偏差变量等概念后，将各目标按其重要程度不同的优先等级，转化为单目标模型. 下面介绍该方法涉及的基本概念.

（1）偏差变量.

对于例 1.11，造成无解的关键在于约束条件太死板. 设想把约束条件"放松"，比如占用的人力可以少于 70 人，机时约束和人工约束之间就不再发生矛盾. 在此基础上，引入了正负偏差的概念，以表示决策值与目标值之间的差异：

d_i^+——正偏差变量，表示决策值超出目标值的部分，目标规划里规定 $d_i^+ \geqslant 0$；

d_i^-——负偏差变量，表示决策值未达到目标值的部分，目标规划里规定 $d_i^- \geqslant 0$.

在实际操作中，当目标值（也就是计划的利润值）确定时，所做的决策可能出现以下三种情况之一：

（1）决策值超过了目标值（即完成或超额完成计划利润值），表示为 $d_i^+ \geqslant 0$，$d_i^- = 0$；

（2）决策值未达到目标值（即未完成计划利润值），表示为 $d_i^+ = 0$，$d_i^- \geqslant 0$；

（3）决策值恰好等于目标值（即恰好完成计划利润指标），表示为 $d_i^+ = 0$，$d_i^- = 0$.

以上三种情况，无论哪种情况发生，均有 $d_i^+ \cdot d_i^- = 0$.

（2）绝对约束与目标约束.

绝对约束也称系统约束，是指必须严格满足的等式约束和不等式约束，它对应于线性规划模型中的约束条件.

目标约束是目标规划所特有的. 当确定了目标值，进而做出决策时，允许与目标值存在正或负的偏差. 因而目标约束中加入了正、负偏差变量.

例如，例 1.11 中假定该企业计划利润值为 5 000 元，那么目标函数 max $z = 300x_1 + 500x_2$ 可变换为 $300x_1 + 500x_2 + d_i^- - d_i^+ = 5\ 000$. 该式表示决策值与目标值 5 000 之间可能存在正或负的偏差（请读者分别按照上面所讲的三种情况来理解）.

绝对约束也可根据问题的需要变换为目标约束. 此时将约束右端项看作所追求的目标值. 例如，例 1.11 中绝对约束 $x_1 + x_2 \leqslant 10$ 可变换为目标约束 $x_1 + x_2 + d_i^- - d_i^+ = 10$.

（3）优先次序系数与权系数.

一个规划问题往往存在多个目标. 决策者在实现这些目标时，有主次与轻重缓急之分. 对于有 K 级目标的问题，按照优先次序分别赋予不同大小的大 M 系数：M_1，M_2，$\cdots$，M_K. M_1，M_2，$\cdots$，M_K 为无穷大的正数，并且 $M_1 \gg M_2 \gg \cdots \gg M_K$（"$\gg$"符号表示"远大于"），这样，只有当某一级目标实现以后（即目标值为 0），才能忽略大 M 的影响，否则目标偏离量会因为大 M 的原因而无穷放大. 并且由于 $M_k \gg M_{k+1}$，所以只有先考虑忽略 M_k 的影响（实现第 k 级目标）后，才能考虑第 $k+1$ 级目标. 实际上这里的大 M 是对偏离目标值的惩罚系数，优先级别越高，惩罚系数越大.

权系数 ω_i 用来区别具有相同优先级别的若干目标. 在同一优先级别中，可能包含两个或多个目标，它们的正、负偏差变量的重要程度有差别，此时可以给正、负偏差变量赋予不同的权系数 ω_i^+ 和 ω_i^-.

各级目标的优先次序及权系数的确定由决策者按具体情况给出.

（4）目标规划的目标函数.

对于满足绝对约束与目标约束的所有解，从决策者的角度来看，判断依据是决策值与目标值的偏差越小越好. 因此，目标规划的目标函数是与正、负偏差变量密切相关的函数，我们表示为 min $z = f(d_i^+, d_i^-)$. 它有三种基本形式：

（1）要求恰好达到目标值，即正、负偏差变量都尽可能地小. 此时构造目标函数为 min $z = d_i^+ + d_i^-$.

（2）要求不超过目标值，即允许达不到目标值，正偏差变量尽可能地小. 此时构造目标函数为 min $z = d_i^+$.

（3）求超过目标值，即超过量不限，负偏差变量尽可能地小. 此时构造目标函数为 min $z = d_i^-$.

综上所述，目标规划模型由目标函数、目标约束、绝对约束以及变量非负约束等部分构

成. 目标规划的一般数学模型为:

目标函数 $\quad \min \ z = \sum_{k=1}^{K} M_k \sum_{l=1}^{L} (\omega_{kl}^- d_l^- + \omega_{kl}^+ d_l^+)$

目标约束 $\quad \sum_{j=1}^{n} c_{ij} x_j + d_l^- - d_l^+ = g_l \ (l = 1, 2, \cdots, L)$

绝对约束 $\quad \sum_{j=1}^{n} a_{ij} x_j = (\geqslant, \leqslant) b_i \ (i = 1, 2, \cdots, m)$

非负约束 $\quad x_j \geqslant 0, d_k^-, d_k^+ \geqslant 0 \ (j = 1, 2, \cdots, n; \ k = 1, 2, \cdots, K)$

针对例 1.11,假定目标利润不少于 15 000 元,为第一目标;占用的人力可以少于 70 人,为第二目标. 要求决策方案,可建立如下规划模型:

$$\max \ z = M_1 d_1^- + M_2 d_2^+$$

$$\text{s.t.} \begin{cases} 300x_1 + 500x_2 + d_1^- - d_2^+ = 15\ 000 \\ 4x_1 + d_2^- - d_2^+ = 70 \\ x_1 + x_2 \leqslant 10 \\ x_1, \ x_2, d_i^-, d_i^+ \geqslant 0 \ (i = 1, 2) \end{cases}$$

上面建立模型的方法是目标规划建模的主要手段,其建模步骤为:

(1)根据问题所提出的各目标与条件确定目标值,列出目标约束与绝对约束.

(2)根据决策者的需要将某些或全部绝对约束转换为目标约束,方法是绝对约束的左式加上负偏差变量和减去正偏差变量.

(3)给各级目标赋予相应的惩罚系数 $M_k(k = 1, 2, \cdots, K)$,M_k 为无穷大的正数,且 $M_1 \gg M_2 \gg \cdots \gg M_K$.

(4)对同一优先级的各目标,再按其重要程度,赋予相应的权系数 ω_{kl}.

(5)根据决策者的要求,各目标按三种情况取值:① 恰好达到目标值,取 $d_i^+ + d_i^-$;②允许超过目标值,取 d_i^-;③ 不允许超过目标值,取 d_i^+. 然后构造一个由惩罚系数、权系数和偏差变量组成的、要求实现极小化的目标函数.

1.4.3 应用举例

例 1.13 某计算机公司生产三种型号的笔记本电脑 A, B, C. 这三种笔记本电脑需要在复杂的装配线上生产,生产 1 台 A, B, C 型号的笔记本电脑分别需要 5, 8, 12(h). 公司装配线正常的生产时间是每月 1 700 h. 公司营业部门估计 A, B, C 三种笔记本电脑的利润分别是每台 1 000,1 440,2 520(元),而公司预测这个月生产的笔记本电脑能够全部售出. 公司经理考虑以下目标:

第一目标:充分利用正常的生产能力,避免开工不足;

第二目标:优先满足老客户的需求,A, B, C 三种型号的电脑分别为 50,50,80(台),同时根据三种电脑的纯利润分配不同的权因子;

第三目标：限制装配线加班时间，最好不要超过 200 h；

第四目标：满足各种型号电脑的销售目标，A，B，C 型号的电脑分别为 100，120，100（台），再根据三种电脑的纯利润分配不同的权因子；

第五目标：装配线的加班时间尽可能少．

请列出相应的目标规划模型，并用 Lingo 软件求解．

解　首先建立目标约束．

（1）装配线正常生产．

设生产 A，B，C 型号的电脑分别为 x_1, x_2, x_3（台），d_1^- 为装配线正常生产时间未利用数，d_1^+ 为装配线加班时间，希望装配线正常生产，避免开工不足，因此装配线目标约束为：

$$\min \ \{d_1^-\}$$
$$\text{s.t.} \quad 5x_1 + 8x_2 + 12x_3 + d_1^- - d_1^+ = 1\ 700$$

（2）销售目标．

优先满足老客户的需求，并根据三种电脑的纯利润分配不同的权因子，A，B，C 三种型号的电脑每小时的利润是 $\dfrac{1\ 000}{5}, \dfrac{1\ 440}{8}, \dfrac{2\ 520}{12}$（元），因此老客户的销售目标约束为：

$$\min \ \{20d_2^- + 18d_3^- + 21d_4^-\}$$
$$\text{s.t.} \quad \begin{cases} x_1 + d_2^- - d_2^+ = 50 \\ x_2 + d_3^- - d_3^+ = 50 \\ x_3 + d_4^- - d_4^+ = 80 \end{cases}$$

其次考虑一般销售．类似上面的讨论，得到

$$\min \ \{20d_5^- + 18d_6^- + 21d_7^-\}$$
$$\text{s.t.} \quad \begin{cases} x_1 + d_5^- - d_5^+ = 100 \\ x_2 + d_6^- - d_6^+ = 120 \\ x_3 + d_7^- - d_7^+ = 100 \end{cases}$$

（3）加班限制．

首先，限制装配线加班时间，不允许超过 200 h，因此得到

$$\min \ \{d_8^+\}$$
$$\text{s.t.} \quad 5x_1 + 8x_2 + 12x_3 + d_8^- - d_8^+ = 1\ 900$$

其次，装配线的加班时间尽可能少，即

$$\min \ \{d_1^+\}$$
$$\text{s.t.} \quad 5x_1 + 8x_2 + 12x_3 + d_1^- - d_1^+ = 1\ 700$$

写出目标规划的数学模型，即

$$\min\ z = P_1 d_1^- + P_2(20d_2^- + 18d_3^- + 21d_4^-) + P_3 d_8^+ + P_4(20d_5^- + 18d_6^- + 21d_7^-) + P_5 d_1^+$$

$$\text{s.t.}\quad \begin{cases} 5x_1 + 8x_2 + 12x_3 + d_1^- - d_1^+ = 1\,700 \\ x_1 + d_2^- - d_2^+ = 50 \\ x_2 + d_3^- - d_3^+ = 50 \\ x_3 + d_4^- - d_4^+ = 80 \\ x_1 + d_5^- - d_5^+ = 100 \\ x_2 + d_6^- - d_6^+ = 120 \\ x_3 + d_7^- - d_7^+ = 100 \\ 5x_1 + 8x_2 + 12x_3 + d_8^- - d_8^+ = 1\,900 \\ x_1, x_2, d_i^-, d_i^+ \geqslant 0 \quad (i = 1, 2, \cdots, 8) \end{cases}$$

写出相应的 Lingo 程序如下:

```
Model:
sets:
level/1..5/:p,z,goal;
variable/1..3/:x;
s_con_num/1..8/:g,dplus,dminus;
s_con(s_con_num, variable):c;
obj(level,s_con_num)/1 1,2 2,2 3,2 4,3 8,4 5,4 6,4 7,5 1/:wplus,wminus;
endsets;
data:
ctr=?;
goal=????0;
g=1700 50 50 80 100 120 100 1900;
c=5 8 12 1 0 0 0 1 0 0 0 1 1 0 0 0 1 0 0 0 1 5 8 12;
Wplus=0 0 0 0 1 0 0 0 1;
Wminus=1 20 18 21 0 20 18 21 0;
enddata
min = @sum(level:p*z);
p(ctr)= 1;
@for(leve(i) |i #ne#ctr:p(i)=0);
@for(level(i):z(i)=@sum(obj(i,j):wplus(i,j)*dplus(j)+wminus(i,j)*dminus(j)));
@for(s_con_num(i):@sum(variable(j):c(i,j)*x(j))+dminus(i)-dplus(i)=g(i));
@for(level(i)|i #lt#@size(level):@bnd(0,z(i),goal));
end
```

经 5 次计算得到 $x_1 = 100, x_2 = 55, x_3 = 80$. 装配线生产时间为 1 900 h，满足装配线加班不超过 200 h 的要求. 能够满足老客户的需求，但未能达到销售目标. 销售总利润为:

$$100 \times 1\,000 + 55 \times 1\,440 + 80 \times 2\,520 = 380\,800 \text{（元）}$$

例 1.14 已知三个工厂生产的产品供应给四个客户，各工厂生产量、用户需求量及从各工厂到用户的单位产品的运输费用如表 1.10 所示，其中总生产量小于总需求量.

（1）求总运费最小的运输问题的调度方案.

（2）经上级部门研究后，制定了新调配方案的八项目标，并规定了重要性的次序.

第一目标：用户 4 为重要部门，需求量必须全部满足；

第二目标：供应给用户 1 的产品中，工厂 3 的产品不少于 100 个单位；

第三目标：每个用户的满足率不低于 80%；

第四目标：应尽量满足各用户的需求；

第五目标：新方案的总运费不超过原运输问题的调度方案的 10%；

第六目标：因道路限制，工厂 2 到用户 4 的路线应尽量避免运输任务；

第七目标：用户 1 和用户 3 的满足率应尽量保持平衡；

第八目标：力求减少总运费.

请列出相应的目标规划模型，并用 Lingo 程序求解.

表 1.10　运输费用和供需数据

	用户 1	用户 2	用户 3	用户 4	生产量
工厂 1	5	2	6	7	300
工厂 2	3	5	4	6	200
工厂 3	4	5	2	3	400
需求量	200	100	450	250	

解： 设 c_{ij} 表示从工厂 $i(i=1,2,3)$ 到用户 $j(j=1,2,3,4)$ 的单位产品的运输费用，a_j 表示第 j 个用户的需求量，b_i 表示第 i 个工厂的生产量.

题中已知总生产量小于总需求量.

（1）求解原运输问题.

设 x_{ij} 为工厂 $i(i=1,2,3)$ 调配给用户 $j(j=1,2,3,4)$ 的运量，建立如下的总运费最小的线性规划模型：

$$\min \sum_{i=1}^{3}\sum_{j=1}^{4}c_{ij}x_{ij}$$

$$\text{s.t.}\begin{cases} \sum_{j=1}^{4}x_{ij}=b_i \ (i=1,2,3) \\ \sum_{i=1}^{3}x_{ij}\leqslant a_j \ (j=1,2,3,4) \end{cases}$$

编写如下的 Lingo 程序：

```
model;
sets;
```

```
plant/1. . 3/:b;
customer/1. . 4/:a;
routes(plant,customer):c,x;
endsets
data;
b=300 200 400;
a=200 100 450 250;
c=5 2 6 7 3 5 4 6 4 5 2 3;
enddata;
min=@ sum(routes:c*x);
@ for(plant(i) @ sum(customer(j):x(i,j))=b(i));
@ for(customer(i) @ sum(plant(i):x(i,j))=a(j));
end
```

求得总运费是 2 950 元，运输方案如表 1.11 所示.

表 1.11　运输方案

	用户 1	用户 2	用户 3	用户 4	生产量
工厂 1		100	200		300
工厂 2	200				200
工厂 3			250	150	400
需求量	200	100	450	250	

（2）按照目标重要性的等级列出目标规划的目标约束和目标函数.

仍设 x_{ij} 为工厂 $i(i=1,2,3)$ 调配给用户 $j(j=1,2,3,4)$ 的运量.

① 由于总生产量小于总需求量，产量约束应严格满足，即

$$\sum_{j=1}^{4} x_{ij} = b_i \ (i=1,2,3)$$

② 供应给用户 1 的产品中，工厂 3 的产品不少于 100 个单位，即

$$x_{31} + d_1^- - d_1^+ = 100$$

③（需求约束）　各用户的满足率不低于 80%，即

$$x_{11} + x_{21} + x_{31} + d_2^- - d_2^+ = 160$$
$$x_{12} + x_{22} + x_{32} + d_3^- - d_3^+ = 80$$
$$x_{13} + x_{23} + x_{33} + d_4^- - d_4^+ = 360$$
$$x_{14} + x_{24} + x_{34} + d_5^- - d_5^+ = 200$$

应尽量满足各用户的需求，即

$$x_{11} + x_{21} + x_{31} + d_6^- - d_6^+ = 200$$
$$x_{12} + x_{22} + x_{32} + d_7^- - d_7^+ = 100$$
$$x_{13} + x_{23} + x_{33} + d_8^- - d_8^+ = 450$$
$$x_{14} + x_{24} + x_{34} + d_9^- - d_9^+ = 250$$

④ 新方案的总运费不超过原方案的 10%（原运输方案的运费为 2 950 元），即

$$\sum_{i=1}^{3}\sum_{j=1}^{4} c_{ij}x_{ij} + d_{10}^- - d_{10}^+ = 3\ 245$$

⑤ 工厂 2 到用户 4 的路线应尽量避免运输任务，即

$$x_{24} + d_{11}^- - d_{11}^+ = 0$$

⑥ 用户 1 和用户 3 的满足率应尽量保持平衡，即

$$(x_{11} + x_{21} + x_{31}) - \frac{200}{450}(x_{13} + x_{23} + x_{33}) + d_{12}^- - d_{12}^+ = 0$$

⑦ 力求总运费最少，即

$$\sum_{i=1}^{3}\sum_{j=1}^{4} c_{ij}x_{ij} + d_{13}^- - d_{13}^+ = 2\ 950.$$

此外

$$x_{ij} > 0\ (i = 1, 2, 3, j = 1, 2, 3, 4)$$

$$d_k^+, d_k^- \geqslant 0\ (k = 1, 2, \cdots, 13)$$

故目标函数为

$$\min\ z = P_1 d_9^- + P_2 d_1^- + P_2(d_2^- + d_3^- + d_4^- + d_5^-) + P_4(d_6^- + d_7^- + d_8^- + d_9^-) +$$
$$P_5 d_{10}^+ + P_6 d_{11}^+ + P_7(d_{12}^- + d_{12}^+) + P_8 d_{13}^+$$

编写 Lingo 程序如下：

```
model:
sets:
level/1. . 8/:p,z,goal,x;
s_con_num/1. . 13/:g,dplus,dminus;
obj(level,s_con_num)/1  9,2  1,3  2,3  3,3  4,3  5,4  6,4  7,4  8,4  9,5  10,6  11,7  12,8
13/:wplus,wminus;
endsets;
data:
ctr=?;
goal=???????0;
```

```
b=300 200 400;
a=200 100 450 250;
c=5 2 6 7 3 5 4 6 4 5 3 2;
wplus=0 0 0 0 0 0 0 0 0 0 1 1 1 1;
wminus=1 1 1 1 1 1 1 1 1 1 0 0 1 0;
enddata;
min = sum(level:p*z);
p(ctr)= 1;
@for(leve(i) |i #ne#ctr:p(i)=0);
@for(level(i):z(i)=@sum(obj(i,j):wplus(i,j)*dplus(j)+wminus(i,j)*dminus(j)));
@for(plant(i):@sum(customer(j):x(i,j))<b(j));
x(3,1)+dminus(1)-dplus(1)=100;
@for(customer(j):@sum(plant(i):x(i,j))+dminus(1+j)-dplus(1+j)=0. 8*b(j));
@sum(plant(i):x(i,j))+dminus(5+i)-dplus(5+i)=a(j));
x(2,4)+dminus(11)-dplus(11)=0;
@for(plant(i):x(i,1))-20/45*@sum(plant(i):x(i,3))+dminus(12)-dplus(12)=0;
@ sum(routes:c*x)+dminus(13)-dplus(13)=2950;
@for(leve(i) |i # lt #@ size(level):@bnd(0,z(i),goal));
end
```

经 8 次运算得到最终的计算结果（见表 1.12），总运费为 3 360 元，高于原运费 410 元，超过原方案 10% 的上限 115 元.

表 1.12　调运方案数据表

	用户 1	用户 2	用户 3	用户 4	生产量
工厂 1		100		200	300
工厂 2	90		110		200
工厂 3	100		250	50	400
实际运量	190	100	360	250	
需求量	200	100	450	250	

1.5　动态规划模型

规划问题的最终目的就是确定各决策变量的取值，以使目标函数达到极大或极小. 在线性规划和非线性规划中，决策变量都是以集合的形式被一次性处理的. 然而，有时我们也会面对决策变量需分期、分批处理的多阶段决策问题. 多阶段决策问题是指这样一类活动过程：它可以分解为若干个互相联系的阶段，在每一阶段分别对应着一组可供选取的决策集合，即构成过程的每个阶段都需要进行一次决策的决策问题. 将各个阶段的决策综合起来构成一个决策序列，称为一个策略. 显然，由于各个阶段选取的决策不同，对应整个过程可以有一系列不同的策略. 当过程采取某个具体策略时，相应可以得到一个确定的效果，采取不同的策略，就会得到不同的效果. 多阶段决策问题，就是要在所有可能采取的策略中选取一个最优的策略，以便获得最佳的效果. 动态规划同前面介绍过的各种优化方法不同，它不是一种算法，而是考察问题的一种途径. 动态规划是一种求解多阶段决策问题的系统技术，可以说它横跨整个规划领域. 当然，由于动态规划不是一种特定的算法，因而它不像线性规划那样有一个标准的数学表达式和明确定义的一组规则，动态规划必须对具体问题进行具体的分析处理. 在多阶段决策问题中，有些问题对阶段的划分具有明显的时序性，动态规划的"动态"二字也由此而得名.

　　动态规划在工程技术、经济管理等社会各个领域都有着广泛的应用，并且获得了显著的效果. 特别是经济管理方面，动态规划可以用来解决最优路径、资源分配、生产调度、库存管理、排序、设备更新以及生产过程最优控制等问题，是经济管理中一种重要的决策技术. 用动态规划的方法来处理许多规划问题，往往比线性规划或非线性规划更有效. 特别是对于离散型问题，由于解析数学无法发挥作用，动态规划便成为一种非常有用的工具.

　　动态规划可以按照决策过程的演变是否确定分为确定性动态规划和随机性动态规划；也可以按照决策变量的取值是否连续分为连续型动态规划和离散型动态规划. 本节主要针对确定离散型问题，介绍动态规划的基本概念、基本理论和方法，并通过几个典型的动态规划模型说明这些理论和方法的应用.

1.5.1　多阶段决策过程的数学描述

　　有这样一类活动过程，其整个过程可分为若干相互联系的阶段，每一阶段都要做出相应的决策，以使整个过程达到最佳的活动效果. 任何一个阶段（stage，即决策点）都是由输入（input）、决策（decision）、状态转移律（transformation function）和输出（output）构成的，如图 1.3（a）所示. 其中输入和输出也称为状态（state），输入称为输入状态，输出称为输出状态.

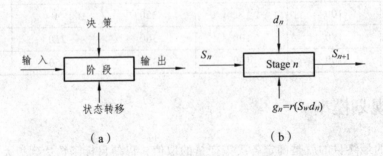

图 1.3　多阶段决策过程图

　　由于每一阶段都有一个决策，所以每一阶段都应存在一个衡量决策效益大小的指标函数，这一指标函数称为阶段指标函数，用 g_n 表示. 显然 g_n 是状态变量 S_n 和决策变量 d_n 的函数，

即 $g_n = r(S_n, d_n)$，如图 1.3（b）所示. 显然，输出是输入和决策的函数，即：

$$S_{n+1} = f(S_n, d_n) \tag{1.29}$$

式（1.29）即为状态转移律. 在由 N 个阶段构成的决策过程中，前一个阶段的输出即后一个阶段的输入.

1.5.2　动态规划的基本概念

动态规划的数学描述离不开它的一些基本概念与符号，因此有必要在介绍多阶段决策过程的数学描述的基础上，系统地介绍动态规划的一些基本概念.

1. 阶段（stage）

阶段是过程中需要做出决策的决策点. 描述阶段的变量称为阶段变量，常用 k 来表示. 阶段的划分一般是根据时间和空间的自然特征来进行的，但要便于将问题的过程转化为多阶段决策的过程. 对于具有 N 个阶段的决策过程，其阶段变量 $k = 1, 2, \cdots, N$.

2. 状态（state）

状态表示每个阶段开始所处的自然状况或客观条件，它描述了研究问题过程的状况. 状态既反映前面各阶段系列决策的结局，又是本阶段决策的一个出发点和依据；它是各阶段信息的传递点和结合点. 各阶段的状态通常用状态变量 S_k 来描述. 状态应具有这样的性质：如果某阶段状态给定后，则该阶段以后过程的发展不受此阶段以前各阶段状态的影响，换句话说，过程的历史只能通过当前的状态来影响未来，当前的状态是以往历史的一个总结. 这个性质称为无后效性或健忘性.

3. 决策（decision）

决策是指决策者在所面临的若干个方案中做出的选择. 决策变量 d_k 表示第 k 阶段的决策. 决策变量 d_k 的取值会受到状态 S_k 的某种限制，用 $D_k(S_k)$ 表示第 k 阶段状态为 S_k 时决策变量允许的取值范围，称为允许决策集合，因而有 $d_k(S_k) \in D_k(S_k)$.

4. 状态转移律（transformation function）

状态转移律是确定由一个状态到另一状态演变过程的方程，这种演变的对应关系记为 $S_{k+1} = T_k(S_k, d_k)$.

5. 策略（policy）与子策略（sub-policy）

由所有阶段决策所组成的一个决策序列称为一个策略，具有 N 个阶段的动态规划问题的策略可表示为 $\{d_1(S_1), d_2(S_2), \cdots, d_N(S_N)\}$.

从某一阶段开始到过程终点为止的一个决策子序列，称为过程子策略或子策略. 从第 k 个阶段起的一个子策略可表示为 $\{d_k(S_k), d_{k+1}(S_{k+1}), \cdots, d_N(S_N)\}$.

6. 指标函数

指标函数有阶段指标函数和过程指标函数之分. 阶段指标函数是对应某一阶段决策的效率度量，用 $g_k = r(S_k, d_k)$ 来表示；过程指标函数是用来衡量所实现过程优劣的数量指标，是定义在全过程（策略）或后续子过程（子策略）上的一个数量函数，从第 k 个阶段起的一个子策略所对应的过程指标函数常用 $G_{k,N}$ 来表示，即 $G_{k,N} = R(S_k, d_k, S_{k+1}, d_{k+1}, \cdots, S_N, d_N)$.

构成动态规划的过程指标函数，应具有可分性并满足递推关系，即：

$$G_{k,N} = g_k \oplus G_{k+1,N}$$

这里的 $\oplus$ 表示某种运算，最常见的运算关系有如下两种：

（1）过程指标函数是其所包含的各阶段指标函数的"和"，即 $G_{k,N} = \sum_{j=k}^{N} g_j$，于是 $G_{k,N} = g_k + G_{k+1,N}$.

（2）过程指标函数是其所包含的各阶段指标函数的"积"，即 $G_{k,N} = \prod_{j=k}^{N} g_j$，于是 $G_{k,N} = g_k \times G_{k+1,N}$.

7. 最优指标函数

从第 k 个阶段起的最优子策略所对应的过程指标函数称为最优指标函数，可以用式（1.17）加以表示：

$$f_k(S_k) = \mathop{\mathrm{opt}}\limits_{d_{k\sim N}} \{g_k \oplus g_{k+1} \oplus \cdots \oplus g_N\} \tag{1.30}$$

其中"opt"是最优化（optimization）的缩写，可根据题意取最大（max）或最小（min）. 在不同的问题中，指标函数的含义可能有所不同，它可能是距离、利润、成本、产量或资源量等.

1.5.3　动态规划的数学模型

动态规划的数学模型除包括式（1.30）外，还包括阶段的划分、各阶段的状态变量和决策变量的选取、允许决策集合和状态转移律的确定等.

如何获得最优指标函数呢？一个 N 阶段的决策过程，具有如下一些特性：

（1）刚好有 N 个决策点；

（2）对阶段 k 而言，除了其所处的状态 S_k 和所选择的决策 d_k 外，再没有任何其他因素影响决策的最优性；

（3）阶段 k 仅影响阶段 $k+1$ 的决策，这一影响是通过 S_{k+1} 来实现的；

（4）贝尔曼（Bellman）最优化原理：在最优策略的任意一阶段上，无论过去的状态和决策如何，对过去决策所形成的当前状态而言，余下的诸决策必须构成最优子策略.

根据贝尔曼最优化原理，可以将式（1.30）表示为递推最优指标函数关系式：

$$f_k(S_k) = \mathop{\mathrm{opt}}\limits_{d_{k\sim N}} \{g_k \oplus g_{k+1} \oplus \cdots \oplus g_N\} = \mathop{\mathrm{opt}}\limits_{d_k} \{g_k + f_{k+1}(S_{k+1})\} \tag{1.31}$$

或　　　　$$f_k(S_k) = \mathop{\mathrm{opt}}\limits_{d_{k\sim N}} \{g_k \oplus g_{k+1} \oplus \cdots \oplus g_N\} = \mathop{\mathrm{opt}}\limits_{d_k} \{g_k \times f_{k+1}(S_{k+1})\} \tag{1.32}$$

上式可表示出最后一个阶段（第 N 个阶段，即 $k=N$）的最优指标函数

$$f_N(S_N) = \operatorname*{opt}_{d_N}\{g_N + f_{N+1}(S_{N+1})\} \tag{1.33}$$

或

$$f_N(S_N) = \operatorname*{opt}_{d_N}\{g_N \times f_{N+1}(S_{N+1})\} \tag{1.34}$$

其中 $f_{N+1}(S_{N+1})$ 称为边界条件. 一般情况下, 第 N 阶段的输出状态 S_{N+1} 已经不再影响本过程的策略, 即式 (1.33) 中的边界条件 $f_{N+1}(S_{N+1})=0$, 式 (1.34) 中的边界条件 $f_{N+1}(S_{N+1})=1$. 但当问题第 N 阶段的输出状态 S_{N+1} 对本过程的策略产生某种影响时, 边界条件 $f_{N+1}(S_{N+1})$ 就要根据问题的具体情况取适当的值, 这一情况将在后续例题中加以反映.

已知边界条件 $f_{N+1}(S_{N+1})$, 利用式 (1.31) 或式 (1.32) 即可求得最后一个阶段的最优指标函数 $f_N(S_N)$; 有了 $f_N(S_N)$, 继续利用式 (1.31) 或式 (1.32) 即可求得最后两个阶段的最优指标函数 $f_{N-1}(S_{N-1})$; 有了 $f_{N-1}(S_{N-1})$, 进一步又可以求得最后三个阶段的最优指标函数 $f_{N-2}(S_{N-2})$, 反复递推下去, 最终即可求得全过程 N 个阶段的最优指标函数 $f_1(S_1)$, 从而使问题得到解决. 由于上述最优指标函数的构建是按阶段的逆序从后向前进行的, 所以也称为动态规划的逆序算法. 除了逆序算法外, 动态规划也常用顺序算法求解. 顺序算法与逆序算法相反, 计算时从第一阶段开始逐段向后递推.

通过上述分析可以看出, 任何一个多阶段决策过程的最优化问题, 都可以用非线性规划 (特殊的可以用线性规划) 模型来描述, 原则上, 也可以用非线性规划 (或线性规划) 的方法来求解. 那么利用动态规划求解多阶段决策过程有什么优越性、又有什么局限性呢?

动态规划的优越性: **第一, 求解更容易、效率更高.** 动态规划方法是一种逐步改善法, 它把原问题化成一系列结构相似的最优化子问题, 而每个子问题的变量个数比原问题少得多, 约束集合也简单得多, 故比较易于确定最优解. **第二, 解的信息更丰富.** 非线性规划 (或线性规划) 的方法是对问题的整体进行一次性求解的, 因此只能得到全过程的解; 而动态规划方法是将过程分解成多个阶段进行求解的, 因此不仅可以得到全过程的解, 还可以得到所有子过程的解.

动态规划的局限性: **第一, 没有一个统一的标准模型.** 由于实际问题不同, 其动态规划模型也各有差异, 模型构建存在一定困难. **第二, 应用条件苛刻.** 由于构造动态规划模型状态变量必须满足 "无后效性" 条件, 这一条件不仅依赖于状态转移律, 还依赖于允许决策集合和指标函数的结构, 不少实际问题在取其自然特征作为状态变量时并不满足这一条件, 这就降低了动态规划的通用性. **第三, 状态变量存在 "维数障碍".** 最优指标函数 $f_k(S_k)$ 是状态变量的函数, 当状态变量的维数增加时, 最优指标函数的计算量将成指数倍增长, 因此无论是手工计算还是电算, "维数障碍" 都是无法完全克服的.

1.5.4　应用举例

例 1.15　最短路线问题

问题: 美国黑金石油公司最近在阿拉斯加 (Alaska) 的北斯洛波 (North Slope) 发现了大的石油储量. 为了大规模开发这一油田, 首先必须建立相应的输运网络, 使北斯洛波生产的原油能运至美国的 3 个装运港之一. 在油田的集输站 (结点 C) 与装运港 (结点 P_1, P_2, P_3) 之间需要若干个中间站, 中间站之间的联通情况如图 1.4 所示, 图中线段上的数字代表两站之间的距离（单位：10 千米）．试确定最佳的输运线路，使原油的输送距离最短．

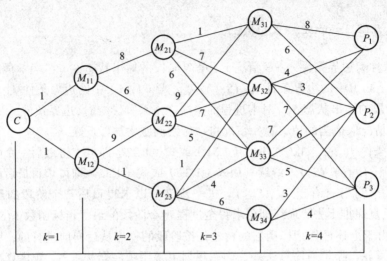

图 1.4　中间站之间的联通情况图

问题分析：最短路线有一个重要性质，即如果由起点 A 经过 B 点和 C 点到达终点 D 是一条最短路线，则由 B 点经 C 点到达终点 D 一定是 B 点到 D 点的最短路（贝尔曼最优化原理）．此性质用反证法很容易证明，否则，从 B 点到 D 点有另一条距离更短的路线存在，不妨假设为 $B—P—D$，从而可知路线 $A—B—P—D$ 比原路线 $A—B—C—D$ 距离短，这与原路线 $A—B—C—D$ 是最短路线相矛盾，性质得证．

根据最短路线的这一性质，寻找最短路线的方法就是从最后阶段开始，由后向前逐步递推求出各点到终点的最短路线，最后求得由始点到终点的最短路，即动态规划的方法是从终点逐段向始点方向寻找最短路线的一种方法．

模型建立与求解：按照动态规划的方法，将此过程划分为 4 个阶段，即阶段变量 $k = 1, 2, 3, 4$；取过程在各阶段所处的位置为状态变量 S_k，按逆序算法求解．

当 $k = 4$ 时，由结点 M_{31} 到达目的地有两条路线可以选择，即选择 P_1 或 P_2，

$$f_4(S_4 = M_{31}) = \min \begin{Bmatrix} 8 \\ 6 \end{Bmatrix} = 6 \text{，选择 } P_2;$$

由结点 M_{32} 到达目的地有三条路线可以选择，即选择 P_1，P_2 或 P_3，

$$f_4(S_4 = M_{32}) = \min \begin{Bmatrix} 4 \\ 3 \\ 7 \end{Bmatrix} = 3 \text{，选择 } P_2;$$

由结点 M_{33} 到达目的地也有三条路线可以选择，即选择 P_1，P_2 或 P_3，

$$f_4(S_4 = M_{33}) = \min \begin{Bmatrix} 7 \\ 6 \\ 5 \end{Bmatrix} = 5 \text{，选择 } P_3;$$

由结点 M_{34} 到达目的地有两条路线可以选择，即选择 P_2 或 P_3；

$$f_4(S_4 = M_{34}) = \min \begin{Bmatrix} 3 \\ 4 \end{Bmatrix} = 3 \text{，选择 } P_2$$

当 $k = 3$ 时，由结点 M_{21} 到达下一阶段有三条路线可以选择，即选择 M_{31}，M_{32} 或 M_{33}，

$$f_3(S_3 = M_{21}) = \min \begin{Bmatrix} 10+6 \\ 7+3 \\ 6+5 \end{Bmatrix} = 10 \text{，选择 } M_{32}$$

由结点 M_{22} 到达下一阶段也有三条路线可以选择，即选择 M_{31}，M_{32} 或 M_{33}，

$$f_3(S_3 = M_{22}) = \min \begin{Bmatrix} 9+6 \\ 7+3 \\ 5+5 \end{Bmatrix} = 10 \text{，选择 } M_{32} \text{ 或 } M_{33}$$

由结点 M_{23} 到达下一阶段也有三条路线可以选择，即选择 M_{32}，M_{33} 或 M_{34}，

$$f_3(S_3 = M_{23}) = \min \begin{Bmatrix} 11+3 \\ 4+5 \\ 6+3 \end{Bmatrix} = 9 \text{，选择 } M_{33} \text{ 或 } M_{34}$$

当 $k = 2$ 时，由结点 M_{11} 到达下一阶段有两条路线可以选择，即选择 M_{21} 或 M_{22}，

$$f_2(S_2 = M_{11}) = \min \begin{Bmatrix} 8+10 \\ 6+10 \end{Bmatrix} = 16 \text{，选择 } M_{22}$$

由结点 M_{12} 到达下一阶段也有两条路线可以选择，即选择 M_{22} 或 M_{23}，

$$f_2(S_2 = M_{12}) = \min \begin{Bmatrix} 9+10 \\ 11+9 \end{Bmatrix} = 19 \text{，选择 } M_{22}$$

当 $k = 1$ 时，由结点 C 到达下一阶段有两条路线可以选择，即选择 M_{11} 或 M_{12}，

$$f_1(S_1 = C) = \min \begin{Bmatrix} 12+16 \\ 10+19 \end{Bmatrix} = 28 \text{，选择 } M_{11}$$

通过顺序（计算的反顺序）追踪，可以得到两条最佳的输运线路：$C—M_{11}—M_{22}—M_{32}—P_2$；$C—M_{11}—M_{22}—M_{33}—P_3$. 最短的输送距离是 280 千米.

例 1.16 资源分配问题

表 1.13 投资利润   单元：万元

投资额	100	200	300	400	500
甲	30	70	90	120	130
乙	50	100	110	110	110
丙	40	60	110	120	120

问题： 某公司拟将 500 万元的资本投入所属的甲、乙、丙三个工厂进行技术改造，各工厂获得投资后年利润将有相应的增长，增长额如表 1.13 所示. 试确定 500 万元资本的分配方案，以使公司总的年利润增长额最大.

模型建立： 将问题按工厂分为三个阶段 $k=1,2,3$，设状态变量 S_k（$k=1,2,3$）代表从第 k 个工厂到第 3 个工厂的投资额，决策变量 x_k 代表第 k 个工厂的投资额. 于是有状态转移率 $S_{k+1}=S_k-x_k$，允许决策集合 $D_k(S_k)=\{x_k\,|\,0\leqslant x_k\leqslant S_k\}$ 和递推关系式：

$$\begin{cases} f_k(S_k)=\max\limits_{0\leqslant x_k\leqslant S_k}\{g_k(x_k)+f_{k+1}(S_k-x_k)\} & (k=1,2,3) \\ f_4(S_4)=0 \end{cases}$$

模型求解：

当 $k=3$ 时，

$$f_3(S_3)=\max\limits_{0\leqslant x_3\leqslant S_3}\{g_3(x_3)+0\}=\max\limits_{0\leqslant x_3\leqslant S_3}\{g_3(x_3)\}$$

表 1.14 中 x_3^* 表示第三个阶段的最优决策.

表 1.14　第三个阶段的最优决策　　　　　　　单位：百万元

S_3	0	1	2	3	4	5
x_3^*	0	1	2	3	4	5
$f_3(S_3)$	0	0.4	0.6	1.1	1.2	1.2

当 $k=2$ 时，

$$f_2(S_2)=\max\limits_{0\leqslant x_2\leqslant S_2}\{g_2(x_2)+f_3(S_2-x_2)\}$$

表 1.15 中 x_2^* 表示第二个阶段的最优决策.

表 1.15　第二个阶段的最优决策　　　　　　　单位：百万元

S_2 ＼ x_2	$g_2(x_2)+f_3(S_2-x_2)$						$f_2(S_2)$	x_2^*
	0	1	2	3	4	5		
0	0 + 0						0	0
1	0 + 0.4	0.5 + 0					0.5	1
2	0 + 0.6	0.5 + 0.4	1.0 + 0				1.0	2
3	0 + 1.1	0.5 + 0.6	1.0 + 0.4	1.1 + 0			1.4	2
4	0 + 1.2	0.5 + 1.1	1.0 + 0.6	1.1 + 0.4	1.1 + 0		1.6	1, 2
5	0 + 1.2	0.5 + 1.2	1.0 + 1.1	1.1 + 0.6	1.1 + 0.4	1.1 + 0	2.1	2

当 $k=1$ 时，

$$f_1(S_1)=\max\limits_{0\leqslant x_1\leqslant S_1}\{g_1(x_1)+f_2(S_1-x_1)\}$$

表 1.16 中 x_1^* 表示第一个阶段的最优决策.

表 1.16   第一个阶段的最优决策   单位：百万元

x_1 S_1	$g_1(x_1)+f_2(S_1-x_1)$						$f_1(S_1)$	x_1^*
	0	1	2	3	4	5		
5	0 + 2.1	0.3 + 1.6	0.7 + 1.4	0.9 + 1.0	1.2 + 0.5	1.3 + 0	2.1	0, 2

然后按计算表格的反顺序推算，可知最优分配方案有两个：① 甲工厂投资 200 万元，乙工厂投资 200 万元，丙工厂投资 100 万元；② 甲工厂没有投资，乙工厂投资 200 万元，丙工厂投资 300 万元. 按最优分配方案分配投资（资源），年利润将增长 210 万元.

这个例子是决策变量取离散值的一类分配问题. 在实际问题中，相类似的还有销售店的布局（分配）问题、设备或人力资源的分配问题等. 在资源分配问题中，还有一种决策变量为连续变量的资源分配问题，举例见下面的机器负荷分配问题.

例 1.17   机器负荷分配问题

问题： 某种机器可在高低两种不同的负荷下进行生产，设机器在高负荷下生产的产量（件）函数为 $g_1(x)=8x$，其中 x 为投入高负荷生产的机器数量，年度完好率 $\alpha=0.7$（年底的完好设备数等于年初完好设备数的 70%）；在低负荷下生产的产量（件）函数为 $g_2(y)=5y$，其中 y 为投入低负荷生产的机器数量，年度完好率 $\beta=0.9$. 假定开始生产时完好的机器数量为 1 000 台，试问每年应如何安排机器在高、低负荷下的生产，才能使 5 年生产的产品总量最多.

模型建立： 设阶段 k 表示年度（$k=1,2,3,4,5$），状态变量 S_k 为第 k 年度初拥有的完好机器数量（同时也是第 $k-1$ 年度末时的完好机器数量），决策变量 x_k 为第 k 年度分配高负荷下生产的机器数量，于是 S_k-x_k 为该年度分配在低负荷下生产的机器数量. 这里的 S_k 和 x_k 均为连续变量，它们的非整数值可以这样理解：如 $S_k=0.6$ 就表示一台机器在第 k 年度中正常工作时间只占全部时间的 60%；$x_k=0.3$ 就表示一台机器在第 k 年度中只有 30% 的工作时间在高负荷下运转. 状态转移方程为

$$S_{k+1}=\alpha x_k+\beta(S_k-x_k)=0.7x_k+0.9(S_k-x_k)=0.9S_k-0.2x_k$$

允许决策集合

$$D_k(S_k)=\{x_k \mid 0\leqslant x_k\leqslant S_k\}$$

设阶段指标 $Q_k(S_k,x_k)$ 为第 k 年度的产量，则

$$Q_k(S_k,x_k)=8x_k+5(S_k-x_k)=5S_k+3x_k$$

过程指标是阶段指标的和，即 $Q_{k\sim5}=\sum_{j=k}^{5}Q_j$.

令最优值函数 $f_k(S_k)$ 表示从资源量 S_k 出发，采取最优子策略所生产的产品总量，因而有逆推关系式：

$$f_k(S_k)=\max_{x_k\in D_k(S_k)}\{5S_k+3x_k+f_{k+1}(0.9S_k-0.2x_k)\}$$

边界条件 $f_6(S_6)=0$.

模型求解:

当 $k = 5$ 时,

$$f_5(S_5) = \max_{0 \leqslant x_5 \leqslant S_5} \{5S_5 + 3x_5 + f_6(S_6)\} = \max_{0 \leqslant x_5 \leqslant S_5} \{5S_5 + 3x_5\}$$

因 $f_5(S_5)$ 是关于 x_5 的单调递增函数,故取 $x_5^* = S_5$,相应有 $f_5(S_5) = 8S_5$.

当 $k = 4$ 时,

$$f_4(S_4) = \max_{0 \leqslant x_4 \leqslant S_4} \{5S_4 + 3x_4 + f_5(0.9S_4 - 0.2x_4)\}$$

$$= \max_{0 \leqslant x_4 \leqslant S_4} \{5S_4 + 3x_4 + 8(0.9S_4 - 0.2x_4)\}$$

$$= \max_{0 \leqslant x_4 \leqslant S_4} \{12.2S_4 + 1.4x_4\}$$

因 $f_4(S_4)$ 是关于 x_4 的单调递增函数,故取 $x_4^* = S_4$,相应有 $f_4(S_4) = 13.6S_4$;依次类推,可求得

当 $k = 3$ 时,　$x_3^* = S_3$,　$f_3(S_3) = 17.5S_3$;

当 $k = 2$ 时,　$x_2^* = 0$,　$f_2(S_2) = 20.8S_2$;

当 $k = 1$ 时,　$x_1^* = 0$,　$f_1(S_1 = 1\,000) = 23.7S_1 = 23\,700$.

计算结果表明,最优策略为 $x_1^* = 0$,　$x_2^* = 0$,　$x_3^* = S_3$,　$x_4^* = S_4$,　$x_5^* = S_5$,即前两年将全部设备都投入低负荷生产,后三年将全部设备都投入高负荷生产,这样可以使 5 年的总产量最大,为 23 700 件.

有了上述最优策略,各阶段的状态也就随之确定,即按阶段顺序计算出各年年初的完好设备数量:

$$S_1 = 1\,000$$

$$S_2 = 0.9S_1 - 0.2x_1 = 0.9 \times 1\,000 - 0.2 \times 0 = 900$$

$$S_3 = 0.9S_2 - 0.2x_2 = 0.9 \times 900 - 0.2 \times 0 = 810$$

$$S_4 = 0.9S_3 - 0.2x_3 = 0.9 \times 810 - 0.2 \times 810 = 567$$

$$S_5 = 0.9S_4 - 0.2x_4 = 0.9 \times 567 - 0.2 \times 567 = 397$$

$$S_6 = 0.9S_5 - 0.2x_5 = 0.9 \times 397 - 0.2 \times 397 = 278$$

进一步思考: 上面所讨论的过程始端状态 S_1 是固定的,而终端状态 S_6 是自由的,实现的目标函数是 5 年的总产量最高. 如果在终端也附加上一定的约束条件,如规定在第 5 年结束时,完好的机器数量不低于 350 台(上面的模型结果只有 278 台),试问应如何安排生产,才能在满足这一终端要求的情况下使产量最高呢.

改进模型的建立与求解: 阶段 k 表示年度($k = 1, 2, 3, 4, 5$),状态变量 S_k 为第 k 年度初拥有的完好机器数量,决策变量 x_k 为第 k 年度分配高负荷下生产的机器数量. 状态转移方程为

$$S_{k+1} = \alpha x_k + \beta(S_k - x_k) = 0.7x_k + 0.9(S_k - x_k) = 0.9S_k - 0.2x_k$$

终端约束：

$$S_6 \geqslant 350$$

$$0.9S_5 - 0.2x_5 \geqslant 350$$

$$x_5 \leqslant 4.5S_5 - 1\,750$$

允许决策集合：$D_k(S_k) = \{x_k \mid 0 \leqslant x_k \leqslant S_k\}$ 以及第 k 阶段的终端递推条件.

对于 $k=5$，考虑终端递推条件有

$$D_5(S_5) = \{x_5 \mid 0 \leqslant x_5 \leqslant 4.5S_5 - 1\,750 \leqslant S_5\}$$

$$500 \geqslant S_5 \geqslant 389$$

同理，其他各阶段的允许决策集合可在过程指标函数的递推中产生. 设

阶段指标：$\quad Q_k(S_k, x_k) = 8x_k + 5(S_k - x_k) = 5S_k + 3x_k$

过程指标：$\quad Q_{k\sim5} = \sum\limits_{j=k}^{5} Q_j$

最优值函数：$\quad f_k(S_k) = \max\limits_{x_k \in D_k(S_k)} \{5S_k + 3x_k + f_{k+1}(0.9S_k - 0.2x_k)\}$

边界条件 $f_6(S_6) = 0$.

当 $k=5$ 时，

$$f_5(S_5) = \max\limits_{x_5 \in D_5(S_5)} \{5S_5 + 3x_5 + f_6(S_6)\} = \max\limits_{x_5 \in D_5(S_5)} \{5S_5 + 3x_5\}$$

因 $f_5(S_5)$ 是关于 x_5 的单调递增函数，故取 $x_5^* = 4.5S_5 - 1\,750$，相应有

$$0 \leqslant 4.5S_5 - 1\,750 \leqslant S_5 \quad 即 \quad 389 \leqslant S_5 \leqslant 500$$

$$x_5^* = 4.5S_5 - 1\,750, \quad f_5(S_5) = 18.5S_5 - 5\,250$$

当 $k=4$ 时，

$$\begin{aligned} f_4(S_4) &= \max\limits_{x_4 \in D_4(S_4)} \{5S_4 + 3x_4 + f_5(0.9S_4 - 0.2x_4)\} \\ &= \max\limits_{x_4 \in D_4(S_4)} \{21.65S_4 - 0.7x_4 - 5\,250\} \end{aligned}$$

由 $S_5 = 0.9S_4 - 0.2x_4 \leqslant 500$ 可得 $x_4 \geqslant 4.5S_4 - 2\,500$，又因 $f_4(S_4)$ 是关于 x_4 的单调递减函数，故取 $x_4^* = 4.5S_4 - 2\,500$，相应有

$$0 \leqslant 4.5S_4 - 2\,500 \leqslant S_4 \quad 即 \quad 556 \leqslant S_4 \leqslant 714$$

$$x_4^* = 4.5S_4 - 2\,500, \quad f_4(S_4) = 18.5S_4 - 3\,500$$

当 $k=3$ 时，

$$\begin{aligned} f_3(S_3) &= \max\limits_{x_3 \in D_3(S_3)} \{5S_3 + 3x_3 + f_4(0.9S_3 - 0.2x_3)\} \\ &= \max\limits_{x_3 \in D_3(S_3)} \{21.65S_3 - 0.7x_3 - 3\,500\} \end{aligned}$$

由 $S_4 = 0.9S_3 - 0.2x_3 \leqslant 714$ 可得 $x_3 \geqslant 4.5S_3 - 3\,570$，又因 $f_3(S_3)$ 是关于 x_3 的单调递减函数，故取 $x_3^* = 4.5S_3 - 3\,570$，相应有

$$0 \leqslant 4.5S_3 - 3\,570 \leqslant S_3 \qquad 即 \qquad 793 \leqslant S_3 \leqslant 1\,020$$

由于 $S_1 = 1\,000$，所以 $S_3 \leqslant 1\,020$ 是恒成立的，即 $S_3 \geqslant 793$．故

$$x_3^* = 4.5S_3 - 3\,570，\quad f_3(S_3) = 18.5S_3 - 1\,001$$

当 $k = 2$ 时，

$$f_2(S_2) = \max_{x_2 \in D_2(S_2)} \{5S_2 + 3x_2 + f_3(0.9S_2 - 0.2x_2)\}$$
$$= \max_{x_2 \in D_2(S_2)} \{21.65S_2 - 0.7x_2 - 1\,001\}$$

因 $f_2(S_2)$ 是关于 x_2 的单调递减函数，而 S_3 的取值并不对 x_2 有下界约束，故取 $x_2^* = 0$，相应有

$$x_2^* = 0，\quad f_2(S_2) = 21.65S_2 - 1\,001$$

当 $k = 1$ 时，

$$f_1(S_1) = \max_{x_1 \in D_1(S_1)} \{5S_1 + 3x_1 + f_2(0.9S_1 - 0.2x_1)\}$$
$$= \max_{x_1 \in D_1(S_1)} \{24.485S_1 - 1.33x_1 - 1\,001\}$$

因 $f_1(S_1)$ 是关于 x_1 的单调递减函数，故取 $x_1^* = 0$，相应有

$$x_1^* = 0，\quad f_1(S_1 = 1\,000) = 24.485S_1 - 1\,001 = 23\,484$$

计算结果表明，最优策略如下：

（1）第 1 年将全部设备都投入低负荷生产．

$$S_1 = 1\,000，\quad x_1 = 0，\quad S_2 = 0.9S_1 - 0.2x_1 = 0.9 \times 1\,000 - 0.2 \times 0 = 900$$

$$Q_1(S_1, x_1) = 5S_1 + 3x_1 = 5 \times 1\,000 + 3 \times 0 = 5\,000$$

（2）第 2 年将全部设备都投入低负荷生产．

$$S_2 = 900，\quad x_2 = 0，\quad S_3 = 0.9S_2 - 0.2x_2 = 0.9 \times 900 - 0.2 \times 0 = 810$$

$$Q_2(S_2, x_2) = 5S_2 + 3x_2 = 5 \times 900 + 3 \times 0 = 4\,500$$

（3）第 3 年将 $x_3^* = 4.5S_3 - 3\,570 = 4.5 \times 810 - 3\,570 = 75$ 台完好设备投入高负荷生产，将剩余的 $S_3 - x_3^* = 810 - 75 = 735$ 台完好设备投入低负荷生产．

$$Q_3(S_3, x_3) = 5S_3 + 3x_3 = 5 \times 810 + 3 \times 75 = 4\,275$$

$$S_4 = 0.9S_3 - 0.2x_3 = 0.9 \times 810 - 0.2 \times 75 = 714$$

（4）第 4 年将 $x_4^* = 4.5S_4 - 2\,500 = 4.5 \times 714 - 2\,500 = 713$ 台完好设备均投入高负荷生产，将剩余的 1 台完好设备均投入低负荷生产．

$$Q_4(S_4, x_4) = 5S_4 + 3x_4 = 5 \times 714 + 3 \times 713 = 5\,709$$

$$S_5 = 0.9S_4 - 0.2x_4 = 0.9 \times 714 - 0.2 \times 713 = 500$$

（5）第 5 年将 $x_5^* = 4.5S_5 - 1\,750 = 4.5 \times 500 - 1\,750 = 500$ 台完好设备均投入高负荷生产.

$$Q_5(S_5, x_5) = 5S_5 + 3x_5 = 5 \times 500 + 3 \times 500 = 4\,000$$

$$S_6 = 0.9S_5 - 0.2x_5 = 0.9 \times 500 - 0.2 \times 500 = 350$$

$$f_1(S_1 = 1\,000) = \sum_{j=1}^{5} Q_j(S_j, x_j) = 23\,484$$

1.5.5 用动态规划求解非线性规划问题

非线性规划问题的求解是非常困难的，然而，如果将其转化为动态规划来求解将变得十分方便.

例 1.18 用动态规划求解

$$\max \quad z = x_1 \cdot x_2^2 \cdot x_3$$

$$\text{s.t.} \begin{cases} x_1 + x_2 + x_3 = 36 \\ x_1, x_2, x_3 \geq 0 \end{cases}$$

问题转化与求解：

阶段：将问题的变量数作为阶段，即 $k = 1, 2, 3$；

决策变量：x_k；

状态变量：S_k 代表第 k 阶段的约束右端项，即从 x_k 到 x_3 占有的份额；

状态转移律：$S_{k+1} = S_k - x_k$；

边界条件：$S_1 = 36$，$f_4(S_4) = 1$；

允许决策集合：$0 \leq x_k \leq S_k$.

当 $k = 3$ 时，

$$f_3(S_3) = \max_{0 \leq x_3 \leq S_3} \{x_3 \cdot f_4(S_4)\} = \max_{0 \leq x_3 \leq S_3} \{x_3\} = S_3 \big|_{x_3^* = S_3}$$

当 $k = 2$ 时，

$$f_2(S_2) = \max_{0 \leq x_2 \leq S_2} \{x_2^2 \cdot f_3(S_3)\} = \max_{0 \leq x_2 \leq S_2} \{x_2^2(S_2 - x_2)\}$$

设 $h = x_2^2(S_2 - x_2)$，于是 $\dfrac{dh}{dx_2} = 2x_2(S_2 - x_2) - x_2^2$，令 $\dfrac{dh}{dx_2} = 2x_2(S_2 - x_2) - x_2^2 = 0$，可得 $x_2 = 0$ 或 $\dfrac{2}{3}S_2$，

又因 $\dfrac{d^2h}{dx_2^2} = 2(S_2 - x_2) - 2x_2 - 2x_2 = 2S_2 - 6x_2$，所以

$$\frac{d^2h}{dx_2^2}\bigg|_{x_2=0} = 2S_2 > 0$$

$x_2 = 0$ 是 $f_2(S_2)$ 的极小值点. 因为 $\dfrac{d^2h}{dx_2^2}\Big|_{x_2=\frac{2}{3}S_2} = 2S_2 - 4S_2 = -2S_2 < 0$，$x_2 = \dfrac{2}{3}S_2$ 是 $f_2(S_2)$ 的极大值点. 于是

$$f_2(S_2) = \frac{4}{27}S_2^3 \Big|_{x_2^*=\frac{2}{3}S_2}$$

当 $k=1$ 时，

$$f_1(S_1) = \max_{0 \le x_1 \le S_1}\{x_1 \cdot f_2(S_2)\} = \max_{0 \le x_1 \le S_1}\left\{x_1 \cdot \frac{4}{27}(S_1 - x_1)^3\right\}$$

可得 $\qquad f_1(S_1 = 36) = \dfrac{1}{64}S_1^4 = \dfrac{1}{64} \times 36^4 = 26\ 244 \Big|_{x_1^*=\frac{1}{4}S_1=9}$

由 $S_2 = S_1 - x_1^* = 36 - 9 = 27$，有

$$x_2^* = \frac{2}{3}S_2 = \frac{2}{3} \times 27 = 18$$

由 $S_3 = S_2 - x_2^* = 27 - 18 = 9$，有

$$x_3^* = S_3 = 9$$

于是得到最优解 $X^* = (9,18,9)$，最优值 $z^* = 26\ 244$.

习题 1

1. 某战略轰炸机群奉命摧毁敌人军事目标. 已知该目标有四个要害部位，只要摧毁其中之一即可达到目的. 为完成此项任务的汽油消耗量限制为 48 000 升、重型炸弹 48 枚、轻型炸弹 32 枚. 飞机携带重型炸弹时每升汽油可飞行 2 千米，带轻型炸弹时每升汽油可飞行 3 千米. 又知每架飞机每次只能装载一枚炸弹，每出发轰炸一次除来回路程汽油消耗（空载时每升汽油可飞行 4 千米）外，起飞和降落每次各消耗 100 升. 有关数据如表 1.17 所示.

表 1.17 军事战略数据

要害部位	离机场距离（千米）	摧毁可能性	
		每枚重型弹	每枚轻型弹
1	450	0.10	0.08
2	480	0.20	0.16
3	540	0.15	0.12
4	600	0.25	0.20

为了使摧毁敌方军事目标的可能性最大，应如何确定飞机轰炸的方案，要求建立这个问题的线性规划模型.

2. 有 4 个工人，要指派他们分别完成 4 项工作，每人做各项工作所消耗的时间如表 1.18 所示.

表 1.18 工人完成各项工作的耗时情况

工人	工作 A	工作 B	工作 C	工作 D
甲	15	18	21	24
乙	19	23	22	18
丙	26	17	16	19
丁	19	21	23	17

问指派哪个人去完成哪项工作，可使总的消耗时间最小.

3. 某公司打算向它的三个营业区增设 6 个销售店，每个营业区至少增设 1 个. 各营业区每年增加的利润与增设的销售店个数有关，具体关系如表 1.19 所示. 试规划各营业区应增设销售店的个数，以使公司总利润增加额最大.

表 1.19 增设销售店数利润情况   单位：万元

增设销售店个数	营业区 A	营业区 B	营业区 C
1	100	120	150
2	160	150	165
3	190	170	175
4	200	180	190

4. 某钻井队要从以下 10 个可供选择的井位中确定 5 个钻井探油，使总的钻探费用最小. 若 10 个井位的代号为 $s_1, s_2, \cdots, s_{10}$，相应的钻探费用为 $c_1, c_2, \cdots, c_{10}$，并且井位选择上要满足下列限制条件：

（1）选择 s_1 和 s_7，或选择钻探 s_9；

（2）选择了 s_3 或 s_4 就不能选 s_5，或反过来也一样；

（3）在 s_5, s_6, s_7, s_8 中最多只能选两个，

试建立这个问题的整数规划模型.

5. 某公司拟在市东、西、南三区建立门市部. 拟议中有 7 个位置（点）$A_i (i = 1, 2, \cdots, 7)$ 可供选择. 规定：

在东区：在 A_1, A_2, A_3 三个点中至多选两个；

在西区：在 A_4, A_5 两个点中至少选一个；

在南区：在 A_6, A_7 两个点中至少选一个，

如选用 A_i 点，设备投资估计为 b_i 元，每年可获利润估计为 c_i 元，但投资总额不能超过 B 元. 问应选择哪几个点可使年利润最大.

6. 求解下列指派问题，已知指派矩阵为

$$\begin{bmatrix} 3 & 8 & 2 & 10 & 3 \\ 8 & 7 & 2 & 9 & 7 \\ 6 & 4 & 2 & 7 & 5 \\ 8 & 4 & 2 & 3 & 5 \\ 9 & 10 & 6 & 9 & 10 \end{bmatrix}$$

7. 请使用 Matlab 求解下面非线性规划问题：

$$\min \quad f = x_1^2 + x_2^2 + x_3^2 + 5$$

$$\text{s.t.} \begin{cases} x_1^2 - x_2 + x_3^2 \geqslant 0 \\ x_1 + x_2^2 + x_3^2 \leqslant 0 \\ -x_1 - x_2^2 + 2 = 0 \\ x_2 + 2x_3^2 = 3 \\ x_1, x_2, x_3 \geqslant 0 \end{cases}$$

8.（投资决策问题）某企业有 n 个项目可供选择投资，并且至少要对其中一个项目投资. 已知该企业拥有总资金 A 元，投资于第 i $(i=1,\cdots,n)$ 个项目需花资金 a_i 元，并预计可收益 b_i 元. 试选择最佳投资方案.

9. 某工厂有 100 台机器，拟分 4 个周期使用，在每一周期有两种生产任务. 据经验把机器投入第一种生产任务，则在一个周期中将有六分之一的机器报废；投入第二种生产任务，则有十分之一的机器报废. 如果投入第一种生产任务每台机器可收益 1 万元，投入第二种生产任务每台机器可收益 0.5 万元. 问怎样分配机器在 4 个周期内的使用才能使总收益最大.

10. 某公司生产一种产品，估计该产品在未来四个月的销售量分别为 300、400、350 和 250 件. 生产该产品每批的固定费用为 600 元，每件的变动费用为 5 元，存储费用为每件每月 2 元. 假定第一个月月初的库存为 100 件，第四个月月底的存货为 50 件. 试求该公司在这四个月内的最优生产计划.

11. 某市邮局有四套通信设备，准备分给甲、乙、丙三个地区支局，事先调查了各地区支局的经营情况，并对各种分配方案做了经济效益的估计，如表 1.20 所示. 其中设备数为 0 时的收益，指已有的收益，问应如何分配这四套设备使总收益最大.

表 1.20   各分配方案经济效益的估计

设备数/套	0	1	2	3	4
甲	38	41	48	60	66
乙	40	62	50	60	66
丙	48	64	68	78	78

12. 工厂生产某种产品，每单位（千件）的成本为 1（千元），每次开工的固定成本为 3（千元），工厂每季度的最大生产能力为 6（千件）. 经调查，市场对该产品的需求量第一、二、三、四季度分别为 2，3，2，4（千件）. 如果工厂在第一、二季度将全年的需求都生产出来，自然可以降低成本（少付固定成本费），但是对于第三、四季度才能上市的产品需付存储费，

每季每千件的存储费为 0.5（千元）. 另外规定年初和年末这种产品均无库存. 试制定一个生产计划，即安排每个季度的产量，使一年的总费用（生产成本和存储费）最少.

13. 设某工厂有 1 000 台机器，生产两种产品 A，B，若投入 y 台机器生产 A 产品，则纯收入为 $5y$，若投入 y 台机器生产 B 种产品，则纯收入为 $4y$，又知：生产 A 种产品机器的年折损率为 20%，生产 B 产品机器的年折损率为 10%，问在 5 年内如何安排各年度的生产计划，才能使总收入最高？（最好给出 Matlab 的求解程序）.

14. 为保证某一设备的正常运转，需备有三种不同的零件 E_1, E_2, E_3. 若增加备用零件的数量，可提高设备正常运转的可靠性，但增加了费用，而投资额仅为 8 000 元. 已知备用零件数与它的可靠性和费用的关系如表 1.21 所示.

表 1.21　备用零件数与它的可靠性和费用的关系

备件数	增加的可靠性			设备的费用（千元）		
	E_1	E_2	E_3	E_1	E_2	E_3
$z = 1$	0.3	0.2	0.1	1	3	2
$z = 2$	0.4	0.5	0.2	2	5	3
$z = 3$	0.5	0.9	0.7	3	6	4

现问在既不超出投资额的限制，又能尽量提高设备运转可靠性的条件下，各种零件的备件数量应是多少为好.

2　图与网络建模方法

2.1　概　论

图论本身是应用数学的一部分，它起源于 18 世纪的欧洲. 最早关于图论的文字记载是瑞士数学家欧拉于 1736 年发表的 "哥尼斯堡的七座桥". 1847 年，克希霍夫为了给出电网络方程而引进了 "树" 的概念. 1857 年，凯莱在计数烷 C_nH_{2n+2} 的同分异构物时，也发现了 "树". 哈密尔顿于 1859 年提出 "周游世界" 游戏，用图论找出一个连通图中的最小生成圈问题. 近几十年来，计算机技术和科学的飞速发展，大大促进了图论的研究和应用. 图论的理论和方法已经渗透到物理学、化学、通讯科学、生物遗传学、经济学等众多学科中.

图论中所谓 "图"，是指某类具体事物和这些事物之间的联系. 如果我们用点表示这些具体事物，用连接两点的线段（直的或曲的）表示两个事物的特定联系，就得到了描述这个 "图" 的几何形象. 图论为任何一个包含了一种二元关系的离散系统提供了一个数学模型，借助于图论的基本概念、理论和方法，可以对该模型求解. 哥尼斯堡七桥问题就是一个典型的例子. 在哥尼斯堡有七座桥将普莱格尔河中的两个岛与河岸联结起来，问题是要从这四块陆地中的任何一块开始通过每一座桥正好一次，再回到起点. 欧拉通过建立数学模型解决了这个问题（见图 2.1）. 他将每一块陆地用一个点来代替，将每一座桥用连接相应两点的一条线来代替，从而得到一个由四个 "点" 与七条 "边" 组成的 "图"，并得出判定法则：如果这个图是连通的，且每个点都与偶数线相关联，则可以每边经过一次回到起点. 将这个判定法则应用于七桥问题，得到了 "不可能走通" 的结果，不但彻底解决了这个问题，而且开创了图论研究的先河.

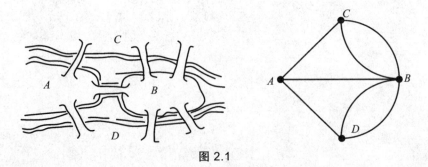

图 2.1

图与网络是运筹学（Operations Research）的经典，也是重要分支，所研究的问题涉及经济管理、工业工程、交通运输、计算机科学与信息技术、通讯与网络技术等诸多领域. 下面将要讨论的最短路问题、最小生成树问题、最大流问题、最小费用流问题和匹配问题等都是图与网络的基本问题.

我们首先通过一些例子来了解网络优化问题.

例 2.1 最短路问题（shortest path problem，SPP）

一名货柜车司机奉命在最短的时间内将一车货物从甲地运往乙地. 从甲地到乙地的公路网纵横交错，因此有多种行车路线，这名司机应选择哪条路线呢？假设货柜车的运行速度是恒定的，那么这一问题相当于需要找到一条从甲地到乙地的最短路.

例 2.2 公路连接问题

某一地区有若干个主要城市，现准备修建高速公路把这些城市连接起来，使得从其中任何一个城市都可以经高速公路直接或间接到达另一个城市. 假定已经知道了任意两个城市之间修建高速公路的成本，那么应如何决定在哪些城市间修建高速公路，使得总成本最小？

例 2.3 中国邮递员问题（chinese postman problem，CPP）

一名邮递员负责投递某个街区的邮件. 如何为他（她）设计一条最短的投递路线（从邮局出发，经过投递区内每条街道至少一次，最后返回邮局）？这一问题是我国管梅谷教授于1960 年首先提出的，国际上称之为中国邮递员问题.

例 2.4 旅行商问题（traveling salesman problem，TSP）

一名推销员准备前往若干城市推销产品. 如何为他（她）设计一条最短的旅行路线（从驻地出发，经过每个城市恰好一次，最后返回驻地）？这一问题的研究历史十分悠久，通常称之为旅行商问题.

例 2.5 运输问题（transportation problem）

某种原材料有 M 个产地，现在需要将原材料从产地运往 N 个使用这些原材料的工厂. 假定 M 个产地的产量和 N 家工厂的需要量已知，单位产品从任一产地到任一工厂的运费已知，那么如何安排运输方案可以使总运输成本最低？

上述问题有两个共同点：一是它们的目的都是从若干可能的安排或方案中寻求某种意义下的最优安排或方案，数学上把这种问题称为最优化或优化（optimization）问题；二是它们都易于用图形的形式直观地描述和表达，数学上把这种与图相关的结构称为网络（network）. 与图和网络相关的最优化问题就是网络最优化或称网络优化（netwok optimization）问题. 上面的例子中介绍的问题都是网络优化问题. 由于多数网络优化问题以网络上的流（flow）为研究对象，因此网络优化又常常被称为网络流（network flows）或网络流规划等.

下面首先简要介绍图与网络的一些基本概念.

2.2 图与网络的基本概念

2.2.1 图的定义

定义：一个二元组 (V,E) 称为一个图，记 $G=(V(G),E(G))$，其中：

（1）$V(G)=\{v_1,v_2,\cdots,v_n\}$ 称为图 G 的顶点集或节点集，$V(G)$ 中的每一个元素 $v_i(i=1,2,\cdots,n)$ 称为该图的一个顶点（vertex）或节点（node）.

（2）$E(G)=\{e_1,e_2,\cdots,e_m\}$ 称为图 G 的边集（edge set），$E(G)$ 中的每一个元素称为边，每条边 e_k 均连接 $V(G)$ 中某两个点 v_i,v_j. 如果这两个点为无序的，称图 G 为无向图，记为 $e_k=(v_i,v_j)$ 或 $e_k=v_iv_j=v_jv_i$ $(k=1,2,\cdots,m)$. 如果这两个点为有序的，称图 G 为有向图，记为

$e_k = \overrightarrow{v_i v_j}$ $(k = 1, 2, \cdots, m)$.

当边 $e_k = v_i v_j$ 时,称 v_i, v_j 为边 e_k 的端点,同时称 v_j 与 v_i 相邻;边 e_k 称为与顶点 v_i, v_j 关联. 如果某两条边至少有一个公共端点,则称这两条边在图 G 中相邻. 边上赋权的图称为**赋权图**.

一个图称为**有限图**,如果它的顶点集和边集都有限. 图 G 的顶点数用符号 $|V|$ 或 $v(G)$ 表示,边数用 $|E|$ 或 $\varepsilon(G)$ 表示.

当讨论的图只有一个时,总是用 G 来表示这个图. 从而在图论符号中我们常略去字母 G,例如,分别用 V, E, v 和 ε 代替 $V(G), E(G), v(G)$ 和 $\varepsilon(G)$.

端点重合为一点的边称为**环**.

一个图称为**简单图**,如果它既没有环也没有两条边连接同一对顶点. 每一对不同的顶点都有一条边相连的简单图称为**完全图**. n 个顶点的完全图记为 K_n.

若 $V(G) = X \cup Y$,$X \cap Y = \varnothing$,$|X| \| Y| \neq 0$(这里 $|X|$ 表示集合 X 中的元素个数),X 中无相邻顶点对,Y 中亦然,则称 G 为二分图;特别地,若 $\forall x \in X, \forall y \in Y$,则 $xy \in E(G)$,称 G 为**完全二分图**,记成 $K_{|X|,|Y|}$.

图 H 叫作图 G 的**子图**,记作 $H \subseteq G$,如果 $V(H) \subseteq V(G)$,$E(H) \subseteq E(G)$. 若 H 是 G 的子图,则 G 称为 H 的**母图**.

G 的**支撑子图**(又称生成子图)是指满足 $V(H) = V(G)$ 的子图 H.

设 $v \in V(G)$,G 中与 v 关联的边数(每个环算作两条边)称为 v 的**度**,记作 $d(v)$. 若 $d(v)$ 是奇数,称 v 是奇顶点(odd point);$d(v)$ 是偶数,称 v 是偶顶点(even point). 关于顶点的度,我们有如下结果:

(1) $\sum_{v \in V} d(v) = 2\varepsilon$.

(2) 任意一个图的奇顶点的个数是偶数.

$W = v_0 e_1 v_1 e_2 \cdots e_k v_k$,其中 $e_i \in E(G)$,$1 \leqslant i \leqslant k$,$v_j \in V(G)$,$0 \leqslant j \leqslant k$,$e_i$ 与 v_{i-1}, v_i 关联,称 W 是图 G 的一条**道路**,k 为路长,顶点 v_0 和 v_k 分别称为 W 的**起点**和**终点**,而 $v_1, v_2, \cdots, v_{k-1}$ 称为它的**内部顶点**.

若道路 W 的边互不相同,则 W 称为**迹**. 若道路 W 的顶点互不相同,则 W 称为**轨**.

称一条道路是闭的,如果它有正的长且起点和终点相同. 起点和终点重合的轨叫作**圈**.

若图 G 的两个顶点 u, v 间存在道路,则称 u 和 v **连通**. u, v 间的最短轨的长叫做 u, v 间的**距离**,记作 $d(u, v)$. 若图 G 的任二顶点均连通,则称 G 是**连通图**.

显然有:

(1) 图 P 是一条轨的充要条件是 P 是连通的,且有两个一度的顶点,其余顶点的度为 2;

(2) 图 C 是一个圈的充要条件是 C 是各顶点的度均为 2 的连通图.

2.2.2 图的矩阵表示

图与网络的计算往往非常复杂,需要使用计算机辅助实现. 为了在计算机上实现图与网络优化的算法,首先必须给出一种方法来描述图与网络. 在图与网络建模中,常用邻接矩阵表示法与关联矩阵表示法来表示简单图. 在下面数据结构的讨论中,我们首先假设 $G = (V, A)$ 是一个简单图,$|V| = n, |A| = m$,并假设 V 中的顶点用自然数 $1, 2, \cdots, n$ 表示或编号,A 中的边

用自然数 $1,2,\cdots,m$ 表示或编号. 对于有多重边的图可由多个矩阵表示, 在本书我们只讨论简单图.

1. 邻接矩阵表示法

邻接矩阵表示法是将简单图以邻接矩阵的形式在计算中表示. 如果图 $G=(V,E)$ 不是赋权图, 其邻接矩阵可作如下定义: $C=(c_{ij})_{n\times n}$ 是一个 $n\times n$ 的 0-1 矩阵, 其中

$$c_{ij}=\begin{cases}1, & v_iv_j\in E\\0, & v_iv_j\notin E\end{cases}$$

也就是说, 如果两节点 v_i 到 v_j 之间有一条边, 则邻接矩阵中第 i 行 j 列的元素为 1; 否则为 0. 可以看出, 当 $G=(V,E)$ 是无向图时, 其邻接矩阵是一个对称矩阵.

例 2.6 图 2.2 (b) 所示的图, 可以用邻接矩阵 (图 2.2 (a)) 表示.

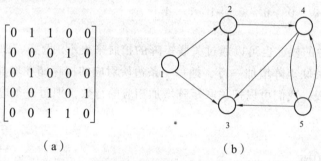

$$\begin{bmatrix}0 & 1 & 1 & 0 & 0\\0 & 0 & 0 & 1 & 0\\0 & 1 & 0 & 0 & 0\\0 & 0 & 1 & 0 & 1\\0 & 0 & 1 & 1 & 0\end{bmatrix}$$

（a）　　　　　　　　　　（b）

图 2.2　邻接矩阵示例图

同样, 简单赋权图也可以用类似邻接矩阵的 $n\times n$ 矩阵表示. 只是此时一条边所对应的元素不再是 1, 而是相应的权值, 即:

$$c_{ij}=\begin{cases}w_{ij}, & v_iv_j\in E\\0\text{ 或 }\infty, & v_iv_j\notin E\end{cases}\qquad(2.1)$$

其中 w_{ij} 为边 v_iv_j 的权值. 如果图中每条边赋有多种权, 则可以用多个矩阵表示这些权. 可以看出, 当 G 是无向图时, 其邻接矩阵是一个对称矩阵. 但是, 在邻接矩阵的所有 n^2 个元素中, 只有 m 个为非零元. 如果图的边比较稀疏, 这种表示法将浪费大量的存储空间, 从而增加了在网络中查找边的时间.

2. 关联矩阵表示法

关联矩阵表示法是将图以关联矩阵的形式在计算中表示. 图 $G=(V,E)$ 的关联矩阵 B 可作如下定义: $B=(b_{ik})_{n\times m}$ 是一个 $n\times m$ 矩阵, 其中:

$$b_{ik}=\begin{cases}1, & \exists j\in V, k=v_iv_j\in E\\-1, & \exists j\in V, k=v_jv_i\in E\\0, & \text{其他}\end{cases}\qquad(2.2)$$

也就是说, 在关联矩阵中, 每行对应于图的一个节点, 每列对应于图的一条边. 如果一个节点是一条边的起点, 则关联矩阵中对应的元素为 1; 如果一个节点是一条边的终点, 则关联

矩阵中对应的元素为 –1；如果一个节点与一条边不关联，则关联矩阵中对应的元素为 0. 对于简单图，关联矩阵每列只含有两个非零元（ +1 , –1 ）. 可以看出，这种表示法也非常简单、直接. 但是，在关联矩阵的所有 $n×m$ 个元素中，只有 $2m$ 个为非零元. 如果网络比较稀疏，这种表示法也会浪费大量的存储空间. 但由于关联矩阵有许多特别重要的理论性质，因此它在网络优化中是非常重要的概念.

例 2.7 对于例 2.6 所示的图 2.2，如果关联矩阵中每列对应边的顺序为（ 1，2 ），（ 1，3 ），（ 2，4 ），（ 3，2 ），（ 4，3 ），（ 4，5 ），（ 5，3 ）和（ 5，4 ），则关联矩阵表示为：

$$\begin{bmatrix} 1 & 1 & 0 & 0 & 0 & 0 & 0 & 0 \\ -1 & 0 & 1 & -1 & 0 & 0 & 0 & 0 \\ 0 & -1 & 0 & 1 & -1 & 0 & -1 & 0 \\ 0 & 0 & -1 & 0 & 1 & 1 & 0 & -1 \\ 0 & 0 & 0 & 0 & 0 & -1 & 1 & 1 \end{bmatrix}$$

同样，对于图 2.2 中的权，也可以通过关联矩阵的扩展来表示. 例如，如果图中每条边有一个权，我们可以把关联矩阵增加一行，把每一条边所对应的权存储在增加的行中. 如果网络中每条边赋有多个权，我们可以把关联矩阵增加相应的行数，把每一条边所对应的权存储在增加的行中.

2.3 最短路问题

2.3.1 两个指定顶点之间的最短路径

假设有向图有 n 个顶点，分别为 $c_1,c_2,\cdots,c_n$，设 $W=(w_{ij})_{n×n}$ 为该有向图的邻接矩阵，其分量为：

$$w_{ij}=\begin{cases} \text{边 } c_i c_j \text{ 的权值,} & c_i c_j \in E \\ \infty, & \text{其他} \end{cases} \tag{2.3}$$

现需要求从顶点 c_1 到顶点 c_n 的最短路. 由于预先不知道 c_1 到顶点 c_n 的最短路中经过哪些顶点，并且最短路起点与终点中的道路应为 $c_2,\cdots,c_{n-1}$ 中的某一组点的有序组合，因此可定义 0-1 变量 x_{ij}（ $i,j=1,2,\cdots,n$）. 当 $x_{ij}=1$，表示边 $c_i c_j$ 位于顶点 c_1 至顶点 c_n 的最短路上；否则 $x_{ij}=0$，表示边 $c_i c_j$ 不在顶点 c_1 到顶点 c_n 的最短路上，其最短路距离为 $\sum_{c_i c_j \in E} w_{ij} x_{ij}$.

图中点可分为三类：起点 c_1、终点 c_n 和中间点 c_i（ $i=2,3,\cdots,n-1$）. 其中起点 c_1 必定有一边出发且无回来的边，所以 $\sum_{j=1}^{n} x_{1j}=1$，$\sum_{i=1}^{n} x_{i1}=0$；终点 c_n 必定有一边到达且无出发的边，所以 $\sum_{i=1}^{n} x_{in}=1$，$\sum_{j=1}^{n} x_{nj}=0$ 成立；当 $i\neq 1,n$ 时，有两种情况：

（1）该点不在最短路上，既无进线弧，也无出线弧. 满足：$\sum\limits_{i=1,i\neq k}^{n} x_{ik} = \sum\limits_{i=1,i\neq k}^{n} x_{ki} = 0$；

（2）该点在最短路上，既有进线弧，也有出线弧. 满足：$\sum\limits_{i=1,i\neq k}^{n} x_{ik} = \sum\limits_{i=1,i\neq k}^{n} x_{ki} = 1$.

而这两种情况均可由 $\sum\limits_{\substack{j=1 \\ c_i c_j \in E}}^{n} x_{ij} - \sum\limits_{\substack{j=1 \\ c_j c_i \in E}}^{n} x_{ji} = 0$ 表示. 综上，从顶点 c_1 到顶点 c_n 的最短路的数学规划模型为：

$$\min \sum_{c_i c_j \in E} w_{ij} x_{ij}$$

$$\text{s.t.} \begin{cases} \sum\limits_{\substack{j=1 \\ c_i c_j \in E}}^{n} x_{ij} - \sum\limits_{\substack{j=1 \\ c_j c_i \in E}}^{n} x_{ji} = \begin{cases} 1, & i=1 \\ -1, & i=n \\ 0, & i \neq 1, n \end{cases} \\ x_{ij} = 0 \text{或} 1 \quad (i,j = 1,2,\cdots,n) \end{cases} \tag{2.4}$$

例 2.8 某公司在六个城市 $c_1, c_2, \cdots, c_6$ 中有分公司，从 c_i 到 c_j 的直接航程票价记在下述矩阵的 (i,j) 位置上. 请帮助该公司设计一张城市 c_1 到其他城市间的票价最便宜的路线图.（∞ 表示无直接航路）

$$\begin{bmatrix} 0 & 50 & \infty & 40 & 25 & 10 \\ 50 & 0 & 15 & 20 & \infty & 25 \\ \infty & 15 & 0 & 10 & 20 & \infty \\ 40 & 20 & 10 & 0 & 10 & 25 \\ 25 & \infty & 20 & 10 & 0 & 55 \\ 10 & 25 & \infty & 25 & 55 & 0 \end{bmatrix}$$

解 将 6 个城市看成 6 个顶点，分别为 $c_1, c_2, \cdots, c_6$，从 c_i 到 c_j 直接航程票价作为顶点 c_i 到 c_j 的边的权值，无直接航班则表示顶点 c_i 到 c_j 间无边相连. 由此，此问题可转化为求 c_i 到 c_j 的最短路径问题. 设 0-1 变量

$$x_{ij} = \begin{cases} 1, & \text{边} c_i c_j \text{在最短路径中} \\ 0, & \text{边} c_i c_j \text{不在最短路径中} \end{cases} \quad (i,j = 1,2,\cdots,6)$$

令矩阵 $W = (w_{ij})_{6\times 6}$ 为边的权矩阵，则从顶点 c_1 到顶点 c_k 的最短路的数学模型为：

$$\min \sum_{c_i c_j \in E} w_{ij} x_{ij}$$

$$\text{s.t.} \begin{cases} \sum\limits_{j=1}^{6} x_{ij} - \sum\limits_{j=1}^{6} x_{ji} = \begin{cases} 1, & i=1 \\ -1, & i=k \\ 0, & i \neq 1, k \end{cases} \\ x_{ij} = 0 \text{或} 1, \quad i,j = 1,2,\cdots,6 \end{cases}$$

使用下面的 Lingo 程序可求 c_1 到顶点 c_6 的最短路.

```
model:
sets:
cities/1. . 6/;
roads(cities,cities):w,x;
endsets
data:
w=0;
enddata
calc:
w(1,2)=50;w(1,4)=40;w(1,5)=25;
w(1,6)=10; w(2,3)=15; w(2,4)=20;w(2,6)=25;
w(3,4)=10;w(3,5)=20;w(4,5)=10;w(4,6)=25;
w(5,6)=55;
@for(roads(i,j):w(i,j)=w(i,j)+w(j,i));
@for(roads(i,j):w(i,j)=@if(w(i,j) #eq# 0,1000,w(i,j)));
endcalc
n=@size(cities);   !城市的个数;
min=@sum(roads:w*x);
@for(cities(i)|i #ne#1 #and# i #ne# n:@sum(cities(j): x(i,j))=@sum(cities(j):x(j,i)));
@sum(cities(j):x(1,j))-@sum(cities(j):x(j,1))=1;
@sum(cities(j):x(n,j))-@sum(cities(j):x(j,n))=-1;
end
```

通过计算得到顶点 c_1 到 c_6 的最短路距离为 10,而 x_{ij} 中除 $x_{16}=1$ 外其余均为 0,即 c_1 到 c_6 的最短路径为 $c_1 \rightarrow c_6$.

例 2.9 在图 2.3 中,用点表示城市,现有 $A, B_1, B_2, C_1, C_2, C_3, D$ 共 7 个城市. 点与点之间的连线表示城市间有道路相连. 连线旁的数字表示道路的长度. 现计划从城市 A 到城市 D 铺设一条石油管道,请设计出最小长度的管道铺设方案.

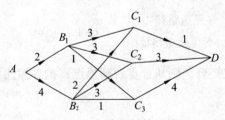

图 2.3 7 个城市间的连线图

解 将 7 个城市 $A, B_1, B_2, C_1, C_2, C_3, D$ 看成 7 个顶点,分别从 1 到 7 进行标号,以各顶点间道路的有效长度作为顶点间边的权值. 显然,由题意知所构造的图为有向图,因此图 2.3 的邻接矩阵是一个非对称矩阵,即:

$$W = \begin{bmatrix} 0 & 2 & 4 & \infty & \infty & \infty & \infty \\ \infty & 0 & \infty & 3 & 3 & 1 & \infty \\ \infty & \infty & 0 & 2 & 3 & 1 & \infty \\ \infty & \infty & \infty & 0 & \infty & \infty & 1 \\ \infty & \infty & \infty & \infty & 0 & \infty & 3 \\ \infty & \infty & \infty & \infty & \infty & 0 & 4 \\ \infty & \infty & \infty & \infty & \infty & \infty & 0 \end{bmatrix}$$

由此将此问题转化为求 1 到 7 的最短路径问题. 设 0-1 变量

$$x_{ij} = \begin{cases} 1, & \text{边} c_i c_j \text{在最短路径中} \\ 0, & \text{边} c_i c_j \text{不在最短路径中} \end{cases} (i, j = 1, 2, \cdots, 7)$$

令矩阵 $W = (w_{ij})_{7\times7}$ 为边的权矩阵，则从 A 到 D 的最短路的数学模型为：

$$\min \sum_{c_i c_j \in E} w_{ij} x_{ij}$$

$$\text{s.t.} \begin{cases} \sum_{j=1}^{6} x_{ij} - \sum_{j=1}^{6} x_{ji} = \begin{cases} 1, & i = 1 \\ -1, & i = k \\ 0, & i \neq 1, k \end{cases} \\ x_{ij} = 0 \text{或} 1, \quad i, j = 1, 2, \cdots, 6 \end{cases}$$

使用下面的 Lingo 程序可求 c_1 到顶点 c_6 的最短路.

```
sets:
cities/1..7/;
roads(cities,cities):w,x;
endsets
data:
w=0;
enddata
calc:
w(1,2)=2;w(1,3)=4; w(2,4)=3; w(2,5)=3;w(2,6)=1;
w(3,4)=2;w(3,5)=2;w(3,6)=1; w(4,7)=1;w(5,7)=3;
w(6,7)=4;
@for(roads(i,j):w(i,j)=@if(w(i,j) #eq# 0,1000,w(i,j)));
endcalc
n=@size(cities);   !城市的个数;
min=@sum(roads:w*x);
@for(cities(i)|i #ne#1 #and# i #ne#n:@sum(cities(j): x(i,j))=@sum(cities(j):x(j,i)));
@sum(cities(j):x(1,j))-@sum(cities(j):x(j,1))=1;
@sum(cities(j):x(n,j))-@sum(cities(j):x(j,n))=-1;
end
```

通过 Lingo 可求得最短铺设方案是铺设 AB_1, B_1C_1, C_1D 段，最短铺设长度为 6. 同样亦可以使用下面的 Lingo 程序求出.

```
model:
sets:
cities/A,B1,B2,C1,C2,C3,D/;
roads(cities,cities)/A B1,A B2,B1 C1,B1 C2,B1 C3,B2 C1,
B2 C2,B2 C3,C1 D,C2 D,C3 D/:w,x;
endsets
data:
w=2 4 3 3 1 2 3 1 1 3 4;
enddata
n=@size(cities); !城市的个数;
min=@sum(roads:w*x);
@for(cities(i)|i #ne#1 #and# i #ne#n:
@sum(roads(i,j):x(i,j))=@sum(roads(j,i):x(j,i)));
@sum(roads(i,j)|i #eq#1:x(i,j))=1;
@sum(roads(i,j)|j #eq#n:x(i,j))=1;
end
```

2.3.2　求解指定顶点间最短路径的迪克斯特拉（Dijkstra）算法

通过上一节的学习知道，可以使用 0-1 规划模型求解 n 个顶点中指定顶点间最短路径问题时需要设定 n^2 个 0-1 变量. 这使得通过 0-1 规划模型来求顶点数较多时的最短路径问题的难度增大. 本节将介绍迪克斯特拉（Dijkstra）算法来求指定两个顶点的最短路.

最短路径问题： 给出了一个连接若干个城市的直通航班网络如图 2.4 所示，需要在这个网络的两个指定城间市，找一条最短航班路线.

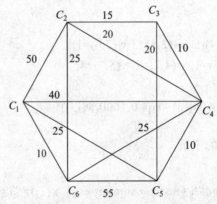

图 2.4　6 个城市间的连线图

以各城市为图 G 的顶点，两城市间的直通航班为图 G 相应两顶点间的边，得图 G. 对 G 的每一边 e，赋以一个实数 $w(e)$ —直通航班的长度，称为 e 的权，得到赋权图 G. G 的子图的权是指子图的各边的权和. 问题就是求赋权图 G 中指定的两个顶点 u_0, v_0 间的具最小权的轨. 这条轨叫作 u_0, v_0 间的最短路，它的权叫作 u_0, v_0 间的距离，亦记作 $d(u_0, v_0)$.

求最短路的迪克斯特拉算法的基本思想是：如果道路 $u_0 u_{k_1} \cdots u_{k_j} v_0$ 是 u_0 到 v_0 的最短路，则 u_0 到这条道路中所有点的最短路均在这条道路上. 因此，可按距出发点 u_0 由近到远为顺序，依次求得 u_0 到 G 的各顶点的最短路和距离，直至 v_0（或 G 的所有顶点），算法结束. 记 $l(v)$ 为 u_0 到 v 的最短距离，下面是相应的迪克斯特拉算法.

（1）令 $l(u_0) = 0$，对 $v \neq u_0$，令 $l(v) = \infty$，$S_0 = \{u_0\}$，$i = 0$.

（2）对每个 $v \in \bar{S}_i$（$\bar{S}_i = V \setminus S_i$），令 $l(v) = \min_{u \in S_i}\{l(v), l(u) + w(u, v)\}$，计算 $\min_{v \in \bar{S}_i}\{l(v)\}$，把达到这个最小值的一个顶点记为 u_{i+1}，令 $S_{i+1} = S_i \bigcup \{u_{i+1}\}$.

（3）若 $i = |V| - 1$，停止；若 $i < |V| - 1$，用 $i+1$ 代替 i，转（2）.

算法结束时，从 u_0 到各顶点 v 的距离由 v 的最后一次的 $l(v)$ 给出. 本节使用迪克斯特拉算法求例 2.8 中城市 c_1 到其他城市间的票价最便宜的路线，即顶点 c_1 到 $c_2, c_3, \cdots, c_6$ 的最短距离和路径，步骤如下：

表 2.1　迪克斯特拉算法迭代

	S	S'	L（c2）	L（c3）	L（c4）	L（c5）	L（c6）
1	c1	c2c3c4c5c6	50	∞	40	25	**10**
2	c1c6	c2c3c4c5	35	∞	35	**25**	
3	c1c6c5	c2c3c4	**35**	45	35		
4	c1c6c5c2	c3c4		45	**35**		
5	c1c6c5c2c4	c3		**45**			
6	c1c6c5c2c4c3						

（1）初始化：$S = \{c_1\}$，$S' = V \setminus S$，$l(c_i) = d(c_1, c_i)$，$i = 2, 3, \cdots, 6$，如果 c_1 与 c_j 不相邻，则 $d(c_1, c_j) = \infty$，前置点矩阵 $\text{index}_2 = [1 \ 1 \ 1 \ 1 \ 1]$，$u = c_1$，$\text{pb} = [1 \ 0 \ 0 \ 0 \ 0 \ 0]$.

（2）对每个 $c_k \in S_i'$（$S_i' = V \setminus S_i$），计算 $d(v) = l(c_1) + w(u, c_k)$，如果 $l(c_k) > d(c_k)$，则令 $l(c_k) = d(c_k)$，$\text{index}_2(k) = u$. 计算 $\min_{v \in \bar{S}_i}\{l(v)\}$，把达到这个最小值的一个顶点记为 u_{i+1}，令 $u = u_{i+1}$，$S_{i+1} = S_i \bigcup \{u_{i+1}\}$，即 $\text{pb}(u_{i+1}) = 1$.

（3）若 $i = |V| - 1$，停止；若 $i < |V| - 1$，用 $i+1$ 代替 i，转（2）.

其具体迭代步骤如表 2.1 所示.

在具体运算过程中，用矩阵 $a_{n \times n}$（n 为顶点个数）存放各边权的邻接矩阵，用行向量 pb、index_1、index_2、d 分别存放各点标号信息、顶点归入 S 集顺序、顶点前置点索引、最短通路距离的值. 其中：

$$\text{pb}(i) = \begin{cases} 1, & \text{当第 } i \text{ 顶点已标号} \\ 0, & \text{当第 } i \text{ 顶点未标号} \end{cases}$$

式中，$\text{index}_2(i)$—存放始点到第 i 点最短通路中第 i 顶点前一顶点的序号；

$d(i)$—存放由始点到第 i 点最短通路的值.

求第一个城市到其他城市的最短路径的 Matlab 程序如下：

```
clc,clear
a=zeros(6);
a(1,2)=50;a(1,4)=40;a(1,5)=25;a(1,6)=10;
a(2,3)=15;a(2,4)=20;a(2,6)=25;
a(3,4)=10;a(3,5)=20;
a(4,5)=10;a(4,6)=25;
a(5,6)=55;
a=a+a'; %输入权矩阵 a
a(find(a==0))=inf;
pb(1:length(a))=0;pb(1)=1;index1=1;index2=ones(1,length(a));
d(1:length(a))=M;d(1)=0;temp=1;
while sum(pb)<length(a)
    tb=find(pb==0);
    d(tb)=min(d(tb),d(temp)+a(temp,tb));
    tmpb=find(d(tb)==min(d(tb)));
    temp=tb(tmpb(1));
    pb(temp)=1;
    index1=[index1,temp];
    index=index1(find(d(index1)==d(temp)-a(temp,index1)));
    if length(index)>=2
        index=index(1);
    end
    index2(temp)=index;
end
d,index1,index2
```

利用相同的算法,求任意给定的邻接矩阵 *A* 从 sb 点到 bd 点最短路的通用 dijkstra 算法程序如下：

```
function [mydistance,mypath]=mydijkstra(A,sb,db);
n=size(A,1); visited(1:n) = 0;
distance(1:n) = inf; distance(sb) = 0;
%起点到个顶点距离的初始化
visited(sb)=1; u=sb;   %u 为最新的 P 标号顶点
parent(1:n) = 0; %前躯点的初始化
for i = 1: n-1
    id=find(visited==0); %找到未标号的顶点
    for v = id
        if   A(u,v) + distance(u) < distance(v)
            distance(v) = distance(u) + A(u,v);
```

```
                        %修改标号值
                        parent(v) = u;
                    end
                end
                temp=distance;
                temp(visited==1)=inf;   %已标号点的距离换成无穷
                [t,u] = min(temp); %找到标号值最小的顶点
                visited(u) = 1;         %标记已经标号的顶点
        end
    mypath = [];
    if parent(db) ~= 0   %如果存在路
        t = db; mypath = [db];
        while t ~= sb
            p = parent(t);
            mypath = [p mypath];
            t = p;
        end
    end
    mydistance = distance(db);
```

2.3.3　每对顶点之间的最短路径

计算赋权图中各对顶点之间的最短路径，显然可以调用 Dijkstra 算法. 具体方法是：每次以不同的顶点作为起点，用 Dijkstra 算法求出从该起点到其余顶点的最短路径，反复执行 n 次这样的操作，就可得到从每一个顶点到其他顶点的最短路径. 这种算法的时间复杂度为 $O(n^3)$. 第二种方法是由 Floyd R. W. 提出的，称为 Floyd 算法.

假设图 G 权的邻接矩阵为：

$$A_0 = \begin{bmatrix} a_{11} & a_{12} & \cdots & a_{1n} \\ a_{21} & a_{22} & \cdots & a_{2n} \\ \vdots & \vdots & & \vdots \\ a_{n1} & a_{n2} & \cdots & a_{nn} \end{bmatrix}$$

其中，a_{ij} 是 i,j 之间边的长度，当 i,j 之间没有边时 $a_{ij} = \infty$，在程序中以各边都不可能达到的充分大的数代替，且 $a_{ii} = 0$（$i = 1,2,\cdots,n$）. 对于无向图，A_0 是对称矩阵.

如果 $v_{k_1}, v_{k_2}, \cdots, v_{k_m}$ 是顶点 v_{k_1} 到顶点 v_{k_m} 的最短路，那么 $v_{k_l}, v_{k_{l+1}}, \cdots, v_{k_L}$（$1 \leqslant l < L \leqslant m$）是顶点 v_{k_l} 到顶点 v_{k_L} 的最短路. Floyd 算法的基本思想是：从邻接矩阵 $A_0 = A$ 开始进行 n 次迭代递推产生一个矩阵序列 $A_1, \cdots, A_k, \cdots, A_n$，其中第一次迭代后 $A_1(i,j)$ 的值是从顶点 v_i 到顶点 v_j 且中间不经过变化大于 1 的顶点的最短路径长度，$A_k(i,j)$ 表示从顶点 v_i 到顶点 v_j 的路径且中间不经过顶点序号大于 k 的最短路径长度.

计算时用迭代公式：

$$A_k(i, j) = \min(A_{k-1}(i, j), A_{k-1}(i, k) + A_{k-1}(k, j))$$

其中 k 是迭代次数，$i, j, k = 1, 2, \cdots, n$. 最后，当 $k = n$ 时，A_n 即各顶点之间的最短通路值.

下面将模拟使用 Floyd 算法找 v_i 到 v_j 的最短路径的过程. 不失一般性，设道路 $v_i v_4 \ v_2 \ v_3 \ v_1 \ v_j$ 为 v_i 到 v_j 的一条最短路，则有：

（1）k 初始化，$k = 0$，$v_i \to v_j$ 为最短路；

（2）$k = 1$，得出 $v_3 \to v_1 \to v_j$ 为 v_3 到 v_j 的最短路；

（3）$k = 2$，得出 $v_4 \to v_2 \to v_3$ 为 v_4 到 v_3 的最短路；

（4）$k = 3$，得出 $v_4 \to v_2 \to v_3 \to v_1 \to v_j$ 为 v_4 到 v_j 的最短路；

（5）$k = 4$，得出 $v_i \to v_4 \to v_2 \to v_3 \to v_1 \to v_j$ 为 v_i 到 v_j 的最短路；

$\vdots$

（$n+1$）$k = n$，得出 v_i 到 v_j 的最短路为 $v_i \to v_4 \to v_2 \to v_3 \to v_1 \to v_j$.

算法描述：

（1）初始化：D[u,v]=A[u,v]

（2）for k:=1 to n

　　　　for i:=1 to n

　　　　　　for j:=1 to n

　　　　　　　　if D[i, j]>D[i, k]+D[k, j] Then

　　　　　　　　　　D[i, j]:=D[i, k]+D[k, j];

（3）算法结束：D 即所有点对的最短路径矩阵.

例 2.10 用 Floyd 算法求解例 2.8.

矩阵 path 用来存放每对顶点之间最短路径上所经过的顶点的序号. Floyd 算法的 Matlab 程序如下：

```
clear;clc;
n=6; a=zeros(n);
a(1,2)=50;a(1,4)=40;a(1,5)=25;a(1,6)=10;
a(2,3)=15;a(2,4)=20;a(2,6)=25; a(3,4)=10;a(3,5)=20;
a(4,5)=10;a(4,6)=25; a(5,6)=55;
a=a+a';
a(a==0)=inf; %把所有零元素转化为 inf
a([1:n+1:n^2])=0; %把对角线上元素转化为 0
path=zeros(n);
for k=1:n
    for i=1:n
        for j=1:n
            if a(i,j)>a(i,k)+a(k,j)
                a(i,j)=a(i,k)+a(k,j);
```

```
                path(i,j)=k;
            end ·
        end
    end
end
a,path
```

利用相同的算法，求任意给定的邻接矩阵 A 从 sb 点到 bd 点最短路的通用 Floys 算法程序如下：

```
function [dist,mypath]=myfloyd(a,sb,db);
% 输入 a—邻接矩阵,元素(aij)是顶点 i 到 j 之间的直达距离,可以是有向的
% sb—起点的标号;db—终点的标号
% 输出 dist—最短路的距离;% mypath—最短路的路径
n=size(a,1); path=zeros(n);
for k=1:n
    for i=1:n
        for j=1:n
            if a(i,j)>a(i,k)+a(k,j)
                a(i,j)=a(i,k)+a(k,j);
                path(i,j)=k;
            end
        end
    end
end
dist=a(sb,db);
parent=path(sb,:);
%从起点 sb 到终点 db 的最短路上各顶点的前驱顶点
parent(parent==0)=sb;
%path 中的分量为 0,表示该顶点的前驱是起点
mypath=db; t=db;
while t~=sb
        p=parent(t); mypath=[p,mypath];
        t=p;
end
```

2.4 最小生成树问题

2.4.1 基本概念

连通的无圈图叫作树，记为 T；其度为 1 的顶点称为叶子顶点；显然有边的树至少有两

个叶子顶点. 连通图 G 的一个子图如果是一棵包含 G 的所有顶点的树，则该子图称为 G 的生成树，即若图 T 满足 $V(T) = V(G)$，$E(T) \subseteq E(G)$，则称 T 是 G 的生成树. 图 G 连通的充分必要条件为 G 有生成树. 生成树是连通图的极小连通子图. 所谓极小，是指若在树中任意增加一条边，将出现一个回路；若去掉一条边，将会使之变成非连通图. 一个连通图 G 的生成树的个数很多，生成树各边的权值总和称为生成树的权. 权最小的生成树为图 G 的**最小生成树**. 树有下面常用的五个充要条件.

定理 1　（1）G 是树当且仅当 G 中任二顶点之间有且仅有一条轨道.

（2）G 是树当且仅当 G 无圈，且 $\varepsilon = \nu - 1$.

（3）G 是树当且仅当 G 连通，且 $\varepsilon = \nu - 1$.

（4）G 是树当且仅当 G 连通，且 $\forall e \in E(G)$，$G - e$ 不连通.

（5）G 是树当且仅当 G 无圈，$\forall e \notin E(G)$，$G + e$ 恰有一个圈.

2.4.2　最小生成树问题

欲修筑连接 n 个城市的铁路，已知 i 城与 j 城之间的铁路造价为 C_{ij}，设计一个线路图，使总造价最低. 此问题可看成在连通赋权图上求最小生成树的问题. 求最小生成树常用的算法有避圈法与破圈法，在本节将介绍避圈法中的两种常用算法.

1. 普里姆（Prim）算法构造最小生成树

设置两个集合 P 和 Q，其中 P 用于存放 G 的最小生成树中的顶点，集合 Q 存放 G 的最小生成树中的边. 令集合 P 的初值为 $P = \{v_1\}$（假设构造最小生成树时，从顶点 v_1 出发），集合 Q 的初值为 $Q = \varnothing$. Prim 算法的思想是，从所有 $p \in P$，$v \in V - P$ 的边中，选取具有最小权值的边 pv，将顶点 v 加入集合 P 中，将边 pv 加入集合 Q 中，如此不断重复，直到 $P = V$ 时，最小生成树构造完毕，这时集合 Q 中包含了最小生成树的所有边.

Prim 算法如下：

（1）$P = \{v_1\}$，$Q = \varnothing$；

（2）while　$P \sim= V$

　　　$pv = \min(w_{pv}, p \in P, v \in V - P\}$

　　　$P = P + \{v\}$

　　　$Q = Q + \{pv\}$

　　end

例 2.11　用 Prim 算法求图 2.5 的最小生成树.

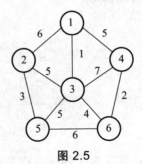

图 2.5

我们用 result$_{3×n}$ 的第一、二、三行分别表示生成树边的起点、终点、权集合，Matlab 程序如下：

```
clc;clear;
M=1000;
a(1,2)=6;a(1,3)=1;a(1,4)=5;
a(2,3)=5; a(2,5)=3;

a(3,4)=7;a(3,5)=5;a(3,6)=4;
a(4,6)=2;
a(5,6)=6;
a=[a;zeros(1,6)];
a=a+a';
a(find(a==0))=M;
result=[];p=1;tb=2:length(a);
while length(result)~=length(a)-1
    temp=a(p,tb);temp=temp(:);
    d=min(temp);
    [jb,kb]=find(a(p,tb)==d);
    j=p(jb(1));k=tb(kb(1));
    result=[result,[j;k;d]];p=[p,k];tb(find(tb==k))=[];
end
result
```

运行上述命令后得到的结果为：

$$result = \begin{matrix} 1 & 3 & 6 & 3 & 2 \\ 3 & 6 & 4 & 2 & 5 \\ 1 & 4 & 2 & 5 & 3 \end{matrix}$$

即最小生成树权为 15，具体如图 2.6 所示.

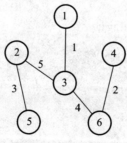

图 2.6　最小生成树

2. Kruskal 算法构造最小生成树

科茹斯克尔（Kruskal）算法是一个好算法. 其算法步骤如下：

（1）选 $e_1 \in E(G)$，使得 $w(e_1) = \min\limits_{e_j \in E(G)} e_j$.

（2）若 $e_1, e_2, \cdots, e_i$ 已选好，则从 $E(G_i) = E(G) - \{e_1, e_2, \cdots, e_i\}$ 中选取 e_{i+1}，使得 $G[\{e_1, e_2, \cdots, e_i, e_{i+1}\}]$ 中无圈，且 $w(e_{i+1}) = \min\limits_{e_j \in E(G_i)} e_j$.

（3）直到选得 e_{v-1} 为止.

例 2.12　用 Kruskal 算法构造例 2.11 的最小生成树.

我们将各边端点的信息用 $2 \times n$ 向量 index 存放，第一行存放一条边中顶点序号较小点信息，第二行存放一条边中顶点序号较大点信息. 当选中某一边之后，就将此边对应的顶点序号中较大序号 u 改记为此边的另一顶点序号 v，同时把其他边中所有序号为 u 的均改记为 v. 此方法可避免因选中此边而与已选中的边构成圈，其几何意义是：将序号 u 的这个顶点收缩到 v 顶点，u 顶点不复存在. 后面继续寻查时，发现某边的两个顶点序号相同时，认为已被收缩掉，失去了被选取的资格（因为若选该边会与已选中的边构成圈）.

求解的结果与例 2.11 的结果相同，其 Matlab 程序如下：

```
clc;clear;
M=1000;
a=zeros(6) ;
a(1,2)=6;a(1,3)=1;a(1,4)=5;
a(2,3)=5; a(2,5)=3;
a(3,4)=7;a(3,5)=5;a(3,6)=4;
a(4,6)=2;
a(5,6)=6;
[i,j,b]=find(a);
data=[i';j';b'];index=data(1:2,:);
loop=length(a)-1;
result=[];
while length(result)<loop
    temp=min(data(3,:));
    flag=find(data(3,:)==temp);
    flag=flag(1);
    v1=index(1,flag);v2=index(2,flag);
    if v1~=v2
        result=[result,data(:,flag)];
    end
    index(find(index==v2))=v1;
    data(:,flag)=[];
    index(:,flag)=[];
end
result
```

2.5　Euler 图和 Hamilton 图

2.5.1　基本概念

定义 1　经过图 G 的所有边的迹叫作 G 的 Euler 迹；闭的 Euler 迹叫作 Euler 回路或 E 回路；含 Euler 回路的图叫作 Euler 图.

直观地讲，Euler 图就是指从某一顶点出发每边恰通过一次能回到出发点的图，即不重复地行遍所有的边再回到出发点的图.

定理 1（1）G 是 Euler 图的充分必要条件是 G 连通且每顶点皆偶次.

（2）G 是 Euler 图的充分必要条件是 G 连通且 $G = \bigcup_{i=1}^{d} C_i$ ，C_i 是圈，$E(C_i) \bigcap E(C_j) = \varnothing (i \neq j)$.

（3）G 中有 Euler 迹的充要条件是 G 连通且至多有两个奇次点.

定义 2　包含 G 的每个顶点的轨叫作 Hamilton 轨；闭的 Hamilton 轨叫作 Hamilton 圈或 H 圈；含 Hamilton 圈的图叫作 Hamilton 图.

直观地讲，Hamilton 图就是指从一顶点出发每顶点恰通过一次能回到出发点的那种图，即不重复地行遍所有的顶点再回到出发点.

2.5.2　Euler 回路的 Fleury 算法

1921 年，Fleury 给出求 Euler 回路的 Fleury 算法.

Fleury 算法步骤：

（1）任选图 G 中一顶点 $v_0 \in V(G)$ ，令 $W_0 = v_0$.

（2）假设道路 $W_i = v_0 e_1 v_1 e_2 \cdots e_i v_i$ 已经选定，那么按下述方法从 $E - \{e_1, \cdots, e_i\}$ 中选取边 e_{i+1}，使：① e_{i+1} 和 v_i 相关联；② 除非没有别的边可选择，否则 e_{i+1} 不是 $G_i = G - \{e_1, \cdots, e_i\}$ 的割边（cut edge）.（割边是一条删除后使连通图不再连通的边）

（3）当第（2）步不能再执行时，算法停止.

在实际生活中有许多问题都可以抽象为求 Euler 回路或 Hamilton 圈的问题，最经典的是邮递员问题和旅行商问题.

2.5.3　邮递员问题

邮递员问题：一位邮递员从邮局选好邮件去投递，然后返回邮局，当然他必须经过他负责投递的每条街道至少一次，为他设计一条投递路线，使得他行程最短.

上述邮递员问题的数学模型是：在一个赋权连通图上求一个含所有边的回路，且使此回路的权最小. 显然，若此连通赋权图是 Euler 图，则可用 Fleury 算法求 Euler 回路，此回路即为所求.

对于非 Euler 图，1973 年 Edmonds 和 Johnson 给出下面的解法：

设 G 是连通赋权图.

（1）求 $V_0 = \{v \mid v \in V(G), d(v) = 1 (\mathrm{mod}\ 2)\}$.

（2）对每对顶点 $u, v \in V_0$ ，求 $d(u, v)$.（ $d(u, v)$ 是 u 与 v 的距离，可用 Floyd 算法求得）

（3）构造完全赋权图 $K_{|V_0|}$ ，以 V_0 为顶点集，以 $d(u, v)$ 为边 uv 的权.

（4）求 $K_{|V_0|}$ 中权之和最小的完美对集 M.

（5）求 M 中边的端点之间的在 G 中的最短轨.

（6）在（5）中求得的每条最短轨上每条边添加一条等权的"倍边".（倍边即共端点共权的边）

（7）在（6）中得的图 G' 上求 Euler 回路即中国邮递员问题的解.

多邮递员问题：邮局有 $k(k \geq 2)$ 位投递员，同时投递信件，全城街道都要投递，完成任务返回邮局，如何分配投递路线，使得完成投递任务的时间最早？我们把这一问题记成 kPP.

kPP 的数学模型如下：

$G(V,E)$ 是连通图，$v_0 \in V(G)$，求 G 的回路 $C_1, \cdots, C_k$，使得

（1）$v_0 \in V(C_i)$，$i = 1, 2, \cdots, k$.

（2）$\max\limits_{1 \leqslant i \leqslant k} \sum\limits_{e \in E(C_i)} w(e) = \min$.

（3）$\bigcup\limits_{i=1}^{k} E(C_i) = E(G)$.

2.5.4　旅行商（TSP）问题

一名推销员准备前往若干城市推销产品，然后回到他的出发地. 如何为他设计一条最短的旅行路线？（从驻地出发，经过每个城市恰好一次，最后返回驻地）这个问题称为旅行商问题. 用图论的术语说，就是在一个赋权完全图中，找出一个有最小权的 Hamilton 圈. 称这种圈为最优圈. 与最短路问题及连线问题相反，目前还没有求解旅行商问题的有效算法. 所以希望找到一个方法以获得相当好（但不一定最优）的解.

1. 旅行商（TSP）问题数学规划模型

假设有 n 个城市，城市 i 与城市 j 之间的距离为 d_{ij}，x_{ij} 为 0-1 变量，当城市 i 到城市 j 的路在最优圈上时 $x_{ij} = 1$，否则 $x_{ij} = 0$. 该旅行商（TSP）问题的数学规划模型为：

$$\min \sum_{i=1}^{n} \sum_{j=1}^{n} d_{ij} x_{ij}$$

$$\text{s.t.} \begin{cases} \sum\limits_{j=1}^{n} x_{ij} = 1, i = 1, 2, \cdots, n \\ \sum\limits_{i=1}^{n} x_{ij} = 1, j = 1, 2, \cdots, n \\ \sum\limits_{i,j \in S} x_{ij} \leqslant |S| - 1, \ 2 \leqslant |S| \leqslant n-1, S \subset \{1, 2, \cdots, n\} \\ x_{ij} \text{为0或1}, \ i, j = 1, 2, \cdots, n, \ i \neq j \end{cases}$$

上述模型的约束条件中，$\sum\limits_{j=1}^{n} x_{ij} = 1$ 与 $\sum\limits_{i=1}^{n} x_{ij} = 1$（$i, j = 1, 2, \cdots, n$）分别表示每个点均只有一

边进入、只有一边出去，但不能避免产生子巡回圈. 如图 2.7 就满足 $\sum\limits_{j=1}^{n} x_{ij} = 1$ 与 $\sum\limits_{i=1}^{n} x_{ij} = 1$，但

出现两个子圈，因此仍需要约束条件. 而约束条件 $\sum_{i,j \in S} x_{ij} \leq |S|-1$，$2 \leq |S| \leq n-1$ 表示除起点与终点外各边不构成圈，而此条件与条件 $u_i - u_j + nx_{ij} \leq n-1$，$(i,j = 1,2,\cdots,n,\ i \neq j)$ 等价，其中 u_i 与 u_j 表示不同的两个点. 以图 2.7 为例，我们可以进行简单的证明当 0-1 变量 x_{ij} 满足条件 $u_i - u_j + nx_{ij} \leq n-1$ $(i,j = 1,2,\cdots,n,\ i \neq j)$ 时有下述条件成立.

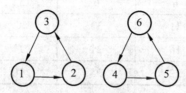

图 2.7 无回路示意图

（1）任何含子巡回的路线都必然不满足该约束条件（不管 u_i 如何取值）；

（2）全部不含子巡回的整体巡回路线都可以满足该约束条件（只要 u_i 取适当值）.

证明 用反证法证明（1），假设存在子巡回，则至少有两个子巡回，那么（必然）至少有一个子巡回中不含起点 1，如图 2.6 中的 4—5—6—4，则必有

$$u_4 - u_5 + n \leq n-1, u_5 - u_4 + n \leq n-1, u_6 - u_4 + n \leq n-1$$

把这三个不等式加起来得到 $n \leq n-1$，产生矛盾，故假设不能成立. 而对整体巡回，因为 $j \geq 2$，不包含起点城市 1，故不会发生矛盾. 另外对于整体巡回路线，只要 u_i 取适当值，都可以满足该约束条件：

（1）对于总巡回上的边，$x_{ij} = 1$，u_i 可取旅行城市 i 的顺序数，则必有 $u_i - u_j = -1$，约束条件 $u_i - u_j + nx_{ij} \leq n-1$ 变成：$-1+n \leq n-1$，必然成立.

（2）对于非总巡回上的边，因为 $x_{ij} = 0$，约束条件 $u_i - u_j + nx_{ij} \leq n-1$ 变成 $-1 \leq n-1$，依然成立.

综上所述，该约束条件只限止子巡回，不影响其他，于是该旅行商问题转化成了一个混合整数线性规划问题：

$$\min \sum_{i=1}^{n} \sum_{j=1}^{n} d_{ij} x_{ij}$$

$$\text{s.t.} \begin{cases} \sum_{j=1}^{n} x_{ij} = 1, i = 1,2,\cdots,n \\ \sum_{i=1}^{n} x_{ij} = 1, j = 1,2,\cdots,n \\ u_i - u_j + nx_{ij} \leq n-1,\ i = 1,2,\cdots,n,\ j = 2,\cdots,n,\ i \neq j \\ x_{ij} \text{为0或1},\ i,j = 1,2,\cdots,n,\ i \neq j \end{cases}$$

例 2.13 已知某地区各城镇之间距离如表 2.2 所示，某公司计划在该地区做广告宣传，推销员从城镇 1 出发，经过各个城镇，再回到城市 1. 为节约开支，公司希望推销员走过这 6 个城镇的总距离最少.

表 2.2　各城镇之间的距离

	1	2	3	4	5	6
1	0	3	4	7	9	5
2	3	0	6	11	16	22
3	4	6	0	33	21	55
4	7	11	33	0	17	10
5	9	16	21	17	0	13
6	5	22	55	10	13	0

解　将城镇抽象为点，分别为点 1,2,$\cdots$,6，城镇间的道路为各点间的边，城镇间距离为边的权 c_{ij}，则此题转化为求该简单图的一个最小 Hamilton 圈问题，定义 0-1 变量 $x_{ij}(i,j=0,1,\cdots,6)$

$$x_{ij} = \begin{cases} 0, & i \text{ 到 } j \text{ 的边不在最小 Hamilton 圈上} \\ 1, & i \text{ 到 } j \text{ 的边在最小 Hamilton 圈上} \end{cases}$$

则其数学模型为

$$\min \sum_{i=1}^{6}\sum_{j=1}^{6} c_{ij}x_{ij}$$

$$\text{s.t.} \begin{cases} \sum_{j=1}^{6} x_{ij} = 1, i = 1,2,\cdots,6 \\ \sum_{i=1}^{6} x_{ij} = 1, j = 1,2,\cdots,6 \\ \mu_i - \mu_j + 6x_{ij} \leqslant 5, i = 1,2,\cdots,6, j = 2,3,\cdots,6, i \neq j \\ x_{ij} = 0 \text{ 或 } 1, i,j = 1,2,\cdots,6 \end{cases}$$

编写 Lingo 程序如下：

```
model:
sets:
    country/1,2,3,4,5,6/:u;!定义 6 个点
    link(country,country):dist,x; !决策变量
endsets
    n=@size( country);
data:      !距离矩阵
    dist=0 3 4 7 9 5
         3 0 6 22 11 16
         4 6 0 33 21 55
         7 11 33 0 17 10
         9 16 21 17 0 13
         5 22 55 10 13 0;
```

```
enddata
    min=@sum(link:dist*x);
    @FOR( country(K):@sum( country( I)| I #ne# K: x(I,K))=1;
        @sum( country(J)| J #ne# K: x(K,J))=1;
        );
    @FOR(country(I) | I #gt# 1:@FOR( country( J) J #gt# 1:u(I)-u(J)+n*x(I,J)<=n-1););
    @FOR( country(I):u(I)<=n-1);
    @FOR( link:@bin(x)); !定义 0-1 变量
end
```

求得的最短路径为 $1\rightarrow3\rightarrow2\rightarrow4\rightarrow6\rightarrow5\rightarrow1$，最短路径长度为 53.

2. 修改圈近似算法

由上节的学习可以看出，使用数学规划模型求解旅行商（TSP）问题比较复杂，而另一个可行的办法是修改圈算法. 修改圈算法的步骤为：首先找一个初始 Hamilton 圈 C，然后通过不断修改 C 得到具有较小权的另一个 Hamilton 圈. 修改的方法叫作改良圈算法. 设初始圈 $C = v_1 v_2 \cdots v_n v_1$.

（1）对于 $1 < i+1 < j < n$，构造新的 Hamilton 圈

$$C_{ij} = v_1 v_2 \cdots v_i v_j v_{j-1} v_{j-2} \cdots v_{i+1} v_{j+1} v_{j+2} \cdots v_n v_1$$

它是由 C 中删去边 $v_i v_{i+1}$ 和 $v_j v_{j+1}$、添加边 $v_i v_j$ 和 $v_{i+1} v_{j+1}$ 而得到的. 若 $w(v_i v_j) + w(v_{i+1} v_{j+1}) < w(v_i v_{i+1}) + w(v_j v_{j+1})$，则以 C_{ij} 代替 C，C_{ij} 叫作 C 的改良圈.

（2）转到（1），直至无法改进，停止.

用改良圈算法得到的结果一般来说并不是最优的，且与初始圈有关. 为了得到更高的精确度，可以选择不同的初始圈，重复进行几次算法，以求得较精确的结果.

这个算法的优劣程度有时可用 Kruskal 算法加以说明. 假设 C 是 G 中的最优圈. 对于任何顶点 v，$C-v$ 是在 $G-v$ 中的 Hamilton 轨，因而也是 $G-v$ 的生成树. 由此推知：若 T 是 $G-v$ 中的最优树，同时 e 和 f 是和 v 关联的两条边，并使得 $w(e)+w(f)$ 尽可能小，则 $w(T)+w(e)+w(f)$ 将是 $w(C)$ 的一个下界. 这里介绍在圈的修改过程中一次替换两条边算法程序.

例 2.14 从北京（Pe）乘飞机到东京（T）、纽约（N）、墨西哥城（M）、伦敦（L）、巴黎（Pa）五城市旅游，每城市去一次再回北京，应如何安排旅游线，使旅程最短？各城市之间的航线距离如表 2.3 所示.

表 2.3 城市之间的旅程

	L	M	N	Pa	Pe	T
L		56	35	21	51	60
M	56		21	57	78	70
N	35	21		36	68	68
Pa	21	57	36		51	61
Pe	51	78	68	51		13
T	60	70	68	61	13	

解 编写程序如下：

```
clc,clear
a(1,2)=56;a(1,3)=35;a(1,4)=21;a(1,5)=51;a(1,6)=60;
a(2,3)=21;a(2,4)=57;a(2,5)=78;a(2,6)=70;
a(3,4)=36;a(3,5)=68;a(3,6)=68;
a(4,5)=51;a(4,6)=61;
a(5,6)=13;
a(6,:)=0;
a=a+a';
c1=[5 1:4 6];
L=length(c1);
flag=1;
while flag>0
        flag=0;
    for m=1:L-3
        for n=m+2:L-1
            if a(c1(m),c1(n))+a(c1(m+1),c1(n+1))<a(c1(m),c1(m+1))+...
a(c1(n),c1(n+1))
                flag=1;
                c1(m+1:n)=c1(n:-1:m+1);
            end
        end
    end
end
sum1=0;
for i=1:L-1
    sum1=sum1+a(c1(i),c1(i+1));
end
circle=c1;
sum=sum1;
c1=[5 6 1:4];%改变初始圈,该算法的最后一个顶点不动
flag=1;
while flag>0
        flag=0;
    for m=1:L-3
        for n=m+2:L-1
            if a(c1(m),c1(n))+a(c1(m+1),c1(n+1))< a(c1(m),c1(m+1))+...
            a(c1(n),c1(n+1))
                flag=1;
```

```
            c1(m+1:n)=c1(n:-1:m+1);
        end
    end
  end
end
sum1=0;
for i=1:L-1
    sum1=sum1+a(c1(i),c1(i+1));
end
if sum1<sum
    sum=sum1;
    circle=c1;
end
circle,sum
```

2.6　最大流问题

2.6.1　最大流问题的数学描述

1. 网络中的流

定义 1　在以 V 为节点集，A 为弧集的有向图 $G = (V, A)$ 上定义如下的权函数：

（1）$L : A \rightarrow R$ 为弧上的权函数，弧 $(i, j) \in A$ 对应的权 $L(i, j)$ 记为 l_{ij}，称为弧 (i, j) 的容量下界（lower bound）.

（2）$U : A \rightarrow R$ 为弧上的权函数，弧 $(i, j) \in A$ 对应的权 $U(i, j)$ 记为 u_{ij}，称为弧 (i, j) 的容量上界，或直接称为容量（capacity）.

（3）$D : V \rightarrow R$ 为顶点上的权函数，节点 $i \in V$ 对应的权 $D(i)$ 记为 d_i，称为顶点 i 的供需量（supply/demand）.

此时所构成的网络称为流网络，可以记为：

$$N = (V, A, L, U, D)$$

由于我们只讨论 V, A 为有限集合的情况，所以对于弧上的权函数 L, U 和顶点上的权函数 D，可以直接用所有弧上对应的权组成的有限维向量表示，因此 L, U, D 有时直接称为权向量，或简称权. 由于给定有向图 $G = (V, A)$ 后，我们总是可以在它的弧集合和顶点集合上定义各种权函数，所以流网络一般直接简称为网络.

在流网络中，弧 (i, j) 的容量下界 l_{ij} 和容量上界 u_{ij} 表示的物理意义分别是：通过该弧发送某种"物质"时，必须发送的最小数量为 l_{ij}，而发送的最大数量为 u_{ij}. 顶点 $i \in V$ 对应的供需量 d_i 则表示该顶点从网络外部获得的"物质"数量（$d_i < 0$ 时），或从该顶点发送到网络外部的"物质"数量（$d_i > 0$ 时）. 下面我们给出严格定义.

定义 2　对于流网络 $N = (V, A, L, U, D)$，其上的一个流（flow）f 是指从 N 的弧集 A 到 R

的一个函数，即对每条弧 (i, j) 赋予一个实数 f_{ij}（称为弧 (i, j) 的流量）. 如果流 f 满足

$$\sum_{j:(i,j)\in A} f_{ij} - \sum_{j:(j,i)\in A} f_{ji} = d_i, \quad \forall i \in V \tag{2.5}$$

$$l_{ij} \leqslant f_{ij} \leqslant u_{ij}, \quad \forall (i, j) \in A \tag{2.6}$$

则称 f 为可行流（feasible flow）. 至少存在一个可行流的流网络称为可行网络（feasible network）. 约束（2.5）称为流量守恒条件（也称流量平衡条件），约束（2.6）称为容量约束.

可见，当 $d_i > 0$ 时，表示有 d_i 个单位的流量从该顶点流出，因此顶点 i 称为供应点（supply node）或源（source），有时也形象地称为起始点或发点等；当 $d_i < 0$ 时，表示有 $|d_i|$ 个单位的流量流入该点（或说被该顶点吸收），因此顶点 i 称为需求点（demand node）或汇（sink），有时也形象地称为终止点或收点等；当 $d_i = 0$ 时，顶点 i 称为转运点（transshipment node）或平衡点、中间点等.

此外，根据约束（2.5）可知，对于可行网络，必有

$$\sum_{i\in V} d_i = 0 \tag{2.7}$$

也就是说，所有节点上的供需量之和为 0 是网络中存在可行流的必要条件.

一般地，我们总是可以把 $L \neq 0$ 的流网络转化为 $L = 0$ 的流网络进行研究. 除非特别说明，以后我们总是假设 $L = 0$（即所有弧 (i, j) 的容量下界 $l_{ij} = 0$），并将 $L = 0$ 时的流网络简记为 $N = (V, A, U, D)$. 此时，相应的容量约束（2.6）为：

$$0 \leqslant f_{ij} \leqslant u_{ij}, \quad \forall (i, j) \in A$$

定义 3 在流网络 $N = (V, A, U, D)$ 中，对于流 f，如果

$$f_{ij} = 0, \quad \forall (i, j) \in A$$

则称 f 为零流，否则为非零流. 如果某条弧 (i, j) 上的流量等于其容量（$f_{ij} = u_{ij}$），则称该弧为饱和弧（saturated arc）；如果某条弧 (i, j) 上的流量小于其容量（$f_{ij} < u_{ij}$），则称该弧为非饱和弧；如果某条弧 (i, j) 上的流量为 0（$f_{ij} = 0$），则称该弧为空弧（void arc）.

2. 最大流问题数学模型

考虑如下流网络 $N = (V, A, U, D)$：节点 s 为网络中唯一的源点，t 为唯一的汇点，而其他节点为转运点. 如果网络中存在可行流 f，此时称流 f 的流量（或流值，flow value）为 d_s（根据式（2.7），它自然等于 $-d_t$），通常记为 v 或 $v(f)$，即：

$$v = v(f) = d_s = -d_t$$

对这种单源单汇的网络，如果我们并不给定 d_s 和 d_t（即流量不给定），则网络一般记为 $N = (s, t, V, A, U)$. 最大流问题（maximum flow problem）就是在 $N = (s, t, V, A, U)$ 中找到流值最大的可行流（即最大流）. 我们将会看到，最大流问题的许多算法也可以用来求解流量给定的网络中的可行流. 也就是说，当我们解决了最大流问题以后，对于在流量给定的网络中寻找可行流的问题，通常也就可以解决了.

因此，用线性规划的方法，最大流问题可以形式地描述为：

$$\max \quad v$$

$$\text{s.t.} \quad \sum_{j:(i,j)\in A} x_{ij} - \sum_{j:(j,i)\in A} x_{ji} = \begin{cases} v, & i = s \\ -v, & i = t \\ 0, & i \neq s, t \end{cases}$$

$$0 \leqslant x_{ij} \leqslant u_{ij}, \quad \forall (i,j) \in A$$

定义 4 如果一个矩阵 A 的任何子方阵的行列式的值都等于 0，1或 –1，则称 A 是全幺模的（totally unimodular，TU 又译为全单位模的），或称 A 是全幺模矩阵.

定理 1（整流定理） 最大流问题所对应的约束矩阵是全幺模矩阵. 若所有弧容量均为正整数，则问题的最优解为整数解.

最大流问题是一个特殊的线性规划问题. 我们将会看到利用图的特点，解决这个问题的方法较之线性规划的一般方法要方便、直观得多.

2.6.2 单源和单汇运输网络

我们遇到的实际问题往往是多源多汇网络，为了计算的规格化，可将多源多汇网络 G 化成单源单汇网络 G'. 设 X 是 G 的源，Y 是 G 的汇，具体转化方法如下：

（1）在原图 G 中增加两个新的顶点 x 和 y，令其分别为新图 G' 中之单源和单汇，则 G 中所有顶点 V 成为 G' 之中间顶点集.

（2）用一条容量为 ∞ 的弧把 x 连接到 X 中的每个顶点.

（3）用一条容量为 ∞ 的弧把 Y 中的每个顶点连接到 y.

G 和 G' 中的流以一个简单的方式相互对应. 若 f 是 G 中的流，则由

$$f'(a) = \begin{cases} f(a), & \text{若} a \text{是} G \text{的弧} \\ f^+(v) - f^-(v), & \text{若} a = (x,v) \\ f^-(v) - f^+(v), & \text{若} a = (v,y) \end{cases}$$

所定义的函数 f' 是 G' 中使得 $v(f') = v(f)$ 的流. 反之，G' 中的流在 G 的弧集上的限制就是 G 中具有相同值的流.

2.6.3 最大流和最小割关系

设 $N = (s,t,V,A,U)$，$S \subset V$，$s \in S$，$t \in V - S$，则称 $(S,\bar{S})$ 为网络的一个割，其中 $\bar{S} = V - S$，$(S,\bar{S})$ 为尾在 S，头在 $\bar{S}$ 的弧集，称 $C(S,\bar{S}) = \sum_{\substack{(i,j)\in A \\ i\in S, j\in \bar{S}}} u_{ij}$ 为割 $(S,\bar{S})$ 的容量.

定理 2 f 是最大流，$(S,\bar{S})$ 是容量最小的割的充要条件是 $v(f) = C(S,\bar{S})$.

在网络 $N = (s,t,V,A,U)$ 中，对于轨 $(s,v_2,\cdots,v_{n-1},t)$（此轨为无向的），若 $v_iv_{i+1} \in A$，则称它为前向弧；若 $v_{i+1}v_i \in A$，则称它为后向弧.

在网络 N 中，从 s 到 t 的轨 P 上，若对所有的前向弧 (i,j) 恒有 $f_{ij} < u_{ij}$，对所有的后向弧 (i,j) 恒有 $f_{ij} > 0$，则称这条轨 P 为从 s 到 t 的关于 f 的可增广轨.

令

$$\delta = \min\{\delta_{ij}\}$$

$$\delta_{ij} = \begin{cases} u_{ij} - f_{ij}, & \text{当}(i,j)\text{为前向弧} \\ f_{ij}, & \text{当}(i,j)\text{为后向弧} \end{cases}$$

则在这条可增广轨上每条前向弧的流都可以增加一个量 δ ，而相应的后向弧的流可减少 δ ，这样就可使得网络的流量获得增加，同时可以使每条弧的流量不超过它的容量，而且保持为正，也不影响其他弧的流量. 总之，网络中 f 可增广轨的存在是有意义的，因为这意味着 f 不是最大流.

2.6.4　最大流的算法——标号法

标号法是由 Ford 和 Fulkerson 于 1957 年提出的. 用标号法寻求网络中最大流的基本思想是寻找可增广轨，使网络的流量得到增加，直到最大为止. 标号法即首先给出一个初始流，这样的流是存在的，例如零流，如果存在关于它的可增广轨，那么调整该轨上每条弧上的流量，就可以得到新的流，对于新的流，如果仍存在可增广轨，则用同样的方法使流的值增大，继续这个过程，直到网络中不存在关于新得到流的可增广轨为止，则该流就是所求的最大流.

标法法分为两个过程：① 标号过程，通过标号过程寻找一条可增广轨. ② 增流过程，沿着可增广轨增加网络的流量.

这两个过程的步骤分述如下.

1. 标号过程

（1）给发点标号为 (s^+, ∞).

（2）若顶点 x 已经标号，则对 x 的所有未标号的邻接顶点 y 按以下规则标号：① 若 $(x,y) \in A$ ，且 $f_{xy} < u_{xy}$ 时，令 $\delta_y = \min\{u_{xy} - f_{xy}, \delta_x\}$ ，则给顶点 y 标号为 (x^+, δ_y) ；若 $f_{xy} = u_{xy}$ ，则不给顶点 y 标号. ② $(y,x) \in A$ ，且 $f_{yx} > 0$ ，令 $\delta_y = \min\{f_{yx}, \delta_x\}$ ，则给 y 标号为 (x^-, δ_y) ；若 $f_{yx} = 0$ ，则不给 y 标号.

（3）不断地重复步骤（2）直到收点 t 被标号，或不再有顶点可以标号为止. 当 t 被标号时，表明存在一条从 s 到 t 的可增广轨，则转向增流过程. 若 t 点不能被标号，且不存在其他可以标号的顶点，表明不存在从 s 到 t 的可增广轨，算法结束，此时所获得的流就是最大流.

2. 增流过程

（1）令 $u = t$.

（2）若 u 的标号为 (v^+, δ_t) ，则 $f_{vu} = f_{vu} + \delta_t$ ；若 u 的标号为 (v^-, δ_t) ，则 $f_{uv} = f_{uv} - \delta_t$.

（3）若 $u = s$ ，把全部标号去掉，并回到标号过程（A）. 否则，令 $u = v$ ，并回到增流过程（2）.

求网络 $N = (s, t, V, A, U)$ 中的最大流 x 的算法的程序设计具体步骤如下：

对每个节点 j ，其标号包括两部分信息，即：

$$(\text{pred}(j), \max f(j))$$

该节点在可能的增广路中的前一个节点 $\mathrm{pred}(j)$，以及沿该可能的增广路到该节点为止可以增广的最大流量 $\max f(j)$.

（1）置初始可行流 x（如零流）；对节点 t 标号，即令 $\max f(t)=$ 任意正值.

（2）若 $\max f(j)>0$，继续下一步；否则停止，已经得到最大流，结束.

（3）取消所有节点 $j\in V$ 的标号，即令 $\max f(j)=0$，$\mathrm{pred}(j)=0$；令 $\mathrm{LIST}=\{s\}$，对节点 s 标号，即令 $\max f(s)=$ 充分大的正值.

（4）如果 $\mathrm{LIST}\ne\varnothing$ 且 $\max f(t)=0$，继续下一步；否则：① 如果 t 已经有标号（即 $\max f(t)>0$），则找到了一条增广路，沿该增广路对流 x 进行增广（增广的流量为 $\max f(t)$，增广路可以根据 pred 回溯方便地得到），转步骤（2）. ② 如果 t 没有标号（即 $\mathrm{LIST}=\varnothing$ 且 $\max f(t)=0$），转步骤（2）.

（5）从 LIST 中移走一个节点 i；寻找从节点 i 出发的所有可能的增广弧：① 对非饱和前向弧 (i,j)，若节点 j 没有标号（即 $\mathrm{pred}(j)=0$），对 j 进行标号，即令 $\max f(j)=\min\{\max f(i),u_{ij}-x_{ij}\}$，$\mathrm{pred}(j)=i$，并将 j 加入 LIST 中. ② 对非空后向弧 (j,i)，若节点 j 没有标号（即 $\mathrm{pred}(j)=0$），对 j 进行标号，即令 $\max f(j)=\min\{\max f(i),x_{ij}\}$，$\mathrm{pred}(j)=-i$，并将 j 加入 LIST 中.

例 2.15 用 Ford-Fulkerson 算法计算如图 2.8 所示网络中的最大流，每条弧上的两个数字分别表示容量和当前流量.

解 编写程序如下：

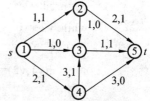

图 2.8 网络示例图

```
clc,clear,M=1000;
u(1,2)=1;u(1,3)=1;u(1,4)=2;
u(2,3)=1;u(2,5)=2;
u(3,5)=1;
u(4,3)=3;u(4,5)=3;
f(1,2)=1;f(1,3)=0;f(1,4)=1;
f(2,3)=0;f(2,5)=1;
f(3,5)=1;
f(4,3)=1;f(4,5)=0;
n=length(u);
list=[];
maxf=zeros(1:n);maxf(n)=1;
while maxf(n)>0
    maxf=zeros(1,n);pred=zeros(1,n);
    list=1;record=list;maxf(1)=M;
    while (~isempty(list))&(maxf(n)==0)
        flag=list(1);list(1)=[];
        index1=(find(u(flag,:)~=0));
        label1=index1(find(u(flag,index1)...
        -f(flag,index1)~=0));
```

```
            label1=setdiff(label1,record);
            list=union(list,label1);
            pred(label1(find(pred(label1)==0)))=flag;
            maxf(label1)=min(maxf(flag),u(flag,label1). . .
            -f(flag,label1));
            record=union(record,label1);
            label2=find(f(:,flag)~=0);
            label2=label2';
            label2=setdiff(label2,record);
            list=union(list,label2);
            pred(label2(find(pred(label2)==0)))=-flag;
            maxf(label2)=min(maxf(flag),f(label2,flag));
            record=union(record,label2);
        end
        if maxf(n)>0
            v2=n;
            v1=pred(v2);
            while v2~=1
              if v1>0
                  f(v1,v2)=f(v1,v2)+maxf(n);
              else
                  v1=abs(v1);
                  f(v2,v1)=f(v2,v1)-maxf(n);
              end
              v2=v1;
              v1=pred(v2);
            end
          end
      end
   f
```

2.7　最小费用流及其求法

2.7.1　最小费用流

　　上面我们介绍了网络上最短路以及最大流的算法，但是还没有考虑到网络上流的费用问题，在许多实际问题中，费用的因素很重要. 例如，在运输问题中，人们总是希望在完成运输任务的同时，寻求一个使总的运输费用最小的运输方案. 这就是下面要介绍的最小费用流问题.

在运输网络 $N = (s, t, V, A, U)$ 中，设 c_{ij} 是定义在 A 上的非负函数，它表示通过弧 (i, j) 单位流的费用. 所谓最小费用流问题，就是从发点到收点怎样以最小费用输送一已知量为 $v(f)$ 的总流量.

最小费用流问题可以用如下的线性规划问题描述：

$$\min \sum_{(i,j) \in A} c_{ij} f_{ij}$$

$$\text{s.t.} \quad \sum_{j:(i,j) \in A} f_{ij} - \sum_{j:(j,i) \in A} f_{ji} = \begin{cases} v(f), & i = s \\ -v(f), & i = t \\ 0, & i \neq s, t \end{cases}$$

$$0 \leqslant f_{ij} \leqslant u_{ij}, \quad \forall (i, j) \in A$$

显然，如果 $v(f) =$ 最大流 $v(f_{\max})$，则该问题就是最小费用最大流问题；如果 $v(f) > v(f_{\max})$，则该问题无解.

2.7.2 迭代法

这里所介绍的求最小费用流的方法叫作迭代法. 这个方法是由 Busacker 和 Gowan 于 1961 年提出的. 迭代法的主要步骤如下：

（1）求出从发点到收点的最小费用通路 $\mu(s, t)$.

（2）对该通路 $\mu(s, t)$ 分配最大可能的流量 $\overline{f} = \min\limits_{(i,j) \in \mu(s,t)} \{u_{ij}\}$，并让通路上的所有边的容量相应减少 $\overline{f}$. 这时，对于通路上的饱和边，其单位流费用相应改为 ∞.

（3）作该通路 $\mu(s, t)$ 上所有边 (i, j) 的反向边 (j, i). 令 $u_{ji} = \overline{f}$，$c_{ji} = -c_{ij}$.

（4）在这样构成的新网络中，重复上述步骤（1），（2），（3），直到从发点到收点的全部流量等于 $v(f)$ 为止.（或者再也找不到从 s 到 t 的最小费用道路）

2.8 使用 Matlab 图论工具箱求解图论问题

Matlab 中有专门的图论工具箱，人们可使用工具箱中的函数来求解图论问题，其基本命令格式为：

[i,j,v]=find(A);

b=sparse(i,j,v,n,n)

[DIST,PATH,PRED]=命令(b,sb,db,'Directed',1,'Method','Bellman-Ford')

其中，A 为 $n \times n$ 维的邻接矩阵，sparse 命令为产生满足参数要求的稀疏矩阵 b（使用图论工具箱中的命令时需将邻接矩阵转化为稀疏矩阵））；'Directed'表示该图是有向图或无向图的属性，1 表示有向图，0 或 falsea 表示无向图；'Method'表示使用的方法，默认为 Dijkstra 方法.

表 2.4　Matlab 图论工具箱的相关命令

命令名	功　　能
graphallshortestpaths	求图中所有顶点对之间的最短距离
graphconncomp	找无向图的连通分支，或有向图的强（弱）连通分支
graphisomorphism	确定两个图是否同构，同构返回 1，否则返回 0
graphisspantree	确定一个图是否是生成树，是返回 1，否则返回 0
graphmaxflow	计算有向图的最大流
graphminspantree	在图中找最小生成树
graphpred2path	把前驱顶点序列变成路径的顶点序列
graphshortestpath	求图中指定的一对顶点间的最短距离和最短路径
graphtopoorder	执行有向无圈图的拓扑排序
graphtraverse	求从一顶点出发，所能遍历图中的顶点

下面将使用图论工具箱中的命令求无向图的最短路、有向图的最短路及无向图的最小生成树问题.

例 2.16　用 Matlab 工具箱求图 2.9 中从 v_1 到 v_{11} 的最短路和最短路径.

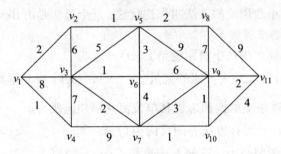

图 2.9　无向图的最短路

解　求得最短路径为：

$$v_1 \to v_2 \to v_5 \to v_6 \to v_3 \to v_7 \to v_{10} \to v_9 \to v_{11}$$

最短路径的长度为 13. 其 Matlab 命令为：

```
clc,clear
a(1,2)=2;a(1,3)=8;a(1,4)=1;
a(2,3)=1;a(2,3)=6;a(2,5)=1;
a(3,4)=7;a(3,5)=5;a(3,6)=1;a(3,7)=2;
a(4,7)=9;
a(5,6)=3;a(5,8)=2;a(5,9)=9;
a(6,7)=4;a(6,9)=6;
a(7,9)=3;a(7,10)=1;
```

a(8,9)=7;a(8,11)=9;

a(9,10)=1;a(9,11)=2;

a(10,11)=4;

a=a';　　%matla 工具箱要求数据为下三角矩阵

[i,j,v]=find(a);

b=sparse(i,j,v,11,11) %构造稀疏矩阵

[x,y,z]=graphshortestpath(b,1,11,'Directed',false)

例 2.17　求图 2.10 所示有向图中 v_s 到 v_t 的最短路径及长度.

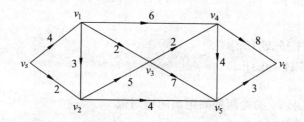

图 2.10　有向图的最短路

解　该赋权有向图中顶点集 $V = \{v_s, v_1, \cdots, v_5, v_t\}$ 中总共有 7 个顶点，邻接矩阵

$$W = \begin{bmatrix} 0 & 4 & 2 & \infty & \infty & \infty & \infty \\ \infty & 0 & 3 & 2 & 6 & \infty & \infty \\ \infty & \infty & 0 & 5 & \infty & 4 & \infty \\ \infty & \infty & \infty & 0 & 2 & 7 & \infty \\ \infty & \infty & \infty & \infty & 0 & 4 & 8 \\ \infty & \infty & \infty & \infty & \infty & 0 & 3 \\ \infty & \infty & \infty & \infty & \infty & \infty & 0 \end{bmatrix}$$

Matlab 命令如下：

```
clc,clear
a=zeros(7);
a(1,2)=4; a(1,3)=2;
a(2,3)=3; a(2,4)=2; a(2,5)=6;
a(3,4)=5; a(3,6)=4;
a(4,5)=2; a(4,6)=7;
a(5,6)=4; a(5,7)=8;
a(6,7)=3;
b=sparse(a); %将 a 转化为稀疏矩阵
[x,y,z]=graphshortestpath(b,1,7,'Directed',true,'Method','Dijkstra')    %该图为有向图,'Directed'
```
属性为 true,使用 Dijkstra 算法

```
h=view(biograph(b,[],'ShowArrows','on','ShowWeights','on'))
```

例 2.18 设有 9 个节点 v_i（$i=1,2,\cdots,9$），它们的坐标分别为 (x_i, y_i)，具体数据如表 4.2 所示. 任意两个节点之间的距离为 $d_{ij}=|x_i-x_j|+|y_i-y_j|$，问怎样连接电缆，使每个节点都连通，且所用的总电缆长度为最短？

表 2.5 点的坐标数据

i	1	2	3	4	5	6	7	8	9
x_i	0	5	16	20	33	23	35	25	10
y_i	15	20	24	20	25	11	7	0	3

解 Matlab 程序如下：

```
clc,clear
x=[0 5 16 20 33 23 35 25 10];
y=[15 20 24 20 25 11 7 0 3];
xy=[x;y];
d=mandist(xy); %求 xy 的两两列间距离的绝对值
d=tril(d); %截取成下三角矩阵
b=sparse(d) %转化为稀疏矩阵

[ST,pred]=graphminspantree(b,'Method','Kruskal')
st=full(ST); %将稀疏矩阵化为普通矩阵
TreeLength=sum(sum(st))    %求最小生成树的长度
```

习题 2

1. 一只狼、一头山羊和一箩卷心菜在河的同侧. 一个摆渡人要将它们运过河去，但由于船小，他一次只能运三者之一过河. 显然，不管是狼和山羊，还是山羊和卷心菜，都不能在无人监视的情况下留在一起. 问摆渡人应怎样把它们运过河去？

2. 北京（Pe）、纽约（N）、墨西哥城（M）、伦敦（L）、巴黎（Pa）各城市之间的航线距离如表 2.6 所示. 由该交通网络的数据确定最小生成树.

表 2.6 各城市间的航线距离

	L	M	N	Pa	Pe
L	56	35	21	51	60
M	56	21	57	78	70
N	35	21	36	68	68
Pa	21	57	36	51	61
Pe	51	78	68	51	13

3. 某台机器可连续工作 4 年，也可于每年年末卖掉，换一台新的. 已知于各年年初购置一台新机器的价格及不同役龄机器年末的的处理价如表 2.7 所示. 新机器第一年运行及维修费用为 0.3 万元，使用 1～3 年后机器每年的运行及维修费用分别为 0.8 万元，1.5 万元，2.0

万元. 试确定该机器的最优更新策略，使 4 年内用于更换、购买及运行维修的总费用最省.

表 2.7 机器购置与处理费用

j	第一年	第二年	第三年	第四年
年初购置价	2.5	2.6	2.8	3.1
使用了 j 年的机器处理价	2.0	1.6	1.3	1.1

4. 某产品从仓库运往市场销售. 已知各仓库的可供量、各市场需求量及从 i 仓库至 j 市场的路径的运输能力如表 2.8 所示（表中数字 0 代表无路可通），试求从仓库可运往市场的最大流量，各市场需求能否满足？

表 2.8 市场路径与运输能力

仓库 i	市场 j				
	1	2	3	4	可供量
A	30	10	0	40	20
B	0	0	10	50	20
C	20	10	40	5	100
需求量	20	20	60	20	

5. 某单位招收懂俄、英、日、德、法文的翻译各一人，有 5 人应聘. 已知乙懂俄文，甲、乙、丙、丁懂英文，甲、丙、丁懂日文，乙、戊懂德文，戊懂法文，问这 5 个人是否都能得到聘书？最多几个得到聘书？招聘后每人从事哪一方面翻译工作？

6. 求图 2.11 所示网络中的最小费用最大流，弧旁数字为

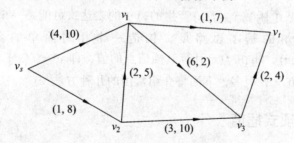

图 2.11 最小费用最大流图

3　插值和拟合

在实际生活与工程应用中，常有这样的问题：我需要某一段区域或之后的全部数据，但在实际中只能得到某段区域内的部分数据，很难得到全部数据，这需要我们对采样数据进行估计或者对区域外的情况进行预测. 对此，常用的方法为插值和拟合.

函数插值与曲线拟合都是要根据一组数据构造一个函数作为近似，由于近似的要求不同，两者的数学方法也是完全不同的. 在数学建模过程中，常常需要确定一个变量依存于另一个或更多的变量的关系，即函数. 但实际上确定函数的形式（线性形式、乘法形式、幂指形式或其他形式）时往往没有先验的依据，只能在收集的实际数据的基础上对若干合乎理论的形式进行试验，从中选择一个最能拟合有关数据，即最有可能反映实际问题的函数形式，这就是数据拟合问题. 插值是在离散数据的基础上补插连续函数，使得这条连续曲线通过给定的全部离散数据点.

3.1　插　值

插值问题是指已知区间 $[a,b]$ 中 $n+1$ 个节点 $(x_j, y_j), j=0,1,2,\cdots,n$，其中 x_j 互不相同，不妨设 $a=x_0 < x_1 < \cdots < x_n = b$，求区间 $[a,b]$ 内任一插值点 $x^*(x^* \neq x_j)$ 处的插值 y^* 的问题. 一般，(x_j, y_j) 可以看成是由某个函数 $y=f(x)$ 产生的，f 的表达式可能是一个复杂的函数或者分段函数. 插值问题求解的基本思路是，构造一个相对简单的函数 $y=f(x)$，使得 $f(x_j)=y_j(j=0,1,2,\cdots,n)$，再由 $f(x)$ 计算其插值点的值，即 $y^*=f(x^*)$.

插值函数构造的方法有很多，下面将介绍常用的几种方法.

3.1.1　拉格朗日多项式插值

1. 插值多项式

多项式插值的插值函数 $f(x)$ 为一个 n 次多项式，记作

$$L_n(x) = a_n x^n + a_{n-1} x^{n-1} + \cdots + a_1 x + a_0 \tag{3.1}$$

其中系数 $a_0, a_1, \cdots, a_{n-1}, a_n$ 为未知参数，需要 $n+1$ 个已知节点 (x_j, y_j)，且满足

$$L_n(x_j) = y_j, \quad j=0,1,2,\cdots,n \tag{3.2}$$

为了确定插值多项式 $L_n(x)$ 中的系数 $a_n, a_{n-1}, \cdots, a_1, a_0$，将式（3.1）代入式（3.2），有

$$\begin{cases} a_n x_0^n + a_{n-1} x_0^{n-1} + \cdots + a_1 x_0 + a_0 = y_0 \\ a_n x_1^n + a_{n-1} x_1^{n-1} + \cdots + a_1 x_1 + a_0 = y_1 \\ \qquad\qquad \cdots\cdots\cdots \\ a_n x_n^n + a_{n-1} x_n^{n-1} + \cdots + a_1 x_n + a_0 = y_n \end{cases} \qquad (3.3)$$

记

$$X = \begin{pmatrix} x_0^n & x_0^{n-1} & \cdots & 1 \\ x_1^n & x_1^{n-1} & \cdots & 1 \\ \vdots & \vdots & & \vdots \\ x_n^n & x_n^{n-1} & \cdots & 1 \end{pmatrix}, A = (a_n, a_{n-1}, \cdots, a_0)^{\mathrm{T}}, Y = (y_0, y_1, \cdots, y_n)^{\mathrm{T}}$$

方程组（3.3）简写成

$$XA = Y \qquad (3.4)$$

显然 $\det(X)$ 是一个 Vandermonde 行列式，可得

$$\det(X) = \prod_{0 \le j < k \le n} (x_k - x_j)$$

因 x_j 互不相同，故 $\det(X) \neq 0$，于是方程（3.4）中 A 有唯一解，即已知 $n+1$ 个节点可以确定唯一的 n 次插值多项式.

2. 拉格朗日插值多项式

拉格朗日多项式插值也是以一个 n 次多项式作为插值函数，但它不需要通过求解方程组来确定多项式系数，而是先构造一组基函数：

$$l_i(x) = \frac{\prod\limits_{\substack{j=0 \\ j \neq i}}^{n} (x - x_j)}{\prod\limits_{\substack{j=0 \\ j \neq i}}^{n} (x_i - x_j)} \quad (i = 0, 1, 2, \cdots, n) \qquad (3.5)$$

显然 $l_i(x)$ 是 n 次多项式，且满足

$$l_i(x_j) = \begin{cases} 1, i = j \\ 0, i \neq j \end{cases} \quad (i, j = 0, 1, 2, \cdots, n) \qquad (3.6)$$

令

$$L_n(x) = \sum_{i=0}^{n} y_i l_i(x) \qquad (3.7)$$

则有 n 次多项式 $L_n(x)$，对 $\forall i \in N$ 满足 $y_i = L_n(x_i)$. 而且由方程（3.4）解的唯一性，（3.7）式表示的 $L_n(x)$ 的解与（3.1）式的解相同. 因此（3.5）、（3.7）式均称拉格朗日插值多项式，用 $L_n(x)$ 计算插值称拉格朗日多项式插值.

3. 误差估计

插值的误差通过插值多项式 $L_n(x)$ 与产生节点 (x_j, y_j) 的 $g(x)$ 之差来估计，记作 $R_n(x)$. 虽然我们可能不知道 $g(x)$ 的解析表达式，但不妨设 $g(x)$ 充分光滑，具有 $n+1$ 阶导数，且 $|g^{(n+1)}(\xi)| \leqslant M_{n+1}$. 利用泰勒展开可以推出，对于任意 $x \in [a,b]$，且有

$$R_n(x) = g(x) - L_n(x) = \frac{g^{(n+1)}(\xi)}{(n+1)!} \prod_{j=0}^{n} (x - x_j)$$

$$\leqslant \frac{M_{n+1}}{(n+1)!} \prod_{j=0}^{n} |x - x_j|, \xi \in (a,b). \tag{3.8}$$

实际上，因为 M_{n+1} 常常难以确定，所以（3.8）式并不能给出精确的误差估计. 但是可能看出，n 增加时，$|R_n(x)|$ 减少；g 越光滑，M_{n+1} 越小，$|R_n(x)|$ 越小；x 越接近 x_j，$|R_n(x)|$ 越小.

例 3.1 将区间 $\left[0, \dfrac{\pi}{2}\right]$ n 等分，用 $y = g(x) = \cos x$ 产生 $n+1$ 个节点，然后作拉格朗日插值多项式. 用 $L_n(x)$ 计算 $\cos \dfrac{\pi}{6}$（取 4 位有效数字），估计 $|R_n(x)|$（取 $n = 1, 2$）.

解 若 $n = 1$，则 $(x_0, y_0) = (0,1)$，$(x_1, y_1) = \left(\dfrac{\pi}{2}, 0\right)$. 由（3.5）、（3.7）式知

$$L_1(x) = y_0 l_0 + y_1 l_1$$

$$= 1 \cdot \frac{x - \dfrac{\pi}{2}}{0 - \dfrac{\pi}{2}} + 0 \cdot \frac{x - 0}{\dfrac{\pi}{2} - 0} = 1 - \frac{2x}{\pi}$$

若 $n = 2$，则 $(x_0, y_0) = (0,1)$，$(x_1, y_1) = \left(\dfrac{\pi}{4}, 0.707\,1\right)$，$(x_2, y_2) = \left(\dfrac{\pi}{2}, 0\right)$，由（3.5）、（3.7）式知

$$L_2(x) = y_0 l_0 + y_1 l_1 + y_2 l_2$$

$$= 1 \cdot \frac{\left(x - \dfrac{\pi}{4}\right)\left(x - \dfrac{\pi}{2}\right)}{\left(0 - \dfrac{\pi}{4}\right)\left(0 - \dfrac{\pi}{2}\right)} + 0.707\,1 \cdot \frac{(x - 0)\left(x - \dfrac{\pi}{2}\right)}{\left(\dfrac{\pi}{4} - 0\right)\left(\dfrac{\pi}{4} - \dfrac{\pi}{2}\right)} + 0 \cdot \frac{(x - 0)\left(x - \dfrac{\pi}{4}\right)}{\left(\dfrac{\pi}{2} - 0\right)\left(\dfrac{\pi}{2} - \dfrac{\pi}{4}\right)}$$

$$= \frac{8}{\pi^2}\left(x - \frac{\pi}{4}\right)\left(x - \frac{\pi}{2}\right) - \frac{16}{\pi^2} \cdot 0.707\,1 \cdot x\left(x - \frac{\pi}{2}\right)$$

易知 $L_1\left(\dfrac{\pi}{6}\right) = 0.666\,7$，$L_2\left(\dfrac{\pi}{6}\right) = 0.850\,8$.

估计 $|R_n(x)|$：对于 $g(x) = \cos x$ 可设 $M_{n+1} = 1$，记节点间隔 $h = \dfrac{\pi}{2n}$ 时，

$$|R_n(x)| < \frac{1}{(n+1)!} \frac{h^2}{4} \cdot 2h \cdot 3h \cdots nh = \frac{h^{n+1}}{4(n+1)} = \frac{\pi^{n+1}}{4(n+1)(2n)^{n+1}}$$

可以计算得出表 3.1.

$\cos\dfrac{\pi}{6}$ 的精确值是 0.866 0（4 位有效数字），$L_1\left(\dfrac{\pi}{6}\right), L_2\left(\dfrac{\pi}{6}\right)$ 的误差在 $|R_n(x)|$ 范围内.

表 3.1　对应不同次数插值多项式误差表

n	1	2	3	4
$|R_n(x)|$	0.3	0.04	4.7×10^{-3}	4.7×10^{-4}

4. 插值多项式的振荡

用拉格朗日插值多项式 $L_n(x)$ 近似 $g(x)(a\leqslant x\leqslant b)$，虽然随着节点个数的增加，$L_n(x)$ 的次数变大，多数情况下误差 $|R_n(x)|$ 会变小，但 n 增加时，$L_n(x)$ 的光滑性变坏，有时会出现很大的振荡. 理论上，当 $n\to\infty$ 时，在 $[a,b]$ 内并不能保证 $L_n(x)$ 处处收敛于 $g(x)$. Runge 就给出了一个有名的例子.

Runge 在 20 世纪初发现：在 $[-1,1]$ 上用 $n+1$ 个等距结点作插值多项式 $L_n(x)$，使其在各结点的值与函数 $g(x)=\dfrac{1}{1+25x^2}$ 在结点的值相等. 但在 $n\to\infty$ 时，插值多项式 $L_n(x)$ 在区间中部趋于 $y(x)$. 但对于 $0.726\leqslant|x|\leqslant1$ 的 x，$L_n(x)$ 严重发散.

通过下面的例子，以图形的方式（图 3.1）体会 Runge 现象（令 $g(x)=\dfrac{1}{1+x^2}$）

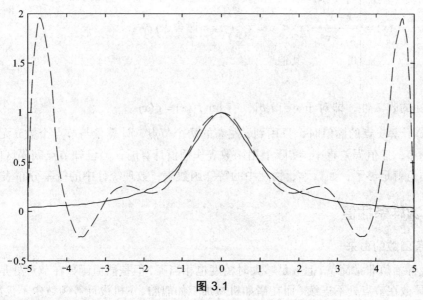

图 3.1

```
x=[-5:1:5];
y=1./(1+x.^2);
x0=[-5:0.1:5];
y0=lagrange(x,y,x0);
y1=1./(1+x0.^2);
%绘制图形
```

```
plot(x0,y0,'--r')
hold on
plot(x0,y1,'-b')
```

可以看出，对于较大的 $|x|$，随着 n 的增加，$L_n(x)$ 的振荡越来越大，事实上可以证明，仅当 $|x| \leqslant 3.63$ 时，才有 $\lim\limits_{n \to \infty} L_n(x) = g(x)$，而在此区间外，$L_n(x)$ 是发散的. 高次插值多项式的这些缺陷，促使人们转而寻求简单的低次数多项式插值.

3.1.2 分段线性插值

简单地说，将每两个相邻的节点用直线连起来，如此形成的一条折线就是分段线性插值函数，记作 $I_n(x)$，它满足 $I_n(x_j) = y_j$，且 $I_n(x)$ 在每个小区间 $[x_j, x_{j+1}]$ 上都是线性函数 $(j = 0, 1, \cdots, n)$.

$I_n(x)$ 可以表示为

$$I_n(x) = \sum_{j=0}^{n} y_j l_j(x) \qquad (3.9)$$

其中：

$$l_j(x) = \begin{cases} \dfrac{x - x_{j-1}}{x_j - x_{j-1}}, & x_{j-1} \leqslant x \leqslant x_j \,(j=0 \text{ 时舍去}) \\[3mm] \dfrac{x - x_{j+1}}{x_j - x_{j+1}}, & x_j \leqslant x \leqslant x_{j+1} \,(j=n \text{ 时舍去}) \\[3mm] 0, & \text{其他} \end{cases}$$

$I_n(x)$ 有良好的收敛性，即对于 $x \in [a, b]$，有 $\lim\limits_{n \to \infty} I_n(x) = g(x)$.

用 $I_n(x)$ 计算 x 点的插值时，只用到 x 左右的两个节点，计算量与节点个数 n 无关. 但 n 越大，分段越多，插值误差越小. 实际上用函数表作插值计算时，当已知节点间隔区间足够小时分段线性插值就足够了，如数学、物理中的特殊函数表，数理统计中的概率分布表等.

3.1.3 三次样条插值

1. 样条函数的由来

分段线性插值非常简单，且 n 足够大时精度也相当高，但是插值函数在节点处是不光滑的，即 $I_n(x)$ 的导数在节点处不连续. 而在诸如机械加工如船舶、飞机设计等领域中不仅需要所设计的曲线连续，还需要曲线自然弯曲（该曲线的曲率是处处连续的），这就需要具有连续二阶导函数的插值函数即样条（Spline）函数. 人们普遍使用的样条函数是分段三次多项式.

2. 三次样条函数

定义 1 记作 $S(x), a \leqslant x \leqslant b$. 要求三次样条函数满足以下条件：

（1）在每个小区间 $[x_{i-1}, x_i] \,(i = 1, \cdots, n)$ 上是 3 次多项式；

（2）在 $a \leqslant x \leqslant b$ 上二阶导数连续；

（3）$S(x_i) = y_i, i = 0,1,\cdots,n.$

不妨将 $S(x)$ 记为 $S(x) = \{S_i(x)\}, x \in [x_{i-1}, x_i], i = 1,\cdots,n$，其中

$$S_i(x) = a_i x^3 + b_i x^2 + c_i x + d_i$$

而 a_i, b_i, c_i, d_i 为待定系数，共 $4n$ 个．显然对 $\forall x_i$ 有下面方程成立．

$$\begin{cases} S_i(x_i) = S_{i+1}(x_i) \\ S_i'(x_i) = S_{i+1}'(x_i) \quad (i = 1,2,\cdots,n-1) \\ S_i''(x_i) = S_{i+1}''(x_i) \end{cases} \tag{3.10}$$

容易看出，以上方程组共有 $4n - 2$ 个方程，为确定 $S(x)$ 的 $4n$ 个待定参数，尚需再给出 2 个条件，称边界条件．常用的三次样条函数的边界条件有 3 种类型：

（1）$S'(a) = y_0'$，$S'(b) = y_n'$．由这种边界条件建立的样条插值函数称为 $f(x)$ 的完备三次样条插值函数．特别地，$y_0' = y_n' = 0$ 时，样条曲线在端点处呈水平状态．

如果 $f'(x)$ 不知道，可以要求 $S'(x)$ 与 $f'(x)$ 在端点处近似相等．这时以 x_0，x_1，x_2，x_3 为节点作一个三次 Newton 插值多项式 $N_a(x)$，以 x_n，x_{n-1}，x_{n-2}，x_{n-3} 作一个三次 Newton 插值多项式 $N_b(x)$，要求 $S'(a) = N_a'(a)$，$S'(b) = N_b'(b)$．由这种边界条件建立的三次样条称为 $f(x)$ 的 Lagrange 三次样条插值函数．

（2）$S''(a) = y_0''$，$S''(b) = y_n''$．特别地，$y_0'' = y_n'' = 0$ 时，称为自然边界条件．

（3）$S'(a+0) = S'(b-0)$，$S''(a+0) = S''(b-0)$，此条件称为周期条件．

可以看出，当加入 2 个边界条件后，$4n$ 阶线性方程组（3.10）有唯一解，即 $S(x)$ 被唯一确定．另外，类似于分段线性函数 $I_n(x)$，三次样条函数 $S(x)$ 也有良好的收敛性．

3.1.4 用 Matlab 作插值计算

1. 拉格朗日插值

Matlab 中没有现成的 Lagrange 插值函数，必须编写一个 M 文件实现 Lagrange 插值．设 n 个节点数据以数组 x_0，y_0 输入（注意 Matlat 的数组下标从 1 开始），m 个插值点以数组 x 输入，输出数组 y 为在 m 个点的插值．编写一个名为 lagrange.m 的 M 文件：

```
function y=lagrange(x0,y0,x);
n=length(x0);m=length(x);
for i=1:m
    z=x(i);
    s=0.0;
    for k=1:n
        p=1.0;
        for j=1:n
            if j~=k
                p=p*(z-x0(j))/(x0(k)-x0(j));
            end
```

```
            end
            s=p*y0(k)+s;
        end
        y(i)=s;
end
```

2. 分段线性插值有现成的程序

Matlab 中有现成的一维插值函数 interp1，命令为：

　　　　　y=interp1（x0,y0,x,'method'）

其中，输入 x0,y0 为已知数据，一般以列数相等的行向量表示,且要求 x0 是单调的；x 为插值点向量；y 为在 x 处的插值；method 指定插值的方法，默认为线性插值. 其值可为：

'nearest'　　　　最近项插值

'linear'　　　　线性插值

'spline'　　　　立方样条插值

'cubic'　　　　立方插值

例 3.2　对 $y=\dfrac{1}{1+x^2}$ 在[− 6,6]中平均选取 5、11、21 个点作插值，用分段线性插值法求插值，并观察插值误差.

解　在主窗口运行 Matlab 命令：

x=linspace(-6,6,100);

y=1./(x.^2+1);

plot(x,y)

hold on

x1=linspace(-6,6,5);

y1=1./(x1.^2+1);

y=interp1(x1,y1,x,'linear');

plot(x,y,x1,y1,'o','LineWidth',1.5)

gtext('n=4')

x2=linspace(-6,6,11);

y2=1./(x2.^2+1);

y=interp1(x2,y2,x,'linear');

plot(x,y,'k',x2,y2,'k+','LineWidth',1.5)

gtext('n=10')

x3=linspace(-6,6,21);

y3=1./(x3.^2+1);

y=interp1(x3,y3,x,'linear');

plot(x3,y3,'r',x3,y3,'r*','LineWidth',1.5),

gtext('n=20')

运行命令后得到如图 3.2 所示的插值曲线图，从图形

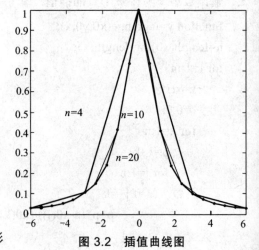

图 3.2　插值曲线图

可以看出进行分段线性插值时，插值点越多，所得到的插值曲线越逼近真实曲线，插值误差越小.

例 3.3 待加工模具的外形由表 3.2 的数据 (x,y) 给出（在平面坐标下），求 x 每改变 0.1 时的 y 值.

表 3.2   模具的外形数据表

X	0	3	5	7	9	11	12	13	14	15
Y	0	1.2	1.7	2.0	2.1	2.0	1.8	1.2	1.0	1.6

解 在主窗口运行 Matlab 命令，得如图 3.3 所示的插值曲线图.

```
x0=[0 3 5 7 9 11 12 13 14 15 ];
y0=[0 1.2 1.7 2.0 2.1 2.0 1.8 1.2 1.0 1.6 ];
x=0:0.1:15;
y=interp1(x0,y0,x,'nearest');
y1=interp1(x0,y0,x,'linear');
y2=interp1(x0,y0,x,'cubic');
y3=interp1(x0,y0,x,'spline');
subplot(2,2,1);
plot(x0,y0,'k+',x,y,'r');
grid;
title('nearest');
subplot(2,2,2);
plot(x0,y0,'k+',x,y1,'r');
grid;
title('piecewise linear');
subplot(2,2,3);
plot(x0,y0,'k+',x,y2,'r');
grid;
title('cubic');
subplot(2,2,4);
plot(x0,y0,'k+',x,y3,'r');
grid;
title('spline');
```

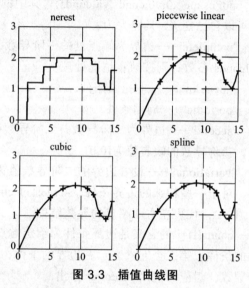

图 3.3   插值曲线图

3. 三次样条插值

Matlab 中给出了相应的三次样条插值命令，并且可以自行设计边界条件进行三次样条插值. 如果三次样条插值没有边界条件，可以使用函数自带的边界条件. 最常用的方法，就是非扭结（not-a-knot）条件. 这个条件强迫第 1 个和第 2 个三次多项式的三阶导数相等. 对最后 1 个和倒数第 2 个三次多项式也做同样地处理.

Matlab 中三次样条插值有如下函数：

y=interp1(x0,y0,x,'spline');

y=spline(x0,y0,x);

pp=csape(x0,y0,conds);

pp=csape(x0,y0,conds,valconds);y=ppval(pp,x);

其中，x0,y0 是已知数据点，x 是插值点，y 是插值点的函数值.

对于三次样条插值，提倡使用函数 csape，csape 的返回值是 pp 结构体变量，pp.coef 返回每个插值区间的插值多项式的系数矩阵. 而要求插值点的函数值，必须调用函数 ppval.

pp=csape(x0,y0)——使用默认的边界条件，即 Lagrange 边界条件.

pp=csape(x0,y0,conds,valconds)　其中的 conds 指定插值的边界条件,其可以有系统给出，也可以自己定义. 具体为为：

'complete'——边界为端点处的一阶导数，一阶导数的值在 valconds 参数中给出，若忽略 valconds 参数，则按缺省情况处理.

'not-a-knot'——非扭结条件.

'periodic'——周期条件.

'second'——边界为二阶导数，二阶导数的值在 valconds 参数中给出，若忽略 valconds 参数，二阶导数的缺省值为[0,0].

'variational'——设置边界的二阶导数值为[0,0].

对于一些特殊的边界条件，可以通过 conds 的一个 1×2 矩阵来表示，conds 元素的取值为 0，1，2，代表左右两端点的导数结束.

conds(i)=j 的含义是边界条件为给定端点 i 的 j 阶导数，即 conds 的第一个元素表示左边界的条件，第二个元素表示右边界的条件，conds=[2,1]表示左边界是二阶导数，右边界是一阶导数，对应的值由 valconds 给出.

例 3.4　一储水罐向外放水，从 1 点到 12 点的 11 小时内，每隔 1 小时测量一次流速，测得的流速的数值依次为：31，30，29，27，25，25，24，22，15，9，8，5. 试使用三次样条插值方法估计每隔 1/10 小时的流速及 11 个小时内流出水的体积.

解　在 Matlab 主窗口输入：

clc,clear

x0=1:12;

y0=[31 30 29 27 25 25 24 22 15 9 8 5];

pp=csape(x0,y0)　%默认边界条件为 Lagrange 条件

x=1:.1:12;

y=ppval(pp,x) ; %y 为每 0.1 小时流速

format long g

xishu=pp.coefs　%显示每个区间三次多项式的系数

s=quadl(@(t)ppval(pp,t),1,12)

计算出 11 个小时流出的水的体积为：$V = \int_1^{12} s(t)\mathrm{d}t$ ，计算结果约为 232.417.

注意：命令 csape 计算出的结果 pp 为结构体变量，其分量 coef 由命令 pp.coefs 给出，为 11 行 4 列的矩阵. 如输入命令 pp.coefs（3,:)，得 pp.coefs 的第 3 行的向量，即：

pp.coefs(3,:)=[0.125445870719184 − 0.685889796518269 − 1.4395560742009229]

表示在区间[3,4]的插值多项式为

$$S_3(t) = 0.125445870719184(t-3)^3 - 0.685889796518269(t-3)^2 - 1.43955607420092(t-3) + 29$$

拉格朗日插值是高次多项式插值（$n+1$ 个节点上用不超过 n 次的多项式），插值曲线光滑，误差估计有表达式，但有振荡现象，收敛性不能保证. 这种插值主要用于理论分析，实际意义不大. 分段线性插值和三次样条插值是低次多项式插值，简单实用，收敛性有保证，但分段线性不光滑，三次样条插值的整体光滑性已大有提高，应用广泛，误差估计较困难.

4. 二维插值

前面讲述的都是一维插值，即节点为一维变量，插值函数是一元函数（曲线）. 若节点是二维的，插值函数就是二元函数，即曲面. 如在某区域测量了若干点（节点）的高程（节点值），为了画出较精确的等高线图，就要插入更多的点（插值点），这些点的高程（插值）.

（1）插值节点为网格节点.

已知 $m \times n$ 个节点数据 (x_i, y_j, z_{ij})（$i = 1, 2, \cdots, m; j = 1, 2, \cdots, n$），且 $x_1 < \cdots < x_m$，$y_1 < \cdots < y_n$，求点 (x, y) 处的插值 z. Matlab 中有一些计算二维插值的命令，如

　　　　z=interp2(x0,y0,z0,x,y,'method')

其中 x0, y0 分别为 m 维和 n 维向量，表示节点；z0 为 $n \times m$ 维矩阵，表示节点值；x, y 为一维数组，表示插值点，x 与 y 应是**方向不同的向量，即一个是行向量，另一个是列向量**；z 为矩阵，它的**行数为 y 的维数**，列数为 x 的**维数**，表示得到的插值；'method'的用法同前面的一维插值.

如果是三次样条插值，可以使用如下命令：

　　　　pp=csape({x0,y0},z0,conds,valconds),

　　　　z=fnval(pp,{x,y}),

其中，x0, y0 分别为 m 维和 n 维向量，z0 为 $m \times n$ 维矩阵（**该矩阵为 interp2 命令中数据矩阵的转置**），z 为二维插值矩阵，它的行数为 x 的维数，列数为 y 的维数，表示得到的插值，具体使用方法同一维插值.

例 3.5　在一丘陵地带测量高程，x 和 y 方向每隔 100 m 测一个点，得高程如表 3.3，试作立方插值，并画出该山区的地貌图（图 3.4）.

表 3.3　高程数据点　　　　　　　　　　　　　（单位：m）

y ＼ x	100	200	300	400	500
100	636	697	624	478	450
200	698	712	630	478	420
300	680	674	598	412	400
400	662	626	552	334	310

解　在 Matlab 主窗口输入：

```
clear,clc
x=100:100:500;
y=100:100:400;
z=[636      697      624      478      450
   698      712      630      478      420
   680      674      598      412      400
   662      626      552      334      310];
xi=100:25:500;yi=100:25:400;
cz=interp2(x,y,z,xi,yi','cubic ');
mesh (xi,yi,cz)
```

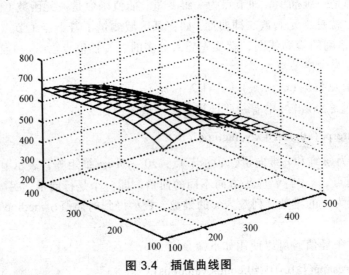

图 3.4　插值曲线图

例 3.6　在某地区测得一些地点的高程如表 3.4 所示. 平面区域为 $300 \leqslant x \leqslant 1800$，$200 \leqslant y \leqslant 1400$，试使用三次样条插值一曲面，并由此找出最高点和该点的高程.

表 3.4　高程数据点　　　　　　　　　　（单位：m）

y ＼ x	300	600	900	1 200	1 500	1 800
2 600	1 130	1 250	1 280	1 230	1 040	900
2 200	1 320	1 450	1 420	1 400	1 300	700
1 800	1 390	1 500	1 500	1 400	900	1 100
1 400	1 500	1 200	1 100	1 350	1 450	1 200
1 000	1 500	1 200	1 100	1 550	1 600	1 550
600	1 500	1 550	1 600	1 550	1 600	1 600
200	1 480	1 500	1 550	1 510	1 430	1 300

解　在 Matlab 主窗口输入：

x=300:300:1800;

```
y=2600:-400:200;
z=[1130 1250 1280 1230 1040 900
1320 1450 1420 1400 1300 700
1390 1500 1500 1400 900 1100
1500 1200 1100 1350 1450 1200
1500 1200 1100 1550 1600 1550
1500 1550 1600 1550 1600 1600
1480 1500 1550 1510 1430 1300];
pp=csape({x,y},z');
xi=300:100:1800;yi=2600:-200:200;
cz=fnval(pp,{xi,yi});
subplot(1,2,1)
[X,Y]=meshgrid(x,y);
surf (X,Y,z)
xlabel('X'),ylabel('Y'),zlabel('Z')
subplot(1,2,2)
pp=csape({x,y},z') ;
xi=300:50:1800;
yi=2600:-100:200;
cz=fnval(pp,{xi,yi});
[Xi,Yi]=meshgrid(xi,yi);
surf(Xi,Yi,cz')
xlabel('X'),ylabel('Y'),zlabel('Z')
[i,j]=find(cz==max(max(cz))) ;
x=xi(i),y=yi(j),zmax=cz(i,j)
```

通过计算可得 $x=850$，$y=400$，$z_{\max}=17\,190$，即最高点为 $(850,400)$，最高值为 $17\,190$ m.

（2）插值节点为散乱节点.

当已知数据点不是网格点，而是 n 个散乱节点 (x_i, y_i, z_i) $(i=1,2,\cdots,n)$ 时，求点 (x,y) 处的插值 z.

对上述问题，Matlab 中提供了插值函数 griddata，其格式为

$$ZI = griddata(x,y,z,XI,YI)$$

其中 x,y,z 均为 n 维向量，指明所给数据点的横坐标、纵坐标和竖坐标. 向量 XI，YI 是给定的网格点的横坐标和纵坐标，返回值 ZI 为网格（XI，YI）处的函数值. XI 与 YI 应是方向不同的向量，即一个是行向量，另一个是列向量.

例 3.7 在某海域测得一些点 (x,y) 处的水深 z 由表 3.5 给出，在适当的矩形区域内画出海底曲面的图形.

表 3.5 海底高程数据表

x	129	140	103.5	88	185.5	195	105	157.5	107.5	77	81	162	162	117.5
y	7.5	141.5	23	147	22.5	137.5	85.5	-6.5	-81	3	56.5	-66.5	84	-33.5
z	4	8	6	8	6	8	8	9	9	8	8	9	4	9

解　在 Matlab 主窗口输入：

```
clc, clear
x=[129,140,103.5,88,185.5,195,105,157.5,107.5,77,81,162,162,117.5];
y=[7.5,141.5,23,147,22.5,137.5,85.5,-6.5,-81,3,56.5,-66.5,84,-33.5];
z=-[4,8,6,8,6,8,8,9,9,8,8,9,4,9];
xmm=minmax(x)    %求 x 的最大值与最小值
ymm=minmax(y)    %求 y 的最大值与最小值
xi=xmm(1):xmm(2);
yi=ymm(1):ymm(2);
zi1=griddata(x,y,z,xi,yi','cubic'); %立方插值
zi2=griddata(x,y,z,xi,yi','nearest'); %最近点插值
zi=zi1;%  立方插值和最近点插值的混合插值的初始值
zi(isnan(zi1))=zi2(isnan(zi1))
%把立方插值中的不确定值返程最近点差值的结果
subplot(1,2,1), plot(x,y,'*')
subplot(1,2,2), mesh(xi,yi,zi)
```

注意：Matlab 插值时外插值是不确定的，这里使用了混合插值，把不确定点的差值换成了最近点插值的结果.

3.2　拟　合

拟合是在已知有限个数据点的情况下，求一个满足特定要求的近似曲线或曲面函数，使得其在这些点上的总偏差最小. 与要求过所有数据点的插值不同，拟合不要求曲线（面）通过所有数据点，而是要求它反映对象整体的变化趋势，这就是数据拟合，又称曲线拟合或曲面拟合.

曲线拟合与插值都是根据一组数据构造一个函数作为近似，但由于近似的要求不同，两者在数学方法上也是完全不同的. 拟合最常用的方法为最小二乘法，特别是在欧氏空间中的曲线（面）拟合.

3.2.1　线性最小二乘法简介

设 $(x_1, y_1), (x_2, y_2), \cdots, (x_n, y_n)$ 是直角平面坐标系下给出的一组数据，且 $x_1 < x_2 < \cdots < x_n$，我们可以把这组数据看作是一个离散的函数. 根据观察，如果这组数据点的图形与某一条曲线（为一些线性无关的函数的线性组合）相似，我们的问题是确定这个曲线中的线性组合的参数. 例如确定一条直线 $y = ax + b$，使得它能"最好"地反映出这组数据的变化，即 $y_i^* = ax_i + b$ 与已知数据 y_i 的总体误差最小.

为了在数学上处理方便，我们一般以最小二乘距离函数作为误差函数，即：

$$d = \sum_{i=1}^{n}[y_i - (ax_i + b)]^2 \qquad (3.11)$$

也就是说，我们选取常数 a, b ，使得总误差 d 达到最小. 这是所谓的"最小二乘法". 因此，线性最小二乘法的基本思路是，令

$$f(x) = a_1 r_1(x) + a_2 r_2(x) + \cdots + a_m r_m(x)$$

其中 $r_k(x)$ 是事先选定的一组线性无关的函数， $a_k (k = 1, 2, \cdots, m)$ 是待定系数. 拟合准则是确定系数 $a_k((k = 1, 2, \cdots, m))$ ，使 y_i （ $i = 1, 2, \cdots, n$ ）与 $f(x_i)$ 的欧氏距离的平方和最小，称为线性最小二乘准则.

1. 系数 a_k 的确定

根据线性最小二乘拟合定义，有

$$d(a_1, a_2, \cdots, a_m) = \sum_{i=1}^{n}\left[y_i - \sum_{j=1}^{n} a_j r_j(x_i) \right]^2 \qquad (3.12)$$

为求 $a_1, a_2, \cdots, a_m$ 使 d 达到最小，只需利用极值的必要条件 $\dfrac{\partial d}{\partial a_j} = 0$ （ $j = 1, 2, \cdots, m$ ），得到关于 $a_1, a_2, \cdots, a_m$ 的线性方程组

$$\sum_{i=1}^{m} r_j(x_i)\left(\sum_{k=1}^{m} a_k r_k(x_i) - y_i \right) = 0 , \quad a_1, a_2, \cdots, a_m$$

即

$$\sum_{k=1}^{m}\left(\sum_{i=1}^{n} r_j(x_i) r_k(x_i) \right) a_k = \sum_{i=1}^{n} r_j(x_i) y_i , \ a_1, a_2, \cdots, a_m$$

则有

$$RA = Y ,$$

其中：

$$R = \begin{bmatrix} r_1(x_1) & \cdots & r_m(x_1) \\ \vdots & & \vdots \\ r_1(x_n) & \cdots & r_m(x_n) \end{bmatrix}_{n \times m} , \quad A = [a_1, \cdots, a_m]^{\mathrm{T}} , \quad Y = [y_1, \cdots, y_n]^{\mathrm{T}}$$

上述方程组可表示为

$$R^{\mathrm{T}} R A = R^{\mathrm{T}} Y$$

易知，当 $r_1(x), r_2(x), \cdots, r_m(x)$ 线性无关时， $R^{\mathrm{T}} R$ 为可逆阵. 于是上述方程组有唯一解，即

$$A = (R^{\mathrm{T}} R)^{-1} R^{\mathrm{T}} Y \qquad (3.13)$$

2. $r_k(x)$ 的选取

在对一组数据 $(x_i, y_i)(i = 1, 2, \cdots, n)$ 使用线性最小二乘法作曲线拟合时，首先选取恰当的基函数 $r_1(x), \cdots, r_m(x)$ 进行拟合. 如果通过机理分析，能够预知 y 与 x 之间应该满足什么样的函数关系，则其基函数容易确定. 若无法知道 y 与 x 之间的关系，通常可以将数据 (x_i, y_i)

$(i=1,2,\cdots,n)$ 进行描点绘图，通过直观判断来确定应该用什么样的曲线去作拟合，如图 3.5 所示.

人们常用的拟合曲线有四种.

（1）线性函数：$y = a_1 x + a_2$.

（2）多项式函数：$y = a_1 x^m + \cdots + a_m x + a_{m+1}$（一般 $m = 2,3$，不宜太高，否则会出现震荡）.

（3）双曲线（一支）$y = \dfrac{a_1}{x} + a_2$.

（4）指数曲线 $y = a_1 \mathrm{e}^{a_2 x}$.

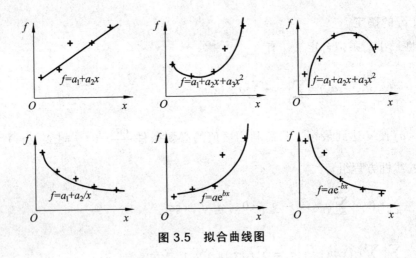

图 3.5　拟合曲线图

对于指数曲线，拟合前需作变量代换，化为关于 a_1, a_2 的线性函数 $\ln(y) = \ln(a_1) + a_2 x$.

3.2.2　用 Matlab 解拟合问题

1. 解方程组方法

最小二乘拟合在选取合适的拟合曲线函数后需要确定系数 a_k，其确定方法已在前面有过介绍，即求以下方程组

$$RA = Y$$

其中

$$R = \begin{bmatrix} r_1(x_1) & \cdots & r_m(x_1) \\ \vdots & & \vdots \\ r_1(x_n) & \cdots & r_m(x_n) \end{bmatrix}_{n \times m}, \quad A = [a_1, \cdots, a_m]^{\mathrm{T}}, \quad Y = [y_1, \cdots, y_n]^{\mathrm{T}}.$$

并且有

$$A = (R^{\mathrm{T}} R)^{-1} R^{\mathrm{T}} Y$$

在 Matlab 中可以使用命令 A=R\Y 实现.

例 3.8　用最小二乘法求一个形如 $y = ax^2 + b\mathrm{e}^x + c$ 的经验公式，使它与表 3.6 所示的数据拟合.

表 3.6 拟合数据

x	2	2.5	3.1	4	5
y	13.0	19.2	31.0	51.3	97.8

解 以 $r_1(x) = x^2$，$r_2(x) = \mathrm{e}^x$，$r_3(x) = 1$ 作为拟合曲线的基函数，使用下面 Matlab 程序求拟合函数 $y = ax^2 + b\mathrm{e}^x + c$ 中的参数 a，b，c，并作图（见图 3.6）

```
x=[2 2.5 3.1 4 5]';
y=[13.0 19.2 31.0 51.3 97.8]';
r=[x.^2,exp(x),ones(5,1)];
ab=r\y
x0=2:0.1:5;
y0=ab(1)*x0.^2+ab(2)*exp(x0)+ab(3);
plot(x0,y0,'o',x,y,'-r');
```

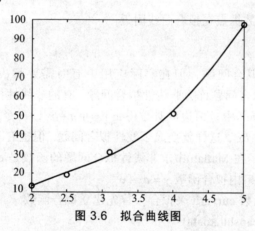

图 3.6 拟合曲线图

2. 多项式拟合

在所有拟合函数中，多项式函数是最简单的，因此人们经常选取 $1, x, x^2, \cdots, x^m$ 作为拟合的基函数 $r_1(x), \cdots, r_{m+1}(x)$，即用 m 次多项式来拟合给定数据，称为多项式拟合. 现成的求最小二乘问题的多项式拟合函数 polyfit 为

$$a=\mathrm{polyfit}(x0,y0,m)$$

其中，输入参数 x0,y0 为**维数一致**的已知数据，m 为拟合多项式的次数，并且已知数据的维数要大于等于 $m+1$，输出结果 a 为 a=[a(1),$\cdots$,a(m),a(m+1)]，表示拟合多项式 $y = a(1)x^m + \cdots + a(m)x + a(m+1)$ 的系数矩阵. 多项式在 x 处的值 y 可用下面的函数计算

$$y=\mathrm{polyval}(a,x)$$

拟合曲线如图 3.7 所示.

例 3.9 对下面一组数据作二次多项式拟合，数据如表 3.7 所示.

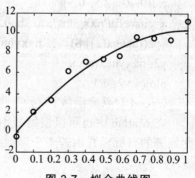

图 3.7 拟合曲线图

表 3.7　拟合数据

x_i	0.1	0.2	0.3	0.4	0.5	0.6	0.7	0.8	0.9	1.0	1.1
y_i	-0.45	1.98	3.28	6.16	7.08	7.34	7.66	9.56	9.48	9.30	11.2

解　使用 Matlab 命令 polyfit 代码如下：

```
x0=0.1:0.1:1;
y0=[-0.45 1.98 3.28 6.16 7.08 7.34 7.66 9.56 9.48 9.30 11.2];
a=polyfit(x0,y0,2);
x=0:0.01:1;
y=polyval(a,x);
plot(x0,y0,'o',x,y,'-r');
```

通过 Matlab 程序计算得出 $a = [-9.814\ 7\quad 20.133\ 8\quad -0.032\ 7]$，即拟合函数为

$$y = -9.814\ 7x^2 + 20.133\ 8x - 0.032\ 7$$

从图 3.7 可以看出，已知数据点在拟合曲线附近．

3. 最小二乘拟合

多项式拟合是线性拟合问题，但在实际应用中有时需要解决非线性拟合问题．形如 $y = ax + e^{bx}$、$y = ae^{bx}$ 的拟合问题称为非线性拟合问题．有的非线性拟合问题可以化为线性拟合问题．例如在函数 $y = ae^{bx}$ 中，两边取对数得 $\ln y = \ln a + bx$，再令 $a_1 = \ln a$，$z = \ln y$，则要拟合的函数就变成 $z = a_1 + bx$，这样就变成了线性拟合问题．但也有不能化成线性拟合问题的情况，如函数 $y = ax + e^{bx}$．在 Matlab 中求非线性拟合问题的函数是 curvefit.

例 3.10　在区间 $[-1,3]$ 内拟合函数 $y = ax + e^{bx}$．

解　用非线性拟合函数 curvefit 来拟合，首先建立拟合函数．

```
function v=nxxyhhx(canshu,xdata)
v=canshu(1)*xdata+exp(canshu(2)*xdata);
```

在命令窗中进行以下命令：

```
x=linspace(-1,3,10);
y1=2*x+exp(-0.1*x); %原型函数
y=y1+1.2*(rand(size(x))-0.5);  %将原型函数加一些扰动
plot(x,y,'*g')
canshu0=[2.5,-0.5];
a=curvefit('nxxyhhx',canshu0,x,y)    %用原始实验数据拟合函 nxxyhhx (x),
vpa([a(1),a(2)],8)   % nxxyhhx (t)表达式中各项的系数.
y2=nxxyhhx(a,x);
plot(x,y2,'-r')
legend（'原型函数','原始数据','用原始数据拟合的结果',4 );
```

在 Matlab 中也可以根据最小二乘法思想将其转化为特殊的无约束最优化问题，而此类优化问题的目标函数由若干个函数的平方和构成．这类函数一般可以写成

$$F(\boldsymbol{x}) = \sum_{i=1}^{m} f_i^2(\boldsymbol{x}), \boldsymbol{x} \in \mathbf{R}^n$$

其中 $\boldsymbol{x} = [x_1, \cdots, x_n]^T$，并假设 $m \geqslant n$．一般把极小化这类函数的问题

$$\min \quad F(\boldsymbol{x}) = \sum_{i=1}^{m} f_i^2(\boldsymbol{x})$$

称为最小二乘优化问题．

最小二乘优化是一类比较特殊的优化问题，在处理这类问题时，Matlab 也提供了一些强大的函数．在 Matlab 优化工具箱中，用于求解最小二乘优化问题的函数有 lsqlin、lsqcurvefit、lsqnonlin、lsqnonneg，下面介绍这些函数的用法．

（1）lsqlin 函数．

求解

$$\min_x \quad \frac{1}{2} \| \boldsymbol{C} \cdot \boldsymbol{x} - \boldsymbol{d} \|_2^2$$

$$\text{s.t.} \quad \begin{cases} \boldsymbol{A} \cdot \boldsymbol{x} \leqslant \boldsymbol{b} \\ \text{Aeq} \cdot \boldsymbol{x} = \text{beq} \\ \text{lb} \leqslant \boldsymbol{x} \leqslant \text{ub} \end{cases}$$

其中 $\boldsymbol{C}$，$\boldsymbol{A}$，Aeq 为矩阵，$\boldsymbol{d}, \boldsymbol{b}$, beq,lb,ub,$\boldsymbol{x}$ 为向量．

Matlab 中的函数为

x=lsqlin(C,d,A,b,Aeq,beq,lb,ub,x0)

拟合曲线如图 3.8 所示．

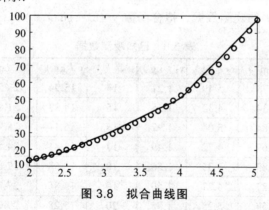

图 3.8 拟合曲线图

例 3.11 使用 lsqlin 命令求例 3.8.

解 输入 Matlab 命令：

```
x=[2 2.5 3.1 4 5]';
y=[13.0 19.2 31.0 51.3 97.8]';
r=[x.^2,exp(x),ones(5,1)];
ab=lsqlin(r,y)
x0=2:0.1:5;
y0=ab(1)*x0.^2+ab(2)*exp(x0)+ab(3);
plot(x0,y0,'o',x,y,'-r');
```

（2）lsqcurvefit 函数.

给定输入输出数列 xdata , ydata ,求参量 x ，使得

$$\min_{x} \frac{1}{2}\|F(x,\text{xdata}) - \text{ydata}\|_2^2 = \frac{1}{2}\sum_{i}(F(x_i,\text{xdata}_i) - \text{ydata}_i)^2$$

Matlab 中的函数为

x=lsqcurvefit(fun,x0,xdata,ydata,lb,ub,options)

其中 fun 是定义函数 $F(x,\text{data})$ 的函数文件，一般为 M 文件，并且函数中的运算为**数值运算（点运算）**.

例 3.12   在区间 $[-1,3]$ 内使用 lsqcurvefit 函数拟合函数 $y = ax + xe^{bx}$.

解   用非线性拟合函数 curvefit 来拟合，首先建立拟合函数.

```
x0=linspace(-1,3,10);
y1=2*x0+x0.*exp(-0.1*x0);  %原型函数
y0=y1+1.2*(rand(size(x0))-0.5);   %将原型函数加一些扰动
ff1=@(canshu,xdata)canshu(1)*xdata+ xdata .*exp(canshu(2)*xdata);
canshu0=[2.5,-0.5];
cs=lsqcurvefit(ff1,rand(2,1),x0,y0);
```

通过 Matlab 计算得出 cs=[2.097 6, − 0.133 9]，由此可得拟合曲线函数

$$y = 2.097\,6x + xe^{-0.133\,9x}$$

例 3.13   用表 3.8 中的观测数据，拟合函数 $y = e^{-k_1x_1}\sin(k_2x_2) + x_3^2$ 中的参数 k_1, k_2.

表 3.8   已知观测数据

序号	y（kg）	x_1（cm^2）	x_2（kg）	x_3（kg）	序号	y（kg）	x_1（cm^2）	x_2（kg）	x_3（kg）
1	15.02	23.73	5.49	1.21	14	15.94	23.52	5.18	1.98
2	12.62	22.34	4.32	1.35	15	14.33	21.86	4.86	1.59
3	14.86	28.84	5.04	1.92	16	15.11	28.95	5.18	1.37
4	13.98	27.67	4.72	1.49	17	13.81	24.53	4.88	1.39
5	15.91	20.83	5.35	1.56	18	15.58	27.65	5.02	1.66
6	12.47	22.27	4.27	1.50	19	15.85	27.29	5.55	1.70
7	15.80	27.57	5.25	1.85	20	15.28	29.07	5.26	1.82
8	14.32	28.01	4.62	1.51	21	16.40	32.47	5.18	1.75
9	13.76	24.79	4.42	1.46	22	15.02	29.65	5.08	1.70
10	15.18	28.96	5.30	1.66	23	15.73	22.11	4.90	1.81
11	14.20	25.77	4.87	1.64	24	14.75	22.43	4.65	1.82
12	17.07	23.17	5.80	1.90	25	14.35	20.04	5.08	1.53
13	15.40	28.57	5.22	1.66					

解   （1）编写 M 文件 fun1.m 定义函数 F(x,xdata).

function f=fun1(canshu,xdata);

f=exp(-canshu(1)*xdata(:,1)).*sin(canshu(2)*xdata(:,2))+xdata(:,3).^2;

%其中 canshu(1)=k1,canshu(2)=k2,注意函数中自变量的形式

或者在主窗口中定义匿名函数 fun1.

fun1=@(canshu,xdata)exp(-canshu(1)*xdata(:,1)).*sin(canshu(2)*xdata(:,2))...

+xdata(:,3).^2;

（2）将原始数据全部保存到文本文件 data1.tex 中并放在桌面，包括 13 行后的空行. 调用函数 lsqeurvefit，编写如下：

clc,clear

a=textread('C:\Users\Administrator\Desktop\data1.txt');y0=a(:,[2,7]);

%提出因变量 y 的数据

y0=nonzeros(y0); %去掉最后的零元素,且变成列向量

x0=[a(:,[3:5]);a([1:end-1],[8:10])];

%由分块矩阵构造因变量数据的 2 列矩阵

canshu0=rand(2,1);

%拟合参数的初始值是任意取的非线性拟合的答案是不唯一

% 的,下面给出拟合参数的上下界,

lb=zeros(2,1);

%这里是随意给的拟合参数的下界,无下界时，默认值是空矩阵[]

ub=[20;2]; %这里是随意给的上界，无上界时，默认值是空矩阵[]

canshu=lsqcurvefit(@fun1,canshu0,x0,y0,lb,ub)

通过 Matlab 计算得出 cs=[0.732 5; 0.529 6]，即 $k_1 = 0.732\ 5$，$k_2 = 0.529\ 6$，由此可得拟合曲线函数

$$y = e^{-0.732\ 5x_1} \sin(0.529\ 6x_2) + x_3^2$$

（3） lsqnonlin 函数.

已知函数向量 $F(\boldsymbol{x}) = [f_1(\boldsymbol{x}), \cdots, f_k(\boldsymbol{x})]^{\mathrm{T}}$，求 $\boldsymbol{x}$ 使得

$$\min_{\boldsymbol{x}} \frac{1}{2} \|F(\boldsymbol{x})\|_2^2$$

Matlab 中的函数为

x=lsqnonlin（fun,x0,lb,ub,options）

其中 fun 是定义向量函数 $F(\boldsymbol{x})$ 的 M 文件,函数中的运算为**数值运算（点运算）**.上节的 lsqcurvefit 函数可以转化为本节的 lsqnonlin 函数，其区别在于：已知数据 xdata 与 ydata 需要在定义目标函数的 M 文件定义并使用，并定义目标函数 $F(\boldsymbol{x}) = F(\boldsymbol{x}, \text{xdata}) - \text{ydata}$.

例 3.14 用 lsqnonlin 函数求解例 3.10.

xdata=linspace(-1,3,10);

y1=2* xdata + xdata.*exp(-0.1* xdata); %原型函数

ydata =y1+1.2*(rand(size(xdata))-0.5);   %将原型函数加一些扰动

ff2=@(**canshu**)canshu(1)*xdata+ xdata .*exp(canshu(2)*xdata)-**ydata**;

cs0=rand(2,1); %拟合参数的初始值是任意取的

cs=lsqnonlin(ff2,cs0)

通过 Matlab 计算得出 cs=[2.058 6　 − 0.140 6]，由此可得拟合曲线函数

$$y = 2.058\ 6x + xe^{-0.140\ 6x}$$

3.2.3　建模案例

1. 血液流量问题

小哺乳动物与小鸟的心跳速度比大哺乳动物与大鸟的快. 如果动物的进化为每种动物确定了最佳心跳速度，为什么各种动物的最佳心跳速度不一样呢？由于热血动物的热量通过身体表面散失，所以它们要用大量的能量维持体温，而冷血动物在休息时只需要极少的能量，所以正在休息的热血动物似乎在维持体温. 可以认为，热血动物可用的能量与通过肺部的血液流量成正比.

（1）建立一个模型，将体重与通过心脏的基础（即休息时的）血液流量联系起来，用下面的数据检验你的模型.

（2）有许多可得到脉搏数据但没有血液流量数据的动物，建立一个模型将体重与基础脉搏联系起来，用下面的数据检验你的模型.

（3）在检验你在（1）和（2）中的模型时会出现不一致, 试对其原因进行分析.

表 3.9　关于某些哺乳动物的数据

哺乳动物名称	兔	山羊	狗 1	狗 2	狗 3
体重（千克）	4.1	24	16	12	6.4
基础血液流量（分升/分）	5.3	31	22	12	11

表 3.10　关于人类的数据

年　龄	5	10	16	25	33	47	60
体重（千克）	18	31	66	68	70	72	70
基础血液流量（分升/分）	23	33	52	51	43	40	46
脉搏（次/分）	96	90	60	65	68	72	80

表 3.11　关于小鸟类的数据

鸟类	体重（克）	脉搏（次/分）	鸟类	体重（克）	脉搏（次/分）
蜂鸟	4	615	麻雀	28	350
鹌鹑	11	450	鸽子	130	135
金丝雀	16	514			

表 3.12   关于大鸟类的数据

鸟类	体重（克）	脉搏（次/分）	鸟类	体重（克）	脉搏（次/分）
海鸥	388	401	火鸡	8 750	93
鸡	1 980	312	驼鸟	80 000	65
秃鹰	8 310	199			

表 3.13   关于哺乳动物的数据

哺乳动物名称	体重（千克）	脉搏（次/分）	哺乳动物名称	体重（千克）	脉搏（次/分）
小蝙蝠	0.006	588	海豹	20～25	100
小家鼠	0.017	500	山羊	33	81
仓鼠	0.103	347	绵羊	50	70～80
小猫	0.117	300	猪	100	60～80
大家鼠	0.252	352	马	380～450	34～55
天竺鼠	0.437	269	牛	500	46～53
兔	1.34	251	象	2 000～3 000	25～50

2. 符号说明

用 w 表示动物的体重, 单位：千克

用 v 表示动物的基础血液流量, 单位：公升/分

用 t 表示动物的年龄, 单位：岁

用 n 表示动物的脉搏, 单位：次/分

3. 体重与血液流量的函数关系

（1）动物体重与血液流量的关系分析.

假设动物的基础血液流量与动物的体重之间存在一定的函数关系 $v = f(w)$, 可以用表 3.9 中的数据来拟合这个函数.

函数 $f(w)$ 是一个什么样的函数呢? 由于我们对"动物的基础血液流量与动物的体重"之间的关系并不清楚, 所以只有根据表 3.9 中的数据得出函数 $f(w)$ 一些性质. 先将表 3.9 中的数据使用下面 MATLAB 命令作出图形.

```
x=[4.1 24 16   12 6.4];
y=[5.3 31 22   12 11];
plot(x,y,'*')
axis([0 25 0 35])
xlabel('体重(千克)')
ylabel('基础血液流量(分升/分)')
text(4.3,5.3,'兔')
text(24.2,31,'山羊')
text(16.2,22,'狗 1')
text(12.2,12,'狗 2')
```

text(6.6,11,'狗 3')

title('哺乳动物的数据图')

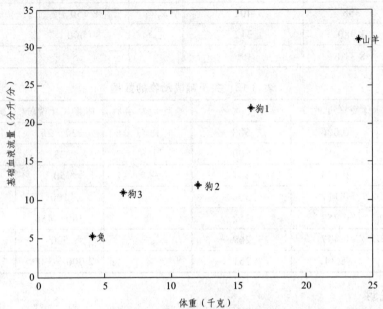

图 3.9　哺乳动物的数据图

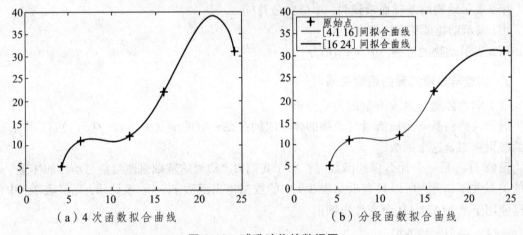

（a）4 次函数拟合曲线　　　　　　（b）分段函数拟合曲线

图 3.10　哺乳动物的数据图

从图 3.9 可以看出，这个函数关系 $v = f(w)$ 应当是一个单调增加的函数. 从点所组成形状假设函数 $f(w)$ 是一个多项式. 一般这个多项式的次数不要超过 3、4 次，具体可根据拟合的效果来定. 当然也可以用其他函数来拟合.

从图 3.10 看出，可用一个 4 次多项式函数进行拟合. 从拟合函数图 3.10（a）看，4 次多项式拟合所得的函数不是单调的，为了提高拟合的效果，函数 $f(w)$ 还可以用分段函数来拟合，即前 4 个点为 4 次多项式拟合函数，后 2 个点为 2 次多项式拟合函数. 使用如下 Matlab 命令：

x=[4.1　24　16　12　6.4]; y=[5.3　31　22　12　11];

plot(x,y,'*')

[x ind]=sort(x); y=y(ind);

```
P=polyfit(x,y,4);
xi=4.1:.01:24; yi=polyval(P,xi);
plot(x,y,'*',xi,yi); axis([0 25 0 40])
hold on; plot(xi,yi);
title('4 次函数拟合曲线图')
figure
xi=4.1:.01:16; yi=polyval(P,xi);
plot(x,y,'*',xi,yi,'r','LineWidth',2);
axis([0 25 0 40]);
PP=polyfit(x(3:end),y(3:end),2);
xi=16:.01:24; yi=polyval(PP,xi);
hold on
plot(xi,yi,'b','LineWidth',2)
P=polyfit(x(3:end),y(3:end),2);
title('分段函数拟合曲线图')
legend('原始点','[4.1 16]间拟合函数','[16 24]间拟合函数',2)
```
以下是用分段函数拟合的结果：

$$v = f(w) = \begin{cases} -0.0033w^4 + 0.1706w^3 - 2.9727w^2 + 21.3418w - 43.0649, & w \in [4.1,16], \\ -0.204756w^2 + 9.31526w - 74.6265, & w \in [16,24]. \end{cases}$$

（2）人的体重与血液流量的函数关系.

同样可以拟合人的基础血液流量与体重之间的函数关系 $v = g(w)$，可以用表 3.10 中的数据来拟合这个函数. 这里用 4 次多项式来拟合，其 Matlab 命令为

```
x=[18    31    66    68    70    72    70];
y=[23    33    52    51    43    40    46];
PP=polyfit(x,y,4);
xi=min(x):.1:max(x); yi=polyval(PP,xi);
plot(x,y,'r*');hold on
plot(xi,yi','LineWidth',2);
xlabel('体重(千克)')
ylabel('基础血液流量(分升/分)')
title('人的基础血液流量与体重之间的函数关系图')
legend('原始点','拟合函数曲线',2)
```
拟合的结果为

$$v = g(v) = -0.000\,025w^4 + 0.003\,51w^3 - 0.172\,8w^2 + 4.340w - 16.98, w \in [18,72].$$

拟合函数图形见图 3.11 ~ 图 3.12.

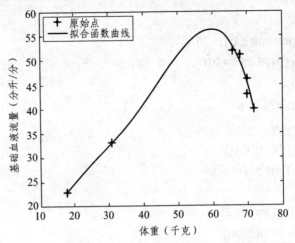

图 3.11　人的基础血液流量与体重之间的函数关系图

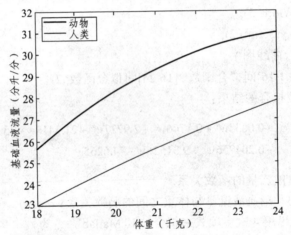

图 3.12　人和动物的基础血液流量与体重（18～24）之间的关系曲线图

（3）人与动物血液流量的比较.

将上面拟合出来的函数 $v = f(w)$ 和 $v = g(w)$ 在它们的公共定义域 $[18,24]$ 上的图形画出来，如图 3.12 所示. 从图形上可以看出人类与动物之间存在差异. 在体重在 18 到 24 千克间的哺乳动物中，在相同体重下人的基础血液流量更低.

4.　体重与基础脉搏的关系分析

下面考虑动物、人类的体重与基础脉搏的函数关系.

（1）人的体重与基础脉搏的函数关系.

假设人类的体重与基础脉搏之间的函数关系是 $w = H_1(n)$，利用表 3.10 中的数据来拟合这个函数. 这里用 3 次多项式拟合，

```
x=[96    90   60   65   68   72   80];
y=[18    31   66   68   70   72   70];
P=polyfit(x,y,3);
xi=60:.1:96;
```

```
yi=polyval(P,xi);
plot(x,y,'*',xi,yi,'LineWidth',2)
xlabel('脉搏(次/分)')
ylabel('体重(千克)')
title('人的体重与脉搏间的函数关系图')
legend('原始数据','拟合曲线',1)
```

拟合的结果为

$$w = H_1(n) = 0.000\ 256\ 6n^3 - 0.143\ 347n^2 + 16.245\ 0n - 450.216, n \in [60, 96].$$

图形见图 3.13 ~ 图 3.14.

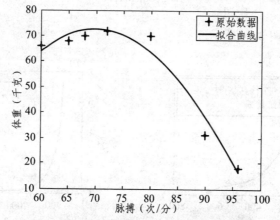

图 3.13 人的体重与脉搏间的函数关系图

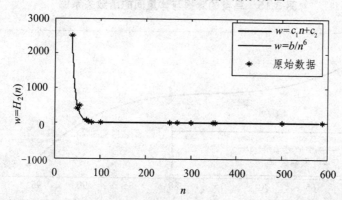

图 3.14 哺乳动物的脉搏与体重的函数 $w = H_2(n)$ 和原始数据图形

（2）哺乳动物的体重与基础脉搏的函数关系.

假设哺乳动物的体重与基础脉搏之间的函数关系是 $w = H_2(n)$，利用表 3.13 中的数据来拟合这个函数. 这里用分段函数来拟合. 由于当 $n < 100$ 时，w 变化激烈，所以用多项式不能描述其变化的规律，可用其他函数来拟合. 拟合的结果为

$$w = H_2(n) = \begin{cases} -0.034\ 538\ 6n + 14.783\ 5, n \geqslant 100 \\ \dfrac{7.564\ 93 \times 10^{12}}{n^6}, \qquad n < 100 \end{cases}$$

其图形如图 3.14 所示.

（3）鸟类的体重与基础脉搏的函数关系

假设小鸟类、大鸟类的体重与基础脉搏之间的函数关系分别是 $w = H_{31}(n)$ 和 $w = H_{32}(n)$ ，利用表 3.11 和表 3.12 中的数据来拟合这两个函数. 拟合的结果为

$$w = H_{31}(n) = -0.000\ 002\ 1n^3 + 0.003\ 145\ 4n^2 - 1.612\ 75n + 295.685, n \in [135, 615],$$

$$w = H_{32}(n) = \frac{2.046\ 31 \times 10^{10}}{n^3}, n \in [65, 401].$$

其图形如图 3.15 ~ 图 3.16 所示.

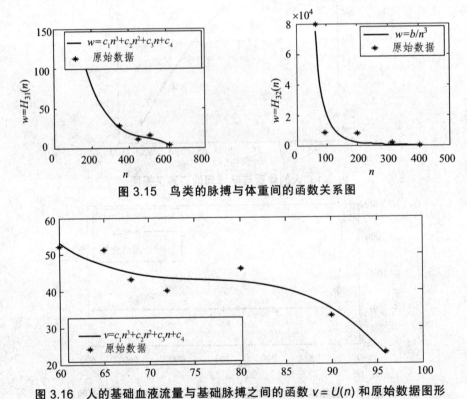

图 3.15　鸟类的脉搏与体重间的函数关系图

图 3.16　人的基础血液流量与基础脉搏之间的函数 $v = U(n)$ 和原始数据图形

5. 人的基础血液流量与基础脉搏的关系分析

下面考虑人类的基础血液流量与基础脉搏的函数关系.

假设人类的基础血液流量与基础脉搏之间的函数关系是 $v = U(n)$ ，利用表 3.10 中的数据来拟合这个函数. 拟合结果为

$$v = U(n) = -0.002\ 171\ 32n^3 + 0.482\ 394n^2 - 37.331\ 6n + 989.322, n \in [60, 96].$$

考虑复合函数：

$$v = g(H_1(n)) = -0.000\,248\,9(0.002\,565\,77 - 0.143\,347n^2 + 16.245n - 450.216)^4$$
$$+ 0.035\,06(0.002\,56n^3 - 0.143\,347n^2 + 16.245\,0n - 450.216)^3$$
$$- 0.172\,8(0.002\,565\,57n^3 - 0.143\,347n^2 + 16.245n - 450.216)^2$$
$$+ 0.011\,345n^3 - 0.622\,126n^2 + 70.503\,3n - 1\,970.92.$$

用 MATLAB 软件画出上面两个函数的图形（图 3.17）.

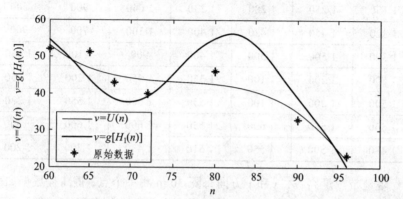

图 3.17　人类的基础血液流量与基础脉搏之间的函数 $v = U(n)$、$v = g[H_1(n)]$ 和原始数据图形

由图 3.17 可以看出，两者有较大的差异. 原因就是前面的假设不合理，或不够完善.

下面我们假设人类的的基础血液流量是体重和年龄的二元函数 $v = V(w, t)$，用表 3.10 中的数据来拟合该函数. 用二元二次多项式来拟合. 结果为

$$v = 0.025\,085w^2 - 0.089\,601\,5wt - 0.017\,168\,9t^2 - 0.847\,92w + 4.714\,39t + 14.160\,6$$

习题 3

1. 从 1 点到 12 点的 11 小时内，每隔 1 小时测量一次温度，测得温度的数值依次为：5，8，9，15，25，29，31，30，22，25，27，24. 试估计每隔 1/10 小时的温度值.

2. 已知飞机下轮廓线上数据如表 3.14 所示，求 x 每改变 0.1 时的 y 值.

表 3.14　飞机轮廓线数据

X	0	3	5	7	9	11	12	13	14	15
Y	0	1.2	1.7	2.0	2.1	2.0	1.8	1.2	1.0	1.6

3. 已知速度曲线 $v(t)$ 上的四个数据点如表 3.15 所示.

表 3.15　速度的四个观测值

t	0.15	0.16	0.17	0.18
$v(t)$	3.5	1.5	2.5	2.8

用三次样条插值求位移 $S = \int_{0.15}^{0.18} v(t)\mathrm{d}t$.

5. 在某山区测得一些地点的高程如表 3.16 所示. 平面区域为

$$1\ 200 \leqslant x < 4\ 000, 1\ 200 \leqslant y \leqslant 3\ 600$$

试作出该山区的地貌图和等高线图，并对几种插值方法进行比较.

表 3.16　高程数据

X\Y	1 200	1 600	2 000	2 400	2 800	3 200	3 600	4 000
1200	1 130	1 250	1 280	1 230	1 040	900	500	700
1600	1 320	1 450	1 420	1 400	1 300	700	900	850
2000	1 390	1 500	1 500	1 400	900	1 100	1 060	950
2400	1 500	1 200	1 100	1 350	1 450	1 200	1 150	1 010
2800	1 500	1 200	1 100	1 550	1 600	1 550	1 380	1 070
3200	1 500	1 550	1 600	1 550	1 600	1 600	1 600	1 550
3600	1 480	1 500	1 550	1 510	1 430	1 300	1 200	980

6. 在一丘陵地带测量高程，x 和 y 方向每隔 50 m 测一个点，得高程数据如表 3.17 所示，试插值一曲面，确定合适的模型，并由此找出最高点和该点的高程.

表 3.17　高程数据点

X\Y	100	150	200	250	300
250	236	297	324	278	352
200	268	312	330	278	324
150	280	324	398	212	300
100	272	326	352	134	210

7. 对如表 3.18 所示的数据作二次多项式拟合.

表 3.18　拟合数据

x_i	0.1	0.2	0.3	0.4	0.5	0.6	0.7	0.8	0.9	1.0	1.1
y_i	−0.447	1.978	3.28	6.16	7.08	7.34	7.66	9.56	9.48	9.30	11.2

8. 用最小二乘法求一形如 $y = ae^{bx}$ 的经验公式拟合表 3.19 中的数据.

表 3.19　拟合数据

x_i	1	2	3	4	5	6	7	8
y_i	15.3	20.5	27.4	36.6	49.1	65.6	87.87	117.6

9. （水箱水流量问题）许多供水单位由于没有测量流入或流出水箱流量的设备，而只能测量水箱中的水位. 试通过测得的某时刻水箱中水位的数据，估计在任意时刻（包括水泵灌水期间）t 流出水箱的流量 $f(t)$.

给出原始数据表3.20,其中长度单位为 E($1E = 30.24$ cm). 水箱为圆柱体,其直径为 57E.
假设:

（1）影响水箱流量的唯一因素是该区公众对水的普通需要.

（2）水泵的灌水速度为常数.

（3）从水箱中流出水的最大流速小于水泵的灌水速度.

（4）每天的用水量分布都是相似的.

（5）水箱的流水速度可用光滑曲线来近似.

（6）当水箱的水容量达到 514×10^3 g 时,开始泵水;达到 677.6×10^3 g 时,便停止泵水.

表 3.20 水位数据

时间（s）	水位（10^{-2}E）	时间（s）	水位（10^{-2}E）
0	3 175	44 636	3 350
3 316	3 110	49 953	3 260
6 635	3 054	53 936	3 167
10 619	2 994	57 254	3 087
13 937	2 947	60 574	3 012
17 921	2 892	64 554	2 927
21 240	2 850	68 535	2 842
25 223	2 795	71 854	2 767
28 543	2 752	75 021	2 697
32 284	2 697	79 254	泵水
35 932	泵水	82 649	泵水
39 332	泵水	85 968	3 475
39 435	3 550	89 953	3 397
43 318	3 445	93 270	3 440

4　微分方程与差分方程模型

在科技、工程、经济管理、生态、环境、人口、交通等各个领域中很多实际问题需要用微分方程或差分方程来描述. 建立数学模型，绝大多数情况都是想得到变量之间的函数关系，然而由于实际问题的复杂性，往往直接建立函数关系并不容易. 若知道因变量相对于一个或多个自变量变化率或改变量的有关信息，建立未知函数所满足的微分或差分方程常常比较容易.

比如，P 代表一大群居民在某个时刻 t 的人数，直接确定该函数比较困难，若进一步设 $t+\Delta t$ 时刻的人口数量 $P(t+\Delta t)$，通过分析或观测及背景知识可较方便地得到如下关系，可以得到或近似得到 $P(t)$ 的平均变化率，它往往是 P 和 t 的函数：

$$\frac{\Delta P}{\Delta t} = \frac{P(t+\Delta t)-P(t)}{\Delta t} = f(t,P) \tag{4.1}$$

必要时可以表示日变化率、年变化率等或更大、更小的时间单位，以满足建模的需要. 而有时更关心的是该量的瞬时变化率，需要在式中令 $\Delta t \to 0$，即：

$$\lim_{\Delta t \to 0} \frac{\Delta P}{\Delta t} = \frac{\mathrm{d}P}{\mathrm{d}t} = f(t,P) \tag{4.2}$$

这里 $\dfrac{\mathrm{d}P}{\mathrm{d}t}$ 表示导数或称为瞬时变化率，该方程是一个微分方程. 在很多情况下瞬时变化率有着确定的物理意义，如运动的物体的速度、加速度、几何中曲线的切线斜率等. 有时瞬时变化率意义却不明显，如财政收支的增加率、种群的变化率等，这时用差分建模更合适，即对（4.1）的方程两边同乘以 Δt 得

$$\Delta P = P(t+\Delta t)-P(t) = f(t,P)\Delta t \tag{4.3}$$

依据需要，选择合适的时间间隔 Δt，该方程是一个差分方程. 但是在很多情况下，用微分方程来逼近差分方程很有利，因为连续问题中导数表示瞬时变化率，在离散问题中导数逼近平均变化率. 用导数去逼近平均变化率的好处在于，常能利用成熟的微积分知识来揭示所求变量之间的函数关系. 如果微分方程过于复杂，不能得到解析解时，又可用离散的方法去逼近解，这就是微分方程的数值方法.

把形形色色的实际问题化成微分方程的定解问题，大体上可以按以下步骤：

（1）根据实际要求确定要研究的量（自变量、未知函数、必要的参数等）并确定坐标系.

（2）找出这些量所满足的基本规律（物理的、几何的、化学的或生物学的等等）.

（3）运用这些规律列出方程和定解条件.

列方程常见的方法有三种.

（1）按规律直接列方程.

在数学、力学、物理、化学等学科中许多自然现象所满足的规律已为人们所熟悉，并直接由微分方程所描述，如牛顿第二定律、放射性物质的放射性规律等.我们常利用这些规律针对某些实际问题列出微分方程.

（2）微元分析法与任意区域上取积分的方法.

自然界中也有许多现象所满足的规律是通过变量的微元之间的关系式来表达的. 对于这类问题，我们不能直接列出自变量和未知函数及其变化率之间的关系式，而是通过微元分析法，利用已知的规律建立一些变量（自变量与未知函数）的微元之间的关系式，然后再通过取极限的方法得到微分方程，或等价地通过任意区域上取积分的方法来建立微分方程.

（3）模拟近似法.

在生物、经济等学科中，许多现象所满足的规律并不是很清楚且相当复杂，因而需要根据实际资料或大量的实验数据提出各种假设. 在一定的假设下，给出实际现象所满足的规律，然后利用适当的数学方法列出微分方程.

实际的微分方程建模过程也往往是上述方法的综合应用.不论应用哪种方法，都要根据实际情况，做出一定的假设与简化，并把模型的理论或计算结果与实际情况进行对照验证，以修改模型使之更准确地描述实际问题进而达到预测预报的目的.

4.1　人口的控制与预测模型

人口增长问题一直备受全球关注. 在许多媒体上，我们都可以看到各种各样的关于人口增长的预报. 然而，不同媒体对同一段时间里人口增长的预报可能会存在着较大的差别. 发生这一现象的原因在于他们采用了不同的人口模型作为预测的依据. 下面介绍利用微分方程和差分方程建立的一些人口控制与预测模型.

4.1.1　常微分方程模型

用 $x(t)$ 表示 t 时刻的人口数量，在这里我们不区分人口在年龄、性别上的差异，严格地说，人口总数中个体的数目是时间 t 的不连续函数，但由于人口数量一般很大，我们不妨近似地认为 $x(t)$ 是 t 的一个连续可微函数，$x(t)$ 的变化与出生、死亡、迁入和迁出等因素有关. 若用 $B(t)$，$D(t)$，$I(t)$ 和 $E(t)$ 分别表示 t 时刻人口的出生率、死亡率、迁入率和迁出率，记初始时刻（$t = t_0$）的人口为 x_0，则人口增长的一般模型是

$$\begin{cases} \dfrac{\mathrm{d}x}{\mathrm{d}t} = (B(t) - D(t) + I(t) - E(t))x(t) \\ x(t_0) = x_0 \end{cases} \tag{4.4}$$

1. Malthus 模型

要预测一个国家的人口增长情况，首先要搞清人口的出生率与死亡率. 假如迁入率和迁出率对一个国家而言相对较小，以至于可以略去不计，则模型将变得更为简单. 17 世纪末，英国神父 T. Malthus（马尔萨斯）发现，人口出生率和死亡率几乎都可以看成常数，因而两者之差 $r = B - D$ 也几乎是常数，这就是说，人口增长率与当时的人口数量成正比，比例常数 r

被称为人口自然增长率（它可以通过人口统计数据得到）. 此时，模型（4.4）变成著名的 Malthus 模型

$$\begin{cases} \dfrac{\mathrm{d}x}{\mathrm{d}t} = rx(t) \\ x(t_0) = x_0 \end{cases} \tag{4.5}$$

由分离变量法，容易得到模型（4.5）的解为

$$x(t) = x_0 \mathrm{e}^{r(t-t_0)} \tag{4.6}$$

这说明人口将以指数函数的速度增长. 事实上，在实际应用时人们常以年为单位来考察人口的变化情况，例如，取 $t-t_0 = 0, 1, 2, \cdots$，这样就得到了以后各年的人口数为 $x_0, x_0\mathrm{e}^r$，$x_0\mathrm{e}^{2r}, \cdots$. 这表明按照 Malthus 模型，人口将以公比为 e^r 的等比级数的速度增长. Malthus 模型的一个重要特征是人口增长一倍所需的时间是一个常数. 设 $t = t_0$ 时的人口数为 x_0，$t = t_0 + T$ 时人口增长到 $2x_0$，则由 $x_0\mathrm{e}^{rT} = 2x_0$ 解得 $T = \dfrac{\ln 2}{r}$.

比较 19 世纪以前的人口统计资料，可发现人口增长的实际情况与马尔萨斯模型的预报结果基本相符，人口数大约每 35 年增长一倍. 调查 1700 年至 1961 年的 260 年中人口的实际数量，发现两者几乎完全一致. 按照 Malthus 模型计算，人口数量每 34.6 年增长一倍，两者也几乎相同，1961 年世界人口数为 30.6 亿（即 3.06×10^9），人口增长率约为 2%.

检验过去，模型（4.5）效果很好，但预测将来却使我们疑虑重重，因为它包含了明显的不合理因素. 假如人口数量真能保持每 34.6 年增加一倍，那么人口数将以几何级数的方式增长. 例如，到 2510 年，世界人口数将达 2×10^{14}，即使把海洋面积也算在里面，每人也只有 9.3 平方英尺的活动范围（约为 1 m^2）；而到 2670 年，人口数将达到 36×10^{15}，只好一个人站在另一人的肩上排成二层了. 导致这个后果的原因是在 Malthus 模型中假设人口自然增长率 r 仅与人口出生率和死亡率有关且为常数. 这一假设使模型得以简化，但也隐含了人口的无限制增长，显然用该模型来做长期的人口预测是不合理的，需要进行修正.

2. Logistic 模型

要对 Malthus 模型进行修正，应进一步考虑哪些因素呢？人们发现在人口稀少且资源相对丰富时，人口增长较快，在短期内增长率基本上是一个常数. 但当人口数量发展到一定水平后，会产生许多新问题，如食物短缺、居住和交通拥挤等. 此外，随着人口密度的增加，传染病会增多，死亡率将上升，所有这些都会导致人口增长率的减少. 根据统计规律，这时我们可以假设 $B - D = r\left(1 - \dfrac{x}{K}\right)$，它较好地反映了人口增长率随着人口数量的增加而减少的现象. 其中 r 为人口的内禀增长率，K 为环境可容纳的人口最大数量. 按照这个修改的假设，就得到人口增长的 Logistic（罗杰斯蒂克）模型：

$$\begin{cases} \dfrac{\mathrm{d}x(t)}{\mathrm{d}t} = rx\left(1 - \dfrac{x}{K}\right) \\ x(t_0) = x_0 \end{cases} \tag{4.7}$$

模型（4.7）也是变量可分离微分方程，求解此方程可得

$$x(t)=\frac{K}{1+\left(\dfrac{K}{x_0}-1\right)\mathrm{e}^{-r(t-t_0)}}\qquad(4.8)$$

从上述解的表达式中，我们可以得出如下结论：

（1）$\lim\limits_{t\to\infty}x(t)=K$，它的实际意义是不管开始时人口处于什么状态，但随着时间的增长，人口总数最终都将趋于其环境的最大容纳量.

（2）当 $x(t)>K$ 时，$\dfrac{\mathrm{d}x(t)}{\mathrm{d}t}<0$；当 $x(t)<K$ 时，$\dfrac{\mathrm{d}x(t)}{\mathrm{d}t}>0$. 它的实际意义是当人口数量超过环境容纳量时人口数量将减少，当人口数量小于环境容纳量时人口数量将增加.

对 Logistic 模型还另有解释. 如前所述，人口增长率应当是人口数量的函数，即 $r=r(x)$，可惜我们根本无法求得这一函数. 增长率 r 未知，就不可能建立起具有实用价值的模型，怎么办呢？我们不妨采用工程师原则：当我们无法得到一个函数时，就用尽可能简单的函数来代替它. Malthus 模型假设 r 为常数，既然我们认为从长远的观点来看 r 为常数有不太合理的地方，那么下一步应当考虑的函数显然应当是一次函数. 设

$$r(x)=\alpha x+r=r\left(1+\frac{\alpha}{r}x\right)$$

记 $K=-\dfrac{r}{\alpha}$，则由上面的关系式即可得出 Logistic 模型（4.7）. 事实上，既然我们认为人口数不可能趋向于无穷，那么一个合乎情理的结果应当是人口数增长会有一个上限. 观察模型（4.7）不难发现，它恰好具有这样的性质，K 即人口增长的上限. 当 $x(t)<K$ 时，$\dfrac{\mathrm{d}x(t)}{\mathrm{d}t}>0$，$x(t)$ 单调递增；当 $x(t)>K$ 时，$\dfrac{\mathrm{d}x(t)}{\mathrm{d}t}<0$，$x(t)$ 单调递减.

Logistic 模型也被用于描述种群增长规律. 1945 年 Crombic（克朗皮克）做了一个人工饲养小谷虫的实验，数学生物学家高斯（E. F. Gauss）也做了一个原生物草履虫实验，实验结果都与 Logistic 曲线十分吻合. 大量实验资料表明，用 Logistic 模型来描述种群的增长，效果相当不错.

3. 参数估计、检验与预测

下面以美国人口数据（表 4.1 第 1、2 列）为例，先对 Malthus 模型与 Logistic 模型进行参数估计，再检验模型的效果和预测未来的人口.

（1）Malthus 模型的参数估计和检验.

在（4.6）式中取 $t_0=1\,790$，$x_0=3.9$，编写函数 M 文件：

```
function f=renkou1(r,t)
f=3.9*exp(r*(t-1790));
```

表 4.1 Malthus 模型与 Logistic 模型对美国人口数据的拟合结果

年	实际人口 /百万	计算人口 x_1 （Malthus 模型）	计算人口 x_2 （Malthus 模型）	计算人口 x_3 （Logistic 模型）
1790	3.9	3.9	3.9	3.9
1800	5.3	5.1	4.8	5.1
1810	7.2	6.8	5.9	6.6
1820	9.6	8.9	7.3	8.6
1830	12.9	11.8	8.9	11.2
1840	17.1	15.5	11.0	14.5
1850	23.2	20.4	13.5	18.7
1860	31.4	27.0	16.6	24.1
1870	38.6	35.5	20.4	30.9
1880	50.2	46.7	25.2	39.4
1890	62.9	61.6	31.0	49.9
1900	76.0	81.1	38.1	62.6
1910	92.0		46.8	77.9
1920	106.5		57.6	95.7
1930	123.2		70.9	115.9
1940	131.7		87.2	138.2
1950	150.7		107.2	162.2
1960	179.3		131.9	186.9
1970	204.0		162.2	211.6
1980	226.5		199.6	235.3
1990	251.4		245.5	257.4
2000	281.4		302.0	277.3
2010	308.7		371.5	294.7

取 1961 年的世界人口增长率 2% 为每 10 年的增长率 r 的迭代初值，利用 1790 年至 1900 年的数据，调用 lsqcurvefit 函数作非线性最小二乘拟合，程序如下：

```
t=1790:10:1900;
x=[3.9 5.3 7.2 9.6 12.9 17.1 23.2 31.4 38.6 50.2 62.9 76.0];
r0=0.02;
r=lsqcurvefit('renkou1',r0,t,x)
```

运行后结果为 r=0.027 6. 将得到的 r 值代入（4.6）式，用程序 x=renkou1(r,t) 运行结果见表 4.1 第 3 列.

利用全部数据继续上面一样的程序，得到 $r = 0.020\ 7$，拟合人口结果见表 4.1 第 4 列. 也

可以将 x_0 和 r 均作为参数，进行拟合.

（2）Logistic 模型的参数估计和检验.

在（4.8）式中取 $t_0 = 1\,790$，$x_0 = 3.9$，编写函数 M 文件：

```
function f=renkou2(r,t)
f=r(1)./(1+(r(1)./3.9-1)*exp(-r(2).*(t-1790)));
```

取 $r0 = [400, 0.02]$,利用全部数据调用 lsqcurvefit 函数作非线性最小二乘拟合，程序为：

```
t=1790:10:2010;
x=[3.9 5.3 7.2 9.6 12.9 17.1 23.2 31.4 38.6 50.2 62.9 76.0 92.0 106.5 123.2 131.7 150.7 179.3 204.0 226.5 251.4 281.4 308.7];
r0=[400,0.02];
r=lsqcurvefit('renkou2',r0,t,x)
```

运行后得 $K = 370.2$，$r = 0.026\,8$. 将得到的 K 和 r 代入（4.8）式，用程序 x=renkou2(r,t) 运行结果见表 4.1 第 4 列.

总结上述两个模型，可以得出如下结论：对于短期预测，两者不相上下，但用 Malthus 模型要简单得多；对于中长期预测，显然后者要比前者更为合理.

4.1.2 偏微分方程模型

前面的两个模型，不区分人口在年龄、性别上的差异. 事实上，不同年龄的人的生育率和死亡率有着很大的差别. 因此，除时间变量外，将年龄也作为变量，可以建立人口发展的偏微分方程模型.

1. 不考虑人口迁移的人口发展模型

正如前面分析指出，决定人口发展过程的因素虽然很多，但随着时间变化其对人口状态的影响，最终都表现在生、死和移民三个方面. 如果能够定量地建立起它们之间的变化关系，就可以得到描述人口发展过程的数学方程式，即人口发展方程，或者称人口发展过程的数学模型. 它是人口发展过程分析、预测（测算）和定量控制的基础.

为了表示社会人口数量的变化情况，引入人口分布函数、人口密度函数和相对死亡率函数. 时刻 t 年龄小于 r 的人口总数称为人口分布函数，记为 $F(r,t)$. 设 $F(r,t)$ 是连续可微的，记时刻 t 的人口总数为 $N(t)$，最高年龄为 r_m，理论推导时设 $r_m \to \infty$，于是可推出 $F(0,t) = 0$，$F(r_m,t) = F(\infty,t) = N(t)$. 人口密度函数定义为：

$$p(r,t) = \frac{\partial F}{\partial r} \tag{4.9}$$

若不考虑人口的互相迁移，则时刻 t 年龄在 $[r, r+\Delta r]$ 之间的人口数为 $p(r,t)\Delta r$. 记 $\mu(r,t)$ 为时刻 t 年龄 r 的人的死亡率，则当过了 Δt 时间到时刻 $t+\Delta t$ 后，一部分人由于各种原因死亡，死亡的人数为 $\mu(r,t)p(r,t)\Delta r\Delta t$，而另一部分没有死亡的人都活到了 $t+\Delta t$ 时刻变成了年龄在 $[r+\Delta r', r+\Delta r+\Delta r']$ 中的人. 又因为 r 和 t 的量纲都是年，即 $\frac{dr}{dt} = 1$，所以 $\Delta r' = \Delta t$. 在 $t+\Delta t$ 时刻年龄在 $[r+\Delta r', r+\Delta r+\Delta r']$ 中的人口数为 $p(r+\Delta r', t+\Delta t)\Delta r$，因此可列出人口数量等式：

$$p(r,t)\Delta r - p(r+\Delta r',t+\Delta t) = \mu(r,t)p(r,t)\Delta r\Delta t \tag{4.10}$$

式（4.10）经过变形可得到

$$p(r+\Delta r',t+\Delta t)\Delta r - p(r,t+\Delta t)\Delta r + p(r,t+\Delta t)\Delta r - p(r,t)\Delta r = -\mu(r,t)p(r,t)\Delta r\Delta t$$

两边同除以 $\Delta r\Delta t$，又可以得到

$$\frac{p(r+\Delta r',t+\Delta t) - p(r,t+\Delta t)}{\Delta t} + \frac{p(r,t+\Delta t) - p(r,t)}{\Delta t} = -\mu(r,t)p(r,t)$$

令 $\Delta t \to 0$，可得

$$\frac{\partial p(r,t)}{\partial r} + \frac{\partial p(r,t)}{\partial t} = -\mu(r,t)p(r,t) \tag{4.11}$$

从模型来看，为了求出人口密度函数 $p(r,t)$，还必须有初始条件和边界条件.

初始条件：本可以取任意时刻 t 作为初始时刻，不失一般性，取 $t=0$，对应这个时刻的人口密度函数通常可由人口统计数据给出，记为 $p_0(r)$，即

$$p(r,0) = p_0(r) \tag{4.12}$$

边界条件：定义 $\psi(t)$ 为单位时间内出生的婴儿总数，称为绝对出生率函数（或出生率函数）. 记 $\varepsilon(t)$ 是 $\psi(t)$ 与 $N(t)$ 的比值，称为相对出生率函数，则

$$p(0,t) = \psi(t) = \varepsilon(t)N(t) \tag{4.13}$$

联立式（4.11）~（4.13），便得到描述人口发展过程的初步微分方程模型：

$$\begin{cases} \dfrac{\partial p(r,t)}{\partial r} + \dfrac{\partial p(r,t)}{\partial t} = -\mu(r,t)p(r,t) \\ p(r,0) = p_0(r) \\ p(0,t) = \psi(t) = \varepsilon(t)N(t) \end{cases} \tag{4.14}$$

2. 考虑人口迁移的人口发展模型

在初步模型的基础上，考虑人口迁移因素并进一步完善的人口发展过程模型. 在此，把人口迁移量分为计划内的迁移数量和非计划的人口扰动迁移.

设 n 个地区中第 i 地区的人口函数记作 $F_i(r,t)$，人口密度函数 $p_i(r,t)$. 用 $\mu_i(r,t)$ 表示第 i 个地区的相对死亡率，记 $a_{ij}(r,t)$ 表示计划内时刻 t 从 j 地区向 i 地区的人口迁移率，$f_i(r,t)$ 表示其他地区对第 i 个地区非计划性人口扰动. 类似模型（4.11）的建立过程，便可得到如下人口发展方程组：

$$\begin{cases} \dfrac{\partial p_1(r,t)}{\partial r} + \dfrac{\partial p_1(r,t)}{\partial t} = -\mu_1(r,t)p_1(r,t) + \displaystyle\sum_{j=1}^{n} a_{1j}(r,t)p_j(r,t) + f_1(r,t) \\ \dfrac{\partial p_2(r,t)}{\partial r} + \dfrac{\partial p_2(r,t)}{\partial t} = -\mu_2(r,t)p_2(r,t) + \displaystyle\sum_{j=1}^{n} a_{2j}(r,t)p_j(r,t) + f_2(r,t) \\ \qquad\qquad \vdots \\ \dfrac{\partial p_n(r,t)}{\partial r} + \dfrac{\partial p_n(r,t)}{\partial t} = -\mu_n(r,t)p_n(r,t) + \displaystyle\sum_{j=1}^{n} a_{nj}(r,t)p_j(r,t) + f_n(r,t) \end{cases} \tag{4.15}$$

为了简化方程组，引入向量和矩阵符号

$$p(r,t) = \{p_1(r,t), p_2(r,t), \cdots, p_n(r,t)\}, \quad f(r,t) = \{f_1(r,t), f_2(r,t), \cdots, f_n(r,t)\}$$

$$A(r,t) = \begin{pmatrix} a_{11}(r,t) & a_{12}(r,t) & \cdots & a_{1n}(r,t) \\ a_{21}(r,t) & a_{22}(r,t) & \cdots & a_{2n}(r,t) \\ \vdots & \vdots & & \vdots \\ a_{n1}(r,t) & a_{n2}(r,t) & \cdots & a_{nn}(r,t) \end{pmatrix}, \quad M(r,t) = \begin{pmatrix} \mu_1(r,t) & \cdots & 0 \\ \vdots & \ddots & \vdots \\ 0 & \cdots & \mu_n(r,t) \end{pmatrix}$$

（4.15）式可改写为：

$$\frac{\partial p(r,t)}{\partial r} + \frac{\partial p(r,t)}{\partial t} = -M(r,t)p(r,t) + A(r,t)p(r,t) + f(r,t) \tag{4.16}$$

它的初始条件和边界条件是：

$$p(r,0) = \{p_{01}(r), p_{02}(r), \cdots, p_{0n}(r)\}$$
$$p(0,t) = \psi(t) = \{\psi_1(t), \psi_2(t), \cdots, \psi_n(t)\} \tag{4.17}$$

其中 $p_{0i}(r)$ $(i=1,2,\cdots,n)$ 是第 i 个地区的初始人口密度函数，而 $\psi_i(t)$ 则是第 i 个地区的绝对出生率函数. 综合式（4.15）~（4.17），便得到了进一步完善的人口发展方程组模型：

$$\begin{cases} \dfrac{\partial p(r,t)}{\partial r} + \dfrac{\partial p(r,t)}{\partial t} = -M(r,t)p(r,t) + A(r,t)p(r,t) + f(r,t) \\ p(r,0) = p_0(r) = \{p_{01}(r), p_{02}(r), \cdots, p_{0n}(r)\} \\ p(0,t) = \psi(t) = \{\psi_1(t), \psi_2(t), \cdots, \psi_n(t)\} \end{cases} \tag{4.18}$$

模型（4.18）的优点在于每个地区可以独立研究各自的人口发展过程，进行本地区的人口预测和控制. 此外，有了各地区的人口状态以后，又可以精确地研究所有地区总的人口发展情况，从而根据整个地区的全局人口发展计划去管理和协调各地区的人口政策，最终达到精确控制总人口的发展过程.

3. 考虑生育率和生育模式的人口发展模型

社会中每年出生的婴儿数是社会人口增长的主要来源之一. 因此，可以通过控制婴儿出生率来预测和控制人口的发展状况. 据统计分析，决定每年出生人口的数目的主要因素有四个：① 处于育龄期内的人口总数和年龄的分布；② 育龄人口中妇女所占的比例 $k(r)$；③ 平均每个妇女生育孩子的个数 $\psi(r)$；④ 妇女在社会总体平均意义下的生育方式 $\upsilon(r)$.

对于 $k(r)$，一个社会中男性人口和女性人口所占的比例，是人口统计学中的一个重要指标，因为不同性别人口占总人数的比例将显著影响社会人口的发展. 对研究人口发展即人口再生产过程来说，起作用的是处于生育期内的女性人口所占比例. 定义 $k(r)$ 为按年龄变化的女性人口比例函数，即

$$k(r) = \frac{\text{周岁为} r \text{的女性人口数}}{\text{周岁为} r \text{的全体人口数}}$$

对于 $\psi(r)$ 和 $\upsilon(r)$ ，已知 $p(r,t)$ 表示时刻 t 年龄为 r 岁的人口总数（取 $\Delta t=1$ ），那么该年龄的妇女人数为 $k(r,t)p(r,t)$. 如果在 $k(r,t)p(r,t)$ 个妇女中时刻 t 平均每年生育孩子数为 $\psi(r,t)$ ，并记

$$s(r,t)=\frac{\psi(r,t)}{k(r,t)p(r,t)}$$

则有 $\psi(r,t)=k(r,t)s(r,t)p(r,t)$. 于是，在整个育龄期间妇女单位时间内（如一年内）生育孩子数为

$$\psi(t)=\int_{r_1}^{r_2}k(r,t)s(r,t)p(r,t)\mathrm{d}r \tag{4.19}$$

因此，比例函数 $s(r,t)$ 主要依赖于平均每个妇女生育数目的多少以及生育年龄的早晚和生育间隔，后者就是人口统计学中称之为的生育方式（或生育模式）. 为了分开讨论两因素对 $s(r,t)$ 的影响，记

$$s(r,t)=\zeta(t)\upsilon(r,t) \tag{4.20}$$

在人口统计中，通常所有的统计数据都是按一年为单位计算的. 因此，对式（4.20）进行离散化，即

$$\psi(t)=\zeta(t)\sum_{i=r_1}^{r_2}k_i(t)\upsilon_i(t)x_i(t) \tag{4.21}$$

其中 $x_i(t)$ 表示时刻 t 年龄为 i 岁的人口数量，$k_i(t)$ 表示 i 岁人口中女性所占的比例，$\zeta(t)\upsilon_i(t)$ 是 i 岁妇女的生育比例.

从（4.20）式和（4.21）式可以看出，$\zeta(t)$ 可理解为社会人口平均意义下一个妇女在整个育龄期间内的生育总数，或全体妇女平均每个人每年的生育数. 所以，$\zeta(t)$ 被称为总和生育率；$\upsilon(r,t)$ 是年龄为 r 女性的生育加权因子，即生育模式.

根据已知数据，作出育龄妇女生育率随着年龄变化趋势示意图（图 4.1）.

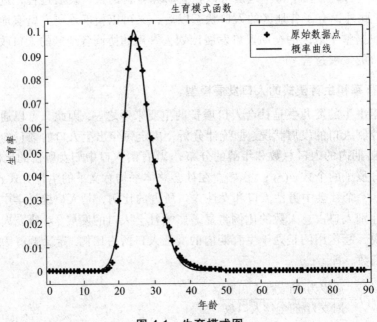

图 4.1　生育模式图

根据图 4-1 和人口统计数据可知，规范化的生育模式函数 $\upsilon(r,t)$ 可以比较准确地用统计学中的 χ^2 概率密度曲线来逼近. 这就是说，生育模式函数大致上服从 χ^2 分布. 准确来讲，当令 r_1 和 r_2 分别是育龄妇女年龄下界和上界时，$\upsilon(r,t)$ 对固定 t 可表示为：

$$\upsilon(r)=\begin{cases}\dfrac{1}{2^{\frac{n}{2}}\Gamma\left(\dfrac{n}{2}\right)}(r-r_1)^{\frac{n}{2}-1}\mathrm{e}^{-\frac{r-r_1}{2}},r\geqslant r_1\\[4mm]0,\qquad\qquad\qquad\quad r<r_1\end{cases}\qquad(4.22)$$

在表达式（4.22）中，有两个参数是可以调整的：第一个是 r_1，即妇女最低生育年龄；第二个是 n，它决定生育峰值年龄.

对（4.22）式求极值后，可算出曲线 $\upsilon(r)$ 的峰值对应的年龄 $r_{\max}$：

$$r_{\max}=r_1+n-2$$

可以看出，提高 r_1 意味着晚婚，而增加 n 意味着晚育.

在人口预测中，可以在（4.22）式中假定 r_1 和 n 都是 t 的函数，那么式（4.22）可改写成：

$$\upsilon(r,t)=\begin{cases}\dfrac{1}{2^{\frac{n(t)}{2}}\Gamma\left(\dfrac{n(t)}{2}\right)}(r-r_1(t))^{\frac{n(t)}{2}-1}\mathrm{e}^{-\frac{r-r_1(t)}{2}},r\geqslant r_1(t)\\[4mm]0,\qquad\qquad\qquad\qquad\qquad r<r_1(t)\end{cases}\qquad(4.23)$$

对 $n(t)$ 和 $r_1(t)$ 的选择，可根据长期的人口数据以及当前和以后可能的人口政策和社会发展因素来研究确定. 因此，只要知道 $x_i(t)$，$k_i(t)$ 和 $\upsilon_i(t)$，就可利用（4.21）式，根据每年新生婴儿总数求出妇女平均生育胎数 $\zeta(t)$. 综上所述，最终所得到的人口发展模型为：

$$\begin{cases}\dfrac{\partial p(r,t)}{\partial r}+\dfrac{\partial p(r,t)}{\partial t}=-M(r,t)p(r,t)+A(r,t)p(r,t)+f(r,t)\\[3mm]p(r,0)=p_0(r)=\{p_{01}(r),p_{02}(r),\cdots,p_{0n}(r)\}\\[2mm]p(0,t)=\psi(t)=\{\psi_1(t),\psi_2(t),\cdots,\psi_n(t)\}\\[2mm]\psi(t)=\displaystyle\int_{r_1}^{r_2}k(r,t)s(r,t)p(r,t)\mathrm{d}r\end{cases}\qquad(4.24)$$

4.1.3　差分方程模型

前面的微分方程模型描述了人口数量的发展变化规律及特性，但实际应用时，一些参数的确定很困难. 因此，这时需要建立离散化的模型，以便于分析和应用. 人口数量的变化取决于诸多因素，如女性生育率、死亡率、性别比、人口基数等. 下面建立差分方程模型来表现人口数量的变化规律.

1. Leslie 人口模型

20 世纪 40 年代提出的 Leslie 人口模型，是预测人口按年龄组变化的离散模型.

模型假设：

（1）将时间离散化，假设男女人口的性别比为 1∶1. 假设女性最大年龄为 S 岁，将其等间隔划分成 m 个年龄段（不妨假设 S 为 m 的整数倍），每隔 S/m 年观察一次，不考虑同一时间间隔内人口数量的变化.

（2）记 $x_i(k)$ 为第 i 个年龄组第 k 时段的女性总人数，第 i 年龄组女性生育率为 b_i，女性死亡率为 d_i，$s_i = 1 - d_i$ 为存活率，且 b_i, d_i 不随时间变化.

（3）不考虑生存空间等自然资源的制约，不考虑意外灾难等因素对人口变化的影响.

模型建立与求解：

由于假设男女人口的性别比为 1∶1，本模型仅考虑女性人口的发展变化. 女性人口数量 $x_i(k)$ 的变化规律由两个基本关系得到：时段 $k+1$ 第 1 年龄组的数量是各年龄组在时段 k 的繁殖数量之和；时段 $k+1$ 第 $i+1$ 年龄组的数量是时段 k 第 i 年龄组存活下来的数量. 由此可得

$$x_1(k+1) = \sum_{i=1}^{m} b_i x_i(k)$$

$$x_{i+1}(k+1) = s_i x_i(k) \quad (i = 1, 2, \cdots, m-1, \ k = 0, 1, 2, \cdots)$$

记 $x(k) = [x_1(k), x_2(k), \cdots, x_m(k)]^{\mathrm{T}}$，则可写成如下矩阵形式

$$x(k+1) = Lx(k) \quad (k = 0, 1, 2, \cdots) \tag{4.25}$$

其中

$$L = \begin{pmatrix} b_1 & b_2 & \cdots & b_{m-1} & b_m \\ s_1 & 0 & \cdots & 0 & 0 \\ 0 & s_2 & 0 & \cdots & 0 \\ \vdots & \ddots & \ddots & \ddots & \vdots \\ 0 & \cdots & 0 & s_{m-1} & 0 \end{pmatrix}$$

称为 Leslie 矩阵. 记 $x(0) = [x_1(0), x_2(0), \cdots, x_m(0)]^{\mathrm{T}}$，则模型（4.25）的解为

$$x(k) = L^k x(0) \quad (k = 1, 2, \cdots)$$

因此，当矩阵 L 和按年龄组的初始分布 $k(0)$ 已知时，就能预测人口在时段 k 按年龄组的分布.

模型稳态分析： 为了讨论女性人口年龄结构的长远变化趋势，先给出两个条件：

（1）$s_i > 0, i = 1, 2, \cdots, m-1$.

（2）$b_i \geqslant 0, i = 1, 2, \cdots, m$，且 b_i 不全为零.

易见，对于人口模型，这两个条件是很容易满足的. 下面基于条件（1）、（2）不加证明地叙述关于 Leslie 矩阵的一些定理.

定理 1 L 矩阵的正特征根是唯一的、单重的，若记之为 λ_1，则其对应的一个特征向量为

$$x^* = [1, s_1/\lambda_1, s_1 s_2/\lambda_1^2, \cdots, s_1 s_2 \cdots s_{m-1}/\lambda_1^{m-1}] \tag{4.26}$$

此外，L 的其他特征根 λ_k 满足

$$|\lambda_k| \leqslant \lambda_1 \ (k = 2, 3, \cdots, m) \tag{4.27}$$

定理 2 若 L 第一行中至少有两个顺次的 $b_i, b_{i+1} > 0$，则（4.27）式中仅不等号成立，且

$$\lim_{k\to\infty}\frac{x(k)}{\lambda_1^k}=cx^*$$
（4.28）

其中 c 是与 $x(0)$ 有关的常数.

由定理 2 的结论知道, 当 k 充分大时, 有

$$x(k)\approx c\lambda_1^k x^*$$
（4.29）

定理 3 记 $\beta_i=b_i s_1 s_2\cdots s_{i-1}$, $q(\lambda))=\beta_1/\lambda+\beta_2/\lambda^2+\ldots+\beta_m/\lambda^m$, 则 λ 是 L 的非零特征根的充分必要条件为

$$q(\lambda)=1$$
（4.30）

当时间充分大时, 女性人口的年龄结构向量趋于稳定状态, 即年龄结构趋于稳定形态, 而各个年龄组的人口数近似地按 $\lambda-1$ 的比例增长. 由（4.29）式可得到如下结论: 当 $\lambda>1$ 时, 人口数最终是递增的; 当 $\lambda<1$ 时, 人口数最终是递减的; 当 $\lambda=1$ 时, 人口数是稳定的.

根据（4.30）式, 如果 $\lambda=1$, 则有

$$b_1+b_2 s_1+b_3 s_1 s_2+\cdots+b_m s_1 s_2\cdots s_{m-1}=1$$

记 $R=b_1+b_2 s_1+b_3 s_1 s_2+\cdots+b_m s_1 s_2\cdots s_{m-1}$, 则 R 的实际含义是平均每个妇女一生中所生女孩数. 当 $R>1$ 时, 人口递增; 当 $R<1$ 时, 人口递减.

2. 离散形式的人口模型

按照 Leslie 模型的基本思路, 将考虑年龄结构和生育模式的连续型人口模型离散化, 即可得到离散形式的人口模型.

模型假设:
① 假设不考虑迁徙等社会因素的影响.
② 假设女性比和死亡率与时间无关.
③ 假设生育模式只与年龄有关.

模型建立: 用 $x_i(t)$ 表示第 t 年 i 岁（指满 i 岁但达不到 $i+1$ 岁）的总人数, $t=0,1,2,\cdots$, $i=0,1,2,\cdots,n-1$（设 n 为最高年龄）; $b_i(t)$ 表示第 t 年 i 岁女性生育率（每位女性平均生育的婴儿数）, 育龄区间为 $[i_1,i_2]$; 用 k_i 表示 i 岁人口的女性比. 于是第 t 年出生的婴儿数为:

$$f(t)=\sum_{i=i_1}^{i_2}b_i(t)k_i x_i(t)$$
（4.31）

引入生育模式 h_i, 将 $b_i(t)$ 分解为:

$$b_i(t)=\beta(t)h_i,\sum_{i=i_1}^{i_2}h_i=1$$
（4.32）

其中生育模式的具体形式可取连续型人口模型给出的 Γ 分布（见（4.22）、（4.23）式）. 由（4.31）和（4.32）式, 得

$$f(t)=\beta(t)\sum_{i=i_1}^{i_2}h_i k_i x_i(t),\quad \beta(t)=\sum_{i=i_1}^{i_2}b_i(t)$$
（4.33）

$\beta(t)$ 是第 t 年所有育龄女性平均生育的婴儿数. 若女性在整个育龄期内保持生育率不变, 则 $\beta(t)$ 就是第 t 年 i_1 岁的每位女性一生平均生育的婴儿数, 即总和生育率 (简称生育率) 或生育胎次, 是控制人口数量的主要参数.

　　记 i 岁人口的死亡率为 d_i, 存活率为 $s_i = 1 - d_i, i = 0, 1, 2, \cdots, n-1$, 则

$$x_{i+1}(t+1) = s_i x_i(t), i = 0, 1, 2, \cdots, n-1, i = 1, 2, \cdots, n-1 \qquad (4.34)$$

而 $x_1(t+1)$ 是第 t 年出生的婴儿中存活下来的数量, 即 $s_0 f(t)$ (这里 $f(t) = x_0(t)$), 于是

$$x_1(t+1) = \beta(t) \sum_{i=i_1}^{i_2} r_i x_i(t), r_i = s_0 h_i k_i \qquad (4.35)$$

引入按年龄分组的人口分布向量

$$x(t) = [x_1(t), x_2(t), \cdots, x_n(t)]^T, t = 0, 1, 2, \cdots \qquad (4.36)$$

为了清楚地表明 $\beta(t)$ 的作用, 将 Leslie 矩阵分解成两个矩阵, 记

$$A = \begin{bmatrix} 0 & 0 & \cdots & 0 & 0 \\ s_1 & 0 & \cdots & 0 & 0 \\ 0 & s_2 & \cdots & 0 & 0 \\ \vdots & \vdots & & \vdots & \vdots \\ 0 & 0 & \cdots & s_{n-1} & 0 \end{bmatrix}, \quad B = \begin{bmatrix} 0 & \cdots & 0 & r_{i1} & \cdots & r_{in} & 0 & 0 \\ 0 & \cdots & 0 & 0 & 0 & 0 & 0 & 0 \\ \vdots & & \vdots & \vdots & & \vdots & \vdots & \vdots \\ 0 & \cdots & 0 & 0 & 0 & 0 & 0 & 0 \end{bmatrix}$$

则模型 (4.35)、(4.36) 可表示为

$$x(t+1) = Ax(t) + \beta(t) Bx(t) \qquad (4.37)$$

　　由上述模型可知, 模型 (4.37) 可以通过一个初始状态量和四个变量进行求解, 分别为人口的初始分布 $x(0)$、当前的存活率 s_i、女性比 k_i、生育模式 h_i 以及总和生育率 $\beta(t)$. 因此, 只需给定这些值, 便可通过此模型来预测未来的人口数量和年龄结构.

3. 单独二孩政策影响模型

　　单独两孩政策是指一方是独生子女的夫妇可以生育两个孩子的政策. 2013 年 11 月 15 日, 中央决定放开 "单独二胎", 这是我国进入 21 世纪以来生育政策的重大调整完善, 是国家人口发展的重要战略决策. 由统计资料可以得到人口的初始分布 $x(0)$ 及当前的存活率 s_i、女性比 k_i, 然后保持现有生育模式 h_i, 就可以设定不同的总和生育率 $\beta(t)$, 来预测未来的人口数量和年龄结构. 设定不符合生育二孩政策的女性占同年龄段女性比例为 q_i (简称不符比), 进而定量研究实施单独二孩政策对人口数量和结构的影响.

　　模型假设: 由于政策实施的不确定性, 数据的可测量性等一些实际问题的复杂因素, 只考虑理想状态下的情况, 即符合二孩政策的女性生育二胎, 不符合的生育一胎, 不考虑不生和超生等其他情况. 这样假设, 对 q_i 的探究也很有裨益.

　　模型建立: 当女性符合生育一胎政策时, $\beta(t)$ 为 1. 设其占同年龄段所有女性比例为 q_i, 故其离散人口增长预测模型为

$$x(t+1) = q_i(A + B)x(t)$$

当女性符合生育二孩政策时，$\beta(t)$ 为 2，则其占同年龄段所有女性比例为 $1-q_i$，故其离散人口增长预测模型为

$$x(t+1) = (1-q_i)(A+2B)x(t)$$

因此，实施了单独二孩政策，其离散人口增长预测模型为：

$$x(t+1) = (a+2B-q_iB)x(t) \tag{4.38}$$

经过推理，可知二孩政策的影响和矩阵 A 无关，即和各阶段存活率 s_i（s_0 除外）无关。此模型可以通过一个初始状态量和四个变量进行求解，分别为人口的初始分布 $x(0)$、当前的婴儿存活率 s_0、女性比 k_i、生育模式 h_i 以及总和生育率 $\beta(t)$。通过统计资料可以得到 $x(0)$、s_0、k_i 和 h_i，以及不符比 q_i，故可用以上模型进行定量分析，实施单独二孩政策对未来人口数量和年龄结构的影响。

不符比 q_i 的探究：模型假设符合二孩政策的女性生育二胎，不符合的生育一胎，故非独生女性与非独生男性结合后只能生育一胎，其后代为独生子女；非独生女性与独生男性结合，独生女性与非独生男性结合，独生女性与独生男性结合这三种情况均可生育二胎，其后代为非独生子女。若单独二孩的政策长久不变，则不符比 q_i 会一个周期一个周期（一个周期为一代，一代人的时间可以用平均寿命来代替）地按照此种规律变化。

另外，如果国家生育政策得以严格执行，不发生产前鉴别性别从而违法取舍的情况，则生男生女概率一样，即非独生女性占所有同年龄段女性的比例，与非独生男性占所有同年龄段男性的比例相同。

若把不同年龄段的不符比 q_i 当作一个整体 q 进行研究，把不同代的不符比设为 q_n。当第 n 代时，设非独生女性占所有同年龄段女性的比例为 a_n，独生女性占所有同年龄段女性的比例为 b_n，即非独生男性占所有同年龄段男性的比例为 a_n，独生男性占所有同年龄段男性的比例为 b_n。已知在第 n 代时，不符比为 q_n，故有 $q_n = a_n^2$，这表明不符比 q_n 只与非独生女性占所有同年龄段女性的比例 a_n 有关。

按照此种规律，根据第 n 代时的 a_n 和 b_n 求第 $n+1$ 代时的比例 a_{n+1} 和 b_{n+1}，其结果如下：

$$a_{n+1} = 1 - \frac{a_n^2}{2-a_n^2}$$

由人口统计资料，可以查得实行单独二孩时的不符比，即为第一代不符比 q_1。结合式子 $q_n = a_n^2$，$a_{n+1} = 1 - \frac{a_n^2}{2-a_n^2}$，可求出 q_{n+1}。

4.2 市场经济的蛛网模型

在自由贸易集市上你注意过这样的现象吗？一个时期由于猪肉的上市量远大于需求，销售不畅导致价格下降，农民觉得养猪赔钱，于是转而经营其他农副业。过一段时间后猪肉上市量大减，供不应求导致价格上涨，原来的饲养户看到有利可图，又重操旧业。这样下一个时期会重现供大于求、价格下降的局面，在没有外界干扰的情况下，这种现象将如此循环下去。

在完全自由竞争的市场经济中上述现象通常是不可避免的,因为商品的价格是由消费者的需求关系决定的,商品数量越多价格越低. 而下一时段商品的数量由生产者的供应关系决定,商品价格越低生产的数量就越小. 这样的需求和供应关系决定了市场经济中商品的价格和数量必然是振荡的. 这种振荡越小越好,如果振荡太大就会影响人民群众的正常生活,这时往往需要通过政府干预才能阻止经济崩溃.

4.2.1　蛛网模型

蛛网模型又称蛛网理论,是利用弹性理论来考察价格波动对下一个周期产量影响的动态分析,它是利用市场均衡状态分析的一种理论模型. 蛛网理论是 20 世纪 30 年代出现的一种关于动态均衡分析法. 许多商品特别是某些生产周期较长的商品,它们的市场价格、数量会随时间的变化而变化,呈现时涨时跌、时增时减交替变化的规律. 蛛网模型于 1930 年由美国的舒尔茨、荷兰的丁伯根和意大利的里奇各自独立提出,由于价格和产量的连续变动用图形表示犹如蛛网,1934 年英国的尼古拉斯·卡尔多将这种理论命名为蛛网理论.

蛛网模型考察的是生产时周期较长的商品,其基本假定是:商品的本期产量 Q_t^s 由前一期的价格 P_{t-1} 决定,即供给函数为

$$Q_t^s = f(P_{t-1}) \tag{4.39}$$

商品本期的需求量 Q_t^d,由本期的价格 P_t 决定,即需求函数为

$$Q_t^d = g(P_t) \tag{4.40}$$

其中 P_t, Q_t, Q_t^d, Q_t^s 分别表示 t 时刻的价格、数量、需求量、供给量.

根据产品的需求弹性与供给弹性的不同关系,可将波动情况分成三种类型:收敛型蛛网、发散型蛛网和封闭型蛛网. 下面利用图解法来加以说明.

1. 收敛型蛛网

相对于价格轴,需求曲线斜率的绝对值大于供给曲线斜率的绝对值. 当市场受到干扰偏离原有的均衡状态以后,实际价格和实际产量会围绕均衡水平上下波动,但波动的幅度越来越小,最后会恢复到原来的均衡点、收敛型蛛网模型如图 4.2 所示.

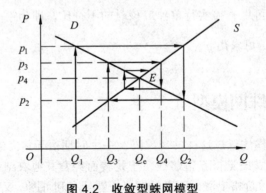

图 4.2　收敛型蛛网模型

假定在第一期由于某种外在因素的干扰(如恶劣的气候条件),实际产量由均衡水平 Q_e 减少为 Q_1. 根据需求曲线,消费者愿意支付 p_1 的价格购买全部产量 Q_1,于是实际价格上升为 p_1. 根据第一期较高的价格水平 p_1,按照供给曲线,生产者将第二期产量调整为 Q_2,于是实际价格下降为 p_2. 根据第二期较低的价格 p_2,生产者将第三期的产量减少为 Q_3;在第三期,消费者愿意支付 p_3 的价格购买全部的产量 Q_3,于是实际价格上升为 p_3. 根据第三期较高的价格 p_3,生产者又将第四期的产量调整为 Q_4.

如此循环下去,实际价格和实际产量的波动幅度越来越小,最后恢复到均衡点 E 所代表的水平. 由此可见,图 4.2 中均衡点 E 的状态是稳定的. 也就是说,由于外在的原因,当价格与产量发生波动而偏离均衡状态 (P_e,Q_e) 时,经济体系中存在着自发的因素,能使价格和产量自动恢复均衡状态. 在图 4.2 中,产量与价格变化的路径就形成一个蜘蛛网似的图形,这也就是蛛网模型名称的由来.

从图 4.2 可以看到,当供给曲线斜率的绝对值大于需求曲线斜率的绝对值时,即供给曲线比需求曲线较为陡峭时,才能得到蛛网稳定的结果,相应的蛛网被称为"收敛型蛛网".

2. 发散型蛛网

相对于价格轴,需求曲线斜率的绝对值小于供给曲线斜率的绝对值. 当市场受到外力干扰偏离原有的均衡状态以后,实际价格和实际产量会围绕均衡水平上下波动,但波动的幅度越来越大,最后会偏离原来的均衡点,发散型蛛网如图 4.3 所示.

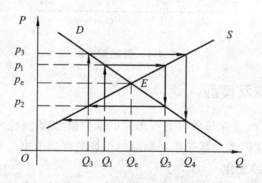

图 4.3 发散性蛛网模型

假定在第一期由于某种原因的干扰,实际产量由均衡水平 Q_e 减少为 Q_1. 根据需求曲线,消费者愿意支付价格 p_1 购买全部产量 Q_1,于是实际价格上升为 p_1. 根据第一期较高的价格水平 p_1,按照供给曲线,生产者将第二期的产量增加为 Q_2;在第二期,生产者为了出售全部产量 Q_2,接受消费者支付的价格 p_2,于是实际价格下降为 p_2. 根据第二期较低的价格 p_2,生产者将第三期的产量减少为 Q_3;在第三期,消费者愿意支付 p_3 的价格购买全部的产量 Q_3,于是实际价格又上升为 p_3. 根据第三期的较高的价格 p_3,生产者又将第四期的产量调整为 Q_4.

如此循环下去,实际价格和实际产量的波动幅度越来越大,最后偏离均衡点 E 所代表的水平. 由此可见,图 4.3 中均衡点 E 所代表的均衡状态是不稳定的.

从图 4.3 可以看出，当相对于价格轴，需求曲线斜率的绝对值小于供给曲线斜率的绝对值时，即相对于价格轴，需求曲线比供给曲线较为平缓时，才能得到蛛网不稳定的结果. 所以，供求曲线的上述关系是蛛网不稳定的条件，相应的蛛网称为"发散型蛛网".

3. 封闭型蛛网

相对于价格轴，当需求曲线斜率的绝对值等于供给曲线斜率的绝对值时，当市场受到外力干扰偏离原有的均衡状态以后，实际价格和实际产量会按照同一幅度围绕均衡水平上下波动，既不偏离也不趋向均衡点，封闭型蛛网如图 4.4 所示.

不同时点的价格与供求量之间的解释与前两种情况类似，故略. 从图 4.4 可以看出，当相对于价格轴，需求曲线斜率的绝对值等于供给曲线斜率的绝对值时，即相对于价格轴，供求曲线具有相同的陡峭与平缓程度时，蛛网以相同的幅度上下波动，相应的蛛网称为"封闭型蛛网".

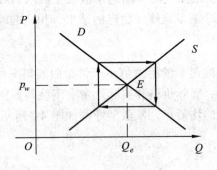

图 4.4　封闭型蛛网

4.2.2　微分形式的蛛网模型

在连续时间的条件下，建立起微分方程形式的蛛网模型，研究蛛网模型的稳定性，并对模型结果进行了经济解释. 我们考虑基于单一商品的市场的蛛网模型，并假设时间是连续变量，价格、商品数量随时间连续变化.

设某商品价格是时间 t 的函数 $p = p(t)$，供给量 S 由供给函数 $S = f(p)$ 决定，记作 $S(t)$. 供给是由多种因素决定的，这里我们略去价格以外的因素，只讨论供给与价格的关系. 考虑到商品生产者对商品信息了解到商品价格的调节有时间滞后，假定供给是某一时期价格 $p(t-\Delta t)$ 的线性函数：

$$S(t) = S_0 + \alpha p(t-\Delta t) \tag{4.41}$$

其中 S_0, α 是大于零的常数，$\Delta t > 0$，α 可表示商品的边际供给量.

在传统的蛛网理论中，需求是价格的函数，价格是影响需求的唯一因素，这对正确反映商品价格变化规律具有一定局限性，为更好地反映商品价格变化过程，考虑影响需求的其他因素，如价格上涨率等. 假设需求与价格及价格的上涨率都有关系，需求与价格、价格上涨率负相关. 为此，建立的需求函数为：

$$D(t) = D_0 - \beta P(t) - \gamma \frac{\mathrm{d}P}{\mathrm{d}t} \tag{4.42}$$

其中 D_0, β 是大于零的常数，β 表示商品的边际需求量. γ 的大小反映了商品需求对价格上涨率的依赖程度. 需求量与供给量之差 $D-S$ 称为过量需求，即需求大于供给的部分. 供给者时刻都在确定价格 $P(t)$，根据商品市场在正常的情况下，商品供需的变化引起价格的变动，价格的涨速与第 t 段时间过剩的需求正相关，即：

$$\frac{\mathrm{d}p}{\mathrm{d}t} = \mu \left[(D_0 - S_0) + \int_0^t (D(u) - S(u)) \mathrm{d}u \right]$$

所以

$$\frac{\mathrm{d}^2 p}{\mathrm{d}t^2} = \mu(D(t) - S(t)) \tag{4.43}$$

其中 $\mu > 0$ 为价格的调节系数，反映价格依据超额需求的变动而进行调节时的调整速度和幅度的度量参数. 将（4.41）、（4.42）式代入（4.43）式可得

$$\frac{\mathrm{d}^2 p}{\mathrm{d}t^2} = -\mu\gamma \frac{\mathrm{d}p}{\mathrm{d}t} - \mu\partial p(t-\Delta t) - \mu\beta p(t) + \mu(D_0 - S_0) \tag{4.44}$$

在（4.44）式中，令 $p(t) = x(t)$，$\frac{\mathrm{d}p}{\mathrm{d}t} = y(t)$，则有

$$\begin{cases} \dfrac{\mathrm{d}x(t)}{\mathrm{d}t} = y(t) \\ \dfrac{\mathrm{d}y(t)}{\mathrm{d}t} = -\mu\gamma y(t) - \mu\beta\partial x(t-\Delta t) - \mu\beta x(t) + \mu(D_0 - S_0) \end{cases} \tag{4.45}$$

当 $D_0 > S_0$ 时，系统（4.45）有唯一平衡点 $\left(\dfrac{D_0 - S_0}{\alpha + \beta}, 0 \right)$. 当需求量等于供给量，即市场出清时的价格为均衡价格，即 $\bar{p} = \dfrac{D_0 - S_0}{\alpha + \beta}$ 为均衡价格.

系统（4.45）在 $\left(\dfrac{D_0 - S_0}{\alpha + \beta}, 0 \right)$ 处线性近似系统为：

$$\begin{cases} \dfrac{\mathrm{d}u(t)}{\mathrm{d}t} = v(t) \\ \dfrac{\mathrm{d}v(t)}{\mathrm{d}t} = Au(t) + Bu(t-\Delta t) + Cv(t) \end{cases} \tag{4.46}$$

其中 $A = -\mu\beta, B = -\mu\alpha, C = -\mu\gamma$. 系统（4.46）的特征方程为：

$$(\lambda^2 - C\lambda - A)\mathrm{e}^{\lambda\Delta t} - B = 0 \tag{4.47}$$

令 $z = \lambda\Delta t$，$m = -C\Delta t$，$n = -A\Delta t^2$，$\omega = -B\Delta t^2$，（4.47）式化为：

$$(z^2 + mz + n)e^z + \omega = 0$$

记　　　　　　　$H(z) = h(z,t) = (z^2 + mz + n)e^z + \omega$

显然，$h(z,t)$ 具有主项 $z^2 t$.

令 $H(i\sigma) = F(\sigma) + iG(\sigma)$，则

$$F(\sigma) = (n - \sigma^2)\cos\sigma - m\sigma\sin\sigma + \omega$$

$$G(\sigma) = (n - \sigma^2)\sin\sigma + m\sigma\cos\sigma$$

由于函数 $G(\sigma) = (n - \sigma^2)\sin\sigma + m\sigma\cos\sigma$ 的所有零点都是实数，且

$$\alpha < \beta \leqslant \frac{\mu\gamma^2}{2}, \quad \alpha > 0, \beta \geqslant 0, \gamma \geqslant 0$$

则对于 $G(\sigma)$ 的每一个零点 σ_k 都有不等式 $F(\sigma_k)G'(\sigma_k) > 0$ 成立.

如果 $\alpha < \beta \leqslant \dfrac{\mu\gamma^2}{2}$，$\alpha > 0, \beta \geqslant 0, \gamma \geqslant 0$，那么系统（4.45）的平衡点 $\left(\dfrac{D_0 - S_0}{\alpha + \beta}, 0\right)$ 是局部渐近稳定的.

通过对系统（4.45）的分析，可得到如下结论：如果边际商品供给小于边际商品需求，边际商品需求不大于 $\dfrac{\mu\gamma^2}{2}$，并且商品需求对商品价格上涨率的依赖程度 γ 满足一定条件，那么无论时滞 Δt 多么大，商品价格随着时间的变化，稳定趋于均衡价格 $\bar{p} = \dfrac{D_0 - S_0}{\alpha + \beta}$. 也就是说，无论供给者从了解商品需求到调控生产量的时间滞后有多长，对价格的调整有多么不同，只要这些调控的幅度不是很大，商品的价格总是能够回到使供需相等的均衡价格水平；反之，如果边际商品供给大于边际商品需求，边际商品需求不大于 $\dfrac{\mu\gamma^2}{2}$，当时滞 Δt 取一定值时，系统会出现 Hopf 分支，也就是说，价格会围绕均衡价格上下波动，而且商品的价格最终不能回到均衡价格.

4.2.3　差分形式的蛛网模型

最简单的市场经济模型是单一商品市场模型，在时间离散化后的条件下，假设商品的供给量、需求量只与该商品的价格有关，由需求量等于供给量建立的方程即均衡方程，求得其解即为均衡价格. 若进一步假定需求、供给是价格的线性函数，可以得到传统线性蛛网模型. 而在需求、供给是价格的非线性函数的条件下，可以得到非线性蛛网模型.

1. 线性蛛网模型

假设本期的供给量是由上一期的价格决定的，为上一期价格的线性函数，即模型（4.39）为

$$Q_t^s = -\delta + \gamma \cdot P_{t-1} \tag{4.48}$$

其中，γ 表示商品价格增加 1 个单位时供给量的上涨幅度. 而本期的需求量是本期价格的线性

函数，即模型（4.40）为：

$$Q_t^d = \alpha - \beta \cdot P_t \tag{4.49}$$

其中，β 表示商品价格减少1个单位时需求量的上涨幅度. 当供需平衡时，

$$Q_t^d = Q_t^s \tag{4.50}$$

将（4.48）式和（4.49）式代入（4.50）式可得

$$\alpha - \beta \cdot P_t = -\delta + \gamma \cdot P_{t-1} \tag{4.51}$$

由此可得第 t 期的产品价格为：

$$P_t = \left(-\frac{\gamma}{\beta}\right)^t P_0 + \frac{\alpha + \delta}{\beta + \gamma}\left(1 - \left(-\frac{\gamma}{\beta}\right)^t\right) \tag{4.52}$$

又因为在市场均衡时，均衡价格为 $P_e = P_t = P_{t-1}$，所以，由（4.51）式可得均衡价格为：

$$P_e = \frac{\alpha + \delta}{\beta + \gamma} \tag{4.53}$$

均衡价格是一种理想状态，即在此价格水平下，每个人的需求都得到满足，而且不会有商品卖不出去. 将（4.53）式代入（4.52）式可得

$$P_t = \left(-\frac{\gamma}{\beta}\right)^t P_0 + P_e\left[1 - \left(-\frac{\gamma}{\beta}\right)^t\right] = (P_0 - P_e)\left(-\frac{\gamma}{\beta}\right)^t + P_e \tag{4.54}$$

当 $t \to \infty$ 时，若 $\gamma/\beta < 1$，则 $P_t \to P_e$. 这说明价格 P_t 随着时间的推移，其波动幅度愈来愈小，最终趋向于均衡价格 P_e. 事实上，此时因需求弹性 $e_d = \beta P/(\beta - \beta P)$，供给弹性 $e_s = \gamma P/(-\delta + \gamma P)$，当 $\gamma/\beta < 1$ 时，可推得 $e_d > e_s$，即供给弹性的绝对值小于需求弹性的绝对值，蛛网模型是收敛的. 在收敛性蛛网中，价格变动引起的需求量变动大于价格变动引起的供给量的变动，因而任何超额需求或超额供给只需较小的价格变动即可消除. 同时价格变动引起的下一期供给量的变动较小，从而对当期价格发生变动的作用较小，这意味着超额需求或超额供给偏离其均衡量的幅度以及每期成交价格偏离均衡价格的幅度，在时间序列中将是逐渐缩减的，并最终趋向其均衡产量 Q^e 和均衡价格 P^e.

当 $t \to \infty$ 时，若 $\gamma/\beta > 1$，则 $P_t \to \infty$. 这说明需求曲线斜率的绝对值 β 小于供给曲线斜率的绝对值 γ 时，或供给弹性较大而需求弹性较小时，市场价格将振荡至无穷大，蛛网模型是发散的. 在发散型蛛网中，价格变动引起的供给量的变动大于价格变动引起的需求量的变动. 当出现超额供给时，为使市场上供给者卖出所有的产品，要求价格大幅度下跌，这将会导致下一期的供给量减少，以致该期出现大量的供给短缺，供给的严重不足导致价格大幅度上扬，由此导致下一期供给量大幅度增加和价格大幅度下跌. 在这种情况下，一旦失去均衡，以后各期的供给过剩或短缺的波动幅度以及成交价格波动的幅度，都将离均衡价格 P_e 越来越远.

当 $t \to \infty$ 时，若 $\gamma/\beta = 1$，则为常数. 这说明相对于价格轴，需求曲线斜率的绝对值 β 等于

供给曲线斜率的绝对值 γ 时，即市场价格一旦偏离均衡状态，则以后各期的价格及产量的变动序列就表现为围绕均衡值循环往复地上下振荡，既不进一步偏离，又不进一步逼近均衡价格 P_e . 这就是"封闭型蛛网"的情形.

2. 非线性蛛网模型

记第 t 时段商品的数量为 x_t ，价格为 y_t ，自然数 t 表示时段， $t = 1, 2, \cdots$. 这里把时间离散化为时段，每个时段相当于商品的一个生产周期，蔬菜、水果是一个种植周期，肉类是牲畜的饲养周期. 价格与产量紧密相关，可以用一个确定的关系来表现，即：

$$y_t = f(x_t) \tag{4.55}$$

该函数反映消费者对这种商品的需求关系，商品数量越多，价格就越低，所以 f 是单调递减函数. 因此可用一条下降曲线 f 表示它， f 称为需求曲线. 又假设下一个时段的产量 x_{t+1} 是生产者根据上一时期的价格决定的，即：

$$x_{t+1} = g(y_t) \tag{4.56}$$

该函数反映生产者的供应关系，商品的价格越高，供给量就越大， g 是单调增加函数. 因此可用一条上升曲线 g 表示它， g 称为供给曲线.

为了表现出 x_t 和 y_t 的变化过程，我们可以借助已有的函数 f 和 g ，当供需相等时，如图 4.5 所示，函数 f 与供给函数 g 相交于 $P_0(x_0, y_0)$ ， P_0 即市场出清的均衡状态.

在进行市场经济分析时， f 取决于消费者对某种商品的需求程度和消费水平等因素， g 取决于生产者的生产、经营等能力，当已知具体的需求函数与消费函数时，可以根据 f 、 g 曲线的具体性质来判定它们在平衡点 $P_0(x_0, y_0)$ 的稳定性. 一旦需求曲线和供应曲线确定下来，商品数量和价格是否趋向稳定状态，就完全由这两条曲线在平衡点 $P_0(x_0, y_0)$ 附近的形状所决定.

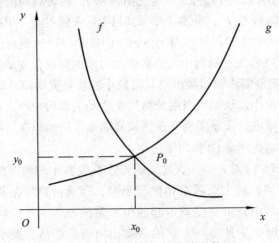

图 4-5　需求函数与供给函数

设 $P_0(x_0, y_0)$ 点满足： $y_0 = f(x_0)$ ， $x_0 = g(y_0)$ ，设 $\alpha = f'(x_0)$ ， $\beta = \dfrac{1}{g'(y_0)}$. 在 $P_0(x_0, y_0)$ 点附近取 f, g 的一阶泰勒展式，线性近似为：

$$y_t = y_0 - \alpha(x_t - x_0) \tag{4.57}$$

$$x_{t+1} = x_0 + \beta(y_t - y_0) \tag{4.58}$$

合并（4.57）和（4.58）式，并消去 $y_t - y_0$ 可得

$$x_{t+1} + \alpha\beta x_t - (1 + \alpha\beta)x_0 = 0 \tag{4.59}$$

式（4.59）是关于 x_t 的一阶线性差分方程，它是原来方程的近似模型，这是客观实际问题的近似模拟，解这个一阶线性差分方程得

$$x_{t+1} = (-\alpha\beta)^t(x_1 - x_0) + x_0$$

由此可得，当 $t \to \infty$ 时，$x_t \to x_0$，即 $P_0(x_0, y_0)$ 点的稳定条件是 $\alpha\beta < 1$，即 $\alpha < \frac{1}{\beta}$，需求曲线 f 在点 $P_0(x_0, y_0)$ 的切线斜率绝对值小于供给曲线 g 在该点的切线斜率绝对值；反之，$P_0(x_0, y_0)$ 点不稳定的条件是 $\alpha\beta > 1$，即 $\alpha > \frac{1}{\beta}$，需求曲线 f 在点 $P_0(x_0, y_0)$ 的切线斜率绝对值大于供给曲线 g 在该点的切线斜率绝对值.

这个非线性分析使传统的线性蛛网模型的分析有了进一步的推广. 西方经济学家认为，蛛网模型解释了某些生产周期较长的商品的产量和价格的波动情况，是一个有意义的动态分析模型，对理解某些行业产品的价格和产量的波动提供了一种思路.

4.3 传染病模型

20 世纪初，鼠疫、霍乱、伤寒和天花等瘟疫在地球上曾肆虐一时，给人类的生存和发展带来了严重的危害. 今天的艾滋病、SARS、禽流感等，又给人类带来了巨大的灾难. 一类传染病被我们控制住了，另一类新的传染病又会出现，因此，人类与传染病的斗争是一项长期而又艰巨的任务.

认识传染病的传播规律，对防止传染病的蔓延具有十分重要的现实意义，被传染的人数与哪些因素有关？如何预报传染病高峰的到来？为什么同一地区同一种传染病每次流行时的人数大致相同？这些问题自然引起了当时的一些科学工作者的极大的关注和浓厚的兴趣. 显然，寻求传染病在传播过程中若干重要因素之间的联系，研究传染病流行的规律并找出控制疾病流行的方法，是一件十分有意义的工作.

传染病的流行涉及医学、社会、民族、风俗等众多因素，这是一复杂的社会现象，而纯粹的医理模型难以做出满意的解答，科学家们从病人康复的统计数据入手，进行了宏观分析，即在对问题进行合理简化的基础上，抓主要矛盾，从而构造出传染病的传播模型. 经典的传染病传播模型经历了从简单到复杂不断改进的过程，这对我们认识数学建模的全过程具有重要的启迪.

由于所考虑的地区人口数量基本稳定，即设总人数为常数 n，时间单位以天计，t 时刻已感染（infective）病人数记为 $I(t)$，初始病人数为 $I(0) = I_0$，当总人数很大时该离散问题可用连续问题来近似处理.

4.3.1　指数模型

假设每个病人单位时间内的传染率为常数 k_0，且设此疾病既不导致死亡也不会康复（疾病流传初期的一段较短时间内情况大体如此）. 则 $[t, t+\Delta t]$ 时段内病人的增加数为

$$I(t+\Delta t) - I(t) = k_0 I(t)\Delta t$$

可得到微分方程模型

$$\frac{\mathrm{d}I}{\mathrm{d}t} = k_0 I \tag{4.60}$$

容易得到，模型（4.60）的解为 $I(t) = I_0 \mathrm{e}^{k_0 t}$.

此模型恰是 Malthus 模型，它能在传染病流行初期反映出病人的增长情况，在医学上有一定的参考价值，但随着时间的推移，它将越来越偏离实际情况（特别是 $t \to +\infty$ 时，$I(t) \to +\infty$，这更是不可能的）. 事实上，当病人很多时，病人大多数接触的是病人，此时不能使病人人数增加，传染率变低. 因此，必须区分已感染者（病人）和未感染者（健康人）.

4.3.2　SI 模型

假设每个病人单位时间内传染人数与健康的易感染者（susceptible）人数 $S(t)$ 成正比，传染系数 $k_0 = kS(t)$，于是模型（4.60）变为

$$\frac{\mathrm{d}I}{\mathrm{d}t} = kI(t)S(t)$$

由于 $I(t) + S(t) = n$，所以

$$\frac{\mathrm{d}I}{\mathrm{d}t} = kI(t)\big(n - I(t)\big) \tag{4.61}$$

这恰与 Logistic 模型对应. 解得

$$I(t) = \frac{nI_0}{I_0 + (n - I_0)\mathrm{e}^{-knt}} \text{ 或 } I(t) = \frac{n}{1 + \mathrm{e}^{-kn(t - t^*)}} \tag{4.62}$$

其中 $t^* = -\dfrac{1}{kn}\ln\dfrac{I_0}{n - I_0}$ 恰为传染病传染率最大的时刻，称为传染高峰期. 统计结果表明，此值与传染病的实际高峰期非常接近，医学上常作为预报公式.

该模型的不足之处，是 $\lim\limits_{t \to +\infty} I(t) = n$，即模型预测最终所有人都将得病，这一点与实际情况并不相符. 事实上，大部分病人是可以治愈的，且很多疾病治愈后自动具有免疫功能.

4.3.3　SIR 模型

假设治愈后自动具有免疫功能，在这里对病死的人与病愈康复的人不加区分，因为这两种人都既不将疾病传给别人，也不接受别人的传染. 为了得到更精确的模型，现将人群划分

为三类，即易感染者（S）、已感染者（I）和已恢复者（R）或具有免疫的人群，分别记 t 时刻的三类人数为 $S(t)$、$I(t)$ 和 $R(t)$，且假设恢复率与已感染者成正比，则可建立以下著名的 SIR 模型：

$$\begin{cases} \dfrac{\mathrm{d}S}{\mathrm{d}t} = -kSI \\[2mm] \dfrac{\mathrm{d}I}{\mathrm{d}t} = kSI - bI \\[2mm] \dfrac{\mathrm{d}R}{\mathrm{d}t} = bI \\[2mm] S(t) + I(t) + R(t) = n \end{cases} \tag{4.63}$$

其中，$b > 0$ 称为此传染病在该地区的恢复系数（或康复系数，b 越大，疾病恢复得越快），其初值条件为 $I(0) = I_0, R(0) = 0, S(0) = S_0 = n - I_0$.

模型（4.63）是一个微分方程组，若以 R 作为自变量，消去 t 可得

$$\begin{cases} \dfrac{\mathrm{d}S}{\mathrm{d}R} = -\dfrac{k}{b} S \\[2mm] \dfrac{\mathrm{d}I}{\mathrm{d}R} = \dfrac{k}{b}(n - I - R) - 1 \end{cases} \tag{4.64}$$

解得 $\qquad \begin{cases} S(t) = S_0 \mathrm{e}^{-R(t)/\rho} \\[2mm] I(t) = n - R(t) - S_0 \mathrm{e}^{-\rho R(t)} \end{cases} \tag{4.65}$

其中，$\rho = b/k$ 通常是一个与疾病种类有关的较大的常数.

由模型（4.63）中的 $\dfrac{\mathrm{d}R}{\mathrm{d}t} = bI$ 知，$R(t)$ 必然单调增加，又知 $R(t) \leqslant n$. 利用单调有界原理可以证明

$$\lim_{t \to +\infty} R(t) = c \text{（常数）} \tag{4.66}$$

从而解释了医生们发现的一个现象：在一个民族或地区，当某种传染病流传时，波及的总人数大体上保持为一个常数.

下面进一步揭示模型（4.63）所描述的规律，由模型（4.63）有

$$\frac{\mathrm{d}I}{\mathrm{d}t} = kI(S - \rho)$$

容易看出，如果 $S_0 \leqslant \rho$，则有 $\dfrac{\mathrm{d}I}{\mathrm{d}t} < 0$，此疾病在该地区根本流行不起来；若 $S_0 > \rho$，则开始时 $\dfrac{\mathrm{d}I}{\mathrm{d}t} > 0$，$I(t)$ 单增. 但由于 $R(t)$ 总是增加的，再由式（4.65）知 $S(t)$ 必然单减. 当 $S(t)$ 减少到小于等于 ρ 时，$\dfrac{\mathrm{d}I}{\mathrm{d}t} \leqslant 0$，$I(t)$ 开始减小，直至为零，直至此疾病在该地区消失. 鉴于 ρ 在本模型中的作用，它被医生们称为此疾病在该地区的阀值，ρ 的引入解释了为什么此疾病没有波及该地区的所有人. 进一步，可以用模型（4.65）对 ρ 进行估计，当 $t \to +\infty$ 时有

$n - c - S_0 e^{-\rho c} = 0$，于是

$$\rho = \frac{1}{c}[\ln(n - I_0) - \ln(n - c)] \qquad (4.67)$$

综上所述，SIR 模型指出了传染病的以下特征：

（1）当人群中有人得了某种传染病时，此疾病并不一定流传，仅当易受感染的人数超过阈值 ρ 时，疾病才会流传起来.

（2）疾病并非因缺少易感染者而停止传播，相反，是因为缺少传播者才停止传播的，否则将导致所有人得病.

（3）种群不可能因为某种传染病而绝灭（一个比较乐观的结论）.

医疗机构一般依据 $R(t)$ 来统计疾病的波及人数，从广义的意义上理解，$R(t)$ 应为 t 时刻已就医而被隔离或治愈的人数，这些人已被隔离或治愈，既不再传染给别人，也不再被别人传染，至于是真的康复了还是死亡了对模型并无影响. 注意到 $\dfrac{dR}{dt} = bI = b(n - R - S)$ 及 $S = S_0 e^{-R/\rho}$，可得

$$\frac{dR}{dt} = b(n - R - S_0 e^{-R/\rho}) \qquad (4.68)$$

在通常情况下，传染病波及的人数占总人数的百分比不会太大，即 R/ρ 一般是较小的量. 为了求解微分方程（4.68），利用泰勒公式展开 $e^{-R/\rho}$，有 $e^{-R/\rho} \approx 1 - \dfrac{R}{\rho} + \dfrac{1}{2}\left(\dfrac{R}{\rho}\right)^2$，代入（4.68）得近似微分方程

$$\frac{dR}{dt} = b\left[n - S_0 + \left(\frac{S_0}{\rho} - 1\right)R - \frac{S_0}{2\rho^2}R^2 \right]$$

解得
$$R(t) = \frac{\rho^2}{S_0}\left[\frac{S_0}{\rho} - 1 + \alpha \tanh(\frac{1}{2}\alpha bt - \varphi) \right]$$

其中 $\alpha = \left[\left(\dfrac{S_0}{\rho} - 1\right)^2 + \dfrac{2S_0(n - S_0)}{\rho} \right]^{1/2}$，$\phi = \tanh^{-1}\dfrac{1}{\alpha}\left(\dfrac{S_0}{\rho} - 1\right)$，这里 $\tanh u = \dfrac{e^u - e^{-u}}{e^u + e^{-u}}$ 表示双曲正切函数. 进一步有

$$\frac{dR}{dt} = \frac{b\alpha^2\rho^2}{2S_0}\cosh^{-2}\left(\frac{1}{2}\alpha bt - \varphi \right) \qquad (4.69)$$

公式（4.69）描绘的曲线在医学上被称为疾病传染曲线，它反映了单位时间内的新增病人数，可将其与医疗单位实际登记病人数进行比对以验证模型的准确性.

实际上在利用前面的模型来处理实际问题时应具体问题具体分析，分析不同疾病的传播途径、传播强度、恢复系数和免疫强度等，根据疾病特征建立有针对性的模型会取得较好的效果. 比如流感、肝炎、SARS、艾滋病等都是各不相同的.

比如某种疾病有长期免疫功能的疫苗存在，则模型（4.63）可改为：

$$
\begin{cases}
\dfrac{dS}{dt} = -kSI \\[2mm]
\dfrac{dI}{dt} = kSI - bI \\[2mm]
\dfrac{dR}{dt} = bI + \mu S \\[2mm]
S(t) + I(t) + R(t) = n
\end{cases}
$$

其中，μ 为疫苗在易感人群中的普及率.

又比如考虑进一步人口出生、迁移后（总人群不再是常数），该模型可以进一步丰富为：

$$
\begin{cases}
\dfrac{dS}{dt} = -kSI + \lambda(t)(S + I + R) \\[2mm]
\dfrac{dI}{dt} = kSI - bI \\[2mm]
\dfrac{dR}{dt} = bI + \mu S \\[2mm]
S(0) = S_0, I(0) = I_0, R(0) = R_0
\end{cases}
$$

其中，μ 为疫苗在易感人群中的普及率，设出生率 $\lambda(t)$ 与人群总数成比例（假设出生即为易感者）.

总之，该模型还有很大的改进余地，人们还在不断地深入研究，比如考虑传染病的潜伏期、母婴传播、具体治疗代价等，都将会得到更合理的模型.

4.4 战争模型

战争大致可分为暗战（军备竞赛）和正面军事冲突（作战）两类. 尽管战争的胜负、军事力量的发展与很多必然复杂的、偶然的非数学因素有关，但还是可以对其进行合理简化，用微分方程的方法揭示战争中的一些必然规律.

记对抗甲乙双方在 t 时刻的军事力量分别为 $x(t)$ 和 $y(t)$，其基本的状态发展可用下面的微分方程组描述：

$$
\begin{cases}
\dfrac{dx}{dt} = -a_{11}(x)x + a_{12}(x)y + f(t) \\[2mm]
\dfrac{dy}{dt} = a_{21}(y)x - a_{22}(y)y + g(t)
\end{cases}
\tag{4.70}
$$

其中，系数 a_{11}, a_{22} 非负，是描述各自军事力量对其发展的抑制因子，如自身的经济实力对军事力量的制约、战争中的非战斗性减员等；而系数 a_{12}, a_{21} 总是保持同号，描述一方军事力量对对方军事理论的影响因子. a_{12}, a_{21} 都为正时，可解释为在军备竞赛期间，一方军事力量促使对方加强自身的军事力量；a_{12}, a_{21} 都为负时，可解释为战争中一方对另一方的杀伤力. 而函数 $f(t), g(t)$ 分别指的是对抗双方军事力量发展的固有潜力或对战中双方的后勤补给量. 通常取系数为常数.

微分方程组（4.70）是一个较一般的军事对抗模型，下面分情形作适当的分析来说明其合理性.

4.4.1　Richardson 军备竞赛理论

L. F. Richardson（里查森）对引起两国战争的因素做了研究，并于1939年建立了两国军备竞赛的数学模型，揭示了军备竞赛是引发战争的重要原因之一.

此时（4.70）式中 a_{12}，a_{21} 都为正时，且双方军事力量发展的固有潜力 $f(t)$，$g(t)$ 解释为双方是否相互敌视或有领土争端的趋势描述，通常假设其为常函数 f，g. 即有

$$\begin{cases} \dfrac{dx}{dt} = -a_{11}x + a_{12}y + f \\ \dfrac{dy}{dt} = a_{21}x - a_{22}y + g \end{cases} \tag{4.71}$$

式中，所有系数为非负. 下面对该模型进行分析、讨论并来揭示一些现象.

1. 没有敌对，和平共处原则

若 $f = g = 0$，此时双方不存在敌视，没有领土争端. 令 $\dfrac{dx}{dt} = \dfrac{dy}{dt} = 0$ 来寻求各自的极值点，这相当于解线性方程组

$$\begin{cases} -a_{11}x + a_{12}y = 0 \\ a_{21}x - a_{22}y = 0 \end{cases} \tag{4.72}$$

一般而言，对抗双方不会恰好有 $\dfrac{a_{11}}{a_{21}} = \dfrac{a_{12}}{a_{22}}$，故方程组（4.72）仅有唯一零解，即系统的平衡点恰为 $x^* = 0$，$y^* = 0$. 这说明经过长期发展，该系统必然趋于稳定点 $(0,0)$，这就解释了在没有很大利益冲突的双方重视遵循和平共处的原因.

2. 存在敌对，双方裁军无效原则

如果双方存在敌对，这时 $f > 0$，$g > 0$，此时即便双方都在某 t_0 时刻将军事力量消减为0，但是由于此时

$$\begin{cases} \dfrac{dx}{dt} = f > 0 \\ \dfrac{dy}{dt} = g > 0 \end{cases}$$

该裁军是没有任何效果的，因为随着时间推移，双方都会重整旗鼓. 比如宗教信仰冲突、种族冲突往往更可怕，更难以实现和平共处. 同时也解释了在国际关系中大多数国家都强调用谈判化解冲突，而武力解决往往效果甚微.

3. 单方裁军，裁军方崛起原则

如果单方裁军（往往是被动的），比如某时刻令 $y = 0$，此时我们仅仅分析 y 方，有

$\dfrac{dy}{dt} = a_{21}x + g > 0$. 因为 x 方军事力量不为 0（且往往很大），这会导致 y 方军事力量迅速增加. 这同历史事实是一致的：第一次世界大战后德国依据凡尔赛条约，大量裁军，但时隔不久，其迅速崛起引发了第二次世界大战；大家耳熟能详的我国古代有关吴越春秋的故事，也是该结论有力的佐证.

4. 强调防御，引发战争原则

如果（4.71）式中防御项占优势，a_{12}, a_{21} 很大（总是以对方威胁理论增加自己的军事力量），这时模型可简化为（其余项忽略不计）：

$$\begin{cases} \dfrac{dx}{dt} = a_{12}y \\[2mm] \dfrac{dy}{dt} = a_{21}x \end{cases} \tag{4.73}$$

此时方程组（4.73）消去 dt，得微分方程 $\dfrac{dx}{dy} = \dfrac{a_{12}y}{a_{21}x}$，求解后带入方程组（4.73）可得

$$\begin{cases} x(t) = Ae^{a\sqrt{t}} + Be^{-a\sqrt{t}} \\[2mm] y(t) = b(Ae^{a\sqrt{t}} - Be^{-a\sqrt{t}}) \end{cases} \tag{4.74}$$

其中 $a = \sqrt{a_{12}a_{21}}$，$b = \sqrt{a_{21}/a_{12}}$，$A = \dfrac{bx_0 + y_0}{2b}$、$B = \dfrac{bx_0 - y_0}{2b}$. 显然 $A > 0$，由（4.74）式，当 $t \to +\infty$ 时，有 $x(t) \to +\infty$、$y(t) \to +\infty$，这可理解为发生了战争. 这从某种意义上可以解释强调防御的美国近些年来引起的数段战事.

5. 一般性分析，平衡点理论

当模型（4.71）的系数满足 $a_{11}a_{22} - a_{12}a_{21} \neq 0$，模型（4.71）有唯一平衡点：

$$\begin{cases} x^* = \dfrac{a_{12}g + a_{22}f}{a_{11}a_{22} - a_{12}a_{21}} \\[3mm] y^* = \dfrac{a_{11}g + a_{21}f}{a_{11}a_{22} - a_{12}a_{21}} \end{cases}$$

若 $a_{11}a_{22} - a_{12}a_{21} > 0$，$x^* > 0$，$y^* > 0$，则随着时间的推移有 $(x(t), y(t)) \to (x^*, y^*)$，即会达到一种平衡状态，不会引发战争. 若 $a_{11}a_{22} - a_{12}a_{21} < 0$，此时 $x^* < 0$，$y^* < 0$，(x^*, y^*) 是一个不稳定的平衡点（达不到的平衡点，除非一方消亡），这必将引发战争.

4.4.2 作战模型

一般战斗的结果取决于很多因素，如兵力的多少，武器装备、粮草储备、士兵的素质士气、指挥员的水平、后勤补给等因素，以及一些偶然因素. 下面将气候因素和偶然因素忽略，而进一步将其余战斗因素综合起来，用一个量"战斗力"来描述，而"后勤补给"（含兵力补给）这个可方便度量的单独考虑.

设对垒甲乙双方在 t 时刻的"战斗力"分别为 $x(t)$ 和 $y(t)$，在模型（4.70）中非负系数 a_{11}, a_{22} 指的是非战斗减员率，通常为常数；而 a_{12}, a_{21} 为对方的杀伤率，与战斗双方的隐蔽状态（是否正面对攻）有关，下面分情形讨论.

1. 正规战

在正规战中，双方正规军与正规军正面对攻. 设非战斗率为常数，减员与自己的战斗力成正比，而设对方的杀伤率也为常数（双方处于在对方的火力之下），于是模型（4.70）简化为：

$$\begin{cases} \dfrac{dx}{dt} = -a_{11}x - a_{12}y + f(t) \\ \dfrac{dy}{dt} = -a_{21}x - a_{22}y + g(t) \end{cases} \tag{4.75}$$

其中各系数都是正常数，而 $f(t), g(t)$ 分别指的是对垒中双方的后勤补给量.

对于短期的局部战争来讲，模型（4.75）中的非战斗减员项和后勤补给项可以忽略. 于是（4.75）简化为：

$$\begin{cases} \dfrac{dx}{dt} = -a_{12}y \\ \dfrac{dy}{dt} = -a_{21}x \end{cases} \tag{4.76}$$

由此易得 $\dfrac{dy}{dx} = \dfrac{a_{21}x}{a_{12}y}$，设战斗开始时双方的战斗力分别为 x_0, y_0，解得

$$a_{12}y^2 - a_{21}x^2 = a_{12}y_0^2 - a_{21}x_0^2 \tag{4.77}$$

记 $C_x = a_{21}x_0^2$，$C_y = a_{12}y_0^2$ 为开战前双方的战斗威慑力系数，注意到 $x \geq 0, y \geq 0$ 且单调减小，故 C_x, C_y 的大小决定战斗的胜败. 若 $C_y > C_x$，必将随着时间的推移，最终 $x = 0$. 而 $y > 0$，说明 x 方被消灭；若 $C_y < C_x$，将是 y 方被消灭；而 $C_y = C_x$ 时，双方将同归于尽，于是停战和谈将是最好的选择.

结果（4.77）称为平方律. 因为战前双方的战斗力 x_0, y_0 在决定胜负的战斗威慑力系数 C_x, C_y 中被平方放大（相对于杀伤率而言）. 比如，$y_0 = 2x_0$ 将会有 $C_y = 4C_x$，这会起到更大的威慑作用，进而加大获胜砝码.

该规则体现为正规战中"集中优势兵力"，在解放战争期间著名的三大战役中有明显的体现. 1954 年 J. H. Engel 在考虑后勤补给的情况下，用常规战模型分析了美日硫磺岛战役，结果与美方战地记录相吻合.

2. 混合战

在混合战中，正规军与游击队对垒. 游击方的突出特点是依据有利地形，隐蔽自己，使对方不易发现，而降低对方的杀伤率. 假设 x 方是游击队，y 方是正规军. 一方面由于 y 方看不见 x 方，于是只能盲目向 x 方的隐蔽区域射击，其击中率应与区域中游击队员的人数呈正比，于是在方程组（4.70）中需取 $a_{12}(x)$ 为 $a_{12}x$；另一方面 x 方能看见 y 方，其杀伤率可为常数，于是有

$$\begin{cases} \dfrac{\mathrm{d}x}{\mathrm{d}t} = -a_{11}x - a_{12}xy + f(t) \\ \dfrac{\mathrm{d}y}{\mathrm{d}t} = -a_{21}x - a_{22}y + g(t) \end{cases} \tag{4.78}$$

其中系数都为正. 特别注意, 此时 a_{12} 是一个很小的量. 为了简化问题, 这里将非战斗减员部分和后勤补给略去, 于是有

$$\begin{cases} \dfrac{\mathrm{d}x}{\mathrm{d}t} = -a_{12}xy \\ \dfrac{\mathrm{d}y}{\mathrm{d}t} = -a_{21}x \end{cases} \tag{4.79}$$

解得

$$a_{12}y^2 - 2a_{21}x = a_{12}y_0^2 - 2a_{21}x_0 \tag{4.80}$$

该模型称为抛物线率. 记 $C_x = 2a_{21}x_0$ 为开战前双方的战斗威慑力系数, 类似可来判定战争胜负. 尽管威慑力系数中 y_0 也被平方, 但一般 a_{12} 是非常小的量, 可用

$$a_{12} \approx \frac{y\text{方单次射击覆盖区域}}{x\text{方隐蔽区域}/x\text{方人数}} q_y$$

来估计, 其中 q_y 为 y 方的射击率, 比如射单次射击的覆盖区域为 $1\ \mathrm{m}^2$, 而 100 个游击队员活动在方圆 $10\ \mathrm{km}^2$ 的区域内, 此时 $a_{12} \approx \dfrac{1}{10 \times 10^6 / 100} q = 10^{-5} q_y$, 而 $a_{21} = p_x q_x$, 其中 p_x 为游击队员射击命中率, q_x 为游击队方的射击率. 若设 $q_y = 2q_x$, 而 $p_x = 0.1$, 我们可以计算 y 方要获胜需要的兵力 ($C_y > C_x$) 为:

$$y_0 > \sqrt{\frac{2a_{21}x_0}{a_{12}}} = \sqrt{\frac{2 \times 0.1 \times 100}{2 \times 10^{-5}}} = 1\ 000$$

即至少需要 10 倍的兵力.

该模型适合 "以弱胜强". 该模型的一个典型应用是美国的越南撤军. 1968 年美方兵力只有越南游击方的 6 倍, 且最多只能增援到 6.7 倍, 于是当时的决策者没有采用增援方案, 而于 1973 年撤军. 另一个侧面的应用是最近美军的伊拉克战事, 美军的增兵规模和频率都超出了战前的预计.

3. 游击战

在游击战中, 游击队与游击队对垒. 类似前面分析, 此时的简化模型为

$$\begin{cases} \dfrac{\mathrm{d}x}{\mathrm{d}t} = -a_{12}xy \\ \dfrac{\mathrm{d}y}{\mathrm{d}t} = -a_{21}xy \end{cases}$$

双方地位对等, 可解得

$$a_{12}y - a_{21}x = a_{12}y_0 - a_{21}x_0$$

该模型称为线形律. 结合前面关于系数的分析，说明战前的人数对比与活动面积同样重要.

4.5　微分方程与差分方程稳定性理论简介

4.5.1　微分方程稳定性理论简介

在处理实际问题时，对于有些微分方程模型我们不仅要得到问题的解，有时还需要研究解的稳定性，即解对初始值的连续依赖性，如果解在一定范围内是稳定的，那么初始条件发生一些小的扰动（如实验测量误差等），对问题的解是不会造成影响的. 另外，还有一些问题我们并不需要求解，仅通过解的变化趋势的研究，并分析一些特殊解的稳定性就可以解决问题. 下面介绍几类特殊，但常用的常微分方程稳定性分析的基本方法.

1. 常微分方程的平衡点及稳定性

若微分方程

$$\frac{dx}{dt} = f(x) \tag{4.81}$$

方程右端不显含自变量 t ，称为自治方程.代数方程 $f(x) = 0$ 的实根 $x = x_0$ 称为方程（4.81）的平衡点（或奇点）. 显然，方程（4.81）的平衡点也是方程（4.81）的解（奇解）.

如果从一定范围内的初始条件出发，方程（4.81）的解 $x(t)$ 都满足

$$\lim_{t \to +\infty} x(t) = x_0$$

则称平衡点 x_0 是稳定的.

对于一些不易求解的问题，我们可以不求方程（4.81）的解，不用定义来判断平衡点 x_0 的稳定性，下面我们来介绍这种方法.

将 $f(x)$ 在 x_0 点作泰勒（Taylor）展开，只取一次项，得到方程（4.81）的近似线性方程

$$\frac{dx}{dt} = f'(x_0)(x - x_0) \tag{4.82}$$

x_0 也是方程（4.82）的平衡点，方程（82）的通解为：

$$x(t) = ce^{|f'(x_0)t|} + x_0$$

关于 x_0 点稳定性有如下结论：① 若 $f'(x_0) < 0$ ，则 x_0 对于方程（4.82）和（4.81）都是稳定的；② 若 $f'(x_0) > 0$ ，则 x_0 对于方程（4.82）和（4.81）都是不稳定的.

2. 二阶微分方程组的平衡点及稳定性

现在讨论微分方程组

$$\begin{cases} \dfrac{dx}{dt} = f(t; x, y) \\ \dfrac{dy}{dt} = g(t; x, y) \end{cases} \tag{4.83}$$

方程组（4.83）的解为：

$$x = x(t), y = y(t)$$

在以 t, x, y 为坐标的欧氏空间中决定了一条曲线，如果把时间 t 看作参数，仅考虑 x, y 为坐标的欧氏空间，此空间称为方程组（4.83）的相平面（若方程组是高阶，则称为相空间）. 对于右端函数不显含时间 t 的自治系统

$$\begin{cases} \dfrac{dx}{dt} = f(x, y) \\ \dfrac{dy}{dt} = g(x, y) \end{cases} \tag{4.84}$$

则代数方程组

$$\begin{cases} f(x, y) = 0 \\ g(x, y) = 0 \end{cases}$$

的实根 $x = x_0, y = y_0$ 称为方程组（4.84）的平衡点，记作 $P_0(x_0, y_0)$. 它也是方程组（4.84）的解.

如果从一定的范围内的初始条件出发，方程组（4.84）的解 $x(t), y(t)$ 都满足

$$\lim_{t \to +\infty} x(t) = x_0, \lim_{t \to +\infty} y(t) = y_0$$

则称平衡点 P_0 是稳定的，否则称 P_0 是不稳定的.

与单个方程的讨论类似，对于不易求解的微分方程组，我们可以通过研究与其对应的近似线性方程组，从而得到平衡点和稳定性. 在这里，我们省略证明过程，只给出判别平衡点 P_0 是否稳定的判别准则. 令

$$p = -\left[\frac{\partial f(P_0)}{\partial x} + \frac{\partial g(P_0)}{\partial y}\right], \qquad q = \begin{vmatrix} \dfrac{\partial f(P_0)}{\partial x} & \dfrac{\partial f(P_0)}{\partial y} \\ \dfrac{\partial g(P_0)}{\partial x} & \dfrac{\partial g(P_0)}{\partial y} \end{vmatrix}$$

关于 P_0 点稳定性有如下结论：① 当 $p > 0$ 且 $q > 0$ 时，平衡点 P_0 是稳定的；② 当 $p < 0$ 或 $q < 0$ 时，平衡点 P_0 是不稳定的.

4.5.2 差分方程稳定性理论简介

与微分方程模型类似，差分方程平衡点的稳定性研究也是有重大意义的. 在下面先给出差分方程平衡点及其稳定性的概念，再对几类特殊的差分方程的平衡点的稳定性进行具体研究.

若常数 a 是差分方程

$$F(n, x_n, x_{n+1}, \cdots, x_{n+k}) = 0 \tag{4.85}$$

的解，即 $F(n, a, a, \cdots, a) = 0$，则称 a 是差分方程（4.85）的平衡点. 若对差分方程（4.85）由任意初始条件确定的解 x_n，都有

$$\lim_{n \to \infty} x_n \to a$$

则称这个平衡点 a 是稳定的.

1. 一阶线性差分方程的平衡点和稳定性

一阶线性常系数差分方程

$$x_{n+1} + ax_n = b \tag{4.86}$$

的平衡点可以由 $x + ax = b$ 解得, 即

$$x^* = \frac{b}{1+a}$$

注意到, 通过变量代换, 可以把方程 (4.86) 的平衡点的稳定性问题转换为

$$x_{n+1} + ax_n = 0 \tag{4.87}$$

的平衡点 $x^* = 0$ 的稳定性问题. 根据齐次线性差分方程的解法, 易知方程 (4.87) 的解可以表示为

$$x_n = (-a)^n x_0$$

根据稳定性的定义可知, 当且仅当 $|a| < 1$ 时方程 (4.87) 的平衡点才是稳定的, 从而方程 (4.86) 的平衡点也是稳定的.

对于 m 维向量 $x(n)$ 和 $m \times m$ 常数矩阵 A 构成的方程组

$$x(n+1) + Ax(n) = 0 \tag{4.88}$$

其平衡点稳定的条件是 A 的特征值 $\lambda_i, i = 1, 2, \cdots$, 均有

$$|\lambda_i| < 1$$

即均在复平面上的单位圆内.

2. 二阶线性差分方程的平衡点和稳定性

二阶齐次线性差分方程

$$x_{n+2} + a_1 x_{n+1} + a_2 x_n = 0 \tag{4.89}$$

的平衡点为 $x^* = 0$. 差分方程 (4.89) 的特征方程为 $\lambda^2 + a_1 \lambda + a_2 = 0$, 记特征根为 λ_1, λ_2, 则方程 (4.89) 的通解可以表示为

$$x_n = C_1 \lambda_1^n + C_2 \lambda_2^n \tag{4.90}$$

其中常数 C_1, C_2 可以由初始条件 x_0, x_1 确定. 由方程 (4.90) 可得, 当且仅当

$$|\lambda_i| < 1 \quad (i = 1, 2)$$

时方程 (4.89) 的平衡点才是稳定的.

与一阶线性方程类似, 通过变量代换可得, 非齐次线性方程

$$x_{n+2} + a_1 x_{n+1} + a_2 x_n = b \qquad (4.91)$$

的平衡点的稳定性和方程（4.89）相同.

二阶方程的上述结果可以推广到 k 阶线性方程，即 k 阶方程

$$x_{n+k} + a_1 x_{n+k-1} + \cdots + a_k x_n = b$$

的平衡点稳定的充要条件是其对应的特征方程的特征根 λ_i，均有

$$|\lambda_i| < 1 \quad (i = 1, 2, \cdots, n) \qquad (4.92)$$

高阶方程与一阶方程组通过一定的变量代换是可以相互转化的，我们注意到，（4.92）这一条件与一阶方程组（4.88）的平衡点的稳定性条件是一致的.

3. 一阶非线性差分方程的平衡点和稳定性

一阶非线性差分方程

$$x_{n+1} = f(x_n) \qquad (4.93)$$

的平衡点 x^* 可以由代数方程 $x = f(x)$ 解出. 为分析 x^* 的稳定性，我们采用与微分方程类似的线性近似的方法，将方程（4.93）的右端在 x^* 处作 Taylor 展开，只取到一次项，得到方程（4.93）的线性近似方程

$$x_{n+1} = f(x^*) + f'(x^*)(x_n - x^*) \qquad (4.94)$$

显然，x^* 也是（4.94）的平衡点. 线性方程（4.94）的平衡点的讨论与（4.86）相同，而当 $|f'(x^*)| \neq 1$ 时，方程（4.94）与（4.93）的平衡点的稳定性相同.

于是我们得到结论：① 当 $|f'(x^*)| < 1$ 时，方程（4.93）的平衡点 x^* 是稳定的；② 当 $|f'(x^*)| > 1$ 时，方程（4.93）的平衡点 x^* 是不稳定的.

习题 4

1. 设位于坐标原点的甲舰向位于 x 轴上的点 $A(1,0)$ 处的乙舰发射导弹，导弹始终对准乙舰. 如果乙舰以最大的速度 v_0（v_0 是常数）沿平行于 y 轴的直线行驶，导弹的速度是 $5v_0$，求导弹运行的曲线. 又乙舰行驶多远时，导弹将它击中？

2. 设一容器内原有 100 L 盐水，内含有盐 10 kg，现以 3 L/min 的速度注入质量浓度为 0.01 kg/L 的淡盐水，同时以 2 L/min 的速度抽出混合均匀的盐水，求容器内盐量变化的数学模型.

3. 某公司的一间容积为 90 m³ 的会议室里正在开会. 开始时会议室里没有一氧化碳（CO），由于有人抽烟，会议室里每分钟将增加 0.006 m³ 含 4% 一氧化碳的烟雾. 与此同时，会议室的通风设备每分钟也抽换 0.006 m³ 的空气，求大约经过多长时间，会议室里的一氧化碳含量将达到 0.01%.

4. 某金融机构为保证现金充分支付，设立一笔总额 5 400 万的基金，分开放置在位于 A 城和 B 城的两家公司，基金在平时可以使用，但每周末结算时必须确保总额仍为 5 400 万元.

经过相当长的一段时期的现金流动，发现每过一周，各公司的支付基金在流通过程中多数还留在自己的公司内，而 A 城公司有 10% 支付基金流动到 B 城公司，B 城公司则有 12% 支付基金流动到 A 城公司. 最初 A 城公司基金为 2 600 万元，B 城公司基金为 2 800 万元. 按此规律，两公司支付基金数额变化趋势如何？如果金融专家认为每个公司的支付基金不能少于 2 200 万元，那么是否需要在必要时调动基金？

5. 对于纯粹的市场经济来说，商品市场价格取决于市场供需之间的关系，市场价格能促使商品的供给与需求相等（这样的价格称为（静态）均衡价格）. 也就是说，若不考虑商品价格形成的动态过程，则商品的市场价格应能保证市场的供需平衡，但是，实际的市场价格不会恰好等于均衡价格，而且价格也不是静态的，应是随时间不断变化的. 试建立描述市场价格形成的动态过程的数学模型.

6. 一大学教师小李从 31 岁开始建立自己的养老基金，他把已有的积蓄 1 万元也一次性存入，已知月利率为 0.01（以复利计），每月存入 300 元，试问当小李 60 岁退休时，他的退休基金有多少？若他退休后，每月要从银行提取 1 000 元，试问多少年后他的退休基金将用完？你能否根据你了解的实际情况建立一个较好的养老基金的数学模型？

7. 某人每天由饭食获取 2 500 卡热量，其中 1 200 卡用于新陈代谢，此外每公斤体重需支付 16 卡热量作为运动消耗，其余热量则转化为脂肪，已知以脂肪形成贮存的热量利用率为 100%，每公斤脂肪含热量 10 000 卡，问此人的体重如何随时间而变化？

8. 设某城市共有 $n+1$ 人，其中一人出于某种目的编造了一个谣言. 该城市具有初中以上文化程度的人占总人数一半，这些人只有 1/4 相信这一谣言，而其他人约有 1/3 会相信. 又设凡相信此谣言的人在每单位时间内传播的平均人数正比于当未听说此谣言的人数，而不相信此谣言的人不传播谣言. 试建立一个反映谣言传播情况的微分方程模型.

9. 大陆上物种数目是常数，各物种独立地从大陆向附近一岛迁移，岛上物种数量的增加与尚未迁移的物种数目有关，而随着迁移物种数的增加又导致岛上物种的减少，在适当假设下建立岛上物种数的模型，并讨论稳定状况.

10. 对于技术革新的推广，在下列几种情况下分别建立模型：① 推广工作通过已经采用新技术的人进行，推广速度与已采用新技术的人数成正比，推广是无限的. ② 总人数有限，因而推广速度随着尚未采用新技术人数的减少而降低. ③ 在②的前提下还要考虑广告等媒介的传播作用.

11. 改革开放以来，我国的教育取得了深远的发展，教育理念也发生了重大改变，比如高等教育逐步采取了收费制度并相对完善了资助政策. 高等教育经费转变为由政府财政拨款、学校自筹、社会捐赠和学费收入等几部分组成，一方面减轻了国家的负担，另一方面也符合当下"谁获益谁出资"的大众看法. 然而学费多少合适也随之成为一个敏感而又复杂的问题. 现在我国各重点高校普通专业学费为 4 000 ~ 6 000 元，这样的标准是否合适？现在的问题就是如何综合考虑家庭可支付能力和学校的教学质量，提出一个合理的收费标准.

12. **最优捕鱼策略**（1996 年全国大学生数学建模竞赛题 A 题）为了保护人类赖以生存的自然环境，可再生资源（如渔业、林业资源）的开发必须适度，一种合理简化的策略是，在实际可持续收获的前提下，追求最大产量或最佳效益.

考虑对某种鱼（鳀鱼）的最优捕捞策略：假设这种鱼分 4 个年龄组，称 1 龄鱼，…，4 龄鱼，各年龄组每条鱼的平均重量分别为 5.07，11.55，17.86，22.99（g），各年龄组每年的自然死亡率均为 0.8，这种鱼为季节性集中产卵繁殖，平均每条 4 龄鱼的产卵量为 1.109×10^5 个，3 龄鱼的卵量为这个数的一半，2 龄鱼和 1 龄鱼不产卵，产卵和孵卵期为每年的最后 4 个月，卵孵化并成活为 1 龄鱼，成活率（1 龄鱼条数与产卵总量 n 之比）为 $1.22 \times 10^{11} / (1.22 \times 10^{11} + n)$.

渔业管理部门每年只允许在产卵孵化期前的 8 个月内进行捕捞作业，如果每年投入的捕捞能力（如渔船数、下网次数等）固定不变，这时单位时间捕捞量将与各年龄组鱼数成正比，比例系数不妨称为捕捞强度系数，通常使用 13 mm 网眼的拉网，这种网只能捕捞 3 龄鱼和 4 龄鱼，其中两个捕捞强度系数之比为 0.42 : 1. 渔业上称为这种方式为固定努力量捕捞.

（1）建立数学模型分析如何实现可持续捕捞（即每年开始捕捞渔场中各年龄组鱼群条不变）并且在此前提下得到最高的年收获量（捕捞总重量）.

（2）某渔业公司承包这种鱼的捕捞业务 5 年，合同要求 5 年后鱼群的生产能力不受到太大破坏，已知承包时各年龄组鱼群的数量分别为：122，29.7，10.1，3.29（$\times 10^9$ 条），如果要用固定努力量的捕捞方式，该公司应采取怎样的策略才能使总收获量最高？

5　统计分析方法

　　统计分析方法是从经典统计学中发展起来的一个分支，它能够在单个或多个对象与指标互相关联的情况下分析它们的统计规律. 统计分析的任务是以概率论为基础，根据试验的数据，对研究对象的客观规律性作出合理的估计与推断. 而统计分析方法的主要内容包括回归分析、主成分分析与因子分析、判别分析与聚类分析等.

5.1　回归分析

　　现实生活中，许多事物是相互关联、相互制约的. 我们将变化的事物看作变量，那么变量之间的相互关系，可以分为两大类：一类是确定性关系，也称函数关系，其特征是一个变量随着其他变量的确定而确定，如矩形的面积由长宽确定；另一类是相关关系，而且实际所得的数据往往是随机的，因此其特征是变量之间很难用一种精确的方法表示出来，如商品销量与售价之间有一定的关联，但通过售价我们不能精确地计算出销量. 不过，确定性关系与相关关系之间没有一道不可逾越的鸿沟，由于存在实际误差等，确定性关系在实际问题中往往通过相关关系来体现. 当对事物内部规律了解得更加深刻时，相关关系也可能转化为确定性关系.

　　回归分析是处理变量之间相关关系的一种数学方法，它是最常用的数理统计方法，能解决预测、控制、生产工艺化等问题. 回归分析是研究随机变量之间的关系. 而回归分析方法一般与实际联系比较密切，因为随机变量的取值是随机的，大多数是通过试验得到的，这种来自于实际中与随机变量相关的数学模型的准确度（可信度）如何，需通过进一步的统计试验来判断其模型中随机变量（回归变量）的显著性，而且，往往需要反复地进行检验和修改模型，直到得到最佳的结果，最后应用于实际中去.回归分析的主要内容是：

　　（1）从一组数据出发，确定这些变量（参数）间的定量关系（回归模型）；

　　（2）对模型的可信度进行统计检验；

　　（3）从有关的许多变量中，判断变量的显著性（即哪些是显著的，哪些不是，显著的保留，不显著的忽略）；

　　（4）应用结果是对实际问题所做出的判断.

　　回归分析的第一步，是要建立模型，即函数关系，其自变量称为回归变量，因变量称为应变量或响应变量. 如果模型中只含一个回归变量，称为一元回归模型，否则称为多元回归模型，首先讨论一元情形.

5.1.1　一元线性回归模型

1. 一般形式

一元线性回归模型的一般形式记为：

$$y(x) = \beta_0 + \beta_1 x \qquad (5.1)$$

并设观测值为 y ，则

$$y = \beta_0 + \beta_1 x + \varepsilon \qquad (5.2)$$

其中 β_0 ， β_1 是未知的待定常数，称为回归系数； x 是回归变量，可以是随机变量，也可以是一般变量； ε 是随机因素对响应变量 y 所产生的影响——随机误差，也是随机变量. 为了便于作估计和假设检验，总是假设 $E(\varepsilon) = 0, D(\varepsilon) = \sigma^2$ ，亦即 $\varepsilon \sim N(0, \sigma^2)$ ，则随机变量 $y \sim N(\beta_0 + \beta_1 x, \sigma^2)$. 其步骤如下.

（1）模型的分析.

假设有一组试验数据 $(x_i, y_i)(i = 1, 2, \cdots, n)$ ，并假设 $y_i(i = 1, 2, \cdots, n)$ 是相互独立的随机变量，则有

$$y_i = \beta_0 + \beta_1 x_i + \varepsilon_i, i = 1, 2, \cdots, n \qquad (5.3)$$

其中 ε_i 是相互独立的，且 $\varepsilon_i \sim N(0, \sigma^2), y_i \sim N(\beta_0 + \beta_1 x_i, \sigma^2)$. 若用 $\hat{\beta}_0$ ， $\hat{\beta}_1$ 分别表示 β_0 ， β_1 的估计值，则称 $\hat{y} = \hat{\beta}_0 + \hat{\beta}_1 x$ 为 y 关于的一元线性回归方程. 要研究的问题是：

① 如何根据 $(x_i, y_i)(i = 1, 2, \cdots, n)$ 来求 β_0 ， β_1 的估计值？

② 如何检验回归方程的可信度.

要解决问题①，通常采用最小二乘估计，问题②采用统计检验的方法.

（2）参数 β_0 ， β_1 的最小二乘估计.

用最小二乘法估计 β_0 ， β_1 的值，即取 β_0 ， β_1 的一组估计值 $\hat{\beta}_0$ ， $\hat{\beta}_1$ ，使其随机误差 ε_i 的平方和达到最小，即使 y_i 与 $\hat{y}_i = \hat{\beta}_0 + \hat{\beta}_1 x_i$ 的拟合最佳. 若记

$$Q(\beta_0, \beta_1) = \sum_{i=1}^{n} (y_i - \beta_0 - \beta_1 x_i)^2$$

则

$$Q(\hat{\beta}_0, \hat{\beta}_1) = \min_{\beta_0, \beta_1} Q(\beta_0, \beta_1) = \sum_{i=1}^{n} (y_i - \hat{\beta}_0 - \hat{\beta}_1 x_i)^2 \qquad (5.4)$$

显然 $Q(\beta_0, \beta_1) \geqslant 0$ ，且 $Q(\beta_0, \beta_1)$ 关于 β_0 ， β_1 可微，则由多元函数存在极值的必要条件为 $Q(\beta_0, \beta_1)$ 关于 β_0 ， β_1 的偏导为 0，即：

$$\begin{cases} \dfrac{\partial Q}{\partial \hat{\beta}_0} = -2 \sum_{i=1}^{n} (y_i - \hat{\beta}_0 - \hat{\beta}_1 x_i) = 0 \\ \dfrac{\partial Q}{\partial \hat{\beta}_1} = -2 \sum_{i=1}^{n} (y_i - \hat{\beta}_0 - \hat{\beta}_1 x_i) x_i = 0 \end{cases} \qquad (5.5)$$

方程组（5.5）称为正规方程组，解得：

$$\begin{cases} \hat{\beta}_0 = \bar{y} - \hat{\beta}_1 \bar{x} \\ \hat{\beta}_1 = l_{xy} / l_{xx} \end{cases}$$

这里称 $\hat{\beta}_0, \hat{\beta}_1$ 为 β_0, β_1 的最小二乘估计，其中

$$\overline{y} = \frac{1}{n}\sum_{i=1}^{n} y_i, \overline{x} = \frac{1}{n}\sum_{i=1}^{n} x_i, l_{xx} = \sum_{i=1}^{n}(x_i - \overline{x})^2 = \sum_{i=1}^{n} x_i^2 - \frac{1}{n}\left(\sum_{i=1}^{n} x_i\right)^2$$

$$l_{xy} = \sum_{i=1}^{n}(x_i - \overline{x})(y_i - \overline{y}) = \sum_{i=1}^{n} x_i y_i - \frac{1}{n}(\sum_{i=1}^{n} x_i)(\sum_{i=1}^{n} y_i)$$

（3）$\hat{\beta}_0, \hat{\beta}_1$ 的性质.

① $\hat{\beta}_0 \sim N\left(\beta_0, \left(\frac{1}{n} + \frac{\overline{x}^2}{l_{xx}}\right)\sigma^2\right)$.

② $\hat{\beta}_1 \sim N\left(\beta_1, \frac{\sigma^2}{l_{xx}}\right)$.

③ $\text{cov}(\hat{\beta}_0, \hat{\beta}_1) = -\frac{\overline{x}}{l_{xx}}\sigma^2$.

事实上，$E(\hat{\beta}_0) = \beta_0, D(\hat{\beta}_0) = \left(\frac{1}{n} + \frac{\overline{x}^2}{l_{xx}}\right)\sigma^2, E(\hat{\beta}_1) = \beta_1, D(\hat{\beta}_1) = \frac{\sigma^2}{l_{xx}}$. 由此可知 $\hat{\beta}_0, \hat{\beta}_1$ 是 β_0, β_1 的无偏估计. 从而可以得到对固定的 x 有

$$E(\hat{y}) = E(\hat{\beta}_0 + \hat{\beta}_1 x) = E(\hat{\beta}_0) + E(\hat{\beta}_1)x = \beta_0 + \beta_1 x = E(y)$$

即 $\hat{y}$ 是 y 的无偏估计，且有

$$D(\hat{y}) = D(\hat{\beta}_0 + \hat{\beta}_1 x) = D(\hat{\beta}_0) + D(\hat{\beta}_1)x^2 + 2Cov(\hat{\beta}_0, \hat{\beta}_1)x = \left(\frac{1}{n} + \frac{(x - \overline{x})^2}{l_{xx}}\right)\sigma^2$$

故 $\hat{y} \sim N\left(\beta_0 + \beta_1 x, \left(\frac{1}{n} + \frac{(x - \overline{x})^2}{l_{xx}}\right)\sigma^2\right)$，即 $\hat{y}$ 是 $y(x)$ 的无偏估计.

2. 回归方程的显著性检验

前面是根据回归方程 $y = \beta_0 + \beta_1 x$ 求出了估计值 $\hat{\beta}_0, \hat{\beta}_1$，从而有 $\hat{y} = \hat{\beta}_0 + \hat{\beta}_1 x$. 但 y 与 x 之间是否确实存在这种线性关系还需要对回归方程作显著性检验，即 x 变化时，y 是否为一常数？即 $\beta_1 = 0$ 是否为真？这就需要建立一个检验统计量.

先考虑在已知数据点 (x_i, y_i) 上的总偏差平方和: $SS_T = \sum_{i=1}^{n}(y_i - \overline{y})^2$，即表示 $y_1, y_2, \cdots, y_n$ 之间的差异，将其分解为两个部分，即:

$$SS_T = \sum_{i=1}^{n}(y_i - \overline{y})^2 = \sum_{i=1}^{n}(y_i - \hat{y}_i + \hat{y}_i - \overline{y})^2$$

$$= \sum_{i=1}^{n}(y_i - \hat{y}_i)^2 + \sum_{i=1}^{n}(\hat{y}_i - \overline{y}_i)^2 + 2\sum_{i=1}^{n}(y_i - \hat{y}_i)(\hat{y}_i - \overline{y}_i)$$

$$= SS_E + SS_R + 2\sum_{i=1}^{n}(y_i - \hat{y}_i)(\hat{y}_i - \overline{y}_i).$$

事实上，由正规方程组知

$$\sum_{i=1}^{n}(y_i-\hat{y}_i)(\hat{y}_i-\overline{y}_i)=\sum_{i=1}^{n}(y_i-\hat{\beta}_0-\hat{\beta}_1 x_i)(\hat{\beta}_0-\overline{y})+\hat{\beta}_1\sum_{i=1}^{n}(y_i-\hat{\beta}_0-\hat{\beta}_1 x_i)x_i=0$$

即总偏差平方和由回归平方和 $\left(\mathrm{SS}_R=\sum_{i=1}^{n}(\hat{y}_i-\overline{y}_i)^2\right)$ 与残差（或剩余）平方和 $\left(\mathrm{SS}_E=\sum_{i=1}^{n}(y_i-\hat{y}_i)^2\right)$ 组成.

实际上，SS_R 是由回归变量 x 的变化引起的误差，它的大小反映了 x 的**重要程度**，而 SS_E 是由随机误差和其他未加控制的因素引起的. 因此，我们主要考虑回归平方和 SS_R 在 SS_T 中所占比重，记 $R=\dfrac{SS_R}{SS_T}$，称为**复相关系数**，R（$0\leqslant R\leqslant 1$）越大，则反映回归变量与响应变量间的函数关系越密切，但 R 多大才认为函数关系存在，为此引进 F 统计量.

由于每一个平方和都有一个自由度（即相互独立且满足 $N(0,1)$ 的随机变量的个数），以 f 表示. 则总偏差平方和的自由度

$$f_T=总观测个数-1=n-1$$

回归平方和的自由度

$$f_R=回归系数个数-1=2-1=1$$

则残差平方和的自由度 $f_E=f_T-f_R=n-2$，于是 SS_E 的均方 $\mathrm{MS}_E=\dfrac{\mathrm{SS}_E}{n-2}$.

由 $\hat{\beta}_0,\hat{\beta}_1$ 的性质可以证明：当 $\beta_1=0$ 时，$E(\mathrm{MS}_R)=E\left(\dfrac{\mathrm{SS}_E}{n-2}\right)=\sigma^2$，$E(\mathrm{SS}_R)=\sigma^2$，即说明当 $\beta_1=0$ 时 MS_E 是残差的无偏估计. 在我们的假设下，回归均方 $\mathrm{MS}_R=\mathrm{SS}_R$ 与残差均方的比值 $F=\dfrac{\mathrm{MS}_R}{\mathrm{MS}_E}=\dfrac{\mathrm{SS}_R}{\mathrm{SS}_E/(n-2)}$ 是 F 统计量，即

$$F=\frac{(n-2)\mathrm{SS}_R}{\mathrm{SS}_E}=\frac{(n-2)\sum_{i=1}^{n}(\hat{y}_i-\overline{y})^2}{\sum_{i=1}^{n}(y_i-\hat{y}_i)^2}\sim F(f_R,f_E)=F(1,n-2) \tag{5.6}$$

在 $\beta_1=0$ 的假设下，给定一个模型的显著水平 α（一般为 0.01 或 0.05），可以查表得到 F 分布的值，记为 $F_\alpha(1,n-2)$. 若

$$P\{F\leqslant F_\alpha(1,n-2)\mid \beta_1=0\}=1-\alpha\geqslant 0.95$$

若算出 $F(1,n-2)\leqslant F_\alpha(1,n-2)$，表明 $F>F_\alpha(1,n-2)$ 是小概率事件，在一次检验中是不会发生的，说明 $\beta_1=0$ 的假设成立，**拒绝此次回归**. 若确实算出 $F(1,n-2)>F_\alpha(1,n-2)$，说明 $\beta_1=0$ 的假设不成立，即模型中一次项 $\beta_1 x$ 是必要的，换言之，模型对水平 α 是显著的. 以上为参数显著性的 F 检验，下面还有 r 检验法与 t 检验法.

（1）r 检验法.

计算

$$r = \frac{\sum_{i=1}^{n}(x_i - \overline{x})(y_i - \overline{y})}{\sqrt{\sum_{i=1}^{n}(x_i - \overline{x})^2 \sum_{i=1}^{n}(y_i - \overline{y})^2}}$$

当 $|r| > r_{1-\alpha}$ 时，拒绝 $H_0 : \beta_1 = 0$，说明模型在水平 α 下是显著的并接受此次回归；否则接受 H_0，模型对水平 α 不显著.

其中

$$r_{1-\alpha} = \sqrt{\frac{1}{1 + (n-2) / F_{1-\alpha}(1, n-2)}}$$

（2）t 检验法.

当 H_0 成立时，$T = \dfrac{\sqrt{L_{xx}} \hat{\beta}_1}{\hat{\sigma}_e} \sim t(n-2)$，其中

$$l_{xx} = \sum_{i=1}^{n}(x_i - \overline{x})^2 = \sum_{i=1}^{n} x_i^2 - n\overline{x}^2 = \sum_{i=1}^{n} x_i^2 - \frac{1}{n}\sum_{i=1}^{n} x_i^2$$

故 $|T| > t_{1-\frac{\alpha}{2}}(n-2)$，拒绝 H_0，模型对水平 α 是显著的并接受此次回归，否则就接受 H_0.

3. 回归方程的拟合检验

通过对回归方程显著性检验，在显著情况下，即说明 x 对 y 的影响是主要的，但不能肯定 y 与 x 的关系一定是线性的，或存在其他影响因素，为此需在同一个 x_i 下进行重复试验，检验回归方程的拟合问题.

假设对同一个 x_i 进行 m_i 次试验，得到观测数据 $(x_i, y_{ij}), j = 1, 2, \cdots, m_i$，即共有 $N = \sum_{i=1}^{n} m_i$ 组独立观测数据，由此检验 $y(x) = \beta_0 + \beta_1 x$ 是否为真.

为了建立统计量，考虑相应的残差平方和

$$\begin{aligned} SS_E &= \sum_{i=1}^{n}\sum_{j=1}^{m_i}(y_{ij} - \hat{y}_i)^2 = \sum_{i=1}^{n}\sum_{j=1}^{m_i}(y_{ij} - \overline{y}_i)^2 + \sum_{i=1}^{n} m_i(\overline{y}_i - \hat{y}_i)^2 \\ &= SS_e + SS_{Me} \end{aligned}$$

其中 $\overline{y}_i = \dfrac{1}{m_i}\sum_{j=1}^{m_i} y_{ij}$ 为第 i 组试验数据的平均值，$SS_e = \sum_{i=1}^{n}\sum_{j=1}^{m_i}(y_{ij} - \overline{y}_i)^2$ 表示随机误差平方和，自由度 $f_e = N - n$，$SS_{Me} = \sum_{i=1}^{n} m_i(\overline{y}_i - \hat{y}_i)^2$ 表示其他因素产生的误差平方和，称为模型误差平方和或失拟平方和，自由度 $f_{Me} = n - 2$.

在回归方程为真的假设下，则有

$$y_{ij} = \beta_0 + \beta_1 x_i + \varepsilon_{ij}, i = 1, 2, \cdots, n; j = 1, 2, \cdots, m_i$$

其中 ε_{ij} 是相互独立的，且 $\varepsilon_{ij} \sim N(0, \sigma^2), i = 1, 2, \cdots, n; j = 1, 2, \cdots, m_i$，则

$$E(SS_{Me}) = (n-2)\sigma^2, E(SS_e) = (N-n)\sigma^2$$

即 $E\left(\dfrac{SS_{Me}}{n-2}\right) = \sigma^2, E\left(\dfrac{SS_e}{N-n}\right) = \sigma^2$，而 SS_{Me} 与 SS_e 是相互独立的，由 χ^2 分布的性质可知

$\dfrac{SS_{Me}}{n-2} \sim \chi^2(n-2), \dfrac{SS_e}{N-n} \sim \chi^2(N-n)$. 因此，

$$F = \frac{MSS_{Me}}{MSS_e} = \frac{SS_{Me}/(n-2)}{SS_e/(N-n)} \sim F(f_{Me}, f_e) = F(n-2, N-n)$$

可作为检验模型拟合的统计量，即给定一个显著水平 $\alpha(0.01 \sim 0.05)$，可对应查表得到 F 分布值 $F_\alpha(n-2, N-n)$.

如果计算出 $F(n-2, N-n) < F_\alpha(n-2, N-n)$，说明模型拟合是好的，即其他因素所产生的误差不明显，是不显著的.

如果计算出 $F(n-2, N-n) > F_\alpha(n-2, N-n)$，说明模型拟合是不好的，即其他因素所产生的误差超过试验误差，是显著的，需改进模型. 这有两种可能：一种为 y 不是 x 的线性关系；另一种是回归变量的个数不够，需增加新的变量. 以上我们讨论了一元线性模型估计和显著性、拟合性的检验方法，对于多元线性模型也是类似的.

5.1.2 多元线性回归方法

1. 多元线性回归模型

多元线性回归模型的一般形式为：

$$y(u) = \beta_0 + \beta_1\varphi_1(u) + \beta_2\varphi_2(u) + \cdots + \beta_m\varphi_m(u) + \varepsilon \tag{5.7}$$

其中 $\beta_0, \beta_1, \beta_2, \cdots, \beta_m$ 为与 u 无关的参数，ε 为随机误差且 $\varepsilon \sim N(0, \sigma^2)$，$\varphi_i(u)$（$i = 1, 2, \cdots, m$）均为实际问题的解释变量，是已知函数. 假设作了 n 次试验，得到 n 组观测值

$$\begin{bmatrix} u_1 & y_1 \\ \vdots & \vdots \\ u_{n-1} & y_{n-1} \\ u_n & y_n \end{bmatrix}$$

由此可得

$$y_i = \beta_0 + \beta_1\varphi_1(u_i) + \beta_2\varphi_2(u_i) + \cdots + \beta_m\varphi_m(u_i) + \varepsilon_i \quad (i = 1, 2, \cdots, n)$$

其中 ε_i 为第 i 次试验时的随机误差且相互独立，$\varepsilon_i \sim N(0, \sigma^2)$. 该模型关于回归系数 $\beta_1, \beta_2, \cdots, \beta_m$ 是线性的，u 一般是向量. 为方便，引入矩阵记号

$$Y = X\beta + \varepsilon \tag{5.8}$$

其中

$$Y = \begin{bmatrix} y_1 \\ y_2 \\ \vdots \\ y_n \end{bmatrix}, \quad X = \begin{bmatrix} 1 & \varphi_1(u_1) & \cdots & \varphi_m(u_1) \\ 1 & \varphi_2(u_2) & \cdots & \varphi_m(u_2) \\ \vdots & \vdots & & \vdots \\ 1 & \varphi_2(u_n) & \cdots & \varphi_m(u_n) \end{bmatrix}, \quad \beta = \begin{bmatrix} \beta_0 \\ \beta_1 \\ \vdots \\ \beta_n \end{bmatrix}, \quad \varepsilon = \begin{bmatrix} \varepsilon_1 \\ \varepsilon_2 \\ \vdots \\ \varepsilon_n \end{bmatrix}$$

X 称为模型设计矩阵, 是常数矩阵, Y 与 ε 是随机向量, 且 $Y \sim N_n(X \cdot \beta, \sigma^2 I), \varepsilon \sim N_n(0, \sigma^2 I), I$ 为单位矩阵, ε 是不可观测的随机误差向量, β 是回归系数构成的向量, 是未知待定的常数向量.

下面的问题是如何估计回归系数 β, 检验模型的显著性和拟合程度. $\varphi_1(u), \varphi_2(u), \cdots, \varphi_m(u)$ 一般为线性无关的函数, 特别地, $\varphi_j(u_i) = a_{ij} \ (i = 1, 2, \cdots, n; j = 1, 2, \cdots, m)$ 时, 有

$$y_i = \beta_0 + \beta_1 a_{i1} + \beta_2 a_{i2} + \cdots + \beta_m a_{im} + \varepsilon_i, \quad i = 1, 2, \cdots, n$$

这时称该回归模型为多元线性回归模型. 下面介绍回归系数 β 的确定和参数检验.

2. 回归系数 β 的最小二乘估计

选取 β 的一个估计值, 记为 $\hat{\beta}$, 使随机误差 ε 的平方和达到最小, 即:

$$\min_{\beta} \varepsilon^T \varepsilon = \min_{\beta} (Y - X\beta)^T (Y - X\beta) = (Y - \hat{X}\beta)^T (Y - \hat{X}\beta)^T \stackrel{\Delta}{=} Q(\hat{\beta}) \qquad (5.9)$$

写成分量形式:

$$Q(\beta_1, \beta_2, \cdots, \beta_m) = \sum_{i=1}^n [y_i - \beta_1 \varphi_1(u_i) - \beta_2 \varphi_2(u_i) - \cdots - \beta_m \varphi_m(u_i)]^2$$

则

$$Q(\hat{\beta}_1, \hat{\beta}_2, \cdots, \hat{\beta}_m) = \min_{\beta_i} Q(\beta_1, \beta_2, \cdots, \beta_m) \qquad (5.10)$$

注意到 $Q(\beta_1, \beta_2, \cdots, \beta_m)$ 是非负二次式, 是可微的. 由多元函数取极值的必要条件得 $\dfrac{\partial Q}{\partial \beta_j} = 0, j = 1, 2, \cdots, m$, 即

$$\sum_{i=1}^n [y_i - \hat{\beta}_1 \varphi_1(u_i) - \hat{\beta}_2 \varphi_2(u_i) - \cdots - \hat{\beta}_m \varphi_m(u_i)] \varphi_j(u_i) = 0, j = 1, \cdots, m$$

整理得

$$\begin{cases} [\sum_{i=1}^n \varphi_1^2(u_i)]^2 \hat{\beta}_1 + [\sum_{i=1}^n \varphi_1(u_i)\varphi_2(u_i)] \hat{\beta}_2 + \cdots + [\sum_{i=1}^n \varphi_1(u_i)\varphi_m(u_i)] \hat{\beta}_m = \sum_{i=1}^n \varphi_1(u_i) y_i \\ \qquad\qquad\qquad \cdots\cdots\cdots\cdots \\ [\sum_{i=1}^n \varphi_1(u_i)\varphi_m(u_i)] \hat{\beta}_1 + [\sum_{i=1}^n \varphi_2(u_i)\varphi_m(u_i)] \hat{\beta}_2 + \cdots + [\sum_{i=1}^n \varphi_m^2(u_i)] \hat{\beta}_m = \sum_{i=1}^n \varphi_m(u_i) y_i \end{cases}$$

或　　　　$X^T X \hat{\beta} = X^T Y$

称为正规方程组，记 $A = X^T X$ 为系数矩阵，$B = X^T Y$ 为常数矩阵. 如果 A^{-1} 存在，则称其为相关矩阵. 可以证明：对任意给定的 X, Y，正规方程组总有解，虽然当 X 不是满秩时，其解不唯一，但对任意一组解 $\hat{\beta}$ 都能使残差平方和最小，即

$$Q(\hat{\beta}) = \min_{\beta} Q(\beta)$$

特别地，当 X 是满秩时，$r(X) = r(X^T X) = m$，则正规方程组的解为：

$$\hat{\beta} = (X^T X)^{-1} X^T X$$

$$(5.11)$$

$\hat{\beta}$ 即回归系数的估计值.

因为 $Y \sim N_n(X\beta, \sigma^2 I)$，$\hat{\beta}$ 也是一个随机向量，且期望为：

$$E(\hat{\beta}) = E((X^T X)^{-1} X^T Y) = (X^T X)^{-1} X^T \cdot E(Y) = (X^T X)^{-1} X^T X \beta = \beta$$

同理，方差为 $D(\hat{\beta}) = \sigma^2 (X^T X)^{-1}$，即 $\hat{\beta}$ 是 β 的一个无偏估计. 将 $\hat{\beta}$ 代入模型中可得模型的估计：$\hat{Y} = X^T \hat{\beta}$，它是模型的无偏估计，即

$$E(\hat{Y}) = E(X^T \hat{\beta}) = X^T E(\hat{\beta}) = X^T \beta = Y$$

其中 $X = (\varphi_1(u), \varphi_2(u), \cdots, \varphi_m(u))^T$.

3. 回归模型的显著性检验

检验模型是否一定与解释变量有密切关系，即是否有多元线性回归模型的形式，称为模型的显著性检验，常用的有 F 检验法、t 检验法与 r 检验法. 本节主要介绍 F 检验法. y 不依赖于 u，即 $y = \beta_0$ 为常数，同一元的情况类似，记试验的均值为 $\bar{y} = \frac{1}{n} \sum_{i=1}^{n} y_i$，其总偏差平方和为 SS_T，即

$$SS_T = \sum_{i=1}^{n} (y_i - \bar{y})^2 = \sum_{i=1}^{n} (y_i - \hat{y}_i + \hat{y}_i - \bar{y})^2$$
$$= \sum_{i=1}^{n} (y_i - \hat{y}_i)^2 + \sum_{i=1}^{n} (\hat{y}_i - \bar{y})^2$$
$$\triangleq SS_E + SS_R$$

其中，残差平方和为：

$$SS_E = \sum_{i=1}^{n} (y_i - \hat{y}_i)^2 = (Y - X\hat{\beta})^T (Y - X\hat{\beta}) = Y^T Y - Y^T X \hat{\beta},$$

回归平方和为：

$$SS_R = \sum_{i=1}^{n} (\hat{y}_i - \bar{y})^2.$$

现在主要考虑回归平方和 SS_R，定义复相关系数 $R = \frac{SS_R}{SS_T}$，用以评价模型的有效性. R 越大，反映回归变量与响应之间的关系越密切，反之亦然. 要考察 R 的大小，需建立一个 F 统

计量，首先求出自由度，总偏差平方和自由度 $f_T = n-1$ ，回归平方和自由度 $f_R = m-1$ ，残差平方和自由度 $f_E = f_T - f_R = n-m$ ，于是相应均方值为：

$$\mathrm{MS}_R = \frac{1}{m-1}\mathrm{SS}_R, \mathrm{MS}_E = \frac{1}{n-m}\mathrm{SS}_E$$

可以证明：当假设 $y = \beta_0$ 时，由于 $y_i \sim N(0, \sigma^2)$ ，则

$$E(\mathrm{MS}_R) = E\left(\frac{1}{m-1}\mathrm{SS}_R\right) = \sigma^2, E(\mathrm{MS}_E) = E\left(\frac{1}{n-m}\mathrm{SS}_E\right) = \sigma^2$$

说明 MS_E 是 σ^2 的无偏估计，即 $\dfrac{\mathrm{SS}_E}{\sigma^2} \sim \chi^2(n-m), \dfrac{\mathrm{SS}_R}{\sigma^2} \sim \chi^2(m-1)$ ，且 SS_R 与 SS_E 相互独立，则构造 F 统计量

$$F = \frac{\mathrm{MS}_R}{\mathrm{MS}_E} = \frac{\mathrm{SS}_R/(m-1)}{\mathrm{SS}_E/(n-m)} = \frac{(n-m)\sum\limits_{i=1}^{n}(\hat{y}_i - \overline{y})^2}{(m-1)\sum\limits_{i=1}^{n}(y_i - \hat{y}_i)^2} \sim F(f_R, f_E) = F(m-1, n-m)$$

取一个显著水平，可查表得 $F_\alpha(m-1, n-m)$ ，将计算出的 $F(m-1, n-m)$ 与 $F_\alpha(m-1, n-m)$ 做比较：当 $F(m-1, n-m) > F_\alpha(m-1, n-m)$ ，认为模型显著，则拒绝 $y = \beta_0$ 成立，即 y 与 u 存在明显的函数关系；当 $F(m-1, n-m) < F_\alpha(m-1, n-m)$ ，认为模型不显著，则接受 $y = \beta_0$ 成立，即 y 与 u 不存在明显的函数关系.

4. 回归模型的拟合性检验

在模型检验显著的情况下，需要进一步做拟合检验，目的是检验模型是否一定为回归模型所给形式，即是否还存在其他影响因素.

将回归变量 u 的 n 个观测值 $u_1, u_2, \cdots, u_n$ 按相同值分成 k 组，每组的个数记为 $m_1, m_2, \cdots, m_k$ ，显然 $n = \sum\limits_{i=1}^{k} m_i$ ，相应地 $y_1, y_2, \cdots, y_n$ 也可分为 k 组，即第 i 组的观测值为 (u_i, y_{ij}) ，记 $T_i = \sum\limits_{j=1}^{m_i} y_{ij}$ ，则第 i 组的平均值 $\overline{y}_i = \dfrac{T_i}{m_i}$ ，根据正规方程组第 i 组的随机试验误差的平方和为：

$$\mathrm{SS}_e = \sum_{i=1}^{k}\sum_{j=1}^{m_i}(y_{ij} - \overline{y}_i)^2 = \sum_{i=1}^{k}\sum_{j=1}^{m_i} y_{ij}^2 - \sum_{i=1}^{k}\frac{T_i^2}{m_i}$$

其他因素的影响误差记为 SS_{Me} ，有

$$\mathrm{SS}_{Me} = \mathrm{SS}_E - \mathrm{SS}_e = \sum_{i=1}^{k}\frac{T_i^2}{m_i} - \boldsymbol{Y'X}\hat{\boldsymbol{\beta}}$$

称为模型的误差平方和，自由度分别为 $f_e = n-k, f_{Me} = k-m$.

在模型为真的条件下，可以得到

$$E(\mathrm{MS}_e) = E\left(\frac{\mathrm{SS}_e}{n-k}\right) = \sigma^2, E(\mathrm{MS}_{Me}) = E\left(\frac{\mathrm{SS}_{Me}}{k-m}\right) = \sigma^2$$

且 SS_e 与 SS_{Me} 相互独立，由 χ^2 分布的性质得

$$\frac{SS_e}{\sigma^2} \sim \chi^2(n-k),\frac{SS_{Me}}{\sigma^2} \sim \chi^2(k-m)$$

故　　　　　$F = \frac{MS_{Me}}{MS_e} = \frac{SS_{Me}/k-m}{SS_e/n-k} \sim F(f_{Me},f_e) = F(k-m,n-k)$

即为拟合检验的统计量.

取一个显著水平 α ，对应可查表得到 $F_\alpha(k-m,n-k)$ ，将数值计算出的 $F(k-m,n-k)$ 与 $F_\alpha(k-m,n-k)$ 做比较：当 $F(k-m,n-k) < F_\alpha(k-m,n-k)$ 时，说明拟合是好的，即模型的省略项造成的误差影响不大；当 $F(k-m,n-k) > F_\alpha(k-m,n-k)$ 时，说明拟合不是好的，即模型的省略项造成的误差影响不可忽略，需增加新的变量. 现在的问题是：如何增加新的变量，这就是下面的模型选择问题.

5. 回归模型的选择方法

由上面拟合检验结果，如何增加或减少变量？

模型选择的原则是：既不遗漏重要的解释变量，也不保留无用的解释变量. 考察一个解释变量的重要性，主要用偏回归平方和来衡量.

假定一组解释变量，其残差平方和为

$$SS_E = \hat{\boldsymbol{\varepsilon}}^T \cdot \hat{\boldsymbol{\varepsilon}} = (\boldsymbol{Y} - \boldsymbol{X}\hat{\boldsymbol{\beta}})^T \cdot (\boldsymbol{Y} - \boldsymbol{X}\hat{\boldsymbol{\beta}}) = \boldsymbol{Y}^T\boldsymbol{Y} - \boldsymbol{Y}^T\boldsymbol{X}\hat{\boldsymbol{\beta}} \qquad (5.12)$$

（1）去掉解释变量.

假设把其中一个无用的解释变量去掉，相应的可以计算残差平方和为 $SS_E^{(1)}$ ，若 $SS_E^{(1)} > SS_E$ ，则称 $SS_E^{(1)} - SS_E$ 为该解释变量的偏回归平方和，它的大小反映该变量在模型中的贡献，究竟多大为主要，这就需要给出一个统计界限值.

不妨设要考察第 j 个解释变量 $\varphi_j(u)(1 \leqslant j \leqslant m)$ 的偏回归平方和. 若已知 $\hat{\boldsymbol{\beta}} = (\boldsymbol{X}^T\boldsymbol{X})^{-1}\boldsymbol{X}^T\boldsymbol{Y}$ 为回归系数的估计值，相关矩阵为 $(\boldsymbol{X}^T\boldsymbol{X})^{-1} = (c_{ij})$ ，则可以证明 $\varphi_j(u)$ 的偏回归平方和为 $SS_E^{(1)} = \frac{\hat{\beta}_j^2}{C_{jj}}$ ，其中 $\hat{\beta}_j$ 为 β_j 的估计值， C_{jj} 为相关矩阵的对角元素.

若存在一个 $k(1 \leqslant k \leqslant m)$ 使 $SS_E^{(k)} = \min\limits_{1 \leqslant j \leqslant m} SS_E^{(j)}$ ，即第 k 个解释变量 $\varphi_k(u)$ 在模型中的作用最小，能否去掉它要看统计量

$$F = F(1,f_E) = \frac{SS_E^{(k)}}{MS_E}$$

其中 $MS_E = \frac{SS_E}{f_E}$ 为均值. 取一个显著水平 α ，对应可查表得到 $F_\alpha(1,f_E)$ ，计算 $F(1,f_E)$ ，并与 $F_\alpha(1,f_E)$ 比较：当 $F(1,f_E) < F_\alpha(1,f_E)$ ，称 $\varphi_k(u)$ 不显著，可以去掉；当 $F(1,f_E) > F_\alpha(1,f_E)$ ，称 $\varphi_k(u)$ 显著，不可以去掉.

（2）增加解释变量.

设要引进的变量为 $x_{m+1} = \varphi_{m+1}(u)$，记 x_{m+1} 在试验观测点 $u_1, u_2, \cdots, u_n$ 的值为 $\overline{x}_{m+1} = (\varphi_{m+1}(u_1),$ $\varphi_{m+1}(u_2), \cdots, \varphi_{m+1}(u_n))^{\mathrm{T}}$，则 m 个变量的回归系数的估计值取为

$$\hat{\beta}(\overline{x}_{m+1}) = (X^{\mathrm{T}}X)^{-1}X^{\mathrm{T}}\overline{x}_{m+1}$$

相应的残差平方和为

$$\begin{aligned} \mathrm{SS}_E(\overline{x}_{m+1}, Y) &= (Y - X\hat{\beta}(\overline{x}_{m+1}))^{\mathrm{T}} \cdot (\overline{x}_{m+1} - X\hat{\beta}(\overline{x}_{m+1})) \\ &= Y^{\mathrm{T}}\overline{x}_{m+1} - Y^{\mathrm{T}}X\hat{\beta}(\overline{x}_{m+1}) \end{aligned}$$

而 $\mathrm{SS}_E(\overline{x}_{m+1}, \overline{x}_{m+1}) = \overline{x}_{m+1}^{\mathrm{T}}\overline{x}_{m+1} - \overline{x}_{m+1}^{\mathrm{T}}X\hat{\beta}(\overline{x}_{m+1})$，则有：$x_{m+1}$ 的偏回归平方和为 $\mathrm{SS}_E^{(m+1)} = \dfrac{[\mathrm{SS}_E(\overline{x}_{m+1}, Y)]^2}{\mathrm{SS}_E(\overline{x}_{m+1}, \overline{x}_{m+1})}$.

$\mathrm{SS}_E^{(m+1)}$ 的大小反映 $\varphi_{m+1}(u)$ 对模型影响的大小，即为衡量 $\varphi_{m+1}(u)$ 的作用的定量指标. 究竟 $\mathrm{SS}_E^{(m+1)}$ 多大可以引进，就需要建立统计量，找出界限值.

假设 $m+1$ 个变量的残差平方和为 $\mathrm{SS}_{\tilde{E}}$，它比原 m 个变量的残差平方和 SS_E 减少 $\mathrm{SS}_E^{(m+1)}$，即 $\mathrm{SS}_{\tilde{E}} = \mathrm{SS}_E - \mathrm{SS}_E^{(m+1)}$，相应自由度 $f_{\tilde{E}} = f_E - f_E^{(m+1)} = n - m - 1$.

不妨设 $\mathrm{SS}_E^{(m+1)}$ 是所有准备增加的变量中偏回归平方和最大的一个，它是否增加进去，要考查

$$F = F(1, f_{\tilde{E}}) = \frac{\mathrm{MS}_E^{(m+1)}}{\mathrm{MS}_{\tilde{E}}} = \frac{\mathrm{SS}_E^{(m+1)}}{\mathrm{SS}_{\tilde{E}}/(n-m-1)}$$

取一个显著水平 α，对应可查表得到 $F_\alpha(1, f_{\tilde{E}})$，计算 $F(1, f_{\tilde{E}})$，并与 $F_\alpha(1, f_{\tilde{E}})$ 比较，若 $F(1, f_{\tilde{E}}) > F_\alpha(1, f_{\tilde{E}})$，则第 $m+1$ 个变量增加进去，否则无需增加变量.

（3）模型选择的一般方法.

上面给出了在已知模型中剔除和增加解释变量的具体方法和步骤，模型选择的一般方法如下：

① 淘汰法，其基本思想是：把所有可选择的变量都放进模型中，而后逐个做剔除检验，直到不能剔除为止，最后得到所选模型.

② 纳新法，其基本思想是：先少选取几个变量进入模型，而后对其它变量逐个做引入模型的检验，直到不能引入为止.

③ 逐步回归法，其基本思想是：上述两法的结合.

6. 回归模型的正交化设计方法

由上面的讨论我们可以知道，因为模型的解释变量之间有很复杂的相关性，使回归系数的估计、模型的选择都带来很多麻烦，为了简化计算，借助正交函数系可使问题简化.

（1）正交的概念.

设 $\varphi_1(u), \varphi_2(u), \cdots, \varphi_m(u)$ 是 m 个解释变量，如果对于 $u_1, u_2, \cdots, u_n$ 满足

（1）$\displaystyle\sum_{i=1}^{n} \varphi_k^2(u_i) \neq 0 \ (k = 1, 2, \cdots, m)$，

（2）$\sum_{i=1}^{n} \varphi_k(u_i)\varphi_j(u_i) = 0 \, (k \neq j)$，

则称 $\varphi_1(u), \varphi_2(u), \cdots, \varphi_m(u)$ 是正交的（$m \leqslant n$）.

如何构造正交函数系呢？通常情况下，正交函数都为正交多项式，首先对于一维回归变量 u 来说明构造正交多项式的方法.

设有点列 $u_1, u_2, \cdots, u_n$，取 $\varphi_1(u) = 1, \varphi_2(u) = u - \bar{u}$，其中 $\bar{u} = \frac{1}{n}\sum_{i=1}^{n} u_i$. 假设已作出了 $k(\geqslant 1)$ 阶正交多项式 $\varphi_1(u), \varphi_2(u), \cdots, \varphi_{k+1}(u)$，则第 $k+1$ 阶正交多项式为 $\varphi_{k+2}(u) = (u - a_{k+1})\varphi_{k+1}(u) - b_k\varphi_k(u)$，其中

$$a_{k+1} = \frac{\sum\limits_{i=1}^{n} u_i\varphi_{k+1}(u_i)}{\sum\limits_{i=1}^{n} \varphi_{k+1}^2(u_i)}, b_k = \frac{\sum\limits_{i=1}^{n} \varphi_{k+1}^2(u_i)}{\sum\limits_{i=1}^{n} \varphi_k^2(u_i)}, i \leqslant k \leqslant n \tag{5.13}$$

由此可以构造出任意阶的正交多项式.

一般说来，在多维的回归变量的点列上构造正交多项式是很复杂的，现在的问题是能否找到一种可将任意一组解释变量正交化的方法？这就是下面的克拉姆-施密特正交化方法.

设 $\varphi_1(u), \varphi_2(u), \cdots, \varphi_m(u)$ 是由 $u_1, u_2, \cdots, u_n$，确定的一组线性无关的解释变量，构造 $\psi_1(u), \psi_2(u), \cdots, \psi_m(u)$ 如下：

$$\psi_1(u) = \varphi_1(u)$$
$$\psi_2(u) = \varphi_2(u) - b_{21}\psi_1(u)$$
$$\psi_3(u) = \varphi_3(u) - b_{32}\psi_2(u) - b_{31}\psi_1(u)$$
$$\cdots\cdots\cdots\cdots$$
$$\psi_k(u) = \varphi_k(u) - b_{k,k-1}\psi_{k-1}(u) - \cdots - b_{k1}\psi_1(u)$$
$$\cdots\cdots\cdots\cdots$$
$$\psi_m(u) = \varphi_m(u) - b_{m,m-1}\psi_{m-1}(u) - \cdots - b_{m1}\psi_1(u)$$

其中，

$$b_{kj} = \frac{\sum\limits_{i=1}^{n} \varphi_k(u_i)\varphi_j(u_i)}{\sum\limits_{i=1}^{n} \psi_j^2(u_i)}, k = 2, 3, \cdots, m; j = 1, 2, \cdots, k-1$$

相当于对 $\varphi_1(u), \varphi_2(u), \cdots, \varphi_m(u)$ 做了一个满秩变换，可以验证 $\psi_1(u), \psi_2(u), \cdots, \psi_m(u)$ 是在点列 $u_1, u_2, \cdots, u_n$ 上的正交的解释变量.

（2）正交性在建模中的应用.

假设 $\varphi_1(u), \varphi_2(u), \cdots, \varphi_m(u)$ 是 $u_1, u_2, \cdots, u_n$ 上的正交的解释变量，建立模型如下：

$$\eta(u) = \beta_1\varphi_1(u) + \beta_2\varphi_2(u) + \cdots + \beta_m\varphi_m(u)$$

又假设由 $u_1, u_2, \cdots, u_n$ 对应的观测值为 $y_1, y_2, \cdots, y_n$，则利用正交性可得回归系数的最小二乘估计值为：

$$\hat{\beta}_k = \frac{\sum\limits_{i=1}^{n} y_i \varphi_k(u_i)}{\sum\limits_{i=1}^{n} \varphi_k^2(u_i)}, k = 1, 2, \cdots, m \tag{5.14}$$

第 k 个解释变量的偏回归平方和为：

$$SS_E^{(k)} = \hat{\beta}_k^2 \left(\sum\limits_{i=1}^{n} \varphi_k^2(u_i) \right) = \frac{[\sum\limits_{i=1}^{n} y_i \varphi_k(u_i)]^2}{\sum\limits_{i=1}^{n} \varphi_k^2(u_i)}, k = 1, 2, \cdots, m$$

残差平方和为：

$$SS_E = \sum\limits_{i=1}^{n} y_i^2 - \sum\limits_{k=1}^{m} SS_E^{(k)}$$

由此可以大大简化计算，而且在模型选择的检验中，剔除变量或引入变量后其余变量的回归系数和偏回归平方和的值不改变.

5.1.3　Matlab 统计工具箱中的回归分析命令

多元线性回归模型在 Matlab 中通过命令 regress 来实现，此命令也可用于求解一元或多元线性回归，其格式如下所示：

b = regress(y ,X ,alpha)　　%确定回归系数 β 的点估计值；

　[b,bint,r,rint,stats]=regress(y,X,alpha)　　%求回归系数的点估计和区间估计；

其中 y 为已知函数值 $y = [y_1, \cdots, y_n]^{\mathrm{T}}$，$X = [\varphi_1(u), \varphi_2(u), \cdots, \varphi_m(u)]$ 为 m 个解释变量在已知数组（自变量）u 的值矩阵，而在进行一元线性回归或多元线性回归时，有

$$X = \begin{bmatrix} 1 & x_1 \\ 1 & x_2 \\ \vdots & \vdots \\ 1 & x_n \end{bmatrix} \text{（一元线性回归）或 } X = \begin{bmatrix} 1 & x_{11} & \cdots & x_{1m} \\ 1 & x_{21} & \cdots & x_{2m} \\ \vdots & \vdots & \cdots & \vdots \\ 1 & x_{n1} & \cdots & x_{nm} \end{bmatrix} \text{（多元线性回归）}$$

α 为显著性水平（缺省时为 0.05）；b 为回归系数 β 的点估计值；bint 为回归系数的区间估计；r 和 rint 分别为残差 $y - \hat{y}$ 及其置信区间；stats：1×3 检验统计量，第一值是回归方程的相关系数 R^2，越接近 1 说明回归方程越显著，回归可信度越高；第二值是统计量 F，当 $F > F_{1-\alpha}(k, n-k-1)$ 时拒绝 H_0，接受回归模型，F 越大说明回归方程越显著；第三个是与 F 统计量相对应的概率 p，$p < \alpha$ 则拒绝 $y = \beta_0$ 成立，回归方程系数 β_1 不为 0，则线性回归方程模型成立. 在使用 regress 命令求得的残差 r 和残差置信区间 rint，可用命令：

　　rcoplot(r ,rint)

对其作图，当残差离零点的数据数目比较多时，可认为回归方程显著性越大，对于置信区间不包括零点的，可以视为异常点（有时将异常点剔除）.

例 5.1　测 16 名成年女子的身高与腿长所得数据如表 5.1 所示.

表 5.1　身高与腿长所得数据

身高（cm）	143	145	146	147	149	150	153	154	155	156	157	158	159	160	162	164
腿长（cm）	88	85	88	91	92	93	93	95	96	98	97	96	98	99	100	102

以身高 x 为横坐标，以腿长 y 为纵坐标将这些数据点 (x_i, y_i) 在平面直角坐标系上标出. 试使用线性回归确定腿长 y 与身高 x 的线性函数关系.

解　在 Matlab 主窗口输入命令：

```
x=[143 145 146 147 149 150 153 154 155 156 157 158   159 160 162 164]';
X=[ones(16,1)x];
Y=[88 85 88 91 92 93 93 95 96 98 97 96 98   99 100 102]';
 [b,bint,r,rint,stats]=regress(Y,X);
    b,bint,stats
```

得结果:b =　　　　　　　　　　bint =

　　　　 -16.0730　　　　　　　-33.7071　　　1.5612

　　　　　0.7194　　　　　　　 0.6047　　　0.8340

　　　　 stats =

　　　　　0.9282　　180.9531　　0.0000

即 $\hat{\beta}_0 = -16.073$，$\hat{\beta}_1 = 0.7194$；$\hat{\beta}_0$ 的置信区间为 $[-33.7071, 1.5612]$，$\hat{\beta}_1$ 的置信区间为 $[0.6047, 0.834]$，$R^2 = 0.9282$，$F = 180.9531$，$p = 0.0000 < 0.05$，可知回归模型：$y = -16.073 + 0.7194x$ 成立.

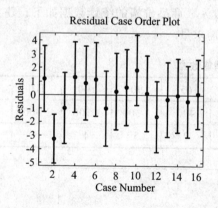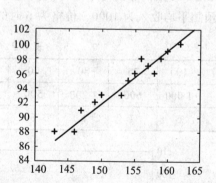

图 5.1　残差分析图与回归函数图

作残差分析与残差图（见图 5.1），输入命令：

```
rcoplot(r,rint)
figure(2)
z=b(1)+b(2)*x ;
plot(x,Y,'k+',x,z,'r')
```

从残差图可以看出，除第二个数据外，其余数据的残差离零点均较近，且残差的置信区间均包含零点，这说明回归模型 $y = -16.073 + 0.719\,4x$ 能较好的符合原始数据，而第二个数据可视为异常点.

5.1.4　多元二项式回归与非线性回归

回归分析除了线性回归外，也可以用多项式为回归的基函数. 而一元多项式回归实际上为多项式拟合命令 polyfit，在 Matlab 中多元二项式回归用命令 rstool，格式如下：

$$\text{rstool(x ,y ,'model' ,alpha ,'xname' ,'yname')}$$

其中输入数据 x，y 分别为 $n \times m$ 矩阵和 n 维列向量；alpha 为显著性水平（缺省时为 0.05）；'xname'，'yname'分别是 x 轴和 y 轴的标签，可省略；'model'由下列 4 个模型中选择 1 个（缺省为线性）：

linear（线性）：$y = \beta_0 + \beta_1 x_1 + \cdots + \beta_m x_m,$

purequadratic（纯二次）：$y = \beta_0 + \beta_1 x_1 + \cdots + \beta_m x_m + \sum_{j=1}^{n} \beta_{jj} x_j^2,$

interaction（交叉）：$y = \beta_0 + \beta_1 x_1 + \cdots + \beta_m x_m + \sum_{1 \leq j \neq k \leq m}^{n} \beta_{jk} x_j x_k,$

quadratic（完全二次）：$y = \beta_0 + \beta_1 x_1 + \cdots + \beta_m x_m + \sum_{1 \leq j,k \leq m}^{n} \beta_{jk} x_j x_k.$

rstool 产生有 m 个图形的交互画面，每个图给出独立变量 x_i（另 $m-1$ 个变量固定）与 y 的拟合曲线；图中 Export 菜单向 Matlab 工作区输送回归系数等参数；Model 菜单对上述 4 模型比较剩余标准差，其中剩余标准差最接近 0 的模型最好.

例 5.2　设某商品的需求量与消费者的平均收入、商品价格的统计数据如下，建立回归模型，预测平均收入为 1000、价格为 6 时的商品需求量.

表 5.2　商品销售数据

需求量	100	75	80	70	50	65	90	100	110	60
收入	1 000	600	1 200	500	300	400	1 300	1 100	1 300	300
价格	5	7	6	6	8	7	5	4	3	9

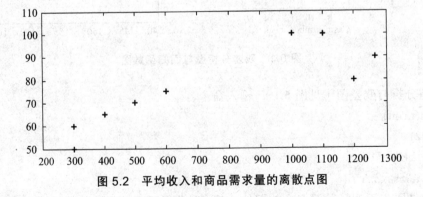

图 5.2　平均收入和商品需求量的离散点图

解 问题的分析求解：

由问题提供的数据，我们可以初步判断，商品的需求量与消费者的平均收入和商品价格之间存在某种相关关系，具体的函数关系式我们还不清楚. 输入三组数据，我们先独立分析商品需求量与消费者平均收入，商品需求量与价格之间存在何种关系.

```
>> x1=[1000 600 1200 500 300 400 1300 1100 1300 300]';%消费者的平均收入
>> x2=[5 7 6 6 8 7 5 4 3 9]';%商品价格
>> y=[100 75 80 70 50 65 90 100 110 60]';%商品的需求量
>> plot(x1,y,'+'); axis([200 1400 50 110]);
%以消费者的平均收入和商品的需求量所对应的离散点作图
>> figure;plot(x2, y, '+');axis([2 10 40 120]);
```

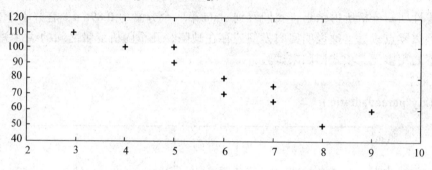

图 5.3　商品价格和需求的离散点图

由上面两图我们看到商品的需求量随着消费者平均收入增加呈线性递增的趋势，而随着商品的价格增加呈线性递减趋势，这样我们可初步判断商品需求量与消费者平均收入和商品价格之间存在某种线性相关的关系. 接下来用多元线性回归来进行分析检验：

```
x=[ones(10,1)x1 x2];
[b,bint,r,rint,stats]=regress(y,x)
```

可得回归系数 $\beta_0 = 111.691\,8$，$\beta_1 = 0.014\,3$，$\beta_2 = -7.188\,2$，它们的置信区间为 bint，均包含了回归系数的估计值，stats 第一个分量为 0.8944，第三个分量 $p = 0.0004 < 0.05$，拒绝 H_0，说明回归方程系数不为 0，线性回归方程模型

$$y = 111.691\,8 + 0.014\,3\,x_1 - 7.188\,2\,x_2$$

成立.

继续对残差进行分析，作残差图（见图 5.4）：

```
rcoplot(r,rint)
```

从残差图可以看出，大多数数据的残差离零点较近，且残差的置信区间全部包含零点，这进一步说明上面所得回归模型能近似地符合原始数据.

现利用线性回归方程按本问题的要求对商品需求量作出预测，当 $x_1 = 1\,000$，$x_2 = 6$ 时，有线性回归方程：

$$z = 111.691\,8 + 0.014\,3 \times 1\,000 - 7.188\,2 \times 6$$

通过计算，当消费者平均收入为 1 000、商品价格为 6 时的商品需求量大约为 82.862 6.

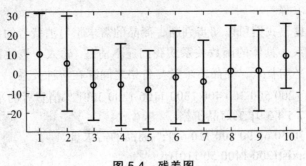

图 5.4　残差图

结果分析：

利用线性回归分析所得结果，我们看到 stats 第一个分量为 0.894 4，它并不十分接近 1，且部分残差离零点较远，这说明回归模型还存在缺陷，几个随机变量之间的线性关系有待改进，我们不妨用多元二项式回归来试验：

x=[x1,x2];

rstool(x,y,'purequadratic')

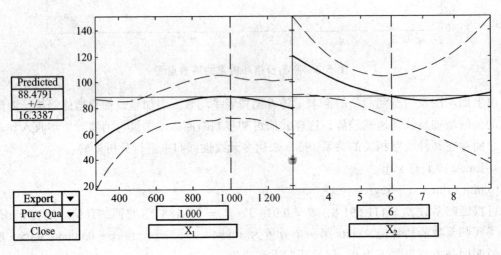

图 5.5　rstool 命令显示图

得到一交互式画面，左图是 x2 固定时曲线 y（x1）及置信区间，右图是 x1 固定时曲线 y（x2）及置信区间. 在 x1，x2 指示框中分别输入 1 000 和 6，即预测到平均收入为 1 000、价格为 6 时商品需求量为 88.479 1. 在下拉列表框 Export 中选择 "all"，把 beta（回归系数）、rmse（剩余标准差）和 residuals（残差）传送到 Matlab 工作区，在命令框中输入：

beta,rmse,residuals

即可得 beta、rmse、residuals 的数值

beta = 110.5313　0.1464　− 26.5709　− 0.0001　1.8475

rmse = 4.5362

Residual = 5.2724　− 0.7162　− 4.5158　− 1.9390　− 3.3315　3.4566　3.4843　− 3.4452
　　　　　　− 0.0976　1.8320

在 Model 下拉列表菜单对 linear、purequadratic、interaction、quadratic4 模型比较剩余标准差,其中 purequadratic 型的剩余标准差 4.536 2 相比其他 3 个模型的剩余标准差最接近于 0,故此回归模型的显著性较好. 我们用纯二次回归模型所得的残差与前面线性回归模型所得的残差列表进行比较.

表 5.3 回归模型所得的残差列表

纯二次	5.272 4	−0.716 2	−4.515 8	−1.939 0	−3.331 5	3.456 6	3.484 3	−3.445 2	−0.097 6	1.832 0
线性	9.952 3	5.047 7	−5.718 8	−5.710 9	−8.475 0	−2.092 9	−4.336 8	1.334 4	1.286 7	8.713 3

显然由二元纯二次多项式所得残差绝大多数要比由线性回归模型所得残差更接近零点,由最小二乘法原理我们可以相信,改进后的回归模型

$$y = 110.531\ 3 + 0.146\ 4\ x_1 - 26.570\ 9\ x_2 - 0.000\ 1\ x_1^2 + 1.847\ 5\ x_2^2$$

能够更好地近似原始数据.

对于**非线性回归模型**的参数我们可以用前面最小二乘拟合求解,但不能得出相关统计量,而这些可用命令 nlinfit, nlintool, nlpredci 来实现,其格式如下:

[beta ,r ,J] = nlinfit(x ,y ,'FUN' ,beta0)

其中 x, y 为 $n \times m$ 矩阵和 n 维列向量;'FUN'为事先用 M 文件定义的非线性函数(函数中运算为数值(点)运算),其函数定义为:y=FUN(beta,x),其中 beta 为所有待求参数组成的向量,x 为回归函数中的未知变量,如待回归函数为 $y = \beta_1 x_2 - \dfrac{x_3}{\beta_4(1+\beta_2 x_1+\beta_3 x_2)}$,则定义如下函数:

function yhat=mymodel(beta,x)

yhat=beta(1)*x(:,2)-x(:,3)/beta(4)./(1+beta(2)*x(:,1)+beta(3)*x(:,2));

beta0 为回归系数 beta 的初值;J 估计预测误差用;

nlintool(x ,y ,'FUN' ,beta0 ,alpha)

其输出画面与 rstool 命令类似. 而命令:

[ypred ,delta] = nlpredci('FUN' ,x ,beta ,r ,J)

求 nlinfit 或 nlintool 所得的回归函数在 x 处的预测值 ypred 及显著水平为 $1 - $ alpha 置信区间 ypred±delta.

例 5.3 出钢时所用的盛钢水的钢包,由于钢水对耐火材料的侵蚀,容积不断增大.我们希望知道使用次数与增大的容积之间的关系.对一钢包作试验,测得的数据如表 5.4 所示.

表 5.4 钢包试验数据

使用次数	增大容积	使用次数	增大容积
2	6.42	10	10.49
3	8.20	11	10.59
4	9.58	12	10.60
5	9.50	13	10.80
6	9.70	14	10.60
7	10.00	15	10.90
8	9.93	16	10.76
9	9.99		

解　对将要拟合的非线性模型 $y = a\mathrm{e}^{\frac{b}{x}}$，先建立 M 文件 volum.m 如下：

```
function yhat=volum(beta,x)
yhat=beta(1)*exp(beta(2)./x);
```

在 Matlab 主窗口输入命令：

```
x=2:16;
y=[6.42 8.20 9.58 9.5 9.7 10 9.93 9.99 10.49 10.59 10.60 10.80 10.60 ...
10.90 10.76];
beta0=[8 2]'; %初值[1 1]也可以
[beta,r ,J]=nlinfit(x',y','volum',beta0);
```

在 Matlab 中运行得 beta =[11.603 7　−1.064 1]′，即得回归模型为：

$$y = 11.603\,7\mathrm{e}^{\frac{1.064\,1}{x}}.$$

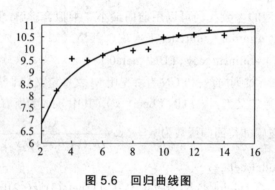

图 5.6　回归曲线图

输入预测及作图命令：

```
[YY,delta]=nlpredci('volum',x',beta,r ,J)
plot(x,y,'k+',x,YY,'r')
```

同时也可以使用 **lsqcurvefit** 求解，结果是一样的. 输入命令：

```
[beta,a,b,exitflag]=lsqcurvefit('volum',[8,2],x',y')
```

所得的拟合结果与 nlpredci 命令所得结果一致.

5.2　聚类分析

在现实中许多事物都具用一定的相似性，而人们在实际工作中很多时候要根据事物的某些特性对其进行归类.若事先已经建立类别，需要根据预先建立类别的性质建立判别法则对具体事物进行分类，则使用判别分析；若事先没有建立类别，需要根据具体间的相互关系并将相关性较强的事物分为一类，则使用聚类分析.

将认识对象进行分类是人类认识世界的一种重要方法，比如有关世界时间进程的研究，就形成了历史学，有关世界空间地域的研究，就形成了地理学. 而生物学家根据各种生物的特征，将生物归属于不同的界、门、纲、目、科、属、种之中. 事实上，分门别类地对事物进行研究，要远比在一个混杂多变的集合中研究更清晰、明了和细致，这是因为同一类事物会具有更多的近似特性. 通常，人们可以凭经验和专业知识来实现分类. 而聚类分析（cluster analysis）作为一种定量方法，将从数据分析的角度，给出一个更准确、细致的分类工具.

聚类分析指将物理或抽象对象的集合分组成为由类似的对象组成的多个类的分析过程. 它是一种重要的人类行为. 聚类分析的目标就是在相似的基础上收集数据来分类. 聚类源于很多领域，包括数学，计算机科学，统计学，生物学和经济学. 在不同的应用领域，很多聚类技术都得到了发展，这些技术方法被用作描述数据，衡量不同数据源间的相似性，以及把数据源分类到不同的簇中.

聚类分析主要是研究在事先没有分类的情况下如何将样本归类的方法. 聚类分析又称群分析，是对多个样本（或指标）进行定量分类的一种多元统计分析方法. 聚类分析分有两种：一种是对样本的分类，称为 Q 型；另一种是对变量（指标）的分类，称为 R 型.

5.2.1　Q 型聚类相似性度量

1. 样本的相似性度量

要用数量化的方法对事物进行分类，就必须建立模型来量化事物之间的相似程度，并根据相识度大小对事物进行分类. 通常一个事物需要用含多个变量来刻画. 如果对于一群有待分类的样本点需用 p 个变量描述，则每个样本点可以看成是 R^p 向量空间中的一个点. 因此，很自然地可以用距离来度量样本点间的相似程度.

记 Ω 是样本点集，距离 $d(x, y)$（或称范数）是 $\Omega \times \Omega \to R^+$ 的一个函数，满足条件：

（1）$d(x, y) \geqslant 0$，$\forall x, y \in \Omega$，$d(x, y) = 0$ 当且仅当 $x = y$；

（2）$d(x, y) = d(y, x)$，$\forall x, y \in \Omega$；

（3）$d(x, y) \leqslant d(x, z) + d(z, y)$，$\forall x, y, z \in \Omega$.

这一距离的定义是我们所熟知的，它满足正定性，对称性和三角不等式. 在聚类分析中，对于定量变量，最常用的是闵可夫斯基（Minkowski）距离，又称 p 范数

$$d_p(x, y) = [\sum_{k=1}^{p} |x_k - y_k|^p]^{\frac{1}{p}} \tag{5.15}$$

而闵可夫斯基（Minkowski）距离中当 $p = 1, 2, \infty$ 时分别有：

（1）当 $p = \infty$ 时为切比雪夫（Chebyshev）距离.

$$\lim_{p \to \infty} d_p(x, y) = \max_i (|x_i - y_i|)$$

（2）当 $p = 1$ 时为布洛克（绝对值）距离.

两个 n 维样本 $x = (x_1, x_2, \cdots, x_n)$ 和 $y = (y_1, y_2, \cdots, y_n)$ 的布洛克距离如下：

$$d(x, y) = \sum_{k=1}^{n} |x_k - y_k|$$

（3）当 $p=2$ 时欧氏距离.

假设有两个 n 维样本 $x=(x_1,x_2,\cdots,x_n)$ 和 $y=(y_1,y_2,\cdots,y_n)$，则它们的欧氏距离为：

$$d(x,y)=\sqrt{\sum_{k=1}^{n}(x_k-y_k)^2}$$

在 Minkowski 距离中，最常用的是欧氏距离，它的主要优点是当坐标轴进行正交旋转时，欧氏距离是保持不变的. 因此，如果对原坐标系进行平移和旋转变换，则变换后样本点间的距离和变换前完全相同. 值得注意的是在采用 Minkowski 距离时，一定要采用相同量纲的变量. 如果变量的量纲不同，测量值变异范围相差悬殊时，建议首先进行数据的标准化处理，然后再计算距离. 在采 Minkowsk 距离时，还应尽可能地避免变量的多重相关性（multicollinearity）. 多重相关性所造成的信息重叠，会片面强调某些变量的重要性. 由于 Minkowski 距离的这些缺点，一种改进的距离就是马氏距离，定义如下

（4）马氏距离.

假设共有 n 个指标，第 i 个指标共测得 m 个数据（要求 $m>n$）：

$$x_i=\begin{pmatrix} x_{i1} \\ x_{i2} \\ \vdots \\ x_{im} \end{pmatrix},\quad X=(x_1,x_2,\cdots,x_n)=\begin{pmatrix} x_{11} & x_{21} & \cdots & x_{n1} \\ x_{12} & x_{21} & \cdots & x_{n2} \\ \vdots & \vdots & & \vdots \\ x_{1m} & x_{2m} & \cdots & x_{nn} \end{pmatrix}$$

于是，我们得到 $m\times n$ 阶的数据矩阵 $X=(x_1,x_2,\cdots,x_n)$，每一行是一个样本数据. $m\times n$ 阶数据矩阵 X 的 $n\times n$ 阶协方差矩阵记作 $\mathrm{cov}(X)$（表示矩阵 X 任意列向量的协方差）.

两个 n 维样本 $x_1=(x_{11},x_{12},\cdots,x_{1n})$ 和 $x_2=(x_{21},x_{22},\cdots,x_{2n})$ 的马氏距离如下：

$$\mathrm{mahal}(x_1,x_2)=\sqrt{(x_1-x_2)(\mathrm{cov}(X))^{-1}(x_1-x_2)^{\mathrm{T}}}$$

马氏距离考虑了各个指标量纲的标准化，是对其他几种距离的改进. 马氏距离不仅排除了量纲的影响，而且合理考虑了指标的相关性. 但马氏距离的计算是建立在总体样本的基础上的，这一点可以从上述协方差矩阵的解释中可以得出，也就是说，如果拿同样的两个样本，放入两个不同的总体中，最后计算得出的两个样本间的马氏距离通常是不相同的，除非这两个总体的协方差矩阵碰巧相同；在计算马氏距离过程中，要求总体样本数大于样本的维数，否则得到的总体样本协方差矩阵逆矩阵不存在，这种情况下，用欧氏距离计算即可. 但在实际应用中"总体样本数大于样本的维数"这个条件是很容易满足的，所以在绝大多数情况下，马氏距离是可以顺利计算的，但是马氏距离的计算是不稳定的，不稳定的来源是协方差矩阵，这也是马氏距离与欧氏距离的最大差异之处.

2. 类与类间的相似性度量

在分类时常会将两个相似的类进行合并，这是需要计算类与类的距离. 如果有两个样本类 D_p 和 D_q，我们可以用下面的一系列方法度量它们间的距离：

（1）最短距离法.

$$D_{pq} = \min_{\substack{x_k \in D_p \\ x_j \in D_q}} d(x_k, x_j)$$

（2）最长距离法.

$$D_{pq} = \max_{\substack{x_k \in D_p \\ x_j \in D_q}} d(x_k, x_j)$$

（3）重心法.

$$D_{pq} = d(\overline{x}, \overline{y})$$

其中 $\overline{x}, \overline{y}$ 分别为类 D_p 和 D_q 的重心（或类平均值）.

（4）类平均法.

$$D(D_p, D_q) = \frac{1}{n_1 n_2} \sum_{x_i \in D_p} \sum_{y_j \in D_q} d(x_i, y_j)$$

它等于类 D_p 和 D_q 中两两样本点距离的平均，式中 n_1，n_2 分别为 D_p 和 D_q 中的样本点个数.

（5）离差平方和法.

记

$$D_1 = \sum_{x_i \in D_p} (x_i - \overline{x}_1)^T (x_i - \overline{x}_1), \quad D_2 = \sum_{x_j \in D_q} (x_j - \overline{x}_2)^T (x_j - \overline{x}_2)$$

$$D_{12} = \sum_{x_k \in D_p \cup D_q} (x_k - \overline{x})^T (x_k - \overline{x})$$

其中：

$$\overline{x}_1 = \frac{1}{n_1} \sum_{x_i \in D_p} x_i, \quad \overline{x}_2 = \frac{1}{n_2} \sum_{x_j \in D_q} x_j, \quad \overline{x} = \frac{1}{n_1 + n_2} \sum_{x_k \in D_p \cup D_q} x_k$$

则定义

$$D(D_p, D_q) = D_{12} - D_1 - D_2$$

事实上，若内部点与点距离很小，则它们能很好地各自聚为一类，并且这两类又能够充分分离（即 D_{12} 很大），这时必然有 $D = D_{12} - D_1 - D_2$ 很大. 因此，按定义可以认为，两类 D_p 和 D_q 之间的距离很大. 离差平方和法最初是由 Ward 在 1936 年提出，后经 Orloci 等人于 1976 年发展起来的，故又称 Ward 方法.

5.2.2 R型聚类相似性度量

在实际工作中，变量聚类法的应用也是十分重要的. 在系统分析或评估过程中，为避免遗漏某些重要因素，往往在一开始选取指标时，尽可能多地考虑所有的相关因素. 而这样做的结果，则是变量过多，变量间的相关度高，给系统分析与建模带来很大的不便. 因此，人们常常希望能研究变量间的相似关系，按照变量的相似关系把它们聚合成若干类，进而找出影响系统的主要因素.

在对变量进行聚类分析时，首先要确定变量的相似性度量，常用的变量相似性度量有两种.

记变量 x_j 的取值为 $(x_{1j}, x_{2j}, \cdots, x_{nj})^{\mathrm{T}} \in \mathbf{R}^n$（ $j = 1, 2, \cdots, m$ ），则可以用两变量 x_j 与 x_k 的样本相关系数和夹角余弦作为它们的相似性度量.

1. 相关系数

$$r_{jk} = \frac{\sum\limits_{i=1}^{n}(x_{ij} - \overline{x}_j)(x_{ik} - \overline{x}_k)}{\sqrt{\sum\limits_{i=1}^{n}(x_{ij} - \overline{x}_j)^2 \sum\limits_{i=1}^{n}(x_{ik} - \overline{x}_k)^2}} \tag{5.16}$$

在对变量进行聚类分析时，利用相关系数矩阵是最多的.

2. 夹角余弦

$$r_{jk} = \frac{\sum\limits_{i=1}^{n} x_{ij} x_{ik}}{\sqrt{\sum\limits_{i=1}^{n} x_{ij}^2 \sum\limits_{i=1}^{n} x_{ik}^2}} \tag{5.17}$$

显然，各相似度量具有以下两个性质：$|r_{jk}| \leqslant 1$，对于一切 j, k；$r_{jk} = r_{kj}$，对于一切 j, k. $|r_{jk}|$ 越接近 1，x_j 与 x_k 越相关或越相似. $|r_{jk}|$ 越接近零，x_j 与 x_k 的相似性越弱.

5.2.3　聚类图法

不管是 Q 型聚类还是 R 型聚类，都可以使用聚类图法进行聚类. 设 $\Omega = \{w_1, w_2, \cdots, w_n\}$，其步骤为：

（1）计算 n 个样本点两两之间的距离 $\{d_{ij}\}$，记为矩阵 $\boldsymbol{D} = \{d_{ij}\}_{n \times n}$；

（2）首先构造 n 个类，每一个类中只包含一个样本点，每一类的平台高度均为零；

（3）合并距离最近的两类为新类，并且以这两类间的距离值作为聚类图中的平台高度；

（4）计算新类与当前各类的距离，若类的个数已经等于 1，转入步骤（5），否则回到步骤（3）；

（5）画聚类图；

（6）决定类的个数和类.

显而易见，这种系统归类过程初始时是将每个点看成一个类，并与计算类和类之间的距离有关，采用不同的距离定义，有可能得出不同的聚类结果.

例 5.4　设有 5 个工厂 $w_1, w_2, \cdots, w_5$ 生产两种原料由二维变量 (v_1, v_2) 描述，如表 5.5 所示.

表 5.5 生产两种原料重量

工厂	v_1（百吨）	v_2（百吨）
w_1	1	0
w_2	1	1
w_3	3	2
w_4	4	3
w_5	2	5

解 记工厂 $w_i(i=1,2,\cdots,5)$ 的生产原料为 (v_{i1},v_{i2}). 如果使用绝对值距离来测量点与点之间的距离，使用最短距离法来测量类与类之间的距离，即

$$d(w_i,w_j)=\sum_{k=1}^{2}|w_{ik}-x_{jk}|, \quad D(G_p,G_q)=\min_{\substack{w_i\in D_p \\ w_j\in D_q}} d(w_i,w_j)$$

由距离公式，可以算出各点间的距离矩阵 $\boldsymbol{W}$

$$\boldsymbol{W}=\begin{array}{c} \\ w_1 \\ w_2 \\ w_3 \\ w_4 \\ w_5 \end{array}\begin{array}{c} w_1,w_2,w_3,w_4,w_5 \\ \begin{bmatrix} 0 & 1 & 4 & 6 & 6 \\ 1 & 0 & 3 & 5 & 5 \\ 4 & 3 & 0 & 2 & 4 \\ 6 & 5 & 2 & 0 & 4 \\ 6 & 5 & 4 & 4 & 0 \end{bmatrix} \end{array}$$

根据聚类图法可得：

第一步：所有的元素自成一类 $H_1=\{w_1,w_2,\cdots,w_5\}$. 每一个类的平台高度为零，即 $f(w_i)=0(i=1,2,3,4,5)$. 显然，这时 $D(G_p,G_q)=d(G_p,G_q)$.

第二步：取新类的平台高度为 1，而 $d(w_1,w_2)=\min\limits_{\substack{i=1 \\ i\neq j}}^{5} d(w_i,w_j)$，则把 w_1,w_2 合成一个新类，即 $h_6=\{w_1,w_2\}$，此时的分类情况是 $H_2=\{h_6,w_3,w_4,w_5\}$.

第三步：取新类的平台高度为 2，而 $d(w_3,w_4)=2$ 是 H_2 中距离最小的，故将其合成一个新类 $h_7=\{w_3,w_4\}$，此时的分类情况是 $H_3=\{h_6,h_7,w_5\}$.

第四步：取新类的平台高度为 3，由 $d(h_6,h_7)==d(w_2,w_3)=3$ 是 H_3 中距离最小的，故将 h_6,h_7 合成一个新类 $h_8=\{h_6,h_7\}$，此时的分类情况是 $H_4=\{h_8,w_5\}$.

第五步：取新类的平台高度为 4，把 $d(w_3,w_5)==d(w_4,w_5)=4$ 是 h_8 和 w_5 合成一个新类 h_9，此时的分类情况是 $H_5=\{h_9\}$.

由聚类图 5.7，就可以按要求进行分类. 可以看出，在这五个工厂中 w_5 生产原料最多，w_3,w_4 生产原料较多，而 w_1,w_2 生产原料较少. 从图 5.7 可看出当需将工厂按生产原料多少分为 4 类时为 H_2，分成 3 类时为 H_3，分成 2 类时为 H_4.

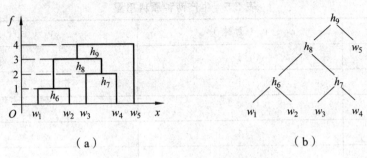

图 5.7　最短距离法聚类图

使用下面 Matlab 程序可得出结果:

```
clc,clear
a=[1,0;1,1;3,2;4,3;2,5];
[m,n]=size(a);
d=zeros(m);
d=mandist(a'); %mandist 求矩阵行向量组之间的两两绝对值距离
d=tril(d); %截取下三角元素
nd=nonzeros(d);    %去掉 d 中的零元素,非零元素按列排列
nd=union(nd,nd)    %去掉重复的非零元素
for i=1:m-1
    nd_min=min(nd);
    [row,col]=find(d==nd_min);tm=union(row,col);    %row 和 col 归为一类
    tm=reshape(tm,1,length(tm));    %把数组 tm 变成行向量
    fprintf('第%d 次合成,平台高度为%d 时的分类结果为:%s\n',...
        i,nd_min,int2str(tm));
    nd(find(nd==nd_min))=[]; %删除已经归类的元素
    if length(nd)==0
        break
    end
end
```

5.2.4　使用 Matlab 进行聚类

（1）距离函数 pdist.

假设我们有 $m \times n$ 阶数据矩阵 X，每一行是一个样本数据. 在 Matlab 中计算样本点之间距离的内部函数为:

```
Y=pdist(X)                  %计算样本点之间的欧氏距离
Y=pdist(X,'seuclid')        %计算样本点之间的标准化欧氏距离
Y=pdist(X,'mahal')          %计算样本点之间的马氏距离
Y=pdist(X,'cityblock')      %计算样本点之间的布洛克距离
```

Y=pdist(X,'minkowski')	%计算样本点之间的闵可夫斯基距离
Y=pdist(X,'minkowski',p)	%计算样本点之间的参数为 p 的闵可夫斯基距离
Y=pdist(X,'correlation')	%计算样本点之间的相似距离
Y=pdist(X,'cosine')	%计算样本点之间的余弦距离

但是 pdist 命令输出的结果不是方阵，需使用函数命令 yy=squareform（Y）将样本点之间的距离用矩阵的形式输出.

（2）使用最短距离法生成具层次结构的聚类树命令：linkage.

Z=linkage（Y）% 使用最短距离算法生成具层次结构的聚类树. 输入矩阵 Y 为 pdist 函数输出的距离行向量.

Z=linkage（Y, 'method'）% 使用由'method'指定的算法计算生成聚类树. method 可取表 5.6 中特征字符串值.

[h，t]=dendrogram（Z）%画聚类图

输出 Z 为包含聚类树信息的 $(m-1)\times 3$ 矩阵. 聚类树上的叶节点为原始数据集中的对象，由 1 到 m. 它们是单元素的类，级别更高的类都由它们生成. 对应于 Z 中第 j 行每个新生成的类，其索引为 $m+j$，其中 m 为初始叶节点的数量. 第 1 列和第 2 列，即 Z（:，[1:2]）包含了被两两连接生成一个新类的所有对象的索引. 生成的新类索引为 $m+j$. 共有 $m-1$ 个级别更高的类，它们对应于聚类树中的内部节点. 第三列 Z（:，3）包含了相应的在类中的两两对象间的连接距离.

表 5.6 'method'的取值及含义

字符串	含义
'single'	最短距离（缺省）
'average'	无权平均距离
'centroid'	重心距离
'complete'	最大距离
'median'	赋权重心距离
'ward'	离差平方和方法（Ward 方法）
'weighted'	赋权平均距离

（3）聚类命令 cluster.

T=cluster（Z, 'cutoff', c）%从连接输出（linkage）中创建聚类. cutoff 为定义 cluster 函数如何生成聚类的阈值，其不同的取值及含义如表 5.7 所示. 输出结果 T 是与样本点个数相同的列向量，$T(i)$ 的值表示第 i 个样本点所属类的标号，如 $T(3) = T(4) = 2$ 表示第 3,4 样本点均属于第 2 类.

表 5.7 cutoff 取值及含义

cutoff 取值	含义
0<cutoff<2	cutoff 作为不一致系数的阈值. 不一致系数对聚类树中对象间的差异进行了量化. 如果一个连接的不一致系数大于阈值，则 cluster 函数将其作为聚类分组的边界.
2<=cutoff	cutoff 作为包含在聚类树中的最大分类数

（4）标准化处理 zsore（X）.

一般在进行 R 型聚类时需先对数据矩阵进行标准化，其处理方式为：

$$\tilde{x}_{ij} = \frac{x_{ij} - \bar{x}_j}{s_j} \qquad (5.18)$$

其中 $\bar{x}_j$，s_j 是矩阵 $X = (x_{ij})_{m \times n}$ 每一列的均值和标准差.

（5）H = dendrogram（Z，P）.

由 linkage 产生的数据矩阵 Z 画聚类树状图. P 是结点数，默认值是 30.

（6）T=clusterdata（X，cutoff）.

将矩阵 X 的数据分类. X 为 $m \times n$ 矩阵，被看作 m 个 n 维行向量. 它与以下命令等价

Y=pdist(X)

Z=linkage(Y,'single')

T=cluster(Z,cutoff)

（7）使用 squareform 命令将 pdist 的输出转换为方阵.

例 5.5　使用 Matlab 聚类命令将例 5.4 中样本点按绝对值距离分成 3 类.

解　使用下面 Matlab 程序解出：

```
clc,clear
a=[1,0;1,1;3,2;4,3;2,5];
y=pdist(a,'cityblock');   %求 a 的两两行向量间的绝对值距离
yc=squareform(y) %变换成距离方阵
z=linkage(y) %产生等级聚类树
[h,t]=dendrogram(z)%画聚类图
T=cluster(z,'maxclust',3) %把对象划分成 3 类
for i=1:3
        tm=find(T==i);   %求第 i 类的对象
        tm=reshape(tm,1,length(tm)); %变成行向量
        fprintf('第%d 类的有%s\n',i,int2str(tm)); %显示分类结果
end
```

运行以上命令得聚类图 5.8，分成三类：1 和 2，3 和 4，5.

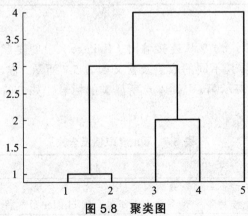

图 5.8　聚类图

例 5.6 表 5.8 是 1999 年中国 21 个省、自治区的城市规模结构特征的一些数据，试通过聚类分析将这些省、自治区分为 6 类.

表 5.8 各省、自治区指标

省、自治区	首位城市规模（万人）	城市首位度	四城市指数	基尼系数	城市规模中位值（万人）
京津冀	699.70	1.437 1	0.936 4	0.780 4	10.880
山西	179.46	1.898 2	1.000 6	0.587 0	11.780
内蒙古	111.13	1.418 0	0.677 2	0.515 8	17.775
辽宁	389.60	1.918 2	0.854 1	0.576 2	26.320
吉林	211.34	1.788 0	1.079 8	0.456 9	19.705
黑龙江	259.00	2.305 9	0.341 7	0.507 6	23.480
苏沪	923.19	3.735 0	2.057 2	0.620 8	22.160
浙江	139.29	1.871 2	0.885 8	0.453 6	12.670
安徽	102.78	1.233 3	0.532 6	0.379 8	27.375
福建	108.50	1.729 2	0.932 5	0.468 7	11.120
江西	129.20	3.245 4	1.193 5	0.451 9	17.080
山东	173.35	1.001 8	0.429 6	0.450 3	21.215
河南	151.54	1.492 7	0.677 5	0.473 8	13.940
湖北	434.46	7.132 8	2.441 3	0.528 2	19.190
湖南	139.29	2.350 1	0.836 0	0.489 0	14.250
广东	336.54	3.540 7	1.386 3	0.402 0	22.195
广西	96.12	1.228 8	0.638 2	0.500 0	14.340
海南	45.43	2.191 5	0.864 8	0.413 6	8.730
川渝	365.01	1.680 1	1.148 6	0.572 0	18.615
云南	146.00	6.633 3	2.378 5	0.535 9	12.250
贵州	136.22	2.827 9	1.291 8	0.598 4	10.470

解 按照表 5.8 的排序，对表中 21 个省、自治区按行进行标号，并将数据保存在桌面的文本文件 li5_6.txt 中，并使用 Q 型聚类法对其进行聚类，在 Matlab 中输入命令：

```
load C:\Users\Administrator\Desktop\li5_6.txt
d=pdist(li5_6,'correlation'); %计算相关系数导出的距离
D=squareform(d);
z=linkage(d,'average');   %按类平均法聚类
h=dendrogram(z);  %画聚类图
set(h,'Color','k','LineWidth',1.3) %把聚类图线的颜色改成黑色,线宽加粗
T=cluster(z,'maxclust',6) %把变量划分成 6 类
for i=1:6
```

```
tm=find(T==i);   %求第 i 类的对象
tm=reshape(tm,1,length(tm)); %变成行向量
fprintf('第%d 类的有%s\n',i,int2str(tm)); %显示分类结果
```
end

通过计算将 21 个点分为 6 类, 分别为:

第 1 类的有 5　　6　　8　　10　　13　　15

第 2 类的有 2　　4　　14　　16　　19　　20　　21

第 3 类的有 18

第 4 类的有 3　　11　　12　　17

第 5 类的有 1　　7

第 6 类的有 9

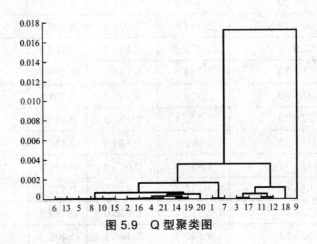

图 5.9　　Q 型聚类图

在上面 Q 型聚类法中使用了所有的指标. 而在实际中, 很多时候我们会得到大量的指标数据, 并且变量的部分指标有一定的相似性, 这使得我们在分类时不能将所有指标都用于聚类, 而应去掉相关性较大的指标, 选取其中部分指标作为其聚类依据. 我们利用 Matlab 计算出各个指标的相关系数矩阵,并从这些指标中选取相关性较小的一些指标来对样本进行聚类, 这种聚类法称为 R 型聚类法.

定义指标 X_1: 首位城市规模, X_2: 城市首位度, X_3: 四城市指数, X_4: 基尼系数, X_5: 城市规模中位值. 以夹角余弦作为指标相似度, 可计算出 5 个指标的相似度矩阵 (见表 5.9).

表 5.9　　5 个指标的相似度矩阵

	X_1	X_2	X_3	X_4	X_5
X_1	1.000 0	0.724 8	0.806 3	0.826 1	0.783 9
X_2	0.724 8	1.000 0	0.973 4	0.837 7	0.801 0
X_3	0.806 3	0.973 4	1.000 0	0.892 6	0.832 2
X_4	0.826 1	0.837 7	0.892 6	1.000 0	0.928 2
X_5	0.783 9	0.801 0	0.832 2	0.928 2	1.000 0

由表 5.9 可以看出，5 个指标的相似较大，所以我们使用聚类法将指标聚为 3 类，再选取合适的 3 个指标对 21 个省、自治区进行分类.

（1）计算出指标的相关系数矩阵并将其分为 3 类.

```
load C:\Users\Administrator\Desktop\li5_6.txt
d=1-pdist(li5_6','cosine'); %计算夹角余弦导出的指标相似度
D=squareform(d);
z=linkage(d,'average');   %按类平均法聚类
h=dendrogram(z);   %画聚类图
set(h,'Color','k','LineWidth',1.3) %把聚类图线的颜色改成黑色,线宽加粗
T=cluster(z,'maxclust',3) %把变量划分成 5 类
for i=1:3
        tm=find(T==i);   %求第 i 类的对象
        tm=reshape(tm,1,length(tm)); %变成行向量
        fprintf('第%d 类的有%s\n',i,int2str(tm)); %显示分类结果
end
```

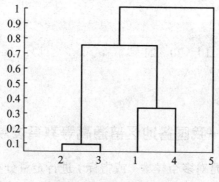

图 5.10　指标聚类图

可以看出 X_1 与 X_4 分为一类，X_2 与 X_3 分为一类，X_5 单独一类，由此我们可以选取 X_1，X_2 与 X_5 三个指标来按类平均法聚类，Matlab 程序为：

```
load C:\Users\Administrator\Desktop\li5_6.txt
li5=li5_6(:,[1 2 5]);
d=pdist(li5,'correlation'); %计算相关系数导出的距离
D=squareform(d);
z=linkage(d,'average');   %按类平均法聚类
h=dendrogram(z);   %画聚类图
set(h,'Color','k','LineWidth',1.3) %把聚类图线的颜色改成黑色,线宽加粗
T=cluster(z,'maxclust',6) %把变量划分成 6 类
for i=1:6
```

```
    tm=find(T==i);    %求第 i 类的对象
    tm=reshape(tm,1,length(tm));  %变成行向量
    fprintf('第%d 类的有%s\n',i,int2str(tm));  %显示分类结果
end
```

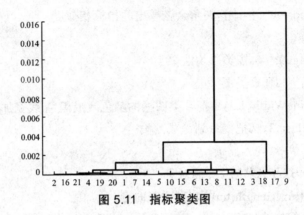

图 5.11　指标聚类图

通过计算将 21 个省、自治区分为 6 类，分别为：

第 1 类的有 5　　6　　8　　10　　13　　15

第 2 类的有 11　　12

第 3 类的有 1　　7　　14

第 4 类的有 2　　4　　16　　19　　20　　21

第 5 类的有 3　　17　　18

第 6 类的有 9

5.2.5　聚类分析案例——我国各地区普通高等教育发展状况分析

聚类分析又称群分析，是对多个样本（或指标）进行定量分类的一种多元统计分析方法．对样本进行分类称为 Q 型聚类分析，对指标进行分类称为 R 型聚类分析．本案例运用 Q 型和 R 型聚类分析方法对我国各地区普通高等教育的发展状况进行分析．

1.　案例研究背景

近年来，我国普通高等教育得到了迅速发展，为国家培养了大批人才．但由于我国各地区经济发展水平不均衡，加之高等院校原有布局使各地区高等教育发展的起点不一致，因而各地区普通高等教育的发展水平存在一定的差异，不同的地区具有不同的特点．对我国各地区普通高等教育的发展状况进行聚类分析，明确各类地区普通高等教育发展状况的差异与特点，有利于管理和决策部门从宏观上把握我国普通高等教育的整体发展现状，分类制定相关政策，更好的指导和规划我国高教事业的整体健康发展．

2.　案例研究过程

（1）建立综合评价指标体系．

高等教育是依赖高等院校进行的，高等教育的发展状况主要体现在高等院校的相关方面．

遵循可比性原则，从高等教育的五个方面选取十项评价指标，具体如图 5.11.

（2）数据资料.

指标的原始数据取自 1995 年《中国统计年鉴》和 1995 年《中国教育统计年鉴》除以各地区相应的人口数得到十项指标值见表 5.10. 其中，X_1 为每百万人口高等院校数；X_2 为每十万人口高等院校毕业生数；X_3 为每十万人口高等院校招生数；X_4 为每十万人口高等院校在校生数；X_5 为每十万人口高等院校教职工数；X_6 为每十万人口高等院校专职教师数；X_7 为高级职称占专职教师的比例；X_8 为平均每所高等院校的在校生数；X_9 为国家财政预算内普通高教经费占国内生产总值的比重；X_{10} 为生均教育经费.

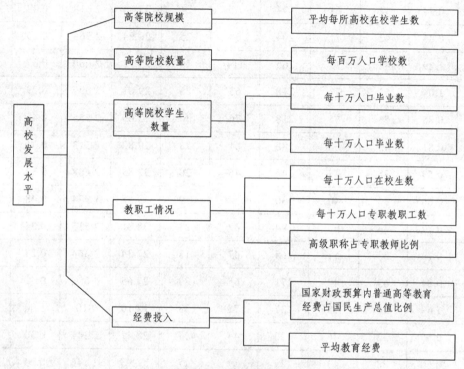

图 5.12 指标分类图

表 5.10 各省、自治区数据

省、自治区	X_1	X_2	X_3	X_4	X_5	X_6	X_7	X_8	X_9	X_{10}
北京	5.96	310	461	1 557	931	319	44.36	2 615	2.20	13 631
上海	3.39	234	308	1 035	498	161	35.02	3 052	0.90	12 665
天津	2.35	157	229	713	295	109	38.40	3 031	0.86	9 385
陕西	1.35	81	111	364	150	58	30.45	2 699	1.22	7 881
辽宁	1.50	88	128	421	144	58	34.30	2 808	0.54	7 733
吉林	1.67	86	120	370	153	58	33.53	2 215	0.76	7 480
黑龙江	1.17	63	93	296	117	44	35.22	2 528	0.58	8 570
湖北	1.05	67	92	297	115	43	32.89	2 835	0.66	7 262
江苏	0.95	64	94	287	102	39	31.54	3 008	0.39	7 786

续表

省、自治区	X_1	X_2	X_3	X_4	X_5	X_6	X_7	X_8	X_9	X_{10}
广东	0.69	39	71	205	61	24	34.50	2 988	0.37	11 355
四川	0.56	40	57	177	61	23	32.62	3 149	0.55	7 693
山东	0.57	58	64	181	57	22	32.95	3 202	0.28	6 805
甘肃	0.71	42	62	190	66	26	28.13	2 657	0.73	7 282
湖南	0.74	42	61	194	61	24	33.06	2 618	0.47	6 477
浙江	0.86	42	71	204	66	26	29.94	2 363	0.25	7 704
新疆	1.29	47	73	265	114	46	25.93	2 060	0.37	5 719
福建	1.04	53	71	218	63	26	29.01	2 099	0.29	7 106
山西	0.85	53	65	218	76	30	25.63	2 555	0.43	5 580
河北	0.81	43	66	188	61	23	29.82	2 313	0.31	5 704
安徽	0.59	35	47	146	46	20	32.83	2 488	0.33	5 628
云南	0.66	36	40	130	44	19	28.55	1 974	0.48	9 106
江西	0.77	43	63	194	67	23	28.81	2 515	0.34	4 085
海南	0.70	33	51	165	47	18	27.34	2 344	0.28	7 928
内蒙古	0.84	43	48	171	65	29	27.65	2 032	0.32	5 581
西藏	1.69	26	45	137	75	33	12.10	810	1.00	14 199
河南	0.55	32	46	130	44	17	28.41	2 341	0.30	5 714
广西	0.60	28	43	129	39	17	31.93	2 146	0.24	5 139
宁夏	1.39	48	62	208	77	34	22.70	1 500	0.42	5 377
贵州	0.64	23	32	93	37	16	28.12	1 469	0.34	5 415
青海	1.48	38	46	151	63	30	17.87	1 024	0.38	7 368

（3）R型聚类分析.

定性考察反映高等教育发展状况的五个方面十项评价指标，可以看出，某些指标之间可能存在较强的相关性. 比如每十万人口高等院校毕业生数、每十万人口高等院校招生数与每十万人口高等院校在校生数之间可能存在较强的相关性，每十万人口高等院校教职工数和每十万人口高等院校专职教师数之间可能存在较强的相关性. 为了验证这种想法，运用 Matlab 软件计算十个指标之间的相关系数，相关系数矩阵如表 5.11 所示.

表 5.11 各指标相关性

	X_1	X_2	X_3	X_4	X_5	X_6	X_7	X_8	X_9	X_{10}
X_1	1.000 0	0.943 4	0.952 8	0.959 1	0.974 6	0.979 8	0.406 5	0.066 3	0.868 0	0.660 9
X_2	0.943 4	1.000 0	0.994 6	0.994 6	0.974 3	0.970 2	0.613 6	0.350 0	0.803 9	0.599 8
X_3	0.952 8	0.994 6	1.000 0	0.998 7	0.983 1	0.980 7	0.626 1	0.344 5	0.823 1	0.617 1
X_4	0.959 1	0.994 6	0.998 7	1.000 0	0.987 8	0.985 6	0.609 6	0.325 6	0.827 6	0.612 4
X_5	0.974 6	0.974 3	0.983 1	0.987 8	1.000 0	0.998 6	0.559 9	0.241 1	0.859 0	0.617 4
X_6	0.979 8	0.970 2	0.980 7	0.985 6	0.998 6	1.000 0	0.550 0	0.222 2	0.869 1	0.616 4
X_7	0.406 5	0.613 6	0.626 1	0.609 6	0.559 9	0.550 0	1.000 0	0.778 9	0.365 5	0.151 0
X_8	0.066 3	0.350 0	0.344 5	0.325 6	0.241 1	0.222 2	0.778 9	1.000 0	0.112 2	0.048 2
X_9	0.868 0	0.803 9	0.823 1	0.827 6	0.859 0	0.869 1	0.365 5	0.112 2	1.000 0	0.683 3
X_{10}	0.660 9	0.599 8	0.617 1	0.612 4	0.617 4	0.616 4	0.151 0	0.048 2	0.683 3	1.000 0

可以看出某些指标之间确实存在很强的相关性，因此可以考虑从这些指标中选取几个有代表性的指标进行聚类分析. 为此，把 10 个指标根据其相关性进行 R 型聚类，再从每个类中选取代表性的指标. 首先对每个变量（指标）的数据分别进行标准化处理. 变量间相近性度量采用相关系数，类间相近性度量的计算选用类平均法. 聚类树型图见图 5.13.

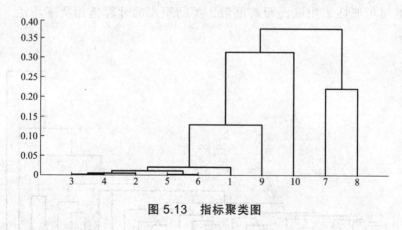

图 5.13 指标聚类图

计算的 Matlab 程序如下：

```
load gj.txt %把原始数据保存在纯文本文件 gj.txt 中
r=corrcoef(gj)%计算相关系数矩阵
d=1-r; %进行数据变换,把相关系数转化为距离
d=tril(d); %取出矩阵 d 的下三角元素
d=nonzeros(d); %取出非零元素
d=d'; %化成行向量
z=linkage(d,'average'); %按类平均法聚类
```

```
dendrogram(z); %画聚类图
T=cluster(z,'maxclust',6)%把变量划分成 6 类
for i=1:6
    tm=find(T==i); %求第 i 类的对象
    tm=reshape(tm,1,length(tm)); %变成行向量
    fprintf('第%d 类的有%s\n',i,int2str(tm)); %显示分类结果
end
```

从聚类图 5.14 可以看出，每十万人口高等院校招生数、每十万人口高等院校在校生数、每十万人口高等院校教职工数、每十万人口高等院校专职教师数、每十万人口高等院校毕业生数 5 个指标之间有较大的相关性，最先被聚到一起. 如果将 10 个指标分为 6 类，其他 5 个指标各自为一类. 这样就从 10 个指标中选定了 6 个分析指标：

X_1：每百万人口高等院校数；

X_2：每十万人口高等院校毕业生数；

X_7：高级职称占专职教师的比例；

X_8：平均每所高等院校的在校生数；

X_9：国家财政预算内普通高教经费占国内生产总值的比重；

X_{10}：生均教育经费.

可以根据这 6 个指标对 30 个地区进行聚类分析.

（4）Q 型聚类分析.

根据这 6 个指标对 30 个地区进行聚类分析. 首先对每个变量的数据分别进行标准化处理，样本间相似性采用欧氏距离度量，类间距离的计算选用类平均法. 聚类树型图见图 5.14.

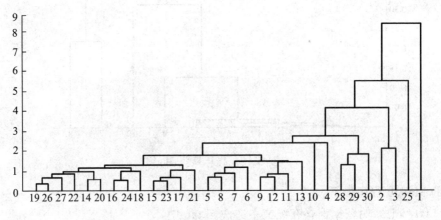

图 5.14　聚类图

计算的 Matlab 程序如下：

```
clc,clear
load gj.txt %把原始数据保存在纯文本文件 gj.txt 中
gj(:,3:6)=[]; %删除数据矩阵的第 3 列~第 6 列,即使用变量 1,2,7,8,9,10
gj=zscore(gj); %数据标准化
```

```
y=pdist(gj); %求对象间的欧氏距离,每行是一个对象
z=linkage(y,'average'); %按类平均法聚类
dendrogram(z); %画聚类图
for k=3:5
    fprintf('划分成%d 类的结果如下:\n',k)
    T=cluster(z,'maxclust',k); %把样本点划分成 k 类
    for i=1:k
        tm=find(T==i); %求第 i 类的对象
        tm=reshape(tm,1,length(tm)); %变成行向量
        fprintf('第%d 类的有%s\n',i,int2str(tm)); %显示分类结果
    end
    If k==5
        break
    end
    fprintf('*******************************\n');
end
```

3. 案例研究结果

各地区高等教育发展状况存在较大的差异，高教资源的地区分布很不均衡. 如果根据各地区高等教育发展状况把 30 个地区分为三类，结果为：

第一类：北京；第二类：西藏；第三类：其他地区.

如果根据各地区高等教育发展状况把 30 个地区分为四类，结果为：

第一类：北京；第二类：西藏；第三类：上海，天津；第四类：其他地区.

如果根据各地区高等教育发展状况把 30 个地区分为五类，结果为：

第一类：北京；第二类：西藏；第三类：上海，天津；第四类：宁夏、贵州、青海；第五类：其他地区.

从以上结果结合聚类图中的合并距离可以看出，北京的高等教育状况与其他地区相比有非常大的不同，主要表现在每百万人口的学校数量和每十万人口的学生数量以及国家财政预算内普通高教经费占国内生产总值的比重等方面远远高于其他地区，这与北京作为全国的政治、经济与文化中心的地位是吻合的. 上海和天津作为另外两个较早的直辖市，高等教育状况和北京是类似的状况. 宁夏、贵州和青海的高等教育状况极为类似，高等教育资源相对匮乏. 西藏作为一个非常特殊的民族地区，其高等教育状况具有和其他地区不同的情形，被单独聚为一类，主要表现在每百万人口高等院校数比较高，国家财政预算内普通高教经费占国内生产总值的比重和生均教育经费也相对较高，而高级职称占专职教师的比例与平均每所高等院校的在校生数又都是全国最低的. 这正是西藏高等教育状况的特殊之处：人口相对较少，经费比较充足，高等院校规模较小，师资力量薄弱. 其他地区的高等教育状况较为类似，共同被聚为一类. 针对这种情况，有关部门可以采取相应措施对宁夏、贵州、青海和西藏地区进行扶持，促进当地高等教育事业的发展.

5.3　主成分分析

主成分分析（principal components analysis，PCA）是把原来多个变量划为少数几个主要综合指标的一种统计分析方法. 主成分分析主要目的是用较少的变量去解释原来资料中的大部分变异，将我们手中许多相关性很高的变量转化成彼此相互独立或不相关的变量. 通常是选出比原始变量个数少，能解释大部分资料中的相异的几个新变量，即主成分，并用以解释资料的综合性指标.

一个研究对象往往是多要素的复杂系统. 指标变量太多无疑会增加分析问题的难度和复杂性. 主成分分析利用原变量之间的相关关系，用较少的新变量代替原来较多的变量，并使这些少数变量尽可能多的保留原来较多的变量所反应的信息，这就是主成分分析方法的主要思路. 主成分分析经常用减少数据集的维数，同时保持数据集的对方差贡献最大的特征. 由此可见，主成分分析实际上是一种降维方法.

5.3.1　基本思想

设 $X_1, X_2, \cdots, X_p$ 是以 $x_1, x_2, \cdots, x_p$ 表示样本观测值的随机变量，如果能够找到 $c_1, c_2, \cdots, c_p$ 使得

$$\mathrm{var}(c_1 x_1 + c_2 x_2 + \cdots + c_p x_p) \tag{5.19}$$

的值达到最大，则由于方差反映了数据差异的程度，因此也就表明我们抓住了这 p 个变量的最大变异. 当然，上式必须加上某种限制，否则权值可选择无穷大而没有意义，通常规定

$$c_1^2 + c_2^2 + \cdots + c_p^2 = 1$$

在此约束下，求 $\mathrm{var}(c_1 x_1 + c_2 x_2 + \cdots + c_p x_p)$ 达到最大的最优解. 由于这个解是 p –维空间的一个单位向量，它代表一个 "方向"，它就是常说的主成分方向.

一个主成分不足以代表原来的 p 个变量，因此需要寻找第二个乃至第三、第四主成分，第二个主成分不应该再包含第一个主成分的信息，统计上的描述就是让这两个主成分的协方差为零，几何上就是这两个主成分的方向正交. 具体确定各个主成分的方法如下.

假定有 n 个样本，每个样本共有 p 个变量，构成一个 $n \times p$ 阶的数据矩阵

$$X = \begin{bmatrix} x_{11} & x_{12} & \cdots & x_{1p} \\ x_{21} & x_{22} & \cdots & x_{2p} \\ \vdots & \vdots & & \vdots \\ x_{n1} & x_{n2} & \cdots & x_{np} \end{bmatrix}$$

设 y_i 表示第 i 个主成分，$i = 1, 2, \cdots, m$ 且 $m \leqslant n$，可设

$$\begin{cases} y_1 = c_{11} x_1 + c_{12} x_2 + \cdots + c_{1p} x_p \\ y_2 = c_{21} x_1 + c_{22} x_2 + \cdots + c_{2p} x_p \\ \qquad\cdots\cdots\cdots\cdots \\ y_m = c_{m1} x_1 + c_{m2} x_2 + \cdots + c_{mp} x_p \end{cases} \tag{5.20}$$

其中对每一个 i，均有 $c_{i1}^2 + c_{i2}^2 + \cdots + c_{ip}^2 = 1$，且 $c_i = (c_{i1}, c_{i2}, \cdots, c_{ip})$ 相互垂直. 而主成分分析法就

是找到满足上述条件的 $c_i = (c_{i1}, c_{i2}, \cdots, c_{ip})$，（$i = 1, 2, \cdots, p$），使得 $\mathrm{var}(c_1 x_1 + c_2 x_2 + \cdots + c_p x_p)$ 的值达到最大.

　　主成分估计采用的方法是将原来的回归自变量变换到另一组变量，即主成分，选择其中一部分重要的主成分作为新的自变量（此时丢弃了一部分影响不大的自变量，这实际达到了降维的目的），然后用最小二乘法对选取主成分后的模型参数进行估计，最后再变换回原来的模型求出参数的估计.

　　在做主成分分析时，有下面几点注意事项：

　　（1）主成分分析的结果受量纲的影响，由于各变量的单位可能不一样，如果各自改变量纲，结果会不一样，这是主成分分析的最大问题，回归分析是不存在这种情况的，所以实际中可以先把各变量的数据标准化，然后使用协方差矩阵或相关系数矩阵进行分析.

　　（2）使方差达到最大的主成分分析不用转轴（由于统计软件常把主成分分析和因子分析放在一起，后者往往需要转轴，使用时应注意）.

　　（3）主成分的保留. 用相关系数矩阵求主成分时，Kaiser 主张将特征值小于 1 的主成分予以放弃（这也是 SPSS 软件的默认值）.

　　（4）在实际研究中，由于主成分的目的是为了降维，减少变量的个数，故一般选取少量的主成分（不超过 5 或 6 个），只要它们能够解释变异的 70% ~ 80%（称累积贡献率）就可以.

　　下面我们直接通过主成分估计（principle estimate）进一步阐述主成分分析的基本思想和相关概念.

5.3.2　特征值因子的筛选

　　回到主成分分析，实际中确定主成分式中的系数 $c_i = (c_{i1}, c_{i2}, \cdots, c_{ip})$，（$i = 1, 2, \cdots, p$）就是采用矩阵 $X^\mathrm{T} X$ 的特征向量. 将 $X^\mathrm{T} X$ 的特征值按由大到小的次序排列，即 $\lambda_1 \geqslant \lambda_2 \geqslant \cdots \geqslant \lambda_p \geqslant 0$，而特征值 λ_i 的大小反映了第 i 个主成分的贡献大小，λ_i 对应的特征向量 u_i 为第 i 个主成分中个指标分量的权重系数. 如何筛选这些特征值？一个实用的方法是删去 $\lambda_{r+1}, \lambda_{r+2}, \cdots, \lambda_p$ 后，这些删去的特征值之和占整个特征值之和 $\sum\limits_{i=1}^{p} \lambda_i$ 的 15% 以下，换句话说，余下的特征值所占的比重（定义为累积贡献率）将超过 85%，当然这不是一种严格的规定，近年来文献中关于这方面的讨论很多，有很多比较成熟的方法，这里不一一介绍.

　　单纯考虑累积贡献率有时是不够的，还需要考虑选择的主成分对原始变量的贡献值，我们用相关系数的平方和来表示，如果选取的主成分为 $z_1, z_2, \cdots, z_r$，则它们对原变量 x_i 的贡献值为

$$\rho_i = \sum_{j=1}^{r} r^2(z_j, x_i) \tag{5.21}$$

这里 $r(z_j, x_i)$ 表示 z_j 与 x_i 的相关系数.

5.3.3　主成分分析计算步骤

1. 对原始数据进行标准化处理

假设进行主成分分析的指标变量有 m 个，分别为 $x_1, x_2, \cdots, x_m$，共有 n 个评价对象，第 i 个

评价对象的第 j 个指标的取值为 a_{ij}. 将各指标值 a_{ij} 转换成标准化指标值 $\tilde{a}_{ij}$：

$$\tilde{a}_{ij} = \frac{a_{ij} - \mu_j}{s_j}, \quad (i = 1, 2, \cdots, n; j = 1, 2, \cdots, m)$$

其中 $\mu_j = \dfrac{1}{n}\sum_{i=1}^{n} a_{ij}$，$s_j = \sqrt{\dfrac{1}{n-1}\sum_{i=1}^{n}(a_{ij} - \mu_j)^2}$（$j = 1, 2, \cdots, m$），即 μ_j, s_j 为第 j 个指标的样本均值和样本标准差. 对应的，称

$$\tilde{x}_j = \frac{x_j - \mu_j}{s_j} \quad (j = 1, 2, \cdots, m)$$

为标准化指标变量.

2. 计算相关系数矩阵

$$R = \begin{bmatrix} r_{11} & r_{12} & \cdots & r_{1m} \\ r_{21} & r_{22} & \cdots & r_{2m} \\ \vdots & \vdots & & \vdots \\ r_{m1} & r_{m2} & \cdots & r_{mm} \end{bmatrix}$$

其中，r_{ij} $(i, j = 1, 2, \cdots, m)$ 为原变量的 x_i 与 x_j 之间的相关系数，其计算公式为：

$$r_{ij} = \frac{\sum_{k=1}^{n}(x_{ki} - \overline{x}_i)(x_{kj} - \overline{x}_j)}{\sqrt{\sum_{k=1}^{n}(x_{ki} - \overline{x}_i)^2 \sum_{k=1}^{n}(x_{kj} - \overline{x}_j)^2}} = \frac{\sum_{k=1}^{n}\tilde{a}_{ki} \cdot \tilde{a}_{kj}}{n-1}$$

因为 R 是实对称矩阵（即 $r_{ij} = r_{ji}$），所以只需计算上三角元素或下三角元素即可.

3. 计算特征值与特征向量

首先解特征方程 $|\lambda I - R| = 0$，通常用雅可比法（Jacobi）求出实对称矩阵 R 的特征值 $\lambda_i (i = 1, 2, \cdots, p)$，并使其按大小顺序排列，即 $\lambda_1 \geqslant \lambda_2 \geqslant \cdots \geqslant \lambda_m \geqslant 0$；然后分别求出对应于特征值 λ_j 的特征向量 $u_j = [u_{1j}, u_{2j}, \cdots, u_{mj}]^{\mathrm{T}}(j = 1, 2, \cdots, m)$. 这里要求 $\|u_j\| = 1$，即 $\sum_{i=1}^{m} u_{ij}^2 = 1$，其中 u_{ij} 表示向量 u_j 的第 i 个分量，由特征向量组成 m 个新的指标变量

$$\begin{cases} y_1 = u_{11}\tilde{x}_1 + u_{21}\tilde{x}_2 + \cdots + u_{p1}\tilde{x}_p \\ y_2 = u_{12}\tilde{x}_1 + u_{22}\tilde{x}_2 + \cdots + u_{p2}\tilde{x}_p \\ \qquad\qquad \cdots\cdots\cdots\cdots \\ y_m = u_{m1}\tilde{x}_1 + u_{m2}\tilde{x}_2 + \cdots + u_{mm}\tilde{x}_p \end{cases}$$

其中 y_i 为第 i 个主成分.

4. 选择 $p(p \leqslant m)$ 个主成分，计算综合评价值

（1）计算主成分贡献率及累计贡献率.

主成分 y_i 的贡献率：

$$b_i = \frac{\lambda_i}{\sum_{k=1}^{m} \lambda_k} \quad (i = 1, 2, \cdots, m)$$

主成分 $y_1, y_2, \cdots, y_p$ 的累计贡献率 a_p：

$$a_p = \frac{\sum_{k=1}^{p} \lambda_k}{\sum_{k=1}^{m} \lambda_k}$$

当 α_p 接近于 1（一般取 $\alpha_p = 0.85, 0.9, 0.95$）时，则选择前 p 个指标变量 $y_1, y_2, \cdots, y_p$ 作为 p 个主成分，代替原来 m 个指标变量，从而可对 p 个主成分进行综合分析.

（2）计算综合得分 $Z = \sum_{j=1}^{p} b_j y_j$. 其中 b_j 为第 j 个主成分的信息贡献率，根据综合得分值就可进行评价.

5.3.4 基于主成分分析法的综合评价

在实际问题的研究中，往往会涉及众多有关的变量. 但是，变量太多不仅增加计算的复杂性，还会给合理分析问题和解释问题带来困难. 一般说来，虽然每个变量都提供了一定的信息，但其重要性有所不同，而在很多情况下，变量间有一定的相关性，从而使得这些变量所提供的信息在一定程度上有所重叠. 而主成分分析试图在力保数据信息丢失最少的原则下，对多变量的截面数据表进行最佳综合简化，也就是说，该方法对高维变量空间进行降维，并将相关性较少的数据分离出来作为主成分来确定进行综合评价时各项指标的权重. 在本节，将利用主成分分析法综合评价我国各省会城市的经济发展水平.

表 5.12 为中国 35 个大城市某年的 10 项社会经济统计指标数据.

表 5.12 中国各大城市某年的社会经济统计指标数据表

城市名称	年均人口数（万人）	非农业人口比（%）	农业总产值（万元）	工业总产值（万元）	客运总量（万人）	货运总量（万吨）	地方财政预算内人均收入（元）	城乡居民年底人均储蓄余额（元）	在岗职工人数（万人）	在岗职工总工资（元）
北 京	1249.9	0.597 8	1 843 427	19 999 706	20 323	45 562	2 232.9	21 447	410.80	5 773 301
天 津	910.17	0.580 9	1 501 136	22 645 502	3 259	26 317	1 239.4	12 417	202.68	2 254 343
石家庄	875.4	0.233 2	2 918 680	6 885 768	2 929	1 911	402.5	81 05.9	95.60	758 877
太 原	299.92	0.656 3	236 038	2 737 750	1 937	11 895	677.77	13 147	88.65	654 023
呼和浩特	207.78	0.441 2	365 343	816 452	2 351	2 623	509.11	67 21.5	42.11	309 337
沈 阳	677.08	0.629 9	1 295 418	5 826 733	7 782	15 412	838.78	13 317	135.45	1 152 811
大 连	545.31	0.494 6	1 879 739	8 426 385	10 780	19 187	1 300.6	13 858	94.15	965 922
长 春	691.23	0.406 8	1 853 210	5 966 343	4 810	9 532	516.61	6 949.6	102.63	884 447

续表

城市名称	年均人口数（万人）	非农业人口比（%）	农业总产值（万元）	工业总产值（万元）	客运总量（万人）	货运总量（万吨）	地方财政预算内人均收入（元）	城乡居民年底人均储蓄余额（元）	在岗职工人数（万人）	在岗职工总工资（元）
哈尔滨	927.09	0.462 7	2 663 855	4 186 123	6 720	7 520	519.31	6 957.3	172.79	1 309 151
上 海	1 313.1	0.738 4	2 069 019	54 529 098	6 406	44 485	3 288.7	19 778	336.84	5 605 445
南 京	537.44	0.534 1	989 199	13 072 737	14 269	11 193	1236	10 569	113.81	1 357 861
杭 州	616.05	0.355 6	1 414 737	12 000 796	17 883	11 684	729.8	12 054	96.90	1 180 947
宁 波	538.41	0.254 7	1 428 235	10 622 866	22 215	10 298	931.86	9 744.2	62.15	824 034
合 肥	429.95	0.318 4	628 764	2 514 125	4 893	1 517	543.38	3 774.7	47.27	369 577
福 州	583.13	0.273 3	2 152 288	6 555 351	8 851	7 190	801.75	8 626.2	69.59	680 607
厦 门	128.99	0.486 5	333 374	5 751 124	3 728	2 570	3 246.4	1 6345	46.93	657 484
南 昌	424.05	0.398 8	688 289	2 305 881	3 674	3 189	395.37	6 224.6	62.08	479 ,555
济 南	557.63	0.408 5	1 486 302	6 285 882	5 915	11 775	826.16	7 400.9	83.31	756 696
青 岛	702.97	0.369 3	2 382 320	11 492 036	13 408	17 038	936.65	7 081.4	103.52	961 704
郑 州	615.36	0.342 4	677 425	5 287 601	10 433	6 768	629.31	8 345.3	84.66	696 848
武 汉	740.2	0.586 9	1 211 291	7 506 085	9 793	15 442	816.88	7 765.5	149.20	1 314 766
长 沙	582.47	0.310 7	1 146 367	3 098 179	8 706	5 718	555.67	5 942.4	69.57	596 986
广 州	685	0.621 4	1 600 738	23 348 139	22 007	23 854	2 571.5	2 9784	182.81	3 047 594
深 圳	119.85	0.793 1	299 662	20 368 295	8 754	4 274	15419	7 9432	91.26	1 890 338
南 宁	285.87	0.406 4	720 486	1 149 691	5 130	3 293	523.66	7 664	45.09	371 809
海 口	54.38	0.835 4	44 815	717 461	5 345	2 356	2 117.9	29 915	19.01	198 138
重 庆	3072.3	0.206 7	4 168 780	8 585 525	52 441	25 124	292.58	2 959	223.73	1 606 804
成 都	1003.6	0.335	1 935 590	5 894 289	40 140	19 632	559.2	7 453.2	132.89	1 200 671
贵 阳	321.5	0.455 7	362 061	2 247 934	15 703	4 143	615.58	5 560.6	55.28	419 681
昆 明	473.39	0.386 5	793 356	3 605 729	5 604	12 042	1107.4	8 719.9	88.11	842 321
西 安	674.5	0.409 4	739 905	3 665 942	10 311	9 766	606.22	8 693.8	114.01	885 169
兰 州	287.59	0.544 5	259 444	2 940 884	1 832	4 749	589.52	9 185.2	65.83	550 890
西 宁	133.95	0.522 7	65 848	711 310	1 746	1 469	366.81	6 383.4	27.21	219 251
银 川	95.38	0.570 9	171 603	661 226	2 106	1 193	783.79	8 535.4	23.72	178 621
乌鲁木齐	158.92	0.824 4	78 513	1 847 241	2 668	9 041	1 603.8	14 885	55.27	517 622

在表 5.12 中列出了十个指标，可以某些指标之间确实存在很强的相关性，如果直接用这些指标进行综合评价，必然造成信息的重叠，影响评价结果的客观性．主成分分析方法可以把多个指标转化为少数几个不相关的综合指标，因此，可以考虑利用主成分进行综合评价．下面为使用主成分分析法进行评价的具体步骤：

（1）对原始数据进行预处理和标准化．从指标看不能直接对数据进行处理，如在岗职工总工资应转化在岗职工人均工资等．已知进行主成分分析的指标变量有 10 个，共有 35 个评价对象，第 i 个评价对象的预处理后的第 j 个指标的取值为 a_{ij}. 将各指标值 a_{ij} 转换成标准化指标值 $\tilde{a}_{ij}$：

$$\tilde{a}_{ij} = \frac{a_{ij} - \mu_j}{s_j} \quad (i = 1, 2, \cdots, 35, j = 1, 2, \cdots, 10)$$

其中 $\mu_j = \frac{1}{35}\sum_{i=1}^{35} a_{ij}$，$s_j = \sqrt{\frac{1}{34}\sum_{i=1}^{35}(a_{ij} - u_j)^2}$，（$j = 1, 2, \cdots, 10$），即 μ_j, s_j 为第 j 个指标的样本均值和样本标准差. 可使用 Matlab 命令 zscore（X）命令对矩阵的列向量进行标准化.

（2）计算相关系数矩阵 $\boldsymbol{R} = (r_{ij})_{10 \times 10}$ 其中 $r_{ij} (i, j = 1, 2, \cdots, 10)$ 为原变量的 x_i 与 x_j 之间的相关系数，其计算公式为：

$$r_{ij} = \frac{\sum_{k=1}^{30}(x_{ki} - \overline{x}_i)(x_{kj} - \overline{x}_j)}{\sqrt{\sum_{k=1}^{30}(x_{ki} - \overline{x}_i)^2 \cdot \sum_{k=1}^{30}(x_{kj} - \overline{x}_j)^2}}$$

可使用 Matlab 命令 corrcoef（X）命令得到矩阵的列向量的相关性矩阵.

（3）计算相关性矩阵的特征值与特征向量. 首先求出实对称矩阵 R 的特征值并使其按大小顺序排列，分别为：

$$\lambda_1 = 4.143\ 6, \lambda_2 = 3.488\ 6, \lambda_3 = 1.093\ 8, \lambda_4 = 0.520\ 6, \lambda_5 = 0.355\ 5,$$

$$\lambda_6 = 0.161\ 7, \lambda_7 = 0.127\ 0, \lambda_8 = 0.053\ 7, \lambda_9 = 0.032\ 3, \lambda_{10} = 0.023\ 2.$$

然后分别求出对应于特征值 λ_i 的特征向量 $u_j = [u_{1j}, u_{2j}, \cdots, u_{10j}]^{\mathrm{T}}(j = 1, 2, \cdots, 10)$. 这里要求 $\|u_j\| = 1$，即 $\sum_{t=1}^{10} \mu_t^2 = 1$，其中 u_{ij} 表示向量 u_j 的第 i 个分量，由特征向量组成 10 个新的指标变量. 可使用 Matlab 命令[x，y，z]=pcacov（r）依次求出相关性矩阵的特征向量、特征值和各指标的贡献率，其中 x 为特征向量（为行向量）组成的矩阵，第 i 列表示 λ_i 对应的特征值.

表 5.13 特征向量矩阵

$\widetilde{x}_1$	$\widetilde{x}_2$	$\widetilde{x}_3$	$\widetilde{x}_4$	$\widetilde{x}_5$	$\widetilde{x}_6$	$\widetilde{x}_7$	$\widetilde{x}_8$	$\widetilde{x}_9$	$\widetilde{x}_{10}$
0.336 4	− 0.342 0	0.139 0	0.181 1	0.315 3	0.042 2	− 0.533 1	0.342 3	− 0.442 3	− 0.139 9
0.085 0	0.405 2	− 0.395 0	0.563 1	0.248 1	0.479 6	0.070 7	0.128 4	0.029 9	0.204 0
0.296 3	− 0.341 9	0.200 3	− 0.294 8	0.480 3	0.385 6	0.503 0	− 0.094 4	0.088 0	0.138 6
0.417 1	0.127 5	− 0.231 8	− 0.422 9	− 0.188 1	0.371 3	− 0.483 7	− 0.189 1	0.347 4	− 0.116 6
0.264 3	− 0.259 9	0.471 4	0.523 5	− 0.477 5	0.160 7	0.024 3	− 0.096 0	0.309 3	0.083 7
0.435 9	− 0.079 4	− 0.349 0	0.129 0	− 0.185 2	− 0.184 3	0.219 0	− 0.553 6	− 0.488 8	− 0.055 0
0.177 2	0.425 6	0.406 4	− 0.035 8	0.262 8	− 0.269 6	− 0.249 8	− 0.308 0	− 0.036 1	0.566 4
0.185 6	0.447 7	0.325 7	0.112 6	0.227 4	− 0.080 1	0.148 3	− 0.089 4	0.084 7	− 0.742 4
0.439 3	− 0.084 2	0.072 3	0.131 9	− 0.577 6	0.123 3	0.341 9	0.035 0	0.465 3	0.078 3
0.314 9	0.351 1	0.160 9	− 0.273 0	− 0.415 3	− 0.048 0	0.095 9	0.275 2	0.535 0	0.133 9

由特征向量组成 10 个新的指标变量:

$$\begin{cases} y_1 = 0.336\ 4\tilde{x}_1 - 0.342\ 0\tilde{x}_2 + \cdots - 0.139\ 9\tilde{x}_{10} \\ y_2 = 0.085\tilde{x}_1 + 0.405\ 2\tilde{x}_2 + \cdots + 0.204\tilde{x}_{10} \\ \quad\cdots\cdots\cdots\cdots \\ y_{10} = 0.314\ 9\tilde{x}_1 + 0.351\ 1\tilde{x}_2 + \cdots + 0.133\ 9\tilde{x}_{10} \end{cases}$$

其中 y_i 为第 i 个主成分.

（4）选择主成分，计算综合评价值.

① 计算主成分贡献率及累计贡献率. 主成分 y_i 的贡献率:

$$b_i = \frac{\lambda_i}{\sum\limits_{k=1}^{10} \lambda_k} \quad (i = 1, 2, \cdots, 10)$$

累计贡献率:

$$\alpha_p = \frac{\sum\limits_{k=1}^{p} \lambda_k}{\sum\limits_{k=1}^{10} \lambda_k}$$

α_p 为主成分 $y_1, y_2, \cdots, y_p$ 的累积贡献率. 通过 Matlab 求解可得个主成分的贡献率与积累贡献率（见表 5.14）.

表 5.14　主成分分析结果

序号	特征值	贡献率（%）	累计贡献率（%）
1	4.143 6	41.435 9	41.435 9
2	3.488 6	34.885 5	76.321 4
3	1.093 8	10.938 0	87.259 4
4	0.520 6	5.206 4	92.465 8
5	0.355 5	3.554 9	96.020 7
6	0.161 7	1.617 0	97.637 7
7	0.127 0	1.270 2	98.907 9
8	0.053 7	0.537 4	99.445 3
9	0.032 3	0.323 2	99.768 5
10	0.023 2	0.231 5	100.000 0

可以看出，前 4 个特征根的累计贡献率就达到 92.4% 以上，主成分分析效果很好. 下面选取前 5 个主成分（累计贡献率就达到 96%）进行综合评价. 前 5 个主成分对应的特征向量见表 5.13 的前五行. 由此可得五个主成分分别为

$$\begin{cases} y_1 = 0.336\ 4\tilde{x}_1 - 0.342\ 0\tilde{x}_2 + \cdots - 0.139\ 9\tilde{x}_{10} \\ y_2 = 0.085\tilde{x}_1 + 0.405\ 2\tilde{x}_2 + \cdots + 0.204\tilde{x}_{10} \\ \qquad\qquad \cdots\cdots\cdots \\ y_5 = 0.264\ 3\tilde{x}_1 - 0.259\ 9\tilde{x}_2 + \cdots + 0.083\ 7\tilde{x}_{10} \end{cases}$$

从主成分的系数可以看出，第一主成分主要反映了城乡居民年底储蓄余额情况，第二主成分主要反映非农业人口比、农业总产值与货运总量与在岗职工人均工资，第三主成分主要反映了货运总量与地方财政预算内收入，第四主成分主要反映了年底总人口和在岗职工人数，第五主成分主要反映了农业总产值. 把各地区原始十个指标的标准化数据代入五个主成分的表达式，就可以得到各地区的五个主成分值.

② 计算综合得分

$$Z = \sum_{j=1}^{p} b_j y_j$$

其中 b_j 为第 j 个主成分的信息贡献率，根据综合得分值就可进行评价. 分别以四个主成分的贡献率为权重，构建主成分综合评价模型：

$$Z = 0.414\ 4y_1 + 0.348\ 9y_2 + 0.109\ 4y_3 + 0.052\ 1y_4 + 0.035\ 50y_5$$

把各地区的五个主成分值代入上式，可以得到各地区高教发展水平的综合评价值以及排序结果见表 5.15.

表 5.15　排名与综合评价结果

地区	深圳	上海	北京	广州	天津	海口	南京	厦门	重庆	大连
名次	1	2	3	4	5	6	7	8	9	10
综合评价值	4.070 0	2.632 8	1.874 4	1.731 8	0.675 7	0.350 4	0.226 7	0.223 1	0.148 4	0.114 7
地区	杭州	乌鲁木齐	沈阳	武汉	成都	宁波	青岛	太原	哈尔滨	昆明
名次	11	12	13	14	15	16	17	18	19	20
综合评价值	0.047 7	0.017 5	0.017 4	-0.057 7	-0.067 7	-0.068 8	-0.182 3	-0.336 0	-0.392 5	-0.421 6
地区	济南	长春	福州	西安	兰州	郑州	贵阳	长沙	石家庄	银川
名次	21	22	23	24	25	26	27	28	29	30
综合评价值	-0.429 9	-0.492 7	-0.514 9	-0.517 6	-0.579 6	-0.614 7	-0.729 6	-0.752 8	-0.753 2	-0.769 4
地区	南宁	南昌	西宁	呼和浩特	合肥					
名次	31	32	33	34	35					
综合评价值	-0.810 6	-0.856 5	-0.862 5	-0.921 4	-0.998 7					

（5）Matlab 求解程序：

```
clc,clear
load c:\gj.txt
%把原始数据预处理后(gj(:,10)=gj(:,10)./gj(:,9);)保存在纯文本文件 gj.txt 中
gj=zscore(gj); %数据标准化
r=corrcoef(gj); %计算相关系数矩阵
%下面利用相关系数矩阵进行主成分分析,x 的列为 r 的特征向量,即主成分的系数
[x,y,z]=pcacov(r)%y 为 r 的特征值,z 为各个主成分的贡献率
f=repmat(sign(sum(x)),size(x,1),1); %构造与 x 同维数的元素为±1 的矩阵
x=x.*f;%修改特征向量的正负号,每个特征向量乘以所有分量和的符号函值
num=4; %num 为选取的主成分的个数
df=gj*x(:,1:num); %计算各个主成分的得分
tf=df*z(1:num)/100; %计算综合得分
[stf,ind]=sort(tf,'descend'); %把得分按照从高到低的次序排列
stf=stf',ind=ind'
```

（6）结论.

各地区经济发展水平存在较大的差异，地区分布很不均衡. 深圳、上海、北京、广州等地区经济发展水平遥遥领先，主要表现在地方财政预算内收入、城乡居民年底储蓄余额和在岗职工工资总额总人口等方面. 天津、海口、南京等收入水平发展也比较高. 银川、南宁、西宁、呼和浩特等地居民收入水平比较落后，这些地区需要政策和资金的扶持. 值得一提的是南昌、合肥等经济次发达地区的居民收入水平居于最下游水平，可能是由于年终人口较少，在岗职工人均工资低等原因.

5.4　因子分析

因子分析是由英国心理学家 Spearman 在 1904 年提出来的，他成功地解决了智力测验得分的统计分析. 长期以来，教育心理学家不断丰富、发展了因子分析理论和方法，并应用这一方法在行为科学领域进行了广泛的研究. 因子分析的基本目的是用少数的几个因子去描述多个变量之间的关系，以达到降维的目的. 被描述的变量一般都是可观测的随机变量，而因子是不可观测的潜在变量. 例如："态度""能力"都是不可观测的潜在变量，多用"受教育水平""工作业绩"等可观测变量来反映潜在变量水平. 因子分析就是利用这些不可观测的潜在变量作为公共因子来解释可观测变量的一种工具.

因子分析的基本思想就是把联系比较紧密的变量归为同一个类别，实现不同类型的变量之间有较低相关性. 在同一个类别内的变量，认为是受到了某个共同因素的影响而高度相关，这个共同因素称之为公共因子，而且公共因子一般是**潜在的不可观测**变量. 因子分析反映了一种降维的思想，通过降维将相关性高的变量聚在一起，不仅便于提取容易解释的特征，而且降低了需要分析的变量数目和分析问题的复杂性. 当问题内的体系还不了解时，可利用它把观测变量归结为少数几个公共因子，令每个因子代表一个空间的维度，经过正交或斜交旋

转，使各个维度互不相连，用这些维度刻画系统的结构.

因子分析可以看成主成分分析的推广，它也是多元统计分析中常用的一种降维方式，因子分析所涉及的计算与主成分分析也很类似，但差别也是很明显的：1）主成分分析把方差划分为不同的正交成分，而因子分析则把方差划归为不同的起因因子；2）因子分析中特征值的计算只能从相关系数矩阵出发，且必须将主成分转换成因子. 因子分析有确定的模型，观察数据在模型中被分解为公共因子、特殊因子和误差三部分. 初学因子分析的最大困难在于理解它的模型，我们先看如下几个例子.

例 5.7 为了解学生的知识和能力，对学生进行了抽样命题考试，考题包括的面很广，但总的来讲可归结为学生的语文水平、数学推导、艺术修养、历史知识、生活知识等五个方面，我们把每一个方面称为一个（公共）因子，显然每个学生的成绩均可由这五个因子来确定，即可设想第 i 个学生考试的分数 X_i 能用这五个公共因子 $F_1, F_2, \cdots, F_5$ 的线性组合表示出来

$$X_i = \mu_i + \alpha_{i1}F_1 + \alpha_{i2}F_2 + \cdots + \alpha_{i5}F_5 + U_i \quad (i = 1, 2, \cdots, N) \quad (5.22)$$

其中线性组合系数 $\alpha_{i1}, \alpha_{i2}, \cdots, \alpha_{i5}$ 称为因子载荷（loadings），分别表示第 i 个学生在这五个因子方面的能力；U_i 是总平均，表示第 i 个学生的能力和知识不能被这五个因子包含的部分，称为特殊因子，常假定 $U_i \sim N(0, \sigma^2)$. 不难发现，这个模型与回归模型在形式上是很相似的，但这里 $F_1, F_2, \cdots, F_5$ 的值是未知的，需要从学生所有学科的数据通过因子旋转得出五个方面的公共因子.

例 5.8 诊断时，医生检测了病人的五个生理指标：收缩压、舒张压、心跳间隔、呼吸间隔和舌下温度，但依据生理学知识，这五个指标是受植物神经支配的，植物神经又分为交感神经和副交感神经，因此这五个指标可用交感神经和副交感神经两个公共因子来确定，从而也构成了因子模型.

例 5.9 Holjinger 和 Swineford 在芝加哥郊区对 145 名七、八年级学生进行了 24 个心理测验，通过因子分析，这 24 个心理指标被归结为 4 个公共因子，即词语因子、速度因子、推理因子和记忆因子. 特别需要说明的是，这里的因子和试验设计里的因子（或因素）是不同的，它比较抽象和概括，往往是不可以单独测量的.

5.4.1 因子分析模型

设 $x_1, x_2, \cdots, x_p$ 为 p 个原始变量，它们可能相关，也可能独立，将 x_i 标准化得到新的标准化变量 z_i，则可以建立因子分析模型如下：

$$\begin{cases} z_1 = a_{11}F_1 + a_{12}F_2 + \cdots + a_{1m}F_m + U_1 \\ z_2 = a_{21}F_1 + a_{22}F_2 + \cdots + a_{2m}F_m + U_2 \\ \qquad \cdots\cdots\cdots\cdots \\ z_p = a_{p1}F_1 + a_{p2}F_2 + \cdots + a_{pm}F_m + U_p \end{cases} \quad (5.23)$$

其中，$z_1, z_2, \cdots, z_p$ 是已标准化的可观测的评价指标. $F_1, F_2, \cdots, F_k$ 出现在每个指标 z_i 的表达式中，称为公共因子，公共因子是不可观测的，其含义要根据具体问题来解释. U_i 是仅与指标 z_i

有关的特有因子，故称为特殊因子，它与公共因子之间彼此独立. a_{ij} 是指标 z_i 在公共因子 F_j 上的系数，称为因子载荷，因子载荷 a_{ij} 的统计含义是指标 z_i 在公共因子 F_j 上的相关系数，表示 X_i 与 F_j 线性相关程度.

因子分析模型用矩阵形式可表示为：

$$z = AF + U$$

其中 $z = [z_1, z_2, \cdots, z_p]^T$，$F = [F_1, F_2, \cdots, F_m]^T$，$U = [U_1, U_2, \cdots, U_p]^T$，且称矩阵 A 为因子载荷矩阵. 而因子载荷矩阵的统计学性质有：

（1）矩阵 R 第 i 行元素 $a_{i1}, a_{i2}, \cdots, a_{im}$ 反映了指标 z_1 依赖于各个公共因子的程度，R 的第 j 列元素 $a_{ij}, a_{2j}, \cdots, a_{pj}$ 反映了公共因子 F_j 与各个指标的关系程度，而人们常用该列绝对值较大的因子载荷所对应的指标来解释这个公共因子的实际意义.

（2）矩阵 R 中的第 i 行元素 $a_{i1}, a_{i2}, \cdots, a_{im}$ 的平方和 $h_i^2 = \sum_{j-1}^{m} a_{ij}^2$ 称为指标 z_i 的共同度；A 第 j 列元素 $a_{ij}, a_{2j}, \cdots, a_{pj}$ 的平方和 $g_i^2 = \sum_{i-1}^{p} a_{ij}^2$ 表示公共因子 F_j 对原始指标所提供的方差贡献的总和，衡量各个公共因子的相对重要性. 称 $r_j = \dfrac{g_j}{p} = \dfrac{1}{p}\sum_{i-1}^{p} a_{ij}^2$ 为公共因子 F_j 的方差贡献率，r_j 越大，公共因子 F_j 越重要.

上述因子分析模型应具有如下性质：

（1）原始变量 X 的协方差矩阵的分解

由 $X - \mu = AF + U$，得 $\mathrm{cov}(X - \mu) = A\mathrm{cov}(F)A^T + \mathrm{cov}(U)$，即

$$\mathrm{cov}(X) = AA^T + \mathrm{diag}(\sigma_1^2, \sigma_2^2, \cdots, \sigma_m^2)$$

并且 $\sigma_1^2, \sigma_2^2, \cdots, \sigma_m^2$ 的值越小，则公因子共享的成分越多.

（2）载荷矩阵并不是唯一的. 我们定义一个 $p \times p$ 正交矩阵 T，令 $\tilde{A} = AT$，$\tilde{F} = T^T F$，则原模型 $z = AF + U$ 可变换为 $z = \tilde{A}\tilde{F} + U$.

5.4.2　因子载荷矩阵的估计

因子载荷矩阵的估计可使用主成分法估计，在这里使用一种主成分方法的修正方法：主因子法，我们在这里对其进行介绍.

从上节内容可以看出，对任意正交矩阵 T，令 $\tilde{A} = AT$，$\tilde{F} = T^T F$，则原模型 $z = AF + U$ 可变换为 $z = \tilde{A}\tilde{F} + U$. 而使用主因子法求因子载荷矩阵就是找到一个正交矩阵 T^*，对指标矩阵 F 与关系矩阵 A 进行正交旋转变换，即 $\tilde{A} = AT^*$，$\tilde{F} = (T^*)^T F$，其因子模型为 $z = \tilde{A}\tilde{F} + U$，并使得 $\tilde{R}$ 的任意两列 $\tilde{A}_i = (\tilde{a}_{1i}, \tilde{a}_{2i}, \cdots, \tilde{a}_{pi})$，$\tilde{A}_j = (\tilde{a}_{1j}, \tilde{a}_{2j}, \cdots, \tilde{a}_{pj})$，$(i, j = 1, 2, \cdots, p, \text{且} i \neq j)$ 的方差尽可能的大. 当因子个数超过 2 个时，可使用如下方法求出：

（1）求相关系数矩阵 R（与主成分分析法相同）的特征值 $\lambda_1, \lambda_2, \cdots, \lambda_p$ 及其相应的特征向量 $u_1, u_2, \cdots, u_p$.

（2）求出因子载荷矩阵 A 得

$$A = (\sqrt{\lambda_1} u_1, \sqrt{\lambda_2} u_2, \cdots, \sqrt{\lambda_p} u_p)$$

（3）对载荷矩阵 A 作正交旋转，使得到的矩阵 $\tilde{A} = AT$ 的方差和最大.

例 5.10 设某三个变量的样本相关系数矩阵为

$$R = \begin{bmatrix} 1 & -\dfrac{1}{3} & \dfrac{2}{3} \\ -\dfrac{1}{3} & 0 & 0 \\ \dfrac{2}{3} & 0 & 0 \end{bmatrix}$$

其求解的 Matlab 程序如下：

```
clc,clear
r=[1 -1/3 2/3;-1/3 1 0;2/3 0 1];
%下面利用相关系数矩阵求主成分解,val 的列为 r 的特征向量,即主成分的系数
[vec,val,con]=pcacov(r)%val 为 r 的特征值,con 为各个主成分的贡献率
f1=repmat(sign(sum(vec)),size(vec,1),1); %构造与 vec 同维数的元素为±1 的矩阵
vec=vec.*f1; %修改特征向量的正负号,每个特征向量乘以所有分量和的符号函数值
f2=repmat(sqrt(val)',size(vec,1),1);
a=vec.*f2 %构造全部因子的载荷矩阵
num=2; %选择两个主因子
[b,t]=rotatefactors(a(:,1:num),'method','varimax')
%对载荷矩阵进行旋转,其中 b 为旋转载荷矩阵,t 为变换的正交矩阵
```

5.4.3 因子得分

前面我们主要解决了用公共因子的线性组合来表示一组观测变量的有关问题. 如果我们要使用这些因子做其他的研究，比如把得到的因子作为自变量来做回归分析，对样本进行分类或评价，这就需要我们对公共因子进行测度，即给出公共因子的值.

为简单起见，不妨设因子分析的数学模型为 $z = AF + U$，原变量被表示为公共因子的线性组合，当载荷矩阵旋转之后，公共因子可以做出解释，通常的情况下，我们还想反过来把公共因子表示为原变量的线性组合.

因子得分函数

$$F_j = \beta_{j1} z_1 + \beta_{j2} z_2 + \cdots + \beta_{jp} z_p, \quad j = 1, 2, \cdots, m$$

可见，要求得每个因子的得分，必须首先求得分函数的系数，由于 $p > m$，所以不能得到精确的得分，只能通过估计.

5.4.4 因子分析的步骤

第一步：将原始变量数据进行标准化处理 $Z_i = \dfrac{X_i - \mu_i}{\sqrt{\sigma_{ii}}}$.

第二步：计算标准化指标的相关系数矩阵 $\mathbf{R}$.

第三步：求解相关系数矩阵 $\mathbf{R}$ 的特征向量 $\mathbf{u} = (u_{ij})_{p \times p}$ 和特征值 $\lambda_1 \geqslant \lambda_2 \geqslant \cdots \geqslant \lambda_p \geqslant 0$；

第四步：确定公共因子的个数. 设为 m 个，即选择特征值 $\geqslant 1$ 的个数 m 或根据累积方差贡献率 $\geqslant 85\%$ 的准则所确定的个数 m 为公共因子个数.

第五步：求解初始因子载荷矩阵 $\mathbf{A} = (a_{ij})_{p \times p} = (u_{ij}\sqrt{\lambda_j})_{p \times p}$.

常用的方法有主成分法、主轴因子法、极大似然法等. 本节用主成分法寻找公因子的方法如下：

设从相关矩阵出发求解主成分，设有 p 个变量，则可以找出 p 个主成分，将所得的 p 个主成分由大到小排列，记为 $Y_1, Y_2, \cdots, Y_p$，则主成分与原始变量之间有

$$\begin{cases} Y_1 = u_{11}X_1 + u_{21}X_2 + \cdots + u_{p1}X_p \\ Y_2 = u_{12}X_1 + u_{22}X_2 + \cdots + u_{p2}X_p \\ \qquad\cdots\cdots\cdots\cdots \\ Y_p = u_{1p}X_1 + u_{2p}X_2 + \cdots + u_{pp}X_p \end{cases}$$

其中，u_{ij} 是随机变量 X 的相关矩阵的特征值 λ_j 所对应的特征向量的分量，特征向量之间正交，从 X 到 Y 的转换关系的可逆得到由 Y 到 X 的转换关系

$$\begin{cases} X_1 = u_{11}Y_1 + u_{12}Y_2 + \cdots + u_{1p}Y_p \\ X_2 = u_{21}Y_1 + u_{22}Y_2 + \cdots + u_{2p}Y_p \\ \qquad\cdots\cdots\cdots\cdots \\ X_p = u_{p1}Y_1 + u_{p2}Y_2 + \cdots + u_{pp}Y_p \end{cases}$$

只保留前 m 个主成分，而把后面的 $p-m$ 个主成分用特殊因子 ε_i 代替，即：

$$\begin{cases} X_1 = u_{11}Y_1 + u_{12}Y_2 + \cdots + u_{1p}Y_p + \varepsilon_1 \\ X_2 = u_{21}Y_1 + u_{22}Y_2 + \cdots + u_{2p}Y_p + \varepsilon_2 \\ \qquad\cdots\cdots\cdots\cdots \\ X_m = u_{m1}Y_1 + u_{m2}Y_2 + \cdots + u_{mp}Y_p + \varepsilon_m \end{cases}$$

为了把 Y_i 转化为合适的公因子，需要把主成分 Y_i 变为方差为 1 的变量，故

令 $F_i = \dfrac{Y_i}{\sqrt{\lambda_i}}$，$a_{ij} = \gamma_{ji}\sqrt{\lambda_j}$，则

$$\begin{cases} X_1 = a_{11}F_1 + a_{12}F_2 + \cdots + a_{1m}F_m + \varepsilon_1 \\ X_2 = a_{21}F_1 + a_{22}F_2 + \cdots + a_{2m}F_m + \varepsilon_2 \\ \qquad\cdots\cdots\cdots\cdots \\ X_p = a_{p1}F_1 + a_{p2}F_2 + \cdots + a_{pm}F_m + \varepsilon_p \end{cases}$$

设样本相关系数矩阵 $\mathbf{R}$ 的特征值为 $\lambda_1 \geqslant \lambda_2 \geqslant \cdots \geqslant \lambda_p \geqslant 0$，其相应的标准正交特征向量为 $\gamma_1, \gamma_2, \cdots, \gamma_p$，设 $m < p$，则因子载荷矩阵 $\mathbf{A}$ 的一个估计值为

$$\hat{A} = (\gamma_1\sqrt{\lambda_1}, \gamma_2\sqrt{\lambda_2}, \cdots, \gamma_m\sqrt{\lambda_m}) = \begin{pmatrix} u_{11}\sqrt{\lambda_1} & u_{12}\sqrt{\lambda_2} & \cdots & u_{1m}\sqrt{\lambda_m} \\ u_{21}\sqrt{\lambda_1} & u_{22}\sqrt{\lambda_2} & \cdots & u_{2m}\sqrt{\lambda_m} \\ \vdots & \vdots & \ddots & \vdots \\ u_{p1}\sqrt{\lambda_1} & u_{p2}\sqrt{\lambda_2} & \cdots & u_{pm}\sqrt{\lambda_m} \end{pmatrix}$$

共同度的估计为：$\hat{h}_i = \hat{a}_{i1}^2 + \hat{a}_{i2}^2 + \cdots + \hat{a}_{im}^2$.

第六步：建立因子模型

$$Z_j = \sum_{j=1}^{k} a_{ij}F_j + a_i\varepsilon_i, \quad i = 1, 2, \cdots, p$$

其中 $F_1, F_2, \cdots, F_k$ 为公共因子，$\varepsilon = (\varepsilon_1, \varepsilon_2, \cdots, \varepsilon_p)$ 为特殊因子.

第七步：对公共因子进行重新命名，并解释公共因子的实际含义. 当初始因子载荷矩阵 A 难以对公共因子的实际意义作出解释时，先要对 A 作方差极大正交旋转，然后再根据旋转后所得的正交因子载荷矩阵作出解释，即根据指标的因子载荷绝对值的大小，值的正负符号来说明公共因子的意义.

第八步：对初始因子载荷矩阵进行旋转. 由于因子载荷矩阵不唯一，旋转变换可以是使初始因子载荷矩阵的每列或每行的元素的平方值趋于 0 或 1，从而使得因子载荷矩阵结构简化，关系明确. 如果初始因子之间不相关，公共因子 F_j 的解释能力能够用其因子载荷平方的方差来度量时，则可采用方差极大正交旋转法；如果初始因子之间相关，则需要进行斜交旋转，通过旋转后，得到比较理想的新的因子载荷矩阵 $A_1 = (r_{ij}')_{p \times k}$.

第九步：将公共因子变为变量的线性组合，得到因子得分函数

$$F_i = \sum_{j=1}^{k} \beta_{ij}Z_{ij} = \beta_{i1}Z_1 + \beta_{i2}Z_2 + \cdots + \beta_{ip}Z_p, \quad i = 1, 2, \cdots, m$$

系数 $\boldsymbol{\beta} = \boldsymbol{B}'\boldsymbol{A}_1'\boldsymbol{R}^{-1}$，$F_i$，$Z_{ji}$ 均为标准化的原始变量和公共因子. 因子得分函数的估计值为：

$$\hat{\boldsymbol{F}} = \boldsymbol{A}_1'\boldsymbol{R}^{-1}\boldsymbol{X} = \begin{pmatrix} b_{11} & \cdots & b_{1p} \\ \vdots & \ddots & \vdots \\ b_{m1} & \cdots & b_{mp} \end{pmatrix}\begin{pmatrix} X_1 \\ \vdots \\ X_p \end{pmatrix}$$

其中 A_1 为因子载荷矩阵，R 为原始变量的相关矩阵，X 为原始变量向量.

第十步：求综合评价值，即总因子得分估计值为 $\hat{Z} = \sum_{i=1}^{m}\omega_i\hat{F}_i$，其中 $\omega_i = \lambda_i / \sum_{j=1}^{m}\lambda_j$ 时第 i 个公共因子 F_i 的归一化权重. 即：

$$综合得分 = \frac{\sum(各因子得分 \times 各因子所对应的方差贡献率)}{\sum 各因子的方差贡献率}$$

第十一步：根据总因子得分估计值 $\hat{Z}$ 就可以对每个被评价的对象进行排名，从而进行比较.

5.4.5　主成分分析与因子分析的联系和区别

1. 区别

（1）侧重点不同.

　　主成分分析是通过变量的线性变换，忽略方差较小的主成分，提取前面几个方差较大的主成分来解释总体大部分的信息；而因子分析是忽略特殊因子 $\varepsilon = (\varepsilon_1, \varepsilon_2, \cdots, \varepsilon_p)$，而重视少数不可观测的公共因子 $F_1, F_2, \cdots, F_k$ 所代表的总体信息.

（2）数学模型不同.

　　主成分分析中的主成分是原始变量的线性组合：$\boldsymbol{Y} = \boldsymbol{UX}$，其中 $\boldsymbol{U}$ 为系数矩阵，即 $Y_i = \sum_{j=1}^{p} \gamma_{ij} X_j$ $(i, j = 1, 2, \cdots, p)$，其中 γ_{ij} 是相关矩阵的特征值所对应的特征向量矩阵中的元素，X_j 表示原始变量的标准化数据；而因子分析中的共同因子是将原始变量分解成公共因子和特殊因子两部分，$X = AF + \varepsilon$，其中 A 为因子载荷矩阵，即：$X_i = \sum_{j=1}^{m} a_{ij} F_j + \varepsilon_i$ $(i = 1, 2, \cdots, p, m < p)$，$m$ 是公共因子的个数，p 是原始变量的个数，a_{ij} 是因子分析过程中的初始因子载荷矩阵中的元素，F_j 是第 j 个公共因子，ε_i 是第 i 个原始变量的特殊因子.

（3）因子旋转. 主成分的各系数 γ_{ij} 是唯一确定的、正交的，不可以对系数矩阵进行任何的旋转，且系数大小并不代表原变量与主成分的相关程度；而因子模型的系数矩阵是不唯一的、可以进行旋转的，且该矩阵表明了原变量和公共因子的相关程度.

（4）可逆性. 主成分分析可以通过可观测的原变量 X 直接求得主成分 Y，并具有可逆性；因子分析中的载荷矩阵是不可逆的. 只能通过可观测的原变量去估计不可观测的公共因子，即公共因子得分的估计值等于因子得分系数矩阵与原观测变量标准化后的矩阵相乘的结果. 还有，主成分分析不可以像因子分析那样进行因子旋转处理.

（5）综合排名. 主成分分析一般依据第一主成分的得分排名，若第一主成分不能完全代替原始变量，则需要继续选择第二个主成分、第三个等等，主成分得分是将原始变量的标准化值，代入主成分表达式中计算得到；而因子分析中因子得分是将原始变量的标准化值，代入因子得分函数中计算得到.

2. 联系

　　因子分析是主成分分析的扩展，两种方法的出发点都是变量的相关系数矩阵，都是在损失较少信息的前提下，把多个存在较强相关性的变量综合成少数几个综合变量，这几个综合变量之间相互独立，能代表总体绝大多数的信息，从而进行深入研究总体的多元统计方法.

　　由于上节提到主成分可表示为原观测变量的线性组合，其系数为原始变量相关矩阵的特征值所对应的特征向量，且这些特征向量正交，因此，从 X 到 Y 的转换关系是可逆的，便得到如下的关系：$X_i = \sum_{j=1}^{p} \gamma_{ij} Y_j$，$X_i = \sum_{j=1}^{m} a_{ij} F_j$ 是因子分析中未进行因子载荷旋转时建立的模型，故如果不进行因子载荷旋转，许多应用者将容易把此时的因子分析理解成主成分分析，这显然是不正确的. 然而此时的主成分的系数阵即特征向量与因子载荷矩阵确实存在如下关系：$\gamma_{ij} = \dfrac{a_{ij}}{\sqrt{\lambda_j}}$.

5.4.6　因子分析案例

已知某年我国 20 个城市的循环经济发展水平指标数据见表 5.16. 我们将这 20 个城市的循环经济发展水平进行评价分析.

表 5.16　20 城市循环经济发展水平指标

城市	人均地区生产总值（元）	地区生产总值增长率	第三产业占 GDP 的比重	工业固体废物综合利用率	城镇生活污水处理率
计量单位	万元/人	％	％	（％）	（％）
北京市	50 467.00	12.80	70.91	80.79	73.78
天津市	41 163.00	14.50	40.21	98.41	59.48
沈阳市	35 940.00	16.74	49.42	91.92	73.00
大连市	42 579.00	16.48	44.05	78.69	80.37
阜新市	8 227.00	11.10	41.40	100.00	0.00
长春市	23 677.00	15.10	41.78	99.04	56.43
哈尔滨市	21 374.00	13.50	48.27	63.80	63.61
七台河市	12 870.00	12.50	37.86	77.77	0.00
上海市	57 695.00	12.00	50.59	94.66	74.92
南京市	46 114.00	15.10	48.01	88.50	78.60
杭州市	51 878.00	14.30	45.10	94.29	74.94
宁波市	51 460.00	13.60	40.06	91.20	68.89
厦门市	50 130.00	16.80	44.53	93.36	83.17
济南市	36 394.00	15.70	47.51	93.65	63.24
青岛市	38 892.00	15.70	41.96	97.05	81.65
武汉市	29 899.00	14.80	49.37	88.07	65.79
荆门市	11 903.00	11.30	38.74	92.10	3.00
广州市	63 100.00	14.82	57.60	91.13	71.67
深圳市	69 450.00	16.60	47.42	87.77	65.23
重庆市	12 457.00	12.20	44.82	72.50	50.46

从指标看 5 个指标既有相关性, 又有一定的独立性, 因此在考虑 5 个指标的基础上使用因子分析法对上述企业进行综合评价.

1. 对原始数据进行标准化处理

假设进行因子分析的指标变量有 p 个：$x_1, x_2, \cdots, x_p$, 共有 n 个评价对象, 第 i 个评价对象的第 j 个指标的取值为 x_{ij}. 将各指标值 x_{ij} 转换成标准化指标 $\tilde{x}_{ij}$

$$\tilde{x}_{ij} = \frac{x_{ij} - \overline{x}_j}{s_j}, \, (i = 1, 2, \cdots, n, j = 1, 2, \cdots p),$$

其中 $\bar{x}_j = \dfrac{1}{n}\sum_{i=1}^{n} x_{ij}$, $s_j = \sqrt{\dfrac{1}{n-1}\sum_{i=1}^{n}(x_{ij}-\bar{x}_j)^2}$, $(i=1,2,\cdots,n, j=1,2,\cdots p)$, 即 $\bar{x}_j, s_j$ 为第 j 个指标的

样本均值和样本标准差. 可使用 Matlab 命令 zscore(X) 命令对矩阵的列向量进行标准化, 对

应的称 $\tilde{x}_i = \dfrac{x_i - \bar{x}_i}{s_i}$ 为标准化指标变量.

2. 计算相关系数矩阵 $R = (r_{ij})_{p \times p}$

其中 r_{ij} $(i,j=1,2,\cdots,p)$ 为原变量的 x_i 与 x_j 之间的相关系数, 其计算公式为:

$$r_{ij} = \frac{\sum_{k=1}^{n} \tilde{x}_{ki} \cdot \tilde{x}_{kj}}{n-1}, \quad i,j=1,2,\cdots p$$

式中, $r_{ii}=1$, $r_{ij}=r_{ji}$ 是第 i 个指标与第 j 个指标的相关系数. 可使用 Matlab 命令 corrcoef(X) 命令得到矩阵的列向量的相关性矩阵.

3. 计算初等载荷矩阵

计算相关系数矩阵 R 的特征值 $\lambda_1 \geqslant \lambda_2 \geqslant \cdots \geqslant \lambda_p$, 及对应的特征向量 $u_1, u_2, \cdots, u_p$, 其中 $u_j = (u_{1j}, u_{2j}, \cdots, u_{pj})^T$, 初等载荷矩阵:

$$A = (\sqrt{\lambda_1}u_1, \sqrt{\lambda_2}u_2, \cdots, \sqrt{\lambda_p}u_p).$$

4. 选择 $m(m \leqslant p)$ 个主因子, 进行因子旋转

根据初等载荷矩阵, 计算各个公共因子的贡献率, 并选择 m 个主因子. 对提取的因子载荷矩阵进行旋转, 得到矩阵 $B = A_m T$ (其中 A_m 为 A 的前 m 列, T 为正交矩阵), 构造因子模型:

$$\begin{cases} \tilde{x}_1 = b_{11}F_1 + b_{12}F_2 + \cdots + b_{1m}F_m \\ \qquad \cdots\cdots\cdots\cdots \\ \tilde{x}_p = b_{p1}F_1 + b_{p2}F_2 + \cdots + b_{pm}F_m \end{cases}$$

本例中, 我们选取 3 个主因子. 利用 MATLAB 程序计算得旋转后的因子贡献及贡献率见表 5.17, 因子贡献率见表 5.18.

表 5.17　贡献率数据

因子	贡献	贡献率（%）	累计贡献率（%）
1	2.142 0	42.840 9	42.840 9
2	1.583 9	31.678 3	74.519 1
3	0.881 5	17.630 5	92.149 6

表 5.18 旋转后因子分析

指 标	主因子 1	主因子 2	主因子 3
人均地区生产总值	0.954 5	− 0.035 3	− 0.038 2
地区生产总值增长率	− 0.120 6	0.934 0	0.090 3
第三产业占 GDP 的比重	0.928 6	0.188 1	− 0.138 0
工业固体废物综合利用率	− 0.058 8	0.108 1	0.991 5
城镇生活污水处理率	0.313 1	0.886 2	− 0.015 2

5. 计算因子得分，并进行综合评价

我们用回归方法求单个因子得分函数：

$$F_j = \beta_{j1}\tilde{x}_1 + \beta_{j2}\tilde{x}_2 + \cdots + \beta_{jp}\tilde{x}_p , \quad j = 1, 2, \cdots, m$$

记第 i 个样本点对第 j 个因子 F_j 得分的估计值

$$F_{ij} = \beta_{j1}\tilde{x}_{i1} + \beta_{j2}\tilde{x}_{i2} + \cdots + \beta_{jp}\tilde{x}_{ip} , \quad i = 1, 2, \cdots, n, j = 1, 2, \cdots m$$

则有

$$\begin{bmatrix} \beta_{11} & \beta_{21} & \cdots & \beta_{m1} \\ \beta_{12} & \beta_{22} & \cdots & \beta_{m2} \\ \vdots & \vdots & \ddots & \vdots \\ \beta_{1p} & \beta_{2p} & \cdots & \beta_{mp} \end{bmatrix} = R^{-1}B$$

且 $\hat{F} = X_0 R^{-1} B$，其中 X_0 是 $n \times m$ 的原始数据矩阵，R 为相关系数矩阵，B 为步骤 4 中得到的载荷矩阵.

计算得各个因子得分函数

$$\begin{cases} F_1 = 0.542\,2\tilde{x}_1 - 0.157\,2\tilde{x}_2 + 0.485\,2\tilde{x}_3 + 0.103\,9\tilde{x}_4 + 0.077\,4\tilde{x}_5 \\ F_2 = -0.124\,4\tilde{x}_1 + 0.578\,8\tilde{x}_2 + 0.025\,3\tilde{x}_3 - 0.046\,2\tilde{x}_4 + 0.511\,1\tilde{x}_5 \\ F_3 = 0.129\,1\tilde{x}_1 - 0.015\,2\tilde{x}_2 - 0.001\,2\tilde{x}_3 + 1.014\,0\tilde{x}_4 - 0.045\,8\tilde{x}_5 \end{cases}$$

利用综合因子得分公式：

$$F = \frac{2.142\,0F_1 + 1.583\,9F_2 + 0.881\,5F_3}{4.460\,74}$$

计算出 20 个城市的循环经济发展水平的综合得分见表 5.19.

表 5.19　城市循环经济发展水平指标排名

地区	北京	广州	厦门	沈阳	青岛	济南	深圳
名次	1	2	3	4	5	6	7
综合评价值	4.070 0	2.632 8	1.874 4	1.731 8	0.675 7	0.350 4	0.226 7
地区	南京	杭州	上海	长春	武汉	天津	大连
名次	8	9	10	11	12	13	14
综合评价值	0.047 7	0.017 5	0.017 4	−0.057 7	−0.067 7	−0.068 8	−0.182 3
地区	宁波	阜新	哈尔滨	重庆	荆门	七台河	
名次	15	16	17	18	19	20	
综合评价值	−0.429 9	−0.492 7	−0.514 9	−0.517 6	−0.579 6	−0.614 7	

计算的 Matlab 程序如下：

```
clc, clear
load data.txt    %把原始数据保存在纯文本文件 data.txt 中
n=size(data, 1);
x=data(:, 1:4); y=data(:, 5);    %分别提出自变量 x 和因变量 y 的值
x=zscore(x);    %数据标准化
r=cov(x)    %求标准化数据的协方差阵，即求相关系数矩阵
[vec, val, con]=pcacov(r)    %进行主成分分析的相关计算
num=input('请选择主因子的个数: ');    %交互式选择主因子的个数
f1=repmat(sign(sum(vec)), size(vec, 1), 1);
vec=vec.*f1;    %特征向量正负号转换
f2=repmat(sqrt(val)', size(vec, 1), 1);
a=vec.*f2    %求初等载荷矩阵
%如果指标变量多，选取的主因子个数少，可以直接使用 factoran 进行因子%分析本题中
4 个指标变量，选取 2 个主因子，factoran 无法实现
am=a(:, 1:num);    %提出 num 个主因子的载荷矩阵
[b, t]=rotatefactors(am, 'method', 'varimax')    %旋转变换，b 为旋转后的载荷阵
bt=[b, a(:, num+1:end)];    %旋转后全部因子的载荷矩阵
contr=sum(bt.^2)    %计算因子贡献
rate=contr(1:num)/sum(contr)    %计算因子贡献率
coef=inv(r)*b    %计算得分函数的系数
score=x*coef    %计算各个因子的得分
weight=rate/sum(rate)    %计算得分的权重
Tscore=score*weight' %对各因子的得分进行加权求和，即求各企业综合得分
[STscore, ind]=sort(Tscore, 'descend')    %对企业进行排序
display=[score(ind, :)';STscore';ind']    %显示排序结果
```

习题 5

1. 对某种商品的销量 y 进行调查，并考虑有关的四个因素：x_1 为居民可支配收入，x_2 为该商品的平均价格指数，x_3 为该商品的社会保有量，x_4 为其他消费品平均价格指数. 表 5.20 给出了调查数据. 利用主成分方法建立 y 与 x_1, x_2, x_3, x_4 的回归方程.

图 5.20　调查数据

序号	x_1	x_2	x_3	x_4	y
1	82.9	92	17.1	94	8.4
2	88.0	93	21.3	96	9.6
3	99.9	96	25.1	97	10.4
4	105.3	94	29.0	97	11.4
5	117.7	100	34.0	100	12.2
6	131.0	101	40.0	101	14.2
7	148.2	105	44.0	104	15.8
8	161.8	112	49.0	109	17.9
9	174.2	112	51.0	111	19.6
10	184.7	112	53.0	111	20.8

2. 某人记录了 21 天每天使用空调器的时间和使用烘干器的次数，并监视电表以计算出每天的耗电量，数据如表 5.21 所示. 试研究耗电量（KWH）与空调器使用的小时数（AC）和烘干器使用次数（DRYER）之间的关系，建立并检验回归模型，诊断是否有异常点.

表 5.21　空调器数据

序号	1	2	3	4	5	6	7	8	9	10	11
KWH	35	63	66	17	94	79	93	66	94	82	78
AC	1.5	4.5	5.0	2.0	8.5	6.0	13.5	8.0	12.5	7.5	6.5
DRYER	1	2	2	0	3	3	1	1	1	2	3

序号	12	13	14	15	16	17	18	19	20	21
KWH	65	77	75	62	85	43	57	33	65	33
AC	8.0	7.5	8.0	7.5	12.0	6.0	2.5	5.0	7.5	6.0
DRYER	1	2	2	1	1	0	3	0	1	0

3. 表 5.22 资料为 25 名健康人的 7 项生化检验结果，7 项生化检验指标依次命名为：$x_1, x_2, \cdots, x_7$，请对该资料进行因子分析.

表 5.22　检验数据

x_1	x_2	x_3	x_4	x_5	x_6	x_7
3.76	3.66	0.54	5.28	9.77	13.74	4.78
8.59	4.99	1.34	10.02	7.5	10.16	2.13
6.22	6.14	4.52	9.84	2.17	2.73	1.09
7.57	7.28	7.07	12.66	1.79	2.1	0.82
9.03	7.08	2.59	11.76	4.54	6.22	1.28
5.51	3.98	1.3	6.92	5.33	7.3	2.4
3.27	0.62	0.44	3.36	7.63	8.84	8.39
8.74	7	3.31	11.68	3.53	4.76	1.12
9.64	9.49	1.03	13.57	13.13	18.52	2.35
9.73	1.33	1	9.87	9.87	11.06	3.7
8.59	2.98	1.17	9.17	7.85	9.91	2.62
7.12	5.49	3.68	9.72	2.64	3.43	1.19
4.69	3.01	2.17	5.98	2.76	3.55	2.01
5.51	1.34	1.27	5.81	4.57	5.38	3.43
1.66	1.61	1.57	2.8	1.78	2.09	3.72
5.9	5.76	1.55	8.84	5.4	7.5	1.97
9.84	9.27	1.51	13.6	9.02	12.67	1.75
8.39	4.92	2.54	10.05	3.96	5.24	1.43
4.94	4.38	1.03	6.68	6.49	9.06	2.81
7.23	2.3	1.77	7.79	4.39	5.37	2.27
9.46	7.31	1.04	12	11.58	16.18	2.42
9.55	5.35	4.25	11.74	2.77	3.51	1.05
4.94	4.52	4.5	8.07	1.79	2.1	1.29
8.21	3.08	2.42	9.1	3.75	4.66	1.72
9.41	6.44	5.11	12.5	2.45	3.1	0.91

4. 表 5.23 是我国 1984—2000 年宏观投资的一些数据，试利用主成分分析对投资效益进行分析和排序.

表 5.23　1984—2000 年宏观投资效益主要指标

年份	投资效果系数（无时滞）	投资效果系数（时滞一年）	全社会固定资产交付使用率	建设项目投产率	基建房屋竣工率
1984	0.71	0.49	0.41	0.51	0.46
1985	0.40	0.49	0.44	0.57	0.50
1986	0.55	0.56	0.48	0.53	0.49
1987	0.62	0.93	0.38	0.53	0.47
1988	0.45	0.42	0.41	0.54	0.47
1989	0.36	0.37	0.46	0.54	0.48
1990	0.55	0.68	0.42	0.54	0.46
1991	0.62	0.90	0.38	0.56	0.46
1992	0.61	0.99	0.33	0.57	0.43
1993	0.71	0.93	0.35	0.66	0.44
1994	0.59	0.69	0.36	0.57	0.48
1995	0.41	0.47	0.40	0.54	0.48
1996	0.26	0.29	0.43	0.57	0.48
1997	0.14	0.16	0.43	0.55	0.47
1998	0.12	0.13	0.45	0.59	0.54
1999	0.22	0.25	0.44	0.58	0.52
2000	0.71	0.49	0.41	0.51	0.46

6　时间序列模型

时间序列是将某一指标在不同时间上的不同数值，按照时间的先后顺序排列而成的数列，如经济领域中每年的产值、国民收入、商品在市场上的销量、股票数据的变化情况等，社会领域中某一地区的人口数、医院患者人数、铁路客流量等，自然领域中的太阳黑子数、月降水量、河流流量等. 人们希望通过对这些时间序列的分析，从中发现和揭示现象的发展变化规律，或从动态的角度描述某一现象和其他现象之间的内在数量关系及其变化规律，尽可能多地从中提取出所需要的准确信息，并将这些知识和信息用于预测，以掌握和控制未来行为.

时间序列的变化受许多因素的影响，有些起着长期的、决定性的作用，使其呈现出某种趋势和一定的规律性；有些则起着短期的、非决定性的作用，使其呈现出某种不规则性. 在分析时间序列的变动规律时，事实上不可能对每个影响因素都一一划分开来，分别去做精确分析. 但我们能将众多影响因素，按照对现象变化影响的类型，划分成若干时间序列的构成因素，然后对这几类构成要素分别进行分析，以揭示时间序列的变动规律性. 影响时间序列的构成因素可归纳为以下四种.

（1）趋势性（trend），指现象随时间推移朝着一定方向呈现出持续渐进的上升、下降或平稳变化或移动. 这一变化通常是许多长期因素的结果.

（2）周期性（cyclic），指时间序列表现为循环于趋势线上方和下方的点序列并持续一年以上的有规则变动. 这种因素是因经济多年的周期性变动产生的. 比如，高速通货膨胀时期后面紧接的温和通货膨胀时期将会使许多时间序列表现为交替地出现于一条总体递增地趋势线上下方.

（3）季节性变化（seasonal variation），指现象受季节性影响，按一固定周期呈现出的周期波动变化. 尽管我们通常将一个时间序列中的季节变化认为是以 1 年为期的，但是季节因素还可以被用于表示时间长度小于 1 年的有规则重复形态. 比如，每日交通量数据表现出为期 1 天的"季节性"变化，即高峰期到达高峰水平，而一天的其他时期车流量较小，从午夜到次日清晨最小.

（4）不规则变化（irregular movement），指现象受偶然因素的影响而呈现出的不规则波动. 这种因素包括实际时间序列值与考虑了趋势性、周期性、季节性变动的估计值之间的偏差，它用于解释时间序列的随机变动. 不规则因素是由短期的未被预测到的以及不重复发现的那些影响时间序列的因素引起的.

根据其所研究的依据不同，时间序列有以下四种分类.

（1）按所研究的对象的多少来分，有一元时间序列和多元时间序列. 如某种商品的销售量数列，即为一元时间序列；如果所研究对象不仅仅是这一数列，而是多个变量，如按年、月顺序排序的气温、气压、雨量数据等，每个时刻对应着多个变量，则这种序列为多元时间序列.

（2）按时间的连续性来分，有离散时间序列和连续时间序列两种.如果某一序列中的每一个序列值所对应的时间参数为间断点，则该序列就是一个离散时间序列；如果某一序列中的每个序列值所对应的时间参数为连续函数，则该序列就是一个连续时间序列.

（3）按序列的统计特性来分，有平稳时间序列和非平稳时间序列两类.所谓时间序列的平稳性，是指时间序列的统计规律不会随着时间的推移而发生变化.平稳序列的时序图直观上应该显示出该序列始终在一个常数值附近随机波动，而且波动的范围有界、无明显趋势及无周期特征.从理论上讲，平稳时间序列分为严平稳与宽平稳两种.相对而言，时间序列的非平稳性，是指时间序列的统计规律随着时间的推移而发生变化.

（4）按序列的分布规律来分，有高斯型时间序列和非高斯型时间序列两种.时间序列分析是一种广泛应用的数据分析方法，它研究的是代表某一现象的一串随时间变化而又相关联的数字系列（动态数据），从而描述和探索该现象随时间发展变化的规律性.时间序列的分析利用的手段可以通过直观简便的数据图法、指标法、模型法等来分析，而模型法应用更确切和适用也比较前两种方法复杂，能更本质地了解数据的内在结构和复杂特征，以达到控制与预测的目的.时间序列分析方法包括确定性时序分析和随机性时序分析.

6.1　确定性时间序列分析

确定性时序分析是暂时过滤掉随机性因素（如季节因素、趋势变动）进行确定性分析的方法，其基本思想是用一个确定的时间函数 $y = f(t)$ 来拟合时间序列，不同的变化采取不同的函数形式来描述.由于时间序列的变动是长期趋势变动、季节变动、循环变动、不规则变动的耦合或叠加，所以不同变化的叠加采用不同的函数叠加来描述.在确定性时间序列分析中通过移动平均、指数平滑等方法来体现出社会经济现象的长期趋势及带季节因子的长期趋势，预测未来发展趋势.

6.1.1　移动平均法

通过对时间序列逐期递移求得平均数作为预测值的一种方法叫移动平均法，它是对时间序列进行修匀，边移动边平均以排除偶然因素对原序列的影响，进而测定长期趋势的方法.当时间序列的数值由于受周期变动和不规则变动的影响，起伏较大，不易显示出发展趋势时，可用移动平均法，消除这些因素的影响，分析、预测序列的长期趋势.移动平均法有简单移动平均法，加权移动平均法，趋势移动平均法等.

1.简单移动平均法

设观测序列为 $y_1, \cdots, y_T$，移动平均的项数为 $N(N \leqslant T)$.当预测目标的基本趋势是在某一水平上下波动时，可用一次简单移动平均方法建立预测模型：

$$\hat{y}_t = M_t^{(1)} = \frac{1}{N}(y_t + y_{t-1} + \cdots + y_{t-N+1}) \quad (t = N, N+1, \cdots) \tag{6.1}$$

其预测目标的标准差为

$$S = \sqrt{\frac{\sum_{t=N+1}^{T}(\hat{y}_t - y_t)^2}{T-N}}$$

当然，模型（6.1）有如下递推式

$$M_t^{(1)} = \frac{1}{N}(y_t + y_{t-1} + \cdots + y_{t-N+1})$$

$$= \frac{1}{N}(y_{t-1} + \cdots + y_{t-N}) + \frac{1}{N}(y_t - y_{t-N})$$

$$= M_{t-1}^{(1)} + \frac{1}{N}(y_t - y_{t-N})$$

N 的选取方式：① 一般 N 取值范围：$5 \leqslant N \leqslant 200$，当历史序列的基本趋势变化不大且序列中随机变动成分较多时，N 的取值应较大一些. 否则 N 的取值应小一些. ② 选择不同的 N 比较若干模型的预测误差，预测标准误差最小者为最好.

2. 加权移动平均法

在简单移动平均预测模型（6.1）中，每期数据在求平均时的作用是等同的. 但是，每期数据所包含的信息量往往不一样，近期数据包含着更多关于未来情况的信息. 因此，把各期数据等同看待是不尽合理的，应考虑各期数据的重要性，对近期数据给予较大的权重，这就是加权移动平均法的基本思想. 加权移动平均法的预测模型为：

$$\hat{y}_{t+1} = M_{tw} = \frac{w_1 y_t + w_2 y_{t-1} + \cdots + w_N y_{t-N+1}}{w_1 + w_2 + \cdots + w_N} \quad (t \geqslant N) \tag{6.2}$$

其中 w_i 为 y_{t-i+1} 的权重.

在加权移动平均法中，w_i 的选择具有一定的经验性. 一般的原则是：近期数据的权数大，远期数据的权数小. 至于大到什么程度和小到什么程度，则需要按照预测者对序列的了解和分析来确定.

3. 趋势移动平均法

简单移动平均法和加权移动平均法，在时间序列没有明显的趋势变动时，能够准确反映实际情况. 但当时间序列出现直线增加或减少的变动趋势时，用简单移动平均法和加权移动平均法来预测就会出现滞后偏差. 因此，需要进行修正，修正的方法是作二次移动平均，利用移动平均滞后偏差的规律来建立直线趋势的预测模型. 这就是趋势移动平均法. 一次移动的平均数为：

$$M_t^{(1)} = \frac{1}{N}(y_t + y_{t-1} + \cdots + y_{t-N+1})$$

二次移动的平均数为：

$$M_t^{(2)} = \frac{1}{N}(M_t^{(1)} + M_{t-1}^{(1)} + \cdots + M_{t-N+1}^{(1)}) = M_{t-1}^{(2)} + \frac{1}{N}(M_t^{(1)} - M_{t-N}^{(1)}) \tag{6.3}$$

下面讨论如何利用移动平均的滞后偏差建立直线趋势预测模型. 设时间序列 $\{y_t\}$ 从某时期开始具有直线趋势, 且认为未来时期也按此直线趋势变化, 则可设此直线趋势预测模型为:

$$\hat{y}_{t+m} = a_t + b_t m \quad (m = 1, 2, \cdots) \tag{6.4}$$

其中 t 为当前时期数, m 为由 t 至预测期的时期数, a_t 为截距, b_t 为系数, 两者均称为平滑系数. 可以推算出

$$a_t = 2M_t^{(1)} - M_t^{(2)}, \quad b_t = \frac{2}{N-1}(M_t^{(1)} - M_t^{(2)})$$

趋势移动平均法对于同时存在直线趋势与周期波动的序列, 是一种既能反映趋势变化, 又可以有效分离出周期变动的方法.

例 6.1 某日用品 1 至 11 月的销售额如表 6.1 第 1 至 3 列所示, 试给出第 12 月的预测值.

表 6.1 某日用品销售额及预测情况

（1）月 份	（2）期 数	（3）实际销售额	（4）三个月移动平均值	（5）五个月移动平均值
1	1	200.0	——	——
2	2	135.0	——	——
3	3	195.0	——	——
4	4	197.5	176.7	——
5	5	310.0	175.8	——
6	6	175.0	234.2	207.5
7	7	155.0	227.5	202.5
8	8	130.0	213.3	206.5
9	9	220.0	153.3	193.5
10	10	277.0	168.3	198.0
11	11	235.0	209.0	191.4
12	12	——	244.0	203.4

问题分析与求解: 先用 Matlab 对 1 至 11 个月的数据作图观测, 看其时间序列的变化趋势后再确定预测方法. Matlab 作图程序如下:

```
t=1:11;
y=[200.0 135.0 195.0 197.5 310.0 175.0 155.0 130.0 220.0 277.0 235.0];
plot(t,y)
```

图形如图 6.1 所示.

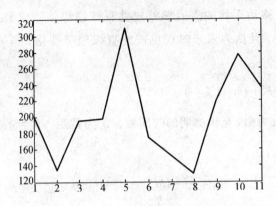

图 6.1　某日用品销售额数据变化趋势图

由图 6.1 知，该数据的变化趋势不明显，可选用移动平均法进行预测. 下面分别取 $N=3$ 和 $N=5$ 利用移动平均法进行预测. $N=3$ 时，Matlab 程序如下：

```
y=[200.0 135.0 195.0 197.5 310.0 175.0 155.0 130.0 220.0 277.0 235.0];
m=length(y);
n=3;
for j=1:m-n+1
yhat(j)=sum(y(j:j+n-1))/n;
end
s=sqrt(mean((y(n+1:end)-yhat(1:end-1)).^2)); %求预测的标准误差
yhat,s
```

运行结果为

```
yhat=[176.6667,175.8333,234.1667,227.5,213.3333,153.3333,168.3333,209,244]
s =79.8945
```

上述三个月的移动平均预测值见表 6.1 第 4 列. 类似地，$N=5$ 时的预测值（见表 6.1 第 5 列）和标准误差（s=54.785 9）. 当只需要第 12 月的预测值时，可用 Matlab 程序：

```
y=[200.0 135.0 195.0 197.5 310.0 175.0 155.0 130.0 220.0 277.0 235.0];
m=length(y);
n=[3,5];     %n 为移动平均的项数
for i=1:length(n)     %由于 n 的取值不同,下面使用了细胞数组
    for j=1:m-n(i)+1
        yhat{i}(j)=sum(y(j:j+n(i)-1))/n(i);
    end
y12(i)=yhat{i}(end);    %提出第 12 月份的预测值
s(i)=sqrt(mean((y(n(i)+1:end)-yhat{i}(1:end-1)).^2));
%求预测的标准误差
end
y12,s     %分别显示两种方法的预测值和预测的标准误差
```

运行结果为

y12=[244.0000,203.4000];s =[79.8945,54.7859].

从标准差的值不难看出，五月移动平均预测效果比三月移动平均预测效果好.

6.1.2　指数平滑法

一次移动平均实际上认为最近 N 期数据对未来值影响相同，都加权 $1/N$ ，而 N 期以前的数据对未来值没有影响，加权为 0. 但是，二次及更高次移动平均数的权数却不是 $1/N$ ，且次数越高，权数的结构越复杂，但永远保持对称的权数，即两端项权数小，中间项权数大，不符合一般系统的动态性. 一般说来历史数据对未来值的影响是随时间间隔的增长而递减的. 所以，更切合实际的方法应是对各期观测值依时间顺序进行加权平均作为预测值. 指数平滑法可满足这一要求，而且具有简单的递推形式. 指数平滑法根据平滑次数的不同，又分为一次指数平滑法、二次指数平滑法和三次指数平滑法等.

1.　一次指数平滑法

设时间序列为 $\{y_t\}$ ，则一次指数平滑法建立的预测模型为：

$$\hat{y}_{t+1} = S_t^{(1)} = \alpha y_t + (1-\alpha)S_{t-1}^{(1)} = S_{t-1}^{(1)} + \alpha(y_t - S_{t-1}^{(1)}) \qquad (6.5)$$

其中 $\alpha(0 < \alpha < 1)$ 为加权系数. 由模型（6.5）的递推关系，可得

$$\begin{aligned} S_t^{(1)} &= \alpha y_t + (1-\alpha)S_{t-1}^{(1)} \\ &= \alpha y_t + (1-\alpha)(\alpha y_{t-1} + (1-\alpha)S_{t-2}^{(1)}) \\ &= \alpha \sum_{i=0}^{t-1}(1-\alpha)^i y_{t-i} + (1-\alpha)^t y_0 \end{aligned}$$

上式中各项系数和为：

$$r_t = \alpha + \alpha(1-\alpha) + \cdots + \alpha(1-\alpha)^{t-1} + (1-\alpha)^t = \alpha\left[\frac{1-(1-\alpha)^t}{1-(1-\alpha)}\right] + (1-\alpha)^t$$

当 $t \to \infty$ 时， $r_t \to 1$. 所以，可以说 $S_t^{(1)}$ 是 t 期以及以前各期观察值的指数加权平均值，观察值的权数按递推周期以几何级数递减，各期的数据离第 t 期越远，它的系数愈小，因此它对预测值的影响也越小.

权重系数 α 的选择一般可遵循下列原则：

（1）如果时间序列波动不大，比较平稳，则 α 应取小一点，如（0.1 ~ 0.5）. 以减少修正幅度，使预测模型能包含较长时间序列的信息；

（2）如果时间序列具有迅速且明显的变动倾向，则 α 应取大一点，如（0.6 ~ 0.8）. 使预测模型灵敏度高一些，以便迅速跟上数据的变化.

（3）在实用上，类似移动平均法，多取几个 α 值进行试算，看哪个预测误差小，就采用哪个.

在模型（6.5）中，还需确定初值 $S_0^{(1)}$. $S_0^{(1)}$ 的选择一般可遵循下列原则：

（1）当时间序列的数据较多，比如在 20 个以上时，初始值对以后的预测值影响很少，可选用第一期数据为初始值.

（2）如果时间序列的数据较少，比如在 20 个以下时，初始值对以后的预测值影响很大，这时，就必须认真研究如何正确确定初始值. 一般以最初几期实际值的平均值作为初始值.

2. 二次指数平滑法

当时间序列的变动出现直线趋势时，用一次指数平滑法进行预测，仍存在明显的滞后偏差. 此时，需要进行修正，修正的方法和二次平移法类似. 利用滞后偏差的规律建立直线趋势模型，即二次指数平滑法. 其计算公式为：

$$\begin{cases} S_t^{(1)} = \alpha y_t + (1-\alpha)S_{t-1}^{(1)} \\ S_t^{(2)} = \alpha S_t^{(1)} + (1-\alpha)S_{t-1}^{(2)} \end{cases} \tag{6.6}$$

其中 $S_t^{(1)}$ 为一次指数的平滑值，$S_t^{(2)}$ 为二次指数的平滑值.

当时间序列 $\{y_t\}$，从某时期开始具有直线趋势时，类似趋势移动平均法，可用直线趋势模型：

$$\hat{y}_{t+m} = a_t + b_t m \quad (m=1,2,\cdots) \tag{6.7}$$

其中 t 为当前时期数，m 为由 t 至预测期的时期数，a_t 为截距，b_t 为系数，两者均称为平滑系数. 可以推算出

$$a_t = 2S_t^{(1)} - S_t^{(2)}, \quad b_t = \frac{\alpha}{1-\alpha}(S_t^{(1)} - S_t^{(2)})$$

3. 三次指数平滑法

当时间序列的变动表现为二次曲线趋势时，则需要用三次指数平滑法. 三次指数平滑是在二次指数平滑的基础上，再进行一次平滑，其计算公式为：

$$\begin{cases} S_t^{(1)} = \alpha y_t + (1-\alpha)S_{t-1}^{(1)} \\ S_t^{(2)} = \alpha S_t^{(1)} + (1-\alpha)S_{t-1}^{(2)} \\ S_t^{(3)} = \alpha S_t^{(2)} + (1-\alpha)S_{t-1}^{(3)} \end{cases} \tag{6.8}$$

其中 $S_t^{(3)}$ 为三次指数的平滑值. 三次指数平滑法的预测模型为：

$$\hat{y}_{t+m} = a_t + b_t m + c_t m^2 \quad (m=1,2,\cdots) \tag{6.9}$$

其中：
$$\begin{cases} a_t = 3S_t^{(1)} - 3S_t^{(2)} + S_t^{(3)} \\ b_t = \frac{\alpha}{2(1-\alpha)^2}[(6-5\alpha)S_t^{(1)} - (10-8\alpha)S_t^{(2)} + (4-3\alpha)S_t^{(3)}] \\ c_t = \frac{\alpha^2}{2(1-\alpha)^2}[S_t^{(1)} - 2S_t^{(2)} + S_t^{(3)}] \end{cases} \tag{6.10}$$

指数平滑预测模型是以时刻 t 为起点，综合历史序列的信息，对未来进行预测的方法. 选择合适的加权系数 α 是提高预测精度的关键环节. 根据实践经验，α 的取值范围一般以 $0.1 \sim 0.3$ 为宜. α 值愈大，加权系数序列衰减速度愈快，所以实际上 α 取值大小起着控制参加平均

的历史数据的个数的作用. α 值愈大意味着采用的数据愈少.

（1）如果序列的基本趋势比较稳，预测偏差由随机因素造成，则 α 值应取小一些，以减少修正幅度，使预测模型能包含更多历史数据的信息.

（2）如果预测目标的基本趋势已发生系统的变化，则 α 值应取得大一些. 这样，可以偏重新数据的信息对原模型进行大幅度修正，以使预测模型适应预测目标的新变化.

初始值 $S_0^{(1)}$ 可以取前 3~5 个数据的算术平均值.

例 6.2　表 6.2 第一、二列为通过中国统计年鉴整理的历年道路交通事故死亡人数，据此对未来几年的道路交通事故死亡人数进行预测.

表 6.2　2001 至 2013 年中国道路交通事故死亡人数及预测

年份	死亡人数	一次平滑值	二次平滑值	三次平滑值	预测值
2001	105 930	106 214	106 370	106 456	105 520
2002	109 381	107 956	107 242	106 889	111 318
2003	104 372	105 985	106 551	106 703	102 683
2004	107 077	106 585	106 570	106 630	106 993
2005	98 738	102 269	104 205	105 296	93 801
2006	89 455	95 221	99 264	101 978	79 680
2007	81 649	87 757	92 935	97 004	70 774
2008	73 484	79 907	85 770	90 825	62 894
2009	67 759	73 225	78 870	84 250	59 373
2010	65 225	68 825	73 345	78 252	60 690
2011	62 387	65 284	68 912	73 115	60 066
2012	59 997	62 376	65 317	68 826	58 646
2013	58 539	60 266	62 539	65 368	57 961

数据来源：根据《中国统计年鉴》2002—2014 年整理.

问题分析与求解： 先用 Matlab 对 2001 至 2013 年的数据作图观测，看其时间序列的变化趋势后再确定预测方法. 使用如下 Matlab 命令作图（见图 6.2）：

```
t=2001:2013;
y=[105930 109381 104372 107077 98738 89455 81649 73484 67759 65225 62387 59997
    58539];
plot(t,y,'*')
```

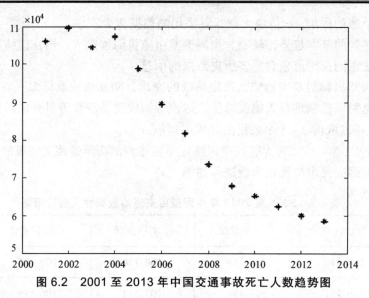

图 6.2　2001 至 2013 年中国交通事故死亡人数趋势图

从图 6.2 可以看出，数据具有明显的非线性趋势，可考虑用三次指数平滑法进行预测. 由于原始数据仅有 13 项，未超过 15 项，故采用前三个数据的平均值作为平滑初值，即 $S_{2000}^{(1)} = S_{2000}^{(2)} = S_{2000}^{(3)} = \dfrac{y_{2001} + y_{2002} + y_{2003}}{3} = 106\,561$. 从图 6.2 还可以看出，预测所需的原始数据（道路交通事故死亡人数）变化较大，故权重系数宜取大些（宜在 0.4 ~ 0.6 选取），以便将近期的变化趋势充分考虑在内. 下面取 $\alpha = 0.55$，利用（6.8）式计算 $S_t^{(1)}$，$S_t^{(2)}$，$S_t^{(3)}$，列于表 6.2 第 3 至 5 列. 得到 $S_{2013}^{(1)} = 60\,266$，$S_{2013}^{(2)} = 62\,539$，$S_{2013}^{(3)} = 65\,368$. 由（6.10）式可得，$a_{2013} = 58\,548.74$，$b_{2013} = -1\,003.45$，$c_t = 415.39$. 于是由（6.9）式得 $t = 2013$ 的预测模型为：

$$\hat{y}_{2013+m} = 58\,548.74 - 1\,003.45m + 415.39m^2 \tag{6.11}$$

由（6.11）式可预测未来几年的交通事故死亡人数. 例如，2014 年和 2015 年的预测值分别为 $\hat{y}_{2014} = 57\,961$，$\hat{y}_{2015} = 58\,203$. $\alpha = 0.55$ 时实际值与预测值的比较如图 6.3 所示.

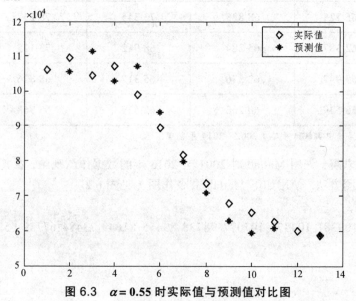

图 6.3　$\alpha = 0.55$ 时实际值与预测值对比图

相关计算程序为：

```
y=[105930 109381 104372 107077 98738 89455 81649 73484 67759 65225... 62387 59997
    58539];
n=length(y); alpha=0.55; st0=mean(y(1:3));
st1(1)=alpha*y(1)+(1-alpha)*st0;
st2(1)=alpha*st1(1)+(1-alpha)*st0;
st3(1)=alpha*st2(1)+(1-alpha)*st0;
for i=2:n
    st1(i)=alpha*y(i)+(1-alpha)*st1(i-1);
    st2(i)=alpha*st1(i)+(1-alpha)*st2(i-1);
    st3(i)=alpha*st2(i)+(1-alpha)*st3(i-1);
end
at=3*st1-3*st2+st3;
bt=0.5*alpha/(1-alpha)^2*((6-5*alpha)*st1-2*(5-4*alpha)*st2+(4-3*alpha)*st3);
ct=0.5*alpha^2/(1-alpha)^2*(st1-2*st2+st3);
yhat=at+bt+ct;
plot(1:n,y,'D',2:n,yhat(1:end-1),'*')
legend('实际值','预测值',1) %图注显示在右上角
xishu=[ct(end),bt(end),at(end)]; %二次预测多项式的系数向量
yhat2014=polyval(xishu,1) %求预测多项式 m=1 时的值
yhat2015=polyval(xishu,2) %求预测多项式 m=2 时的值
```

6.1.3　差分指数平滑法

当时间序列的变动具有直线趋势时，用一次指数平滑法会出现滞后偏差，其原因在于数据不满足模型要求. 因此，也可以从数据变换的角度来考虑改进措施. 在利用指数平滑以前先对数据做一些技术上的处理，使其能适合于一次指数平滑模型，再对输出的结果做技术上的返回处理，使之恢复原变量的形态. 差分方法是改变数据变动趋势的简易方法. 下面简单介绍如何利用差分方法来改进指数平滑法.

1. 一阶差分指数平滑法

当时间序列呈直线增加时，可运用一阶差分指数平滑模型来预测，其计算公式为

$$\nabla y_t = y_t - y_{t-1} \tag{6.12}$$

$$\nabla \hat{y}_{t+1} = \alpha \nabla y_t + (1-\alpha)\nabla \hat{y}_t \tag{6.13}$$

$$\hat{y}_{t+1} = \nabla \hat{y}_{t+1} + y_t \tag{6.14}$$

其中 ∇ 为差分符号. （6.12）式表示对呈直线增加的序列作一阶差分处理，构成一个平稳的新序列；（6.13）式表示对新序列作一阶指数平滑预测；（6.14）式表示将新序列的预测值与当前的实际值进行叠加，作为变量下一期的预测值. 对（6.14）式的数学意义可作如下解释：

实际值

$$y_{t+1} = y_{t+1} - y_t + y_t = \nabla y_{t+1} + y_t \tag{6.15}$$

利用（6.14）式中的预测值 $\hat{y}_{t+1}$ 去估计（6.15）式中的 y_{t+1}，从而（6.15）式等号左边的 y_{t+1} 也要改为预测值，亦即成为（6.14）式.

前面已分析过，指数平滑值实际上是一种加权平均数. 因此，把序列中逐期增量的加权平均数（指数平滑值）加上当前值的实际数进行预测，比一次指数平滑只用变量以往取值的加权平均数作为下一期的预测更合理，从而使预测值始终围绕实际值上下波动，从根本上解决了在有直线增长趋势的情况下，用一次指数平滑法所得出的结果始终落后于实际值的问题.

2. 二阶差分指数平滑法

当时间序列呈现二次曲线增长时，可用二阶差分指数平滑法进行预测，计算公式为：

$$\nabla^2 y_t = \nabla y_t - \nabla y_{t-1} \tag{6.16}$$

$$\nabla^2 \hat{y}_{t+1} = \alpha \nabla^2 y_t + (1-\alpha) \nabla^2 \hat{y}_t \tag{6.17}$$

$$\hat{y}_{t+1} = \nabla^2 \hat{y}_{t+1} + \nabla y_t + y_t \tag{6.18}$$

其中 ∇^2 表示二阶差分. 由（6.15）式知

$$y_{t+1} = \nabla y_{t+1} + y_t = (\nabla y_{t+1} - \nabla y_t) + \nabla y_t + y_t = \nabla^2 y_{t+1} + \nabla y_t + y_t$$

因此，（6.18）式是用 $\nabla^2 y_{t+1}$ 的估计值 $\nabla^2 \hat{y}_{t+1}$ 代替 $\nabla^2 y_{t+1}$ 后，得到 y_{t+1} 的预测值.

联合运用差分法和指数平滑法，不仅能克服一次指数平滑法的滞后偏差，而且能显著改进初始值问题. 因为数据经差分处理后，所产生的新序列基本上是平稳的. 这时，初始值取新序列的第一期数据对未来预测值不会有多大影响. 另外，它拓展了指数平滑法的适用范围. 然而，差分指数平滑法未能改进指数平滑法存在的加权系数 α 的选择问题.

从总体上来说，确定性时序分析刻画了序列的主要趋势，直观简单、便于计算，但是计算比较粗略，不能严格反映实际的变化规律. 为了严格反映时序的变化必须结合随机时序分析法进一步完善对社会经济现象的分析以便进行决策.

6.2 随机性时间序列分析

随机性时序分析是通过分析不同时刻变量的相关关系，来揭示其相关结构的预测方法. 随机性时间序列分析，分为（宽）平稳时序分析和非平稳时序分析. 平稳随机过程其统计特性（均值、方差）不随时间的平移而变化，在实际中若前后的环境和主要条件都不随时间变化就可以认为是平稳过程（宽平稳过程），具有（宽）平稳特性的时序称平稳时序. 如果时间序列非平稳，建立模型之前应先通过差分把它变换成平稳的时间序列，再考虑建模问题.

6.2.1 平稳随机时间序列分析

平稳时序分析主要通过建立自回归模型（AR）、滑动平均模型（MA）和自回归滑动平均模型（ARMA）分析平稳的时间序列的规律，一般的分析程序可用下面框图表示：

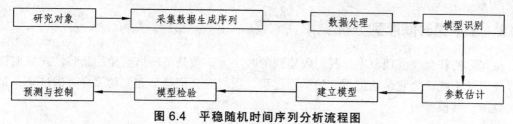

图6.4　平稳随机时间序列分析流程图

1. 自回归模型 AR(p)

如果时间序列 $X_t(t=1,2,\cdots)$ 是平稳的且数据之间前后有一定的依存关系，即 X_t 与前面 $X_{t-1},X_{t-2},\cdots X_{t-p}$ 有关，与其以前时刻进入系统的扰动（白噪声）无关. 此时，称其具有 p 阶的记忆，描述这种关系的数学模型就是 p 阶自回归模型：

$$X_t = \varphi_1 X_{t-1} + \varphi_2 X_{t-2} + \cdots + \varphi_p X_{t-p} + a_t \tag{6.19}$$

其中 $\varphi_1,\varphi_2,\cdots\varphi_p$ 是自回归系数或称为权系数，a_t 为白噪声，类似于相关回归分析中的随机误差干扰项，其均值为零，方差为 σ_a^2.

若引入后移算子 B，即 $BX_i = X_{i-1}$，并记 $\varphi(B) = 1 - \varphi_1 B - \varphi_2 B^2 - \cdots - \varphi_p B^p$，则模型（19）可改为

$$\varphi(B)X_t = a_t \tag{6.20}$$

称 $\varphi(B) = 0$ 为 AR(p) 模型的特征方程. 特征方程的 p 个根 $\lambda_i(i=1,2,\cdots,p)$ 被称为 AR(p) 的特征根. 如果 p 个特征根全在单位圆外，即

$$|\lambda_i| > 1，i = 1,2,\cdots,p \tag{6.21}$$

则称 AR(p) 模型为平稳模型，（6.21）被称为平稳条件. 由于是关于后移算子 B 的多项式，因此 AR(p) 模型是否平稳取决于参数 $\varphi_1,\varphi_2,\cdots\varphi_p$.

2. 滑动平均模型 MA(q)

如果时间序列 $X_t(t=1,2,\cdots)$ 是平稳的与前面 $X_{t-1},X_{t-2},\cdots X_{t-p}$ 无关与其以前时刻进入系统的扰动（白噪声）有关，具有 q 阶的记忆，描述这种关系的数学模型就是 q 阶滑动平均模型：

$$X_t = a_t - \theta_1 a_{t-1} - \theta_2 a_{t-2} - \cdots - \theta_q a_{t-q} \tag{6.22}$$

若引入后移算子 B，并记 $\theta(B) = 1 - \theta_1 B - \theta_2 B^2 - \cdots - \theta_p B^p$，则模型（6.22）可改为

$$X_t = \theta(B)a_t \tag{6.23}$$

3. 自回归滑动平均模型 ARMA(p,q)

如果时间序列 $X_t(t=1,2,\cdots)$ 是平稳的与前面 $X_{t-1},X_{t-2},\cdots X_{t-p}$ 有关且与其以前时刻进入系统的扰动（白噪声）也有关，则此系统为自回归移动平均系统，预测模型为

$$X_t - \varphi_1 X_{t-1} - \varphi_2 X_{t-2} - \cdots - \varphi_p X_{t-p} = a_t - \theta_1 a_{t-1} - \theta_2 a_{t-2} - \cdots - \theta_q a_{t-q} \tag{6.24}$$

即 $\qquad \varphi(B)X_t = \theta(B)a_t$ 　　　　　　　　　　　　　　　　　　（6.25）

6.2.2　非平稳时间序列分析

在实际的社会经济现象中，我们收集到的时序大多数是呈现出明显的趋势性或周期性，这样我们就不能认为它是均值不变的平稳过程，预测时要把趋势和波动综合考虑进来，是它们的叠加，其模型为

$$X_t = \mu_t + Y_t \qquad\qquad（6.26）$$

其中 μ_t 表示 X_t 中随时间变化的均值（往往是趋势值），Y_t 是 X_t 中剔除 μ_t 后的剩余部分，表示零均值平稳过程，就可用自回归模型、滑动平均模型或自回归滑动平均模型来拟合.

要解模型 $X_t = \mu_t + Y_t$，分以下两步：

（1）具体求出 μ_t 的拟合形式，可以用第一节介绍的确定性时序分析方法建模，求出 μ_t，得到拟合值，记为 $\hat{\mu}_t$.

（2）对残差序列 $\{X_t - \hat{\mu}_t\}$ 进行分析处理，使之成为均值为零的随机平稳过程，再用平稳随机时序分析方法建模求出 Y_t，通过反运算，最后可得 $X_t = \mu_t + Y_t$.

6.2.3　应用举例

例 6.3　国内生产总值的预测

问题的提出：国内生产总值（GDP）是指一个国家或者地区所有常住单位在一定时期内生产活动的最终成果，是反映国民经济活动最重要的经济指标之一. 科学的预测该指标，对制定经济发展目标以及与之相配套的方针政策具有重要的理论价值与实际意义.

表 6.3 为中国 1952—2013 年人均 GDP 的年度数据，并以此为依据建立预测模型，对未来 10 年即从 2014 年到 2023 年的人均 GDP 做出预测并检验其预测结果.

表 6.3　中国人均 GDP 时间序列数据（1952—2013）　　　　（单位：元）

年份	人均 GDP	年份	人均 GDP	年份	人均 GDP
1952	119	1973	309	1994	4 044
1953	142	1974	310	1995	5 046
1954	144	1975	327	1996	5 846
1955	150	1976	316	1997	6 420
1956	165	1977	339	1998	6 796
1957	168	1978	381	1999	7 159
1958	200	1979	419	2000	7 858
1959	216	1980	463	2001	8 622
1960	218	1981	492	2002	9 398
1961	185	1982	528	2003	10 542
1962	173	1983	583	2004	12 336

续表

年份	人均 GDP	年份	人均 GDP	年份	人均 GDP
1963	181	1984	695	2005	14 185
1964	208	1985	858	2006	16 500
1965	240	1986	963	2007	20 169
1966	254	1987	1 112	2008	23 708
1967	235	1988	1 366	2009	25 608
1968	222	1989	1 519	2010	30 015
1969	243	1990	1 644	2011	35 198
1970	275	1991	1 893	2012	38 459
1971	288	1992	2 311	2013	41 908
1972	292	1993	2 998		

资料来源：根据《中国统计年鉴》1953—2014 年整理.

问题分析与求解：先将表 6.3 的数据保存为 gdp.txt 纯文本文档，用 Matlab 读取并作图，如图 6.5 所示.

```
t=1952:2013;
a=textread('gdp.txt');
y=a(:,[2,4,6]);%提出变量 y 的数据
y=nonzeros(y);%去掉最后的 0 元素,且变成列向量
plot(t,y)
```

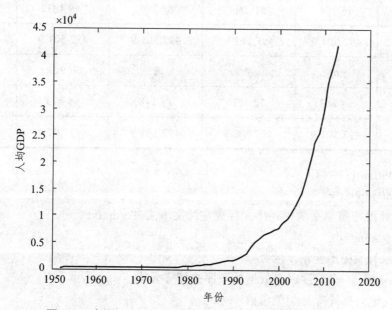

图 6.5 中国 1952—2013 年人均 GDP 时间序列趋势图

从图 6.4 可以看出，中国人均 GDP（1952—2013）带有明显的趋势性，这个社会经济现象可以看成是随机过程在现实中的一次样本实现．图中显示，中国人均 GDP（1952—2013 年）保持指数增长趋势，特别是 1978 年改革开放以后，呈现出较强劲的增长趋势．从人均 GDP 的变化特征来看，这是一个非平稳序列，明显呈现上升趋势．

通过对 y_t 计算自相关函数和偏相关函数，确定选用模型．如果是截尾的或者是拖尾的（即被负指数控制的），说明已服从 ARMA 模型．若自相关函数与偏相关函数至少有 1 个不是截尾的或拖尾的，说明 y_t 不是平稳的，可以作一阶差分

$$\nabla y_t = y_t - y_{t-1} = (1-B)y_t, \quad t = 2,3,\cdots,n$$

并求其自相关函数和偏相关函数后，用上述方法判断 ∇y_t 是否平稳．若 ∇y_t 不是平稳的，再作二阶差分

$$\nabla^2 y_t = \nabla y_t - \nabla y_{t-1} = y_t - 2y_{t-1} + y_{t-2} = (1-B)^2 y_t$$

进行平稳性判断．一般地，$\nabla^d y_t = (1-B)^d y_t$．按上述方法判断直至 $\nabla^d y_t$ 是平稳序列为止．在此，只需 $d=1$ 即可．接下来利用 AIC 和 BIC 准则定阶（AIC 和 BIC 的取值达到最小值），取 ARMA(3,0) 模型（由于 AIC 和 BIC 的值可由 Matlab 程序求得，计算公式在此不介绍）．参数的估计为 $\hat{\varphi}_1 = 0.718\,0$，$\hat{\varphi}_2 = -0.425\,8$，$\hat{\varphi}_3 = 0.707\,7$，$a_t = 109.397\,9$．得到模型为

$$y_t - 0.718X_{t-1} + 0.425\,8X_{t-2} - 0.707\,7X_{t-3} = 109.397\,9$$

经计算，其 10 步预报值（即 2014—2023 年的预测值）如表 6.4 所示．

表 6.4　10 步预报值和预报标准差

步数	1	2	3	4	5
预测值	46 774	51 216	54 885	59 181	63 957
预测标准差	497.501 9	497.501 9	497.501 9	497.501 9	497.501 9
步数	6	7	8	9	10
预测值	68 263	72 471	77 148	81 873	86 361
预测标准差	497.501 9	497.501 9	497.501 9	497.501 9	497.501 9

计算的 Matlab 程序如下：

```
a=textread('gdp.txt');
%把原始数据按照原来的排列格式存放在纯文本文件 gdp.txt
a=textread('gdp.txt');
y=a(:,[2,4,6]);%提出变量 y 的数据
y=nonzeros(y);    %按照原来数据的顺序去掉零元素
r11=autocorr(y) %计算自相关函数
r12=parcorr(y)    %计算偏相关函数
```

```
dy=diff(y);          %计算 1 阶差分
r21=autocorr(dy)%计算自相关函数
r22=parcorr(dy) %计算偏相关函数
n=length(dy);        %计算差分后的数据个数
for i=0:3
    for j=0:3
    spec= garchset('R',i,'M',j,'Display','off'); %指定模型的结构
    [coeffX,errorsX,LLFX] = garchfit(spec,dy);    %拟合参数
    num=garchcount(coeffX);    %计算拟合参数的个数
    %compute Akaike and Bayesian Information Criteria
    [aic,bic]=aicbic(LLFX,num,n);
    fprintf('R=%d,M=%d,AIC=%f,BIC=%f\n',i,j,aic,bic);
%显示计算结果
    end
end
r=input('输入阶数 R=');m=input('输入阶数 M=');
spec2= garchset('R',r,'M',m,'Display','off'); %指定模型的结构
[coeffX,errorsX,LLFX] = garchfit(spec2,dy)    %拟合参数
[sigmaForecast,w_Forecast] = garchpred(coeffX,dy,10)
%计算 10 步预报值
x_pred=y(end)+cumsum(w_Forecast)    %计算原始数据的 10 步预测值
```

习题 6

1. 我国 2014 年 3 至 11 月的社会消费品零售总额如表 6.5 所示，试给出第 12 月的预测值，并与实际值进行比较.（2014 年 12 月的实际值为 25 801.31 亿元）

表 6.5　我国 2014 年 3 至 11 月的社会消费品零售总额　　　（单位：亿元）

月份	3	4	5	6	7
社会消费品零售总额	19 800.55	19 701.20	21 249.80	21 166.45	20 775.79
月份	8	9	10	11	
社会消费品零售总额	21 133.93	23 042.43	23 967.24	23 474.70	

资料来源：根据《中国统计年鉴》2015 年整理.

2. 表 6.6 为中国 1994—2013 年国内旅游总花费的年度数据，并以此为依据建立预测模型，对未来几年的国内旅游总花费做出预测并检验其预测结果.

表 6.6　中国国内旅游总花费时间序列数据（1978—2013）　　（单位：亿元）

年度	旅游总花费	年度	旅游总花费	年度	旅游总花费
1994	1 023.5	2001	3 522.4	2008	8 749.3
1995	1 375.7	2002	3 878.4	2009	10 183.7
1996	1 638.4	2003	3 442.3	2010	12 579.8
1997	2 112.7	2004	4 710.7	2011	19 305.4
1998	2 391.2	2005	5 285.9	2012	22 706.2
1999	2 831.9	2006	6 229.7	2013	26 276.1
2000	3 175.5	2007	7 770.6		

资料来源：根据《中国统计年鉴》1979—2014 年整理.

3. 表 6.7 为中国 1978—2013 年农作物总播种面积的年度数据，并以此为依据建立预测模型，对未来几年的农作物总播种面积做出预测并检验其预测结果.

表 6.7　中国农作物总播种面积时间序列数据（1978—2013）　　（单位：千公顷）

年度	播种面积	年度	播种面积	年度	播种面积
1978	150 104.07	1990	148 362.27	2002	154 635.51
1979	148 476.87	1991	149 585.80	2003	152 414.96
1980	146 379.53	1992	149 007.10	2004	153 552.55
1981	145 157.07	1993	147 740.70	2005	155 487.73
1982	144 754.60	1994	148 240.60	2006	152 149.00
1983	143 993.47	1995	149 879.30	2007	153 463.93
1984	144 221.33	1996	152 380.60	2008	156 265.70
1985	143 625.87	1997	153 969.20	2009	158 613.55
1986	144 204.00	1998	155 705.70	2010	160 674.81
1987	144 956.53	1999	156 372.81	2011	162 283.22
1988	144 868.93	2000	156 299.85	2012	163 415.67
1989	146 553.93	2001	155 707.86	2013	164 626.93

资料来源：根据《中国统计年鉴》1979—2014 年整理.

7 现代优化算法

现代优化算法是 20 世纪 80 年代初兴起的启发式算法. 这些算法包括模拟退火(simulated annealing)、遗传算法(genetic algorithms)等. 它们主要用于解决大量的实际应用问题. 目前, 这些算法在理论和实际应用方面得到了较大的发展. 无论这些算法是怎样产生的, 它们有一个共同的目标——求 NP-hard 组合优化问题的全局最优解. 虽然有这些目标, 但 NP-hard 理论限制它们只能以启发式的算法去求解实际问题. 启发式算法包含的算法很多, 有些启发式算法是根据实际问题而产生的, 如解空间分解、解空间的限制等; 另一类算法是集成算法, 这些算法是诸多启发式算法的合成. 现代优化算法解决组合优化问题, 如 TSP (traveling salesman problem)问题, QAP (quadratic assignment problem)问题, JSP (job-shop scheduling problem)问题等效果很好.

现代优化算法是一种具有全局优化性能、通用性强、且适合于并行处理的算法. 这种算法一般具有严密的理论依据, 而不是单纯凭借专家经验, 理论上可以在一定的时间内找到最优解或近似最优解.

7.1 模拟退火算法

模拟退火算法的思想是由 Metropolis 等 (1953)最早提出的, 1983 年 Kirkpatrick 等将其应用于组合优化. 模拟退火算法得益于材料统计力学的研究成果. 统计力学表明, 材料中粒子的不同结构对应于粒子的不同能量水平. 在高温条件下, 粒子的能量较高, 分子呈随机排列状态并可以自由运动和重新排列. 在低温条件下, 粒子能量较低, 粒子的自由移动和重排也比较缓慢、困难. 如果从高温开始, 非常缓慢地降温(这个过程被称为退火), 粒子就可以在每个温度下以低能状态排列, 直到系统完全被冷却, 最终达到处于低能状态的稳定晶体. 而模拟退火算法正是利用了物理中固体物质的退火过程与一般优化问题的相似性, 使用一个简单的数学模型描述退火过程. 算法从某一初始温度开始, 伴随温度的不断下降, 结合概率突跳特性在解空间中随机寻找全局最优解.

7.1.1 算法简介

根据物理知识可知, 在温度 T, 分子停留在状态 r 满足 Boltzmann 概率分布:

$$P\{E = E(r)\} = \frac{1}{Z(T)} e^{-\frac{E(r)}{KT}} \tag{7.1}$$

其中 E 表示分子能量的一个随机变量, $K > 0$ 是物理学中的波尔兹曼常数, T 是材料温度, $Z(T)$ 为概率分布的标准化因子, 有 $Z(T) = \sum_{s \in D} e^{-\frac{E(s)}{KT}}$. 由此可以看出:

1. 分子停留在高能量区的概率与温度成反比，随着 T 不断下降，分子停留在低能量区的概率不断增加；

2. 相同温度下，分子停留在低能量区的概率更大.

在同一个温度 T，选定两个能量 $E_1 < E_2$，则材料从状态 i 进入状态 j 的概率为

$$P(E = E_i) - P(E = E_j) = \frac{1}{Z(T)} e^{-\frac{E_i}{KT}} (1 - e^{-\frac{E_j - E_i}{KT}}) \tag{7.2}$$

而内能 E 常常为目标函数值 f. 如果用粒子的能量定义材料的状态，Metropolis 算法用一个简单的数学模型描述了退火过程. 假设材料在状态 i 之下的能量为 $E(i)$，那么材料在温度 T 时从状态 i 进入状态 j 就遵循如下规律：

（1）如果 $E(j) \leqslant E(i)$，接受状态转移；

（2）如果 $E(j) > E(i)$，则以下面状态转移概率 $e^{\frac{E(i) - E(j)}{KT}}$ 来接受，即产生一随机数 random$(0,1)$，当 $e^{\frac{E(i) - E(j)}{KT}} \geqslant$ random$(0,1)$ 时接受状态转移，否则不接受状态转移.

由状态转移 $e^{\frac{E(i) - E(j)}{KT}}$ 易知，当 T 值越大，转移概率也越大，这时能量函数 E 更容易从低能状态转到高能状态，而随着 T 逐渐变小，状态转移 $e^{\frac{E(i) - E(j)}{KT}}$ 的值也随之变小. 函数 E 难以接受从低能状态转到高能状态，从而趋于稳定（即得出最优解）. 则可知解 x_i 转到 x_j 的转移概率为

$$P[x_i \to x_j] = \begin{cases} 1, & E(x_j) < E(x_i) \\ e^{\frac{E(x_i) - E(x_j)}{KT}}, & \text{其他} \end{cases} \tag{7.3}$$

换句话说，如果生成的解 x_j 的函数值比前一个解的函数值更小，则接受 $x_{i+1} = x_j$ 作为一个新解，否则以概率接受 x_j 作为一个新解. 在某一个特定温度下，进行了充分的转换之后，材料将达到热平衡. 这时材料处于状态 i 的概率满足波尔兹曼分布：

$$P_T(X = i) = \frac{e^{-\frac{E(i)}{KT}}}{\sum\limits_{j \in S} e^{-\frac{E(j)}{KT}}}$$

其中 x 表示材料当前状态的随机变量，S 表示状态空间集合. 显然

$$\lim_{T \to \infty} \frac{e^{\frac{E(i)}{KT}}}{\sum\limits_{j \in S} e^{\frac{E(j)}{KT}}} = \frac{1}{|S|}$$

其中 $|S|$ 表示集合 S 中状态的数量. 这表明所有状态在高温下具有相同的概率. 而当温度 T 下降时，有

$$\lim_{T \to 0} \frac{e^{-\frac{E(i) - E_{\min}}{KT}}}{\sum\limits_{j \in S} e^{-\frac{E(j) - E_{\min}}{KT}}} = \lim_{T \to 0} \frac{e^{-\frac{E(i) - E_{\min}}{KT}}}{\sum\limits_{j \in S_{\min}} e^{-\frac{E(j) - E_{\min}}{KT}}} = \begin{cases} \dfrac{1}{|S_{\min}|}, & i \in S_{\min} \\ 0, & \text{其他} \end{cases}$$

其中 $E_{\min} = \min\limits_{j \in S} E(j)$ 且 $S_{\min} = \{i \mid E(i) = E_{\min}\}$. 上式表明当温度降至很低时，材料会以很大概率进入最小能量状态.

模拟退火算法的**基本思想**是：由某一较高的初始温度开始，利用上面状态转移规律域内随机搜索采样，随着温度不断降低，使系统的能量达到最低状态，即相当于能量函数的全局最优解.

算法的基本步骤：

1. 初始化：初始温度 T_0（充分大），初始解状态 x_0（是算法迭代的起点），$k = 0$，$S_0 = x_0$ 计算 $f(x_0)$；

2. 在当前 T_k 下，在 x_k 邻域内产生随机解 S_{k+1}；

3. 计算增量 $\Delta E_k = E(S_{k+1}) - E(x_k)$，其中 $E(x)$ 为评价函数（一般为目标函数）；

4. 若 $\Delta E_k < 0$ 则接受 S_{k+1}（即令 $x_k = S_{k+1}$）作为新的当前解，否则只有当概率 $\min(1, e^{-\frac{\Delta E_k}{T_k}})$ > random$(0,1)$ 时，接受 S_{k+1} 作为新的当前解（ $x_k = S_{k+1}$）；

如果 $\|x_k - x_{k-1}\| \leqslant \varepsilon$ 则输出 x_k 为最优解，结束程序. 否则 $k = k+1$，转到（5）.（终止条件通常取为连续若干个新解都没有被接受时终止算法（或者温度降到一定程度）).

5. 如果满足终止条件（一般为 $\|x_k - x_{k-1}\| \leqslant \varepsilon$）则输出 x_k 为最优解，结束程序. 否则 $k = k+1$，转到第 6 步（终止条件通常取为连续若干个新解都没有被接受时终止算法（或者温度降到一定程度）).

6. 更新 T_k（降温），使 T_k 逐渐减少，且 $T_k > 0$（一般取正实数 $\alpha < 1$ 且令 $T_{k+1} = \alpha T_k$），然后转第 2 步.

7.1.2 算法实现的技术问题

1. 初始温度

模拟退火算法中初温的选择对所求的最优解有一定的影响. 如果初始温选择较大，其获得高质量解的概率也变大，但计算所需的时间也变长，反之亦然. 下面给出常见的初始温度选择方法.

（1）均匀抽样一组状态，以各状态目标函数值的方差为初温 T_0；

（2）随机产生一组状态 S，确定两状态的目标函数差值

$$\Delta f_{\max} = \max\limits_{x_i \in S} f(x_i) - \min\limits_{x_j \in S} f(x_j) \tag{7.4}$$

然后根据差值，利用一定的函数产生初温，如取 $T_0 = K \Delta f_{\max}$ 或 $T_0 = \dfrac{-\Delta f_{\max}}{\ln(p)}$，其中 K 为个充分大的数，可取 K 为 10，20，100 等试验值，p 为初始接受概率.

2. 退温函数

模拟退火算法中退温函数的选择也至关重要. 如果选取退温慢，其候选解数目多，获得高质量解的概率也变大，但计算所需的时间也变长，反之亦然. 下面给出常见的退温函数选择方法.

（1）$T_{k+1} = \alpha T_k$ 其中 $0 < \alpha < 1$，其大小可以固定，也可以不断变化，接近于 1 时，温度下降缓慢. 此法简单易行，使用较多.

（2）$T_k = \left(1 - \dfrac{k}{K}\right) T_0$，式中 T_0 为初始温度，K 为算法温度下降规定的总次数.

模拟退火算法的具体步骤:

（1）初始化：随机产生一个初始解 x_0，令 $x_{best} = x_0$，并计算目标函数值 $f(x_0)$，设置初始温度 $T_0 = K\Delta f_{\max}$ 或 $T_0 = \dfrac{-\Delta f_{\max}}{\ln(p)}$，$k = 0$，最低温 $T_{\min}$，$i = 1$；

（2）在 x_k 邻域内产生 N 个随机解 $x_{new1}^k, x_{new2}^k, \cdots, x_{newN}^k$；

（3）计算增量 $\Delta f_{ki} = f(x_{newi}^k) - f(x_k)$，$i = i + 1$，若 $\Delta f_{ki} < 0$ 则 $x_k = x_{newi}^k$，否则只有当概率 $\min(1, e^{-\frac{\Delta E_k}{T_k}}) > random(0,1)$ 时，$x_k = x_{newi}^k$，当 $i > N$ 时转到（4），否则转到（3）；

（4）如果 $\|x_k - x_{k-1}\| \leqslant \varepsilon$ 则输出 x_k 为最优解，结束程序. 否则，$k = k + 1$，转到（5）.

（5）当 $T_k \leqslant T_{\min}$ 时退出，否则更新 T_k，令 $T_{k+1} = \alpha T_k$，其中 $0 < \alpha < 1$，然后转第（2）步.

下面将介绍一个实际算例.

7.1.3　应用举例

已知敌方 100 个目标的经度、纬度如表 7.1 所示.

表 7.1　经度和纬度数据表

经度	纬度	经度	纬度	经度	纬度	经度	纬度
53.712 1	15.304 6	51.175 8	0.032 2	46.325 3	28.275 3	30.331 3	6.934 8
56.543 2	21.418 8	10.819 8	16.252 9	22.789 1	23.104 5	10.158 4	12.481 9
20.105 0	15.456 2	1.945 1	0.205 7	26.495 1	22.122 1	31.484 7	8.964 0
26.241 8	18.176 0	44.035 6	13.540 1	28.983 6	25.987 9	38.472 2	20.173 1
28.269 4	29.001 1	32.191 0	5.869 9	36.486 3	29.728 4	0.971 8	28.147 7
8.958 6	24.663 5	16.561 8	23.614 3	10.559 7	15.117 8	50.211 1	10.294 4
8.151 9	9.532 5	22.107 5	18.556 9	0.121 5	18.872 6	48.207 7	16.888 9
31.949 9	17.630 9	0.773 2	0.465 6	47.413 4	23.778 3	41.867 1	3.566 7
43.547 4	3.906 1	53.352 4	26.725 6	30.816 5	13.459 5	27.713 3	5.070 6
23.922 2	7.630 6	51.961 2	22.851 1	12.793 8	15.730 7	4.956 8	8.366 9
21.505 1	24.090 9	15.254 8	27.211 1	6.207 0	5.144 2	49.243 0	16.704 4
17.116 8	20.035 4	34.168 8	22.757 1	9.440 2	3.920 0	11.581 2	14.567 7
52.118 1	0.408 8	9.555 9	11.421 9	24.450 9	6.563 4	26.721 3	28.566 7
37.584 8	16.847 4	35.661 9	9.933 3	24.465 4	3.164 4	0.777 5	6.957 6
14.470 3	13.636 8	19.866 0	15.122 4	3.161 6	4.242 8	18.524 5	14.359 8
58.684 9	27.148 5	39.516 8	16.937 1	56.508 9	13.709 0	52.521 1	15.795 7
38.430 0	8.464 8	51.818 1	23.015 9	8.998 3	23.644 0	50.115 6	23.781 6
13.790 9	1.951 0	34.057 4	23.396 0	23.062 6	8.431 9	19.985 7	5.790 2
40.880 1	14.297 8	58.828 9	14.522 9	18.663 5	6.743 6	52.842 3	27.288 0
39.949 4	29.511 4	47.509 9	24.066 4	10.112 1	27.266 2	28.781 2	27.665 9
8.083 1	27.670 5	9.155 6	14.130 4	53.798 9	0.219 9	33.649 0	0.398 0
1.349 6	16.835 9	49.981 6	6.082 0	19.363 5	17.662 2	36.954 5	23.026 5
15.732 0	19.569 7	11.511 8	17.388 4	44.039 8	16.263 5	39.713 9	28.420 3
6.990 9	23.180 4	38.339 2	19.995 0	24.654 3	19.605 7	36.998 0	24.399 2
4.159 1	3.185 3	40.140 0	20.303 0	23.987 6	9.403 0	41.108 4	27.714 9

我方有一个基地，经度和纬度为（70，40）．假设我方飞机的速度为 1 000 公里/小时．我方派一架飞机从基地出发，侦察完敌方所有目标，再返回原来的基地．在敌方每一目标点的侦察时间不计，求该架飞机所花费的时间（假设我方飞机巡航时间可以充分长）．

这是一个旅行商问题．我们依次给基地编号为 1，敌方目标依次编号为 2,3,…,101，最后我方基地再重复编号为 102（这样便于程序中计算）．已知每个点的经纬度，则可以计算出每个点间距离并用距离矩阵 $\boldsymbol{D}=(d_{ij})_{102\times102}$ 表示，其中 d_{ij} 表示表示 i,j 两点的距离，$i,j=1,2,\cdots,102$，这里 $\boldsymbol{D}$ 为实对称矩阵．则问题是求一个从点 1 出发，走遍所有中间点，到达点 102 的一个最短路径．

上面问题中给定的是地理坐标（经度和纬度），我们必须求两点间的实际距离．设 A，B 两点的地理坐标分别为 (x_1,y_1)，(x_2,y_2)，过 A，B 两点的大圆的劣弧长即为两点的实际距离．以地心为坐标原点 O，以赤道平面为 XOY 平面，以 0 度经线圈所在的平面为 XOZ 平面，建立三维直角坐标系．则 A，B 两点的直角坐标分别为：

$$A(R\cos x_1\cos y_1, R\sin x_1\cos y_1, R\sin y_1)$$

$$B(R\cos x_2\cos y_2, R\sin x_2\cos y_2, R\sin y_2)$$

其中 $R=6\ 370$ 为地球半径．A,B 两点间的实际距离

$$d = R\arccos\left(\frac{OA\cdot OB}{|OA|\cdot|OB|}\right)$$

化简为

$$d = R\arccos[\cos(x_1-x_2)\cos y_1\cos y_2 + \sin y_1\sin y_2] \tag{7.5}$$

求解的模拟退火算法描述如下：

（1）解空间．

解空间 S 可表示为 $\{1,2,\cdots,102\}$ 中所有起点和终点固定为 1 和 102 且其他所有点均出现一次的循环排列集合，即

$$S = \{(\pi_1,\cdots,\pi_{102}) \mid \pi_1=1, \pi_{102}=102, (\pi_2,\cdots,\pi_{101})\}$$ 为 $\{2,3,\cdots,101\}$ 的任意循环排列}

其中每一个循环排列表示侦察 100 个目标的一个回路，$\pi_i=j$ 表示在第 $i-1$ 个侦察目标为 j，初始解可选为 $\{1,2,\cdots,102\}$，在此题中我们先使用 Monte Carlo 方法求得一个较好的初始解，以减少计算时间．

（2）目标函数．

此时的目标函数为侦察所有目标的路径长度或称代价函数

$$\min\ f(\pi_1,\cdots,\pi_{102}) = \sum_{i=1}^{101} d_{\pi_i\pi_{i+1}} \tag{7.6}$$

而一次迭代由下列三步构成：

（3）新解的产生．

设上一次迭代产生解为 $\pi_1,\cdots,\pi_{u-1},\pi_u,\pi_{u+1},\cdots,\pi_{v-1},\pi_v,\pi_{v+1},\cdots,\pi_{102}$，而需要在此解的基础上

产生新的邻近解.

① 2 变换法. 任选序号 u,v（设 $u<v$）交换 u 与 v 之间的顺序，此时的新路径为：

$$\pi_1,\cdots,\pi_{u-1},\pi_v,\pi_{v-1},\cdots,\pi_{u+1},\pi_u,\pi_{v+1},\cdots,\pi_{102}$$

② 3 变换法. 任选序号 u,v 和 w（设 $u<v<w$），将 u 与 v 之间的路径插到 w 之后，对应的新路径为

$$\pi_1,\cdots,\pi_{u-1},\pi_{v+1},\pi_{v+2},\cdots,\pi_w,\pi_u,\cdots,\pi_v,\pi_{w+1},\cdots,\pi_{102}$$

（4）代价函数差.

对于 2 变换法，路径差可表示为：

$$\Delta f = d_{\pi_{u-1}\pi_v} + d_{\pi_u\pi_{v+1}} - (d_{\pi_{u-1}\pi_u} + d_{\pi_v\pi_{v+1}})$$

对于 3 变换法，路径差可表示为：

$$\Delta f = d_{\pi_{u-1}\pi_{v+1}} + d_{\pi_w\pi_u} + d_{\pi_v\pi_{w+1}} - (d_{\pi_{u-1}\pi_u} + d_{\pi_v\pi_{v+1}} + d_{\pi_w\pi_{w+1}})$$

（5）接受准则.

$$P = \begin{cases} 1, & \Delta f < 0 \\ e^{-\frac{\Delta f}{T}}, & \Delta f \geqslant 0 \end{cases} \qquad (7.7)$$

如果 $\Delta f < 0$，则接受新的路径. 否则，以概率 $e^{-\frac{\Delta f}{T}}$ 接受新的路径，即生成 0 到 1 之间的随机数 $\mathrm{random}(0,1)$，若 $e^{-\frac{\Delta f}{T}} > \mathrm{random}(0,1)$，则接受.

（6）降温.

利用选定的降温系数 α 进行降温，即：$T_{k+1} = \alpha T_k$，得到新的温度，这里我们取 $\alpha = 0.999$.

（7）结束条件.

用选定的终止温度 $e = 10^{-30}$，判断退火过程是否结束. 若 $T < e$，算法结束，输出当前状态.

我们编写的 Matlab 程序如下：

```
clc,clear
load sj.txt %加载敌方 100 个目标的数据,数据按照表格中的位置保存在纯文本
 文件 sj.txt 中
x=sj(:,1:2:8);x=x(:);
y=sj(:,2:2:8);y=y(:);
sj=[x y]; d1=[70,40];
sj=[d1;sj;d1]; sj=sj*pi/180;
d=zeros(102); %距离矩阵 d
for i=1:101
for j=i+1:102
temp=cos(sj(i,1)-sj(j,1))*cos(sj(i,2))*cos(sj(j,2))+sin(sj(i,2))*sin(sj(j,2));
d(i,j)=6370*acos(temp);
```

```
end
end
d=d+d';
S0=[];Sum=inf;
rand('state',sum(clock));
for j=1:1000
S=[1 1+randperm(100),102];
temp=0;
for i=1:101
temp=temp+d(S(i),S(i+1));
end
if temp<Sum
S0=S;Sum=temp;
end
end
e=0.1^30;L=20000;at=0.999;T=1;
%退火过程
for k=1:L%产生新解
c=2+floor(100*rand(1,2));
c=sort(c);
c1=c(1);c2=c(2);%计算代价函数值
df=d(S0(c1-1),S0(c2))+d(S0(c1),S0(c2+1))-d(S0(c1-1),S0(c1))-d(S0(c2),...
S0(c2+1));
%接受准则
if df<0
S0=[S0(1:c1-1),S0(c2:-1:c1),S0(c2+1:102)];
Sum=Sum+df;
elseif exp(-df/T)>rand(1)
S0=[S0(1:c1-1),S0(c2:-1:c1),S0(c2+1:102)];
Sum=Sum+df;
end
T=T*at;
if T<e
break;
end
end
% 输出巡航路径及路径长度
S0,Sum
```

计算结果为 44 小时左右. 其中的一个巡航路径如图 7.1 所示.

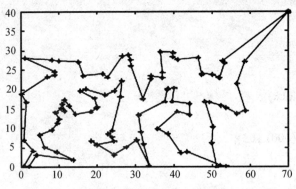

图 7.1　模拟退火算法求得的循环路径示意图

7.2　遗传算法

遗传算法（genetic algorithms，GA）是一类模拟达尔文生物进化论的自然选择和遗传算法机理的生物进化过程的计算模型，借鉴生物界的进化规律（适者生存，优胜劣汰遗传机制）演化而来的随机化搜索最优化方法．遗传算法最初由美国 Michigan 大学 J. Holland 教授于 1975 年首先提出来的，并出版了颇有影响的专著 *Adaptation in Natural and Artificial Systems*，遗传算法这个名称才逐渐为人所知，并在自然与社会现象模拟、工程计算等方面得到了广泛应用．

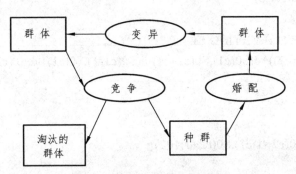

图 7.2　生物进化基本循环图

遗传算法模拟自然选择和自然遗传过程中发生的选择、交叉和变异现象，在每次迭代中都保留一组候选解，并按某种指标从解群中选取较优的个体，利用遗传算子（选择、交叉和变异）对这些个体进行组合，产生新一代的候选解群，重复此过程，直到满足某种收敛指标为止．依据生物进化论中的"适者生存"规律而提出．遗传算法的实质是通过群体搜索技术，根据适者生存的原则逐代进化，最终得到最优解或准最优解．它必须做以下操作：初始群体的产生、求每一个体的适应度、根据适者生存的原则选择优良个体、被选出的优良个体两两配对，通过随机交叉和变异后生成下一代群体并选择优良个体留下，按此方法使群体逐代进化，直到满足进化终止条件．其实现方法如下：

（1）根据具体问题确定可行解域，确定一种编码方法，能用数值串或字符串表示可行解域的每一解．

（2）定义一个能度量一个解好坏（优劣）的适应度函数.

（3）确定进化参数群体规模 M、交叉概率 p_c、变异概率 p_m、进化终止条件.

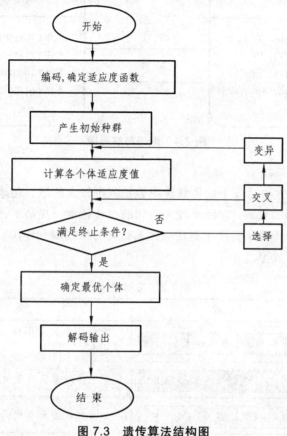

图 7.3　遗传算法结构图

7.2.1　遗传算法实现

遗传算法的流程主要包括：染色体编码、产生初始群体，计算适应度、个体选择、交叉、变异操作等几大部分，下面将分别进行介绍.

1. 编码和解码

遗传算法主要是通过遗传操作（交叉、变异）对群体中具有某种结构形式的个体施加结构重组处理，从而不断地搜索出群体较优秀的个体并逐渐逼近最优解. 然而遗传算法不能直接处理问题空间的数据，必须把一个问题的可行解从其解空间转换到遗传算法所能处理的搜索空间，而这种转换方法就称为编码. 针对一个具体应用问题，如何设计一种完美的编码方案一直是遗传算法的应用难点之一，也是遗传算法的一个重要研究方向. 对实际应用的问题，必须对编码方法、交叉运算方法、变异运算方法、译码方法等统一考虑，以求求一种对问题的描述最为方便、遗传运算效率最高的编码方案.

编码——由设计空间向编码空间的映射. 将设计解用字符串表示的过程. 编码的选择是影响算法性能和效率的重要因素.

解码——由编码空间向设计空间的映射.

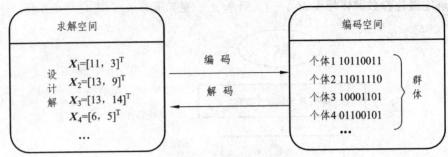

图 7.4   编码与解码图

常用编码方式:

（1）实数编码. 该方法适合于遗传算法中表示范围较大的数，使遗传算法更接近问题空间，避免了编码和解码的过程. 它便于较大空间的遗传搜索，提高了遗传算法的精度要求；便于设计专门问题的遗传算子；便于算法与经典优化方法的混合作用，改善了遗传算法的计算复杂性，提高了运算效率.

表 7.2   常用编码

编码方式	示　例								说　明
二进制编码	1	1	0	1	0	0	1	1	染色体中的基因值只能是二值符号集{0,1}中一个
实数编码	5.80	6.70	2.18	3.56	4.00				染色体的基因值是设计变量的真实值
符号编码	A	B	C	D	E	F			每一位基因只有代码含义，无数值含义
序列编码	1	3	5	7	9	2	4	6	8	例如在旅行商问题中，此编码表示按照顺序"1→3→5→7→9→2→4→6→8→1"依次访问各个城市

（2）二进制编码（位串编码）. 二进制编码方法是遗传算法种最常用的一种编码方法，它使得编码符号集是由二进制符号 0 和 1 所组成的二值符号集 $\{0,1\}$，它所构成的个体基因型是一个二进制编码符号串. 例如：在给定区间 $[a,b]$ 中连续变量 x 的二进制编码为：$[a_1, a_2, \cdots, a_n]$，编码方式为

$$x \approx a + a_1 \frac{b-a}{2} + a_2 \frac{b-a}{2^2} + \cdots + a_n \frac{b-a}{2^n}$$

二进制编码方法有下述一些优点：① 编码、译码操作简单易行. ② 交叉、变异等遗传操作便于实现. ③ 符合最小字符集编码原则. ④ 便于利用模式定理对算法进行理论分析.

（3）符号编码. 符号编码是指组成个体编码串的码值无数值含义而仅有字符含义. 当然，码值本身或者字母表中的各种码值可能以数字形式出现，但其代表的意义则只能是字符. 许多组合优化问题所采用的编码形式经常是符号编码. 最常见的例子是城市旅行商（TSP）问题的编码. TSP 问题描述为：一个商人从某一城市出发，要走遍区域中的所有 n 座城市，最终回

到出发地，其中每座城市必须经过且只能经过一次. 问题是按照何种路线走，整个旅行过程所经过的回路长度最短. 如果给每座城市以唯一的符号标识，如英文大写字母表 $\{A, B, \cdots, Z\}$ ，则走过的路线可表示为 $AGXL\cdots Z$ （假设城市不超过 26 座），如果给定字母表 $\{c_1, c_2, \cdots, c_n\}$ ，则路线又可表示为 $c_1, c_2, \cdots, c_n$ ，同理，若给定字母表 $\{1, 2, \cdots, n\}$ ，则路线又可表示为 $1, 2, \cdots, n$ ，这里，数字同样不代表数值，而代表字符.

可见，不同的字母表可以产生出不同的符号编码. 在某些应用问题中，编码甚至可以是矩阵等其他形式. 符号编码的优点在于便于利用专门问题已有的先验知识和信息，同时形式可以变化多样，因而可以处理各种非数值优化问题和组合优化问题，其不足之处在于针对性地设计遗传操作显得复杂一些.

2. 个体适应度函数

在遗传算法中，子群中个体经过交叉、变异后产生的子体的"优胜劣汰"是通过适应度函数计算个体适应来判定的. 因此在遗传算法中，个体适应度函数是非常重要的，一般要求所有个体的适应度必须为正数或零，不能是负数. 基本遗传算法一般采用下面两种方法之一将目标函数值 $f(x)$ 变换为个体的适应度 $F(x)$ ：

（1）对于求目标函数最大值的优化问题，变换方法为：

$$F(x) = \begin{cases} f(x) - C_{\min}, & f(x) > C_{\min} \\ 0, & f(x) \leqslant C_{\min} \end{cases}$$

其中，$C_{\min}$ 为一个适当地相对比较小的数，可用下面几种方法求得：① 预先指定的一个较小的数. ② 进化到当前代为止的最小目标函数值. ③ 当前代或最近几代群体中的最小目标函数值.

（2）对于求目标函数最小值的优化问题，变换方法为：

$$F(x) = \begin{cases} C_{\max} - f(x), & f(x) < C_{\max} \\ 0, & f(x) \geqslant C_{\max} \end{cases}$$

其中，$C_{\max}$ 是一个适当地相对比较大的数，可用下面几种方法求得：① 预先指定的一个较大的数. ② 进化到当前代为止的最大目标函数值. ③ 当前代或最近几代群体中的最大目标函数值.

3. 选择算子

遗传算法需要在群体中选择较优秀的个体进行交叉、变异以参数较优秀的个体并将其复制到下一代群体中，这个过程由选择算子完成. 而所定义选择算子原则为：个体被选中并遗传到下一代群体中的概率与该个体的适应度大小成正比，即：个体适应度愈高，被选中的概率愈大. 同时，适应度小的个体也有可能被选中，以便增加下一代群体的多样性.

4. 交叉

交叉算子作用：通过交叉，子代的基因值不同于父代. 交叉是遗传算法产生新个体的主要手段. 正是有了交叉操作，群体的性态才多种多样. 在遗传算法中，群体中的父代会依一定交叉概率进行交叉产生新的子代. 最常用的交叉算子为**单点交叉算子**. 单点交叉算子的具体计算过程如下：

（1）对群体中的个体进行两两随机配对. 若群体大小为 M ，则共有 $[M/2]$ 对相互配对的个体组.

（2）每一对相互配对的个体，随机设置某一基因座之后的位置为交叉点. 若染色体的长度为 1，则共有（1-1）个可能的交叉点位置.

（3）对每一对相互配对的个体，依设定的交叉概率 p_c 在其交叉点处相互交换两个个体的部分染色体，从而产生出两个新的个体.

单点交叉运算的示例如下所示：

如：个体 A 1001|111------>1001000 新个体 A'

个体 B 0011|000------>0011111 新个体 B'

双点交叉（two-point Crossover）是指在个体编码串中随机设置了二个交叉点，然后再进行部分基因交换. 它的具体操作过程是：在相互配对的两个个体编码串中随机设置两个交叉点；再交换两个个体在所设定的两个交叉点之间的部分染色体.

如：个体 A 10 | 110 | 11 -------->1001011 新个体 A'

个体 B 00 | 010 | 00 -------->0011000 新个体 B'

交叉点 1 交叉点 2

多点交叉（multi – point crossover）有时又被称为广义交叉（generalized crossover），是指在个体编码串中随机设置了多个交叉点，然后进行基因交换. 一般不太使用多点交叉算子，因为它有可能破坏一些好的模式. 随着交叉点数的增多，个体的结构被破坏的可能性也逐渐增大，这样就很难有效地保存较好的模式，从而影响遗传算法的性能.

5. 变异

遗传算法中的"变异算子"，是指将个体染色体编码串中的某些基因座上的基因值发生一些突变或用该基因座的其他等位基因来替换，从而形成一个新的个体. 一般来说，变异算子操作的基本步骤如下：① 在群体中所有个体的码串范围内随机地确定基因座；② 以事先设定的变异概率 p_m 来对这些基因座的基因值进行变异.

遗传算法导入变异的目的有两个：一是使遗传算法具有局部随机搜索能力；二是使遗传算法可维持群体多样性，以防止出现早熟现象.

（1）基本位变异.

基本位变异（simple mutation）操作是指对个体编码串以变异概率 p_m 随机指定的某一位或几位基因座上的基因值作变异运算.

如：个体 A　10 1 1011 -------->10 0 1011 新个体 A'

变异点

（2）均匀变异.

均匀变异（uniform mutation）操作是指分别用符合某一范围均匀分布的随机数，以某一较小的概率来替换个体编码串中各个基因座上的原有基因值. 均匀变异的具体操作过程是：依次指定个体编码串中的每个基因座为变异点；对每一个变异点，以变异概率 p_m 从对应基因的取值范围内取一个随机数来替代原有基因值. 均匀变异操作特别适合应用于遗传算法的初期运行阶段，它使得搜索点可以在整个搜索空间内自由地移动，从而可以增加群体的多样性，使算法处理更多的模式.

（3）逆转变异.

所谓逆转算子（inversion operator）也称倒位算子，是指颠倒个体编码串中随机指定的两个基因座之间的基因排列顺序，从而形成一个新的染色体. 逆转操作的目的主要是为了能够使遗传算法更有利于生成较好的模式.

（4）自适应变异算子.

自适应变异算子（adapitive mutation operator）与基本变异算子的操作内容类似，唯一不同的是交叉概率 p_m 不是固定不变而是随群体中个体的多样性程度而自适应调整.

在简单遗传算法中，变异就是某个字符串某一位的值偶然的（概率很小的）随机的改变. 变异操作可以起到恢复位串字符多样性的作用，并能适当地提高遗传算法的搜索效率. 当它有节制地和交叉一起使用时，它就是一种防止过度成熟而丢失重要概念的保险策略. 遗传算法结构示意图如图 7.5 所示.

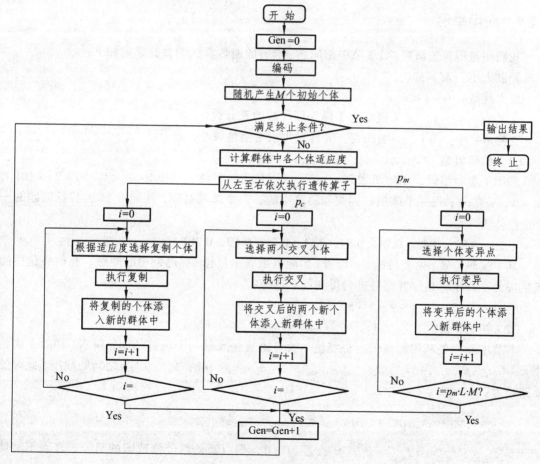

图 7.5　遗传算法算法结构图

基本遗传算法步骤：

（1）在搜索空间 U 上定义一个适应度函数 $f(x)$，给定种群规模 N，交叉率 p_c 和变异率 p_m，代数 T；

（2）随机产生 U 中的 N 个个体 $s_1, s_2, \cdots, s_N$，组成初始种群 $S = \{s_1, s_2, \cdots, s_N\}$，置代数计数器 $t = 1$；

（3）计算 S 中每个个体的适应度 $f(s_i)$；

（4）若终止条件满足，则取 S 中适应度最大的个体作为所求结果，算法结束.

（5）按选择概率 $P(x_i)$ 所决定的选中机会，每次从 S 中随机选定 1 个个体并将其染色体复制，共做 N 次，然后将复制所得的 N 个染色体组成群体 S_1；

（6）按交叉率 p_c 所决定的参加交叉的染色体数 c，从 S_1 中随机确定 c 个染色体，配对进行交叉操作，并用产生的新染色体代替原染色体，得群体 S_2；

（7）按变异率 p_m 所决定的变异次数 m，从 S_2 中随机确定 m 个染色体，分别进行变异操作，并用产生的新染色体代替原染色体，得群体 S_3；

（8）将群体 S_3 作为新一代种群，即用 S_3 代替 S，$t = t + 1$，转步骤（3）.

7.2.2 应用举例

我们用遗传算法研究 7.1.2 节中的问题. 求解的遗传算法的参数设定如下：

种群大小：$M = 50$

最大代数：$G = 1\,000$

交叉率：$p_c = 1$，交叉概率为 1 能保证种群的充分进化.

变异率：$p_m = 0.1$，一般而言，变异发生的可能性较小.

（1）编码策略.

采用十进制编码，用随机数列 $w_1, w_2, \cdots, w_{102}$ 作为染色体，其中 $0 < w_i < 1$（$i = 2, \cdots, 101$），$w_1 = 0$，$w_{102} = 1$；每一个随机序列都和种群中的一个个体相对应，例如一个 9 目标问题的一个染色体为

[0.23，0.82，0.45，0.74，0.87，0.11，0.56，0.69，0.78]

其中编码位置 i 代表目标 i，位置 i 的随机数表示目标 i 在巡回中的顺序，我们将这些随机数按大小升序将其位置编号排列得到如下巡回：

6 - 1 - 3 - 7 - 8 - 4 - 9 - 2 - 5

（2）初始种群.

本节中我们先利用经典的近似算法—改良圈算法求得一个较好的初始种群. 即对于初始圈 $\pi_1, \cdots, \pi_{u-1}, \pi_u, \pi_{u+1}, \cdots, \pi_{v-1}, \pi_v, \pi_{v+1}, \cdots, \pi_{102}$，$2 \leqslant \pi_u < \pi_v < 102$. 交换 u 与 v 之间的顺序，此时的新路径为：

$$\pi_1, \cdots, \pi_{u-1}, \pi_v, \pi_{v-1}, \cdots, \pi_{u+1}, \pi_u, \pi_{v+1}, \cdots, \pi_{102}$$

记 $\Delta f = d_{\pi_{u-1}\pi_v} + d_{\pi_u\pi_{v+1}} - (d_{\pi_{u-1}\pi_u} + d_{\pi_v\pi_{v+1}})$，若 $\Delta f < 0$，则以新的路经修改旧的路经，直到不能修改为止.

（3）目标函数.

目标函数为侦察所有目标的路径长度，适应度函数就取为目标函数. 我们要求侦察所经历的路径总和最短，即：

$$\min \quad f(\pi_1, \cdots, \pi_{102}) = \sum_{i=1}^{101} d_{\pi_i \pi_{i+1}}$$

（4）交叉操作.

我们的交叉操作采用单点交叉. 设计如下,对于选定的两个父代个体 $f_1 = \{w_1, w_2, \cdots, w_{102}\}$, $f_2 = \{w_1, w_2, \cdots, w_{102}\}$,我们随机地选取第 t 个基因处为交叉点,则经过交叉运算后得到的子代编码为 s_1 和 s_2, s_1 的基因由 f_1 的前 t 个基因和 f_2 的后 $102-t$ 个基因构成, s_2 的基因由 f_2 的前 t 个基因和 f_1 的后 $102-t$ 个基因构成,例如:

$$f_1 = [0, 0.14, 0.25, 0.27,| 0.29, 0.54, \cdots, 0.19, 1]$$

$$f_2 = [0, 0.23, 0.44, 0.56,| 0.74, 0.21, \cdots, 0.24, 1]$$

设交叉点为第四个基因处,则

$$s_1 = [0, 0.14, 0.25, 0.27,|0.74, 0.21, \cdots, 0.24, 1]$$

$$s_2 = [0, 0.23, 0.44, 0.56,| 0.29, 0.54, \cdots, 0.19, 1]$$

交叉操作的方式有很多种选择,我们应该尽可能选取好的交叉方式,保证子代能继承父代的优良特性. 同时这里的交叉操作也蕴含了变异操作.

（5）变异操作.

变异也是实现群体多样性的一种手段,同时也是全局寻优的保证. 具体设计如下,按照给定的变异率,对选定变异的个体,随机地取三个整数,满足 $1 < u < v < w < 102$,把 u, v 之间（包括 u 和 v ）的基因段插到 w 后面.

（6）选择.

采用确定性的选择策略,也就是说选择目标函数值最小的 M 个个体进化到下一代,这样可以保证父代的优良特性被保存下来.

我们编写的 Matlab 程序如下:

```
tic
clc,clear
load sj.txt %加载敌方 100 个目标的数据
x=sj(:,1:2:8); x=x(:);
y=sj(:,2:2:8); y=y(:);
sj=[x y]; d1=[70,40];
sj0=[d1;sj;d1]; sj=sj0*pi/180;
d=zeros(102); %距离矩阵 d
for i=1:101
    for j=i+1:102
        temp=cos(sj(i,1)-sj(j,1))*cos(sj(i,2))*cos(sj(j,2))+sin(sj(i,2))*sin(sj(j,2));
        d(i,j)=6370*acos(temp);
    end
```

```
    end
    d=d+d';L=102;w=50;dai=100;
%通过改良圈算法选取优良父代 A
for k=1:w
    c=randperm(100);
    c1=[1,c+1,102];
    flag=1;
    while flag>0
        flag=0;
        for m=1:L-3
            for n=m+2:L-1
                if d(c1(m),c1(n))+d(c1(m+1),c1(n+1))<d(c1(m),c1(m+1))+...
d(c1(n),c1(n+1))
                    flag=1;
                    c1(m+1:n)=c1(n:-1:m+1);
                end
            end
        end
    end
    J(k,c1)=1:102;
end
J=J/102;
J(:,1)=0;J(:,102)=1;
rand('state',sum(clock));
%遗传算法实现过程
A=J;
for k=1:dai %产生 0～1 随机数列进行编码
    B=A;
    c=randperm(w);%交配产生子代 B
    for i=1:2:w
        F=2+floor(100*rand(1));
        temp=B(c(i),F:102);
        B(c(i),F:102)=B(c(i+1),F:102);
        B(c(i+1),F:102)=temp;
    end %变异产生子代 C
    by=find(rand(1,w)<0.1);
    if length(by)==0
        by=floor(w*rand(1))+1;
```

```
        end
        C=A(by,:);
        L3=length(by);
        for j=1:L3
            bw=2+floor(100*rand(1,3));
            bw=sort(bw);
            C(j,:)=C(j,[1:bw(1)-1,bw(2)+1:bw(3),bw(1):bw(2),bw(3)+1:102]);
        end
        G=[A;B;C];
        TL=size(G,1);%在父代和子代中选择优良品种作为新的父代
        [dd,IX]=sort(G,2);temp(1:TL)=0;
        for j=1:TL
            for i=1:101
                    temp(j)=temp(j)+d(IX(j,i),IX(j,i+1));
            end
        end
        [DZ,IZ]=sort(temp);
        A=G(IZ(1:w),:);
end
path=IX(IZ(1),:)
long=DZ(1)
toc
xx=sj0(path,1);yy=sj0(path,2);
plot(xx,yy,'-o')
```

计算结果为 40 小时左右. 其中的一个巡航路径如图 7.6 所示.

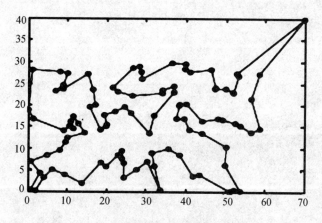

图 7.6　遗传算法求得的循环路径示意图

习题 7

1. 用模拟退火算法与遗传算法求解下列非线性规划问题：

$$\min\ f(x) = (x_1 - 2)^2 + (x_2 - 1)^2$$

$$\text{s.t.} \begin{cases} x_1 - 2x_2 + 1 \geqslant 0 \\ \dfrac{x_1^2}{4} - x_2^2 + 1 \geqslant 0 \end{cases}$$

2. 用遗传算法求解下列非线性整数规划问题：

$$\max\ z = x_1^2 + x_2^2 + 3x_3^2 + 4x_4^2 + 2x_5^2 - 8x_1 - 2x_2 - 3x_3 - x_4 - 2x_5$$

$$\text{s.t.} \begin{cases} x_1 + x_2 + x_3 + x_4 + x_5 \leqslant 400 \\ x_1 + 2x_2 + 2x_3 + x_4 + 6x_5 \leqslant 800 \\ 2x_1 + x_2 + 6x_3 \leqslant 200 \\ x_3 + x_4 + 5x_5 \leqslant 200 \\ 0 \leqslant x_i \leqslant 99 \quad (i = 1, 2, \cdots, 5) \end{cases}$$

8 综合评价模型及评价方法

运用多个指标对多个参评单位进行评价的方法，称为多变量综合评价方法，或简称综合评价方法. 其基本思想是将多个指标转化为一个能够反映综合情况的指标来进行评价. 如不同国家经济实力，不同地区社会发展水平，小康生活水平达标进程，企业经济效益评价等，都可以应用这种方法.

一般来说，构成综合评价问题的要素主要有以下几个方面：评价目的，被评价对象，评价者，评价指标，权重指数，综合评价模型，评价结果.

综合评价方法有多种，各种评价方法的总体思路是一致的，大致可分为熟悉评价对象、确立评价的指标体系、确定各指标的权重、建立评价的数学模型、分析评价结果等环节. 其中确立评价指标，确定各指标的权重，建立数学模型是综合评价的关键环节.

指标的选择是综合评价的基础. 指标选择的好坏对分析对象有着举足轻重的作用. 指标太多事实上是重复性的指标，指标太少可能会造成缺乏足够的代表性，会产生片面性. 指标体系的建立往往视具体的问题而定，但是一般说来，要遵循一些原则：指标宜少不宜多，宜简不宜繁；指标要具有独立性；指标应具有代表性；指标应符合客观实际水平，有稳定的数据来源，易于操作，也就是具有可行性. 指标体系的确定有经验确定和数学方法两种，多数研究中均采用经验确定法，但是数学方法可以降低选取指标体系的主观随意性.

当确定好评价指标体系后，还需要考虑各指标对评价结果的影响大小，即确定各指标的权重. 权重也称加权，它表示对某指标重要程度的定量分配. 加权的方法大体可以分为经验加权和数学加权两种. 经验加权也称定性加权，它的主要优点是有专家直接评估，简单易行. 数学加权也称定量加权，它以经验为基础，数学原理为背景，间接生成，具有较强的科学性. 目前权数的确定方法主要采用专家咨询的经验判断法，首先由参加评估的专家给各评价指标的相对重要性一个评价分数，然后计算每一评价指标的平均分数. 如果不考虑专家的权威程度，则将专家们的平均分进行归一化处理就得到各指标的权重. 如果要考虑专家的权威程度，则通过确定各专家的权重后利用加权平均分数来确定各指标的权重.

下面介绍建立数学模型的一些评价方法.

8.1 层次分析方法

层次分析（analytic hierarchy process，AHP）是一种定性和定量相结合的、系统化的、层次化的分析方法. 它是将半定性、半定量问题转化为定量问题的一种行之有效的方法，使人们的思维过程层次化. 通过逐层比较多种关联因素来为分析、决策、预测或控制事物的发展提供定量依据，它特别适用于那些难于完全用定量进行分析的复杂问题，为解决这类问题提供一种简便实用的方法. 因此，它在计算、制定计划、资源分配、排序、政策分析、军事管理、冲突求解及决策预报等领域都有广泛的应用.

8.1.1 层次分析的一般方法

层次分析法解决问题的基本思想与人们对一个多层次、多因素、复杂的决策问题的思维过程基本一致，最突出的特点是分层比较，综合优化. 其解决问题的基本步骤如下：

（1）分析系统中各因素之间的关系，建立系统的递阶层次结构.

（2）构造两两比较矩阵（判断矩阵），对于同一层次的各因素关于上一层中某一准则（目标）的重要性进行两两比较，构造出两两比较的判断矩阵.

（3）由比较矩阵计算被比较因素对每一准则的相对权重，并进行判断矩阵的一致性检验.

（4）计算方案层对目标层的组合权重和组合一致性检验，并进行排序.

1. 构建层次结构图

一般问题的层次结构图分为三层，第一层为目标层，第二层为准则层，第三层为方案层. 具体层次结构如图 8.1 所示.

最高层为目标层（O），问题决策的目标或理想结果，只有一个元素.

中间层为准则层（C），为包括实现目标所涉及的中间环节各因素，每一因素为一准则，当准则多于 9 个时可分为若干个子层.

最低层为方案层（P），为实现目标而供选择的各种措施，即决策方案.

一般说来，各层次之间的各因素，有的相关联，有的不一定相关联，各层次的因素个数也未必一定相同. 实际中，主要是根据问题的性质和各相关因素的类别来确定.

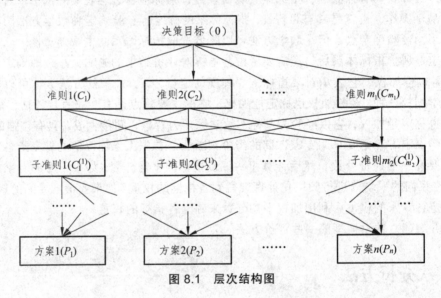

图 8.1　层次结构图

2. 构造比较矩阵

构造比较矩阵主要是通过比较同一层次上的各因素对上一层相关因素的影响作用. 而不是把所有因素放在一起比较，即将同一层的各因素进行两两对比. 比较时采用相对尺度标准度量，尽可能地避免不同性质的因素之间相互比较的困难. 同时，要尽量依据实际问题具体情况，减少由于决策人主观因素对结果造成的影响.

在层次分析法中，比较某一层 n 个因素 $C_1, C_2, \cdots, C_n$ 对上层一个因素 O 的影响时，saaty 等

人提出了 $1 \sim 9$ 尺度的矩阵判断标度(见表 8.1). 对任意两个因素 C_i 和 C_j, 用 a_{ij} 表示 C_i 和 C_j 对 O 的影响程度之比, 按 1-9 尺度的比例标度来度量 $a_{ij}(i, j = 1, 2, \cdots, n)$. 于是, 可得到两两成对比较矩阵 $A = (a_{ij})_{n \times n}$, 又称为判断矩阵, 显然 $a_{ij} > 0$, $a_{ji} = \dfrac{1}{a_{ij}}, a_{ii} = 1 \quad (i, j = 1, 2, \cdots, n)$. 因此, 又称判断矩阵为正互反矩阵.

由正互反矩阵的性质可知, 只要确定 A 的上(或下)三角的 $\dfrac{n(n-1)}{2}$ 个元素即可. 在特殊情况下, 如果判断矩阵 A 的元素具有传递性, 即满足:

$$a_{ik} a_{kj} = a_{ij}(i, j, k = 1, 2, \cdots, n)$$

则称 A 为一致性矩阵, 简称为一致阵.

表 8.1　$1 \sim 9$ 标度 a_{ij} 的含义

尺度 a_{ij}	含　　义
1	C_i 与 C_j 对 O 的影响相同
3	C_i 比 C_j 对 O 的影响稍强
5	C_i 比 C_j 对 O 的影响强
7	C_i 比 C_j 对 O 的影响明显的强
9	C_i 比 C_j 对 O 的影响绝对的强
2, 4, 6, 8	C_i 与 C_j 对 O 的影响在上述两个相邻等级之间
1, 1/2, $\cdots$, 1/9	C_i 与 C_j 对 O 的影响在之比为上面 a_{ij} 的互反数

3. 相对权重向量确定和一致性检验

层次分析法用正互反矩阵的最大特征根对应的归一化特征向量作为权重. 当正互反矩阵 A 为一致阵时, A 的最大特征根 $\lambda_{\max} = n$. 通常情况下, 由实际得到的判断矩阵不一定是一致的, 即不一定满足传递性和一致性. 实际中, 也不必要求一致性绝对成立, 但要求大体上是一致的, 即不一致的程度应在容许的范围内.

定义一致性指标 $\text{C.I} = \dfrac{\lambda_{\max} - n}{n - 1}$, 并通过一致性比率 $\text{C.R} = \dfrac{\text{C.I}}{\text{R.I}}$ 来判断正互反矩阵是否通过一致性检验, 其中 R.I 为平均一致性指标, 其取值如表 8.2 所示. 当一致性比率 $\text{C.R} < 0.1$ 时, 认为判断矩阵的不一致程度在容许范围之内, 有满意的一致性, 通过一致性检验. 可用其归一化特征向量作为权向量, 否则要重新构造判断矩阵.

表 8.2　随机一致性指标

n	1	2	3	4	5	6	7	8	9	10	11	12	13	14	15
R.I	0	0	0.58	0.90	1.12	1.24	1.32	1.41	1.45	1.49	1.51	1.54	1.56	1.58	1.59

4. 计算组合权重和组合一致性检验

设第 $k-1$ 层上 n_{k-1} 个元素对总目标(最高层)的排序权重向量为

$$W^{(k-1)} = \left(w_1^{(k-1)}, w_2^{(k-1)}, \cdots, w_{n_{k-1}}^{(k-1)} \right)^{\mathrm{T}}$$

第 k 层上 n_k 个元素对上一层（ $k-1$ 层）上第 j 个元素的权重向量为

$$P_j^{(k-1)} = \left(p_{1j}^{(k)}, p_{2j}^{(k)}, \cdots, p_{n_k j}^{(k)} \right)^{\mathrm{T}}, j = 1, 2, \cdots, n_{k-1}$$

则 $n_k \times n_{k-1}$ 阶矩阵

$$P^{(k)} = \left[P_1^{(k)}, P_2^{(k)}, \cdots, P_{n_{k-1}}^{(k)} \right]$$

表示第 k 层上的元素对第 $k-1$ 层各元素的排序权向量. 那么第 k 层上的元素对目标层（最高层）总排序权重向量为：

$$W^{(k)} = P^{(k)} \cdot W^{(k-1)} = \left[P_1^{(k)}, P_2^{(k)}, \cdots, P_{n_{k-1}}^{(k)} \right] \cdot W^{(k-1)}$$
$$= \left(w_1^{(k)}, w_2^{(k)}, \cdots, w_{n_k}^{(k)} \right)^{\mathrm{T}}$$

或

$$w_i^{(k)} = \sum_{j=1}^{n_{k-1}} p_{ij}^{(k)} w_j^{(k-1)}, i = 1, 2, \cdots, n_k$$

对任意的 $k > 2$ 有一般公式

$$W^{(k)} = P^{(k)} \cdot P^{(k-1)} \cdot \cdots \cdot P^{(3)} \cdot W^{(2)} (k > 2)$$

其中 $W^{(2)}$ 是第二层上各元素对目标层的总排序向量.

设 k 层的一致性指标为 $\mathrm{CI}_1^{(k)}, \mathrm{CI}_2^{(k)}, \cdots, \mathrm{CI}_{n_{k-1}}^{(k)}$ ，随机一致性指标为：

$$\mathrm{RI}_1^{(k)}, \mathrm{RI}_2^{(k)}, \cdots, \mathrm{RI}_{n_{k-1}}^{(k)}$$

则第 k 层对目标层的（最高层）的组合一致性指标为：

$$\mathrm{CI}^{(k)} = \left(\mathrm{CI}_1^{(k)}, \mathrm{CI}_2^{(k)}, \cdots, \mathrm{CI}_{n_{k-1}}^{(k)} \right) \cdot W^{(k-1)}$$

组合随机一致性指标为：

$$\mathrm{RI}^{(k)} = \left(\mathrm{RI}_1^{(k)}, \mathrm{RI}_2^{(k)}, \cdots, \mathrm{RI}_{n_{k-1}}^{(k)} \right) \cdot W^{(k-1)}$$

组合一致性比率指标为：

$$\mathrm{CR}^{(k)} = \mathrm{CR}^{(k-1)} + \frac{\mathrm{CI}^{(k)}}{\mathrm{RI}^{(k)}} (k \geqslant 3)$$

当 $\mathrm{CR}^{(k)} < 0.1$ 时，则认为整个层次的比较判断矩阵通过一致性检验.

8.1.2　应用举例

例 8.1　合理分配住房问题

问题提出: 许多单位都有一套住房分配方案, 一般是不同的. 某院校现行住房分配方案采用"分档次加积分"的方法, 其原则是: "按职级分档次, 同档次的按任职时间先后排队分配住房, 任职时间相同时再考虑其他条件(如工龄、爱人情况、职称、年龄大小等)适当加分, 从高分到低分依次排队". 事实上, 这种分配方案仍存在不合理性, 例如, 同档次的排队主要有任职先后确定, 任职早在前, 任职晚在后, 即便是高职称、高学历, 或夫妻双方都在同一单位(干部或职工), 甚至有的为单位做出过突出贡献, 但由于任职时间晚, 也只能排在后面. 这种方案的主要问题是"按资排辈", 显然不能充分体现重视人才, 鼓励先进等政策.

根据民意测验, 百分之八十以上人认为相关条件为职级、任职时间(为任副处的时间)、工龄、职称、爱人情况、学历、年龄和奖励情况. 要解决的问题是:

按职级分档次, 在同档次中综合考虑相关各项条件给出一种适用于任意 N 人的合理分配住房方案. 用得到的新方案根据表 8.3 中的 40 人情况给出排队次序, 并分析说明新方案较原方案的合理性.

模型分析: 该问题是一个半定量半定性、多因素的综合选优排序问题, 是一个多目标决策问题, 下面利用层次分析法对此作出决策.

鉴于原来的按任职时间先后排队的方案可能已被一部分人所接受, 从某种意义上讲也有一定的合理性. 现在提出要充分体现重视人才、鼓励先进等政策, 但也有必要照顾到原方案合理的方面, 如任职时间、工作时间、年龄的因素应重点考虑. 于是, 可以认为相关的八项条件在解决这一问题中所起的作用是不同的, 应有轻重缓急之分. 因此, 假设八项条件所起的作用依次为任职时间、工作时间、职级、职称、爱人情况、学历、出生年月、奖励情况, 这样能够符合大多数人的利益. 任职时间早、工龄长、职级高、高职称、双职工、高学历、年龄大、受奖多的人员都能够得到充分的体现. 任何一种条件的优越, 在排序中都不能是绝对的优越, 需要的是综合实力的优越.

表 8.3 40 个人的基本情况及按原方案排序

人员	职级	任职时间	工作时间	职称	学历	爱人情况	出生年月	奖励加分
P_1	8	1991.6	1971.9	中级	本科	院外	1954.9	0
P_2	8	1992.12	1978.2	高级	硕士	院内职工	1957.3	4
P_3	8	1992.12	1976.12	中级	硕士	院外	1955.3	1
P_4	8	1992.12	1976.12	中级	大专	院外	1957.11	0
P_5	8	1993.1	1974.2	中级	硕士	院外	1956.10	2
P_6	8	1993.6	1973.5	中级	大专	院外	1955.10	0
P_7	8	1993.12	1972.3	中级	大专	院内职工	1954.11	0
P_8	8	1993.12	1977.10	高级	硕士	院内干部	1960.8	3
P_9	8	1993.12	1972.12	中级	大专	院外	1954.5	0
P_{10}	8	1993.12	1974.8	高级	本科	院内职工	1956.3	4
P_{11}	8	1993.12	1974.4	中级	本科	院外	1956.12	0
P_{12}	8	1993.12	1975.12	高级	硕士	院外	1958.3	2

人员	职级	任职时间	工作时间	职称	学历	爱人情况	出生年月	奖励加分
P_{13}	8	1993.12	1975.8	中级	大专	院外	1959.1	0
P_{14}	8	1993.12	1975.9	中级	本科	院内职工	1956.7	0
P_{15}	9	1994.1	1978.10	高级	本科	院内干部	1961.11	5
P_{16}	9	1994.6	1976.11	高级	硕士	院内干部	1958.2	0
P_{17}	9	1994.6	1975.9	高级	本科	院内职工	1959.6	1
P_{18}	9	1994.6	1975.10	高级	本科	院内职工	1955.11	6
P_{19}	9	1994.6	1972.12	初级	中专	院外	1956.1	0
P_{20}	9	1994.6	1974.9	中级	大专	院内职工	1957.1	0
P_{21}	9	1994.6	1975.2	高级	硕士	院外	1958.11	2
P_{22}	8	1994.6	1975.9	中级	硕士	院内职工	1957.4	3
P_{23}	9	1994.6	1976.5	中级	本科	院外	1957.7	0
P_{24}	9	1994.6	1977.1	中级	本科	院内干部	1960.3	0
P_{25}	8	1994.6	1978.10	高级	硕士	院内干部	1959.5	2
P_{26}	9	1994.6	1977.5	中级	本科	院内职工	1958.1	0
P_{27}	9	1994.6	1978.10	中级	硕士	院内干部	1963.4	1
P_{28}	9	1994.6	1978.2	中级	本科	院外	1960.5	0
P_{29}	9	1994.6	1978.10	高级	博士后	院内干部	1962.4	5
P_{30}	9	1994.6	1979.9	中级	本科	院外	1962.9	1
P_{31}	8	1994.12	1975.6	中级	大专	院内干部	1958.7	0
P_{32}	8	1994.12	1977.10	高级	硕士	院内干部	1960.8	2
P_{33}	8	1994.12	1978.7	高级	博士后	院外	1961.12	5
P_{34}	9	1994.12	1975.8	高级	博士	院外	1957.7	2
P_{35}	9	1994.12	1978.10	高级	博士	院内干部	1961.4	3
P_{36}	9	1994.12	1978.10	高级	博士	院内干部	1962.12	6
P_{37}	9	1994.12	1978.10	中级	本科	院内职工	1962.12	0
P_{38}	9	1994.12	1979.10	中级	本科	院内干部	1963.12	0
P_{39}	9	1995.1	1979.10	中级	本科	院内干部	1961.7	0
P_{40}	9	1995.6	1980.1	高级	硕士	院内干部	1961.3	4

由上面的分析，首先将各项条件进行量化，为了区分各条件中的档次差异，确定量化原则为：任职时间、工作时间、出生年月均按每月 0.1 分计算；职级差为 1 分，8 级（处级）算 2 分，9 级（副处级）算 1 分；职称每差一级 1 分，初级算 1 分，中级算 2 分，高级算 3 分；学历每差一档差 1 分，中专算 1 分，大专、本科、硕士、博士、博士后分别算 2、3、4、

5、6 分；爱人情况：院外算 1 分，院内职工算 2 分，院内干部算 3 分；对原奖励得分再加 1 分．对 40 人的量化分数如表 8.4 所示．

模型假设：

（1）题中所述的相关的八项条件是合理的，有关人员均无异议；

（2）八项条件在分房方案中所起的作用依次为任职时间、工作时间、职级、职称、爱人情况、学历、出生年月、奖励情况；

（3）每个人的各项条件按统一原则均可量化，并能够充分反映出每个人的实力；

（4）在量化有关任职时间、工龄、年龄时，均计算到 1998 年 5 月．

表 8.4 40 人的量化分数表

人员 P_n	任职时间 $T_n^{(1)}$	工作时间 $T_n^{(2)}$	职级 $T_n^{(3)}$	职称 $T_n^{(4)}$	爱人情况 $T_n^{(5)}$	学历 $T_n^{(6)}$	出生年月 $T_n^{(7)}$	奖励加分 $T_n^{(8)}$
P_1	8.3	32.0	2	2	1	3	52.4	1
P_2	6.5	24.3	2	3	2	4	49.4	5
P_3	6.5	25.7	2	2	1	4	51.8	2
P_4	6.5	25.7	2	2	1	2	48.6	1
P_5	6.4	29.1	2	2	1	4	49.9	3
P_6	5.9	30.0	2	2	1	2	51.1	1
P_7	5.3	31.4	2	2	2	2	52.2	1
P_8	5.3	24.7	2	3	3	4	45.3	4
P_9	5.3	30.5	2	2	1	2	52.8	1
P_{10}	5.3	28.5	2	3	2	3	50.6	5
P_{11}	5.3	28.9	2	2	1	3	49.7	1
P_{12}	5.3	26.9	2	3	1	4	48.2	3
P_{13}	5.3	27.3	2	2	1	2	47.2	1
P_{14}	5.3	27.2	2	2	1	3	50.2	1
P_{15}	5.2	23.5	1	3	3	3	43.6	6
P_{16}	4.7	25.8	1	3	3	4	48.3	1
P_{17}	4.7	27.2	1	3	2	3	46.8	2
P_{18}	4.7	27.1	1	3	2	3	51.0	7
P_{19}	4.7	30.5	1	1	1	2	50.8	1
P_{20}	4.7	28.4	1	2	2	2	49.6	1
P_{21}	4.7	27.7	1	3	1	4	47.4	3
P_{22}	4.7	27.2	2	2	2	4	49.3	4
P_{23}	4.7	26.4	1	2	1	3	49.0	1
P_{24}	4.7	25.6	1	2	3	3	45.8	1

续表

人员 P_n	任职时间 $T_n^{(1)}$	工作时间 $T_n^{(2)}$	职级 $T_n^{(3)}$	职称 $T_n^{(4)}$	爱人情况 $T_n^{(5)}$	学历 $T_n^{(6)}$	出生年月 $T_n^{(7)}$	奖励加分 $T_n^{(8)}$
P_{25}	4.7	23.5	2	3	3	4	46.9	3
P_{26}	4.7	26.2	1	2	2	3	48.4	1
P_{27}	4.7	23.5	1	2	3	4	42.1	2
P_{28}	4.7	24.3	1	2	1	3	45.6	1
P_{29}	4.7	23.5	1	3	3	6	43.3	6
P_{30}	4.7	22.4	1	2	1	3	42.8	2
P_{31}	4.1	27.5	2	2	3	2	47.8	1
P_{32}	4.1	24.7	2	3	3	4	45.3	3
P_{33}	4.1	23.8	2	3	1	6	43.5	6
P_{34}	4.1	27.3	1	3	1	4	49.0	3
P_{35}	4.1	23.5	1	3	3	5	44.5	4
P_{36}	4.1	23.5	1	3	3	5	42.2	7
P_{37}	4.1	23.5	1	3	3	3	42.2	1
P_{38}	4.1	22.3	1	3	3	3	41.0	1
P_{39}	4.0	22.3	1	3	3	3	44.2	1
P_{40}	3.5	22.0	1	3	3	4	44.6	5

模型建立与求解：

（1）建立层次结构.

问题的层次结构共分三层：第一层为目标层（O）：综合选优排序；第二层为准则层（C）：相关条件，共有八个因素，依次为任职时间、工作时间、职级、职称、爱人情况、学历、出生年月、奖励情况，分别记为 $C_k(k=1,2,\cdots,8)$；第三层为方案层（P）：40 个参评人员（即 $N=40$），依次记为 $P_n(n=1,2,\cdots,40)$.

（2）确定准则层（C）对目标层（O）的权重 W_1.

根据假设（2），C 层的八个因素是依次排列的，我们可以认为对决策目标的影响程度也是依次排列的，且相邻两个的影响程度之差可以认为基本相等. 因此，构造比较矩阵如下：

$$A = \begin{bmatrix} 1 & 2 & 3 & 4 & 5 & 6 & 7 & 8 \\ 1/2 & 1 & 2 & 3 & 4 & 5 & 6 & 7 \\ 1/3 & 1/2 & 1 & 2 & 3 & 4 & 5 & 6 \\ 1/4 & 1/3 & 1/2 & 1 & 2 & 3 & 4 & 5 \\ 1/5 & 1/4 & 1/3 & 1/2 & 1 & 2 & 3 & 4 \\ 1/6 & 1/5 & 1/4 & 1/3 & 1/2 & 1 & 2 & 3 \\ 1/7 & 1/6 & 1/5 & 1/4 & 1/3 & 1/2 & 1 & 2 \\ 1/8 & 1/7 & 1/6 & 1/5 & 1/4 & 1/3 & 1/2 & 1 \end{bmatrix}$$

这是一个 8 阶的正互反矩阵，经计算求得 A 的最大特征值为 $\lambda_{\max} \approx 8.288\,28$，相应的特征向量作归一化有

$$W_1 = (0.331\ 315, 0.230\ 66, 0.157\ 235, 0.105\ 903, 0.070\ 935\ 6, 0.047\ 681\ 1, 0.032\ 697\ 6, 0.023\ 562\ 5)^{\mathrm{T}}$$

$$(8.1)$$

对应的随机一致性指标 $\mathrm{RI}_1 = 1.41$，则一致性指标 $\mathrm{CI}_1 = \dfrac{\lambda_{\max} - 8}{8 - 1} \approx 0.041\ 183$，一致性比率指标

$\mathrm{CR}_1 = \dfrac{\mathrm{CI}_1}{\mathrm{RI}_1} \approx 0.029\ 208 < 0.1$，于是用 W_1 作为 C 层对 O 层的权重向量.

计算程序如下：

```
%输入成对比较矩阵 A
A=[ 1    2    3    4    5    6    7   8
    1/2  1    2    3    4    5    6   7
    1/3  1/2  1    2    3    4    5   6
    1/4  1/3  1/2  1    2    3    4   5
    1/5  1/4  1/3  1/2  1    2    3   4
    1/6  1/5  1/4  1/3  1/2  1    2   3
    1/7  1/6  1/5  1/4  1/3  1/2  1   2
    1/8  1/7  1/6  1/5  1/4  1/3  1/2 1];
[V,B]=eig(A);              %求 A 的所有特征值和特征向量
lamdamax=vpa(B(1,1),6)     %求 A 最大特征值，并显示其 6 位有效数，其中最大特征值为
                             B 的第 1 个元素
W1=V(:,1)./sum(V(:,1))     %将最大特征值对应的特征向量归一化
CI=(lamdamax-8)/7          %求一致性指标
CR=CI/1.41
```

（3）确定方案层（P）对准则层（C）的权重 W_2.

根据问题的条件和模型的假设，对每个人各项条件的量化指标能够充分反映出每个人的综合实力. 由此可以分别构造 P 层对准则 C_k 的比较矩阵

$$B_k = (b_{i,j}^{(k)})_{N \times N}, \text{其中} b_{i,j}^{(k)} = \frac{T_i^{(k)}}{T_j^{(k)}} \quad (i, j = 1, 2, \cdots, 40; k = 1, 2, \cdots, 8) \tag{8.2}$$

显然，所有的 $B_k (k = 1, 2, \cdots, 8)$ 均为一致阵，由一致阵的性质可知，B_k 的最大特征值 $\lambda_{\max}^{(k)} = N, \mathrm{CR}_2^{(k)} = 0$，其任一列向量都是 $\lambda_{\max}^{(k)}$ 的特征向量，将其归一化可得 P 对 C_k 的权重向量，记作

$$W^{(k)} = (w_1^{(k)}, w_2^{(k)}, \cdots, w_{40}^{(k)})^{\mathrm{T}} \quad (k = 1, 2, \cdots, 8) \tag{8.3}$$

记

$$W_2 = \left[W^{(1)}, W^{(1)}, \cdots, W^{(8)} \right]_{40 \times 8} \tag{8.4}$$

即为 P 层对 C 层的权重，且一致性比率指标为 $\mathrm{CR}_2 = \displaystyle\sum_{k=1}^{8} \mathrm{CR}_2^{(k)} = 0$.

（4）确定方案层（P）对目标层（O）的组合权重 W.

由于 C 对 O 的权重 W_1 和 P 对 C 的权重 W_2，则 P 对 O 的权重为

$$W = W_2 \cdot W_1 = \left[W^{(1)}, W^{(2)}, \cdots, W^{(8)} \right] \cdot W_1 = \left[w_1, w_2, \cdots, w_{40} \right]^{\mathrm{T}} \tag{8.5}$$

其组合一致性比率指标为 $\mathrm{CR} = \mathrm{CR}_2 + \mathrm{CR}_1 \approx 0.029\ 208 < 0.1$，因此，组合权重 W 可作为目标决

策的依据.

（5）综合排序.

由于（8.5）式中的 $w_n(n=1,2,\cdots,40)$ 是参评人员 P_n 对目标 O 层的权重，即 w_n 就表示参评人 P_n 的综合实力指标，按其大小依次排序，就可以得到决策方案. 根据表 8.4，由（8.1）、（8.2）式经计算可得 P 层对 C 层的权重矩阵 W_2，其矩阵的每一列表示 W_2 的一列向量 $W^{(k)}$，即 P 层对准则 C_k 的权重向量 $(k=1,2,\cdots,8)$.

由（8.1）、（8.4）和（8.5）式可得 P 对 O 组合权重为

$$W = W_2 \cdot W_1 = (w_1, w_2, \cdots, w_{40})^{\mathrm{T}}$$
$$= (0.0315587, 0.0300782, 0.0277362, 0.0267428, 0.0285133, 0.0267332, 0.0269690,$$
$$0.0287756, 0.0258714, 0.0286668, 0.0258207, 0.0272656, 0.0250687, 0.0263636,$$
$$0.0257468, 0.0247239, 0.0239682, 0.0251514, 0.0207114, 0.0225957, 0.0237618,$$
$$0.0263821, 0.0215905, 0.0231776, 0.0273104, 0.0224454, 0.0232328, 0.0210685,$$
$$0.0259746, 0.0208275, 0.0249390, 0.0265460, 0.0258889, 0.0226997, 0.0241848,$$
$$0.0248248, 0.0207412, 0.0213651, 0.0212535, 0.0227248)^{\mathrm{T}}$$

计算程序如下：

```
for k=1:8
    for i=1:40
        for j=1:40
            B(i,j,k)=T(i,k)/T(j,k);
        end
    end
end
W2=[];
for k=1:8
    [V,L]=eig(B(:,:,k));          %求 Bk 的所有特征值和特征向量
    BB=eig(B(:,:,k));             %求 Bk 的所有特征值并以列向量显示
    s=find(BB==max(BB));          %求 Bk 的最大特征值的位置标号
    W2=[W2 V(:,s)/sum(V(:,s))];   %求 Bk 最大特征值对应的特征向量并归一化
end
W=W2*W1                          %求组合权重 W
```

以 W 的 40 个分量作为 40 名参评人员的综合实力指标，按大小依次排序，结果如表 8.5 所示.

表 8.5　40 人的排序结果

人员	P_1	P_2	P_3	P_4	P_5	P_6	P_7	P_8	P_9	P_{10}
名次	1	2	6	10	5	11	9	3	17	4
人员	P_{11}	P_{12}	P_{13}	P_{14}	P_{15}	P_{16}	P_{17}	P_{18}	P_{19}	P_{20}
名次	18	8	21	14	19	24	26	20	40	32
人员	P_{21}	P_{22}	P_{23}	P_{24}	P_{25}	P_{26}	P_{27}	P_{28}	P_{29}	P_{30}
名次	27	13	34	29	7	33	28	37	15	38
人员	P_{31}	P_{32}	P_{33}	P_{34}	P_{35}	P_{36}	P_{37}	P_{38}	P_{39}	P_{40}
名次	22	12	16	31	25	23	39	35	36	30

模型结果分析：利用层次分析法给出了一种合理的分配方案，用此方案综合 40 人的相关条件得到了一个排序结果. 从结果来看，完全达到了问题的决策目标，也使得每个人的特长和优势都得到了充分的体现. 既照顾到了任职早、工龄长、年龄大的人，又突出了职称高、学历高、受奖多的人，而且也考虑了双干部和双职工的利益. 但是，每一个单项条件的优势都不是绝对的优势. 因此，这种方案是合理的，符合绝大多数人的利益. 譬如，P_1 在任职时间、工龄和年龄有绝对的优势，尽管其它条件稍弱，他仍然排在第一位. P_8 与 P_3，P_4，P_5，P_6，P_7 相比，虽然任职时间晚，工龄短，年龄小，但是，在职称、学历、爱人情况、奖励情况都具有较强的优势，因此，他排在第三位是应该的. 类似情况还有 P_{25}，P_{32}，P_{40} 等. 相反的，P_4，P_6，P_9，P_{19} 较其他人的任职稍早、工龄稍长、年龄稍大，但其他条件明显的弱，因此，次序明显靠后也是应该的. 在多项条件相同时，只要有一项略强，就排在前面，如 P_{35} 与 P_{36}，P_{38} 与 P_{39} 等. 这些都是符合决策原则的.

8.2 TOPSIS 法

TOPSIS 法的全称是"逼近于理想值的排序方法"（technique for order preference by similarity to ideal solution，TOPSIS），是 Hwang 和 Yoon 于 1981 年提出的一种适用于根据多项指标、对多个方案进行比较选择的分析方法. 它的基本思想是基于归一化后的原始数据矩阵，找出有限方案中的最优方案和最劣方案（分别用最优向量和最劣向量表示），然后分别计算诸评价对象与最优方案和最劣方案的距离，获得各评价对象与最优方案的相对接近程度，并以此作为评价优劣的依据.

正理想解一般是设想最好的方案，它所对应的各个属性至少达到各个方案中的最好值. 负理想解是假定最坏的方案，其对应的各个属性至少不优于各个方案中的最劣值. 在决策时，将实际可行解与正理想解和负理想解作比较，若某个可行解最靠近正理想解，同时又最远离负理想解，则此解是方案集的满意解.

8.2.1 TOPSIS 法计算步骤

1. 原始数据收集

设有 m 个评价对象，n 个评价指标，第 i 个对象的第 j 个指标的评估值为 x_{ij}，则初始判断矩阵 V 为：

$$V = \begin{bmatrix} x_{11} & x_{12} & \cdots & x_{1n} \\ x_{21} & x_{22} & \cdots & x_{2n} \\ \vdots & \vdots & & \vdots \\ x_{m1} & x_{m2} & \cdots & x_{mn} \end{bmatrix} \tag{8.6}$$

2. 指标的归一化处理

由于各个指标的量纲可能不同，需要对判断矩阵 V 进行归一化处理

$$V' = \begin{bmatrix} x'_{11} & x'_{12} & \cdots & x'_{1n} \\ x'_{21} & x'_{22} & \cdots & x'_{2n} \\ \vdots & \vdots & & \vdots \\ x'_{m1} & x'_{m2} & \cdots & x'_{mn} \end{bmatrix} \tag{8.7}$$

其中 $x'_{ij} = x_{ij} / \sqrt{\sum_{i=1}^{m} x_{ij}^2}$，$i = 1, 2, \cdots, m$，$j = 1, 2, \cdots, n$.

3. 构成加权规范矩阵

根据某种方法获取专家群体对属性的信息权重向量 $w = [w_1, w_2, \cdots, w_n]^T$，形成加权判断矩阵

$$C = \begin{bmatrix} c_{11} & c_{12} & \cdots & c_{1n} \\ c_{21} & c_{22} & \cdots & c_{2n} \\ \vdots & \vdots & & \vdots \\ c_{m1} & c_{m2} & \cdots & c_{mn} \end{bmatrix} \tag{8.8}$$

其中 $c_{ij} = w_j x'_{ij}$，$i = 1, 2, \cdots, m$，$j = 1, 2, \cdots, n$.

4. 确定正理想解和负理想解

根据加权判断矩阵获取评价对象的正负理想解.

正理想解：

$$c_j^* = \begin{cases} \max_i c_{ij}, & j \in J^* \\ \min_i c_{ij}, & j \in J' \end{cases} \quad (j = 1, 2, \cdots, n) \tag{8.9}$$

负理想解：

$$c_j^0 = \begin{cases} \min_i c_{ij}, & j \in J^* \\ \max_i c_{ij}, & j \in J' \end{cases} \quad (j = 1, 2, \cdots, n) \tag{8.10}$$

其中 J^* 为效益型指标，J' 为成本型指标.

5. 计算各评价对象值与理想解值之间的欧氏距离

与正理想解的距离：

$$S_i^* = \sqrt{\sum_{j=1}^{n} (c_{ij} - c_j^*)^2}，\quad i = 1, 2, \cdots, m \tag{8.11}$$

与负理想解的距离：

$$S_i^0 = \sqrt{\sum_{j=1}^{n} (c_{ij} - c_j^0)^2}，\quad i = 1, 2, \cdots, m \tag{8.12}$$

6. 计算各个评价对象的贴近度

$$f_i^* = \frac{S_i^0}{S_i^0 + S_i^*}, \quad i = 1, 2, \cdots, m \tag{8.13}$$

7. 排序

依照相对贴近度 f_i^* 的大小对目标进行排序，形成决策依据.

8.2.2　应用举例

例 8.2　研究生院试评估

为了客观地评价我国研究生教育的实际状况和各研究生院的教学质量，国务院学位委员会办公室组织过一次研究生院的评估. 为了取得经验，先选 5 所研究生院，收集有关数据资料进行了试评估，表 8.6 是所给出的部分数据.

表 8.6　研究生院试评估的部分数据

j ＼ i	人均专著 x_1（本/人）	生师比 x_2	科研经费 x_3（万元/年）	逾期毕业率 x_4（%）
1	0.1	5	5 000	4.7
2	0.2	6	6 000	5.6
3	0.4	7	7 000	6.7
4	0.9	10	10 000	2.3
5	1.2	2	400	1.8

解　第一步，数据预处理.

数据的预处理又称属性值的规范化. 属性值具有多种类型，包括效益型、成本型和区间型等. 这三种属性，效益型属性越大越好，成本型属性越小越好，区间型属性是在某个区间最佳. 因此在进行决策时，一般要需要对属性值进行规范化，其主要有如下三个作用：

（1）属性值类型统一化. 如果数据的属性值有多种类型，将不同类型的属性数据放在同一个表中不便于直接从数值大小判断方案的优劣，因此需要对数据进行预处理，使得表中任一属性下性能越优的方案变换后的属性值越大.

（2）非量纲化. 多属性决策与评估的困难之一是属性间的不可公度性，即在属性值表中的每一列数具有不同的单位（量纲）. 即使对同一属性，采用不同的计量单位，表中的数值也会不同. 在用各种多属性决策方法进行分析评价时，需要排除量纲的选用对决策或评估结果的影响，这就是非量纲化.

（3）归一化. 属性值表中不同指标的属性值的数值大小差别很大，为了直观，更为了便于采用各种多属性决策与评估方法进行评价，需要把属性值表中的数值归一化，即把表中数值均变换到[0, 1]区间上.

此外，还可在属性规范时用非线形变换或其他办法，来解决或部分解决某些目标的达到程度与属性值之间的非线性关系，以及目标间的不完全补偿性. 常用的属性规范化方法有以下几种.

① 线性变换.

原始的决策矩阵为 $A = (a_{ij})_{m \times n}$，变换后的决策矩阵记为 $B = (b_{ij})_{m \times n}$，$i = 1, 2, \cdots, m$，$j = 1, 2, \cdots, n$. 设 $a_j^{\max}$ 是决策矩阵第 j 列中的最大值，$a_j^{\min}$ 是决策矩阵第 j 列中的最小值. 若 x_j 为效益型属性，则

$$b_{ij} = \frac{a_{ij}}{a_j^{\max}}$$

采用上式进行属性规范化时，经过变换的最差属性值不一定为 0，最佳属性值为 1. 若 x_j 为成本型属性，则

$$b_{ij} = 1 - \frac{a_{ij}}{a_j^{\max}}$$

采用上式进行属性规范时，经过变换的最佳属性值不一定为 1，最差属性值为 0.

② 标准 0-1 变换.

为了使每个属性变换后的最优值为 1 且最差值为 0，可以进行标准 0-1 变换. 对效益型属性 x_j，令

$$b_{ij} = \frac{a_{ij} - a_j^{\min}}{a_j^{\max} - a_j^{\min}}$$

对成本型属性 x_j，令

$$b_{ij} = \frac{a_j^{\max} - a_{ij}}{a_j^{\max} - a_j^{\min}}$$

③ 区间型属性的变换.

有些属性既非效益型又非成本型，如生师比. 显然这种属性不能采用前面介绍的两种方法处理.

设给定的最优属性区间为 $[a_j^0, a_j^*]$，a_j' 为无法容忍下限，a_j'' 为无法容忍上限，则

$$b_{ij} = \begin{cases} 1 - \dfrac{a_j^0 - a_{ij}}{a_j^0 - a_j'}, & a_j' \leqslant a_{ij} \leqslant a_j^0 \\ 1, & a_j^0 \leqslant a_{ij} \leqslant a_j^* \\ 1 - \dfrac{a_{ij} - a_j^*}{a_j'' - a_j^*}, & a_j^* \leqslant a_{ij} \leqslant a_j'' \\ 0, & \text{其他} \end{cases}$$

变换后的属性值 b_{ij} 与原属性值 a_{ij} 之间的函数图形为一般梯形. 当属性值最优区间的上下限相等时，最优区间退化为一个点时，函数图形退化为三角形.

设研究生院的生师比最佳区间为 $[5,6]$，$a_2' = 2$，$a_2'' = 12$. 表 8.6 的属性 2 的数据处理如表 8.7 所示.

表 8.7　表 8.6 的属性 2 的数据处理

i ＼ j	生师比 x_2	处理后的生师比
1	5	1
2	6	1
3	7	0.833 3
4	10	0.333 3
5	2	0

计算的 Matlab 程序如下：

```
clc,clear
x2=@(qujian,lb,ub,x)(1-(qujian(1)-x)./(qujian(1)-lb)).* ...
(x>=lb & x<qujian(1))+. (x>=qujian(1)& x<=qujian(2))+(1-(x-qujian(2))./...
(ub-qujian(2))).* (x>qujian(2)& x<=ub);
%定义变换的匿名函数,该语句太长,使用了两个续行符
qujian=[5,6]; lb=2; ub=12;   %最优区间,无法容忍下界和上界
x2data=[5 6 7 10 2]';   %x2 属性值
y2=x2(qujian,lb,ub,x2data)%调用匿名函数,进行数据变换
```

④ 向量规范化.

无论成本型属性还是效益型属性，向量规范化均用下式进行变换

$$x'_{ij} = x_{ij} / \sqrt{\sum_{i=1}^{m} x_{ij}^2}, i=1,2,\cdots,m, \quad j=1,2,\cdots,n$$

这种变换也是线性的，但是它与前面介绍的几种变换不同，从变换后属性值的大小上无法分辨属性值的优劣. 它的最大特点是，规范化后，各方案的同一属性值的平方和为 1，因此常用于计算各方案与某种虚拟方案（如理想点或负理想点）的欧氏距离的场合.

⑤ 标准化处理.

在实际问题中，不同变量的测量单位往往是不一样的. 为了消除变量的量纲效应，使每个变量都具有同等的表现力，数据分析中常对数据进行标准化处理，即：

$$x'_{ij} = \frac{x_{ij} - \bar{x}_j}{s_j}, \quad i=1,2,\cdots,m, \quad j=1,2,\cdots,n$$

其中 $\bar{x}_j = \frac{1}{m}\sum_{i=1}^{m} x_{ij}$，$s_j = \sqrt{\frac{1}{m-1}\sum_{i=1}^{m}(x_{ij}-\bar{x}_j)^2}$，$j=1,2,\cdots,n$.

计算结果如表 8.8 所示，Matlab 程序如下：

```
x=[0.1    5    5000    4.7
   0.2    6    6000    5.6
   0.4    7    7000    6.7
   0.9   10   10000    2.3
   1.2    2    400     1.8];
y=zscore（x）
```

表 8.8 表 8.6 的属性 2 的数据处理

j i	人均专著 x_1 （本/人）	生师比 x_2	科研经费 x_3 （万元/年）	逾期毕业率 x_4（%）
1	− 0.974 1	− 0.343 0	− 0.194 6	0.227 4
2	− 0.762 3	0	0.091 6	0.653 7
3	− 0.338 8	0.343 0	0.377 7	1.174 7
4	0.720 0	1.372 0	1.236 2	− 0.909 5
5	1.355 3	− 1.372 0	− 1.510 9	− 1.146 3

我们首先对表 8.6 中属性 2 的数据进行最优值为给定区间时的变换. 然后对属性值进行向量规范化, 计算结果如表 8.9 所示 (程序略).

表 8.9　表 8.6 的属性 2 的数据处理

j i	人均专著 x_1 (本/人)	生师比 x_2	科研经费 x_3 (万元/年)	逾期毕业率 x_4 (%)
1	0.063 8	0.597	0.344 9	0.454 6
2	0.127 5	0.597	0.413 9	0.541 7
3	0.255 0	0.497 5	0.482 9	0.648 1
4	0.573 8	0.199	0.689 8	0.222 5
5	0.765 1	0	0.027 6	0.174 1

第二步, 设权向量为 $w = [0.2, 0.3, 0.4, 0.1]$, 得加权的向量规范化属性矩阵如表 8.10 所示.

表 8.10　表 8.6 的属性 2 的数据处理

j i	人均专著 x_1 (本/人)	生师比 x_2	科研经费 x_3 (万元/年)	逾期毕业率 x_4 (%)
1	0.012 8	0.179 1	0.138 0	0.045 5
2	0.025 5	0.179 1	0.165 6	0.054 2
3	0.051 0	0.149 3	0.193 1	0.064 8
4	0.114 8	0.059 7	0.275 9	0.022 2
5	0.153 0	0	0.011 0	0.017 4

第三步, 由前边介绍的公式分别计算正负理想解, 得正理想解:

$$C^* = [0.1530, 0.1791, 0.2759, 0.0174];$$

得负理想解:

$$C^0 = [0.0128, 0, 0.0110, 0.2759, 0.0648].$$

第四步, 分别用式 (8.11) 和式 (8.12) 求各方案到正理想解的距离 s_i^* 和负理想解的距离 s_i^0, 列于表 8.10.

第五步, 计算排队指示值 f_i^* (见表 8.11), 由 f_i^* 值的大小可确定各方案的从优到劣的次序为 4, 3, 2, 1, 5.

表 8.11　距离值及综合指标值

	S_i^*	S_i^0	f_i^*
1	0.198 7	0.220 4	0.525 8
2	0.172 6	0.237 1	0.578 7
3	0.142 5	0.238 5	0.625 5
4	0.125 5	0.293 2	0.700 3
5	0.319 8	0.148 1	0.316 5

求解 Matlab 程序如下：

```
clc,clear
a=[0.1  5   5000      4.7
   0.2 6   6000      5.6
   0.4 7   7000      6.7
   0.9 10  10000     2.3
   1.2 2   400       1.8];
[m,n]=size(a);
x2=@(qujian,lb,ub,x)(1-(qujian(1)-x)./(qujian(1)-lb)).*(x>=lb & x<qujian(1))+...
(x>=qujian(1)& x<=qujian(2))+(1-(x-qujian(2))./(ub-qujian(2))).*...
(x>qujian(2)& x<=ub);
qujian=[5,6]; lb=2; ub=12;
a(:,2)=x2(qujian,lb,ub,a(:,2)); %对属性 2 进行变换
for j=1:n
    b(:,j)=a(:,j)/norm(a(:,j));   %向量规划化
end
w=[0.2 0.3 0.4 0.1];
c=b.*repmat(w,m,1);          %求加权矩阵
Cstar=max(c);    %求正理想解
Cstar(4)=min(c(:,4)) %属性 4 为成本型的
C0=min(c);       %q 求负理想解
C0(4)=max(c(:,4))        %属性 4 为成本型的
for i=1:m
    Sstar(i)=norm(c(i,:)-Cstar);   %求到正理想解的距离
    S0(i)=norm(c(i,:)-C0);         %求到负理想的距离
end
f=S0./(Sstar+S0);
[sf,ind]=sort(f,'descend')        %求排序结果.
```

8.3 模糊综合评价法

模糊综合评价法是一种基于模糊数学的综合评标方法. 该综合评价法根据模糊数学的隶属度理论把定性评价转化为定量评价, 即用模糊数学对受到多种因素制约的事物或对象做出一个总体的评价. 它具有结果清晰, 系统性强的特点, 能较好地解决模糊的、难以量化的问题, 适合各种非确定性问题的解决.

模糊评价法不仅可对评价对象按综合分值的大小进行评价和排序, 而且还可根据模糊评价集上的值按最大隶属原则去评定对象所属的等级. 这就克服了传统数学方法结果单一性的缺陷, 结果包含的信息量丰富. 这种方法简易可行, 在一些用传统观点看来无法进行数量分

析的问题上，显示了它的应用前景，它很好地解决了判断的模糊性和不确定性问题. 由于模糊的方法更接近于东方人的思维习惯和描述方法，因此它更适应于对社会经济系统问题进行评价.

当评价指标个数较少时，一般运用一级模糊综合评价法进行评价，而在问题较为复杂、指标较多的时候，往往运用多层次模糊综合评判，以提高精度. 下面给出建立模糊综合评判模型的建模思路.

1. 确定因素集

根据问题实际，确定评价指标后，将各评价指标作为因素，构成评价指标体系集合，即因素集. 记为 $A = (B_1, B_2, \cdots, B_n)$. 当需要进行二级评判时，将因素集 $A = (B_1, B_2, \cdots, B_n)$ 按某种属性成分分成 s 个子因素集 $C_1, C_2, \cdots, C_s$，其中 $C_i = \{B_{i1}, B_{i2}, \cdots, B_{in_i}\}$，$i = 1, 2, \cdots, s$，且满足

① $n_1 + n_2 + \cdots + n_s = n$，

② $C_1 \bigcup C_2 \bigcup \cdots \bigcup C_s = A$，

③ 对任意的 $i \neq j$，$C_i \bigcap C_j = \varnothing$.

当需要进行三级评判，甚至四级、五级评判时，可继续按上述原则对 C_i 作进一步的划分.

2. 确定评语集

由于每个指标评价值的不同，往往会形成不同的等级. 由各种不同决断构成的集合称为评语集，记为 $V = \{v_1, v_2, \cdots, v_m\}$.

3. 确定各因素的权重

一般情况下，因素集中的各因素在综合评价中所起的作用是不相同的，综合评判结果不仅与各因素的评判有关，且很大程度上依赖于各因素对综合评价所起的作用，这就需要确定一个各因素之间的权重分配，所谓权重，是指评价指标在评价体系中的重要性或评价指标在总目标中应占的比重，其数量即表现为权数，它是 W 上的一个模糊向量，记为 $W = (W_1, W_2, \cdots, W_n)$，其中 W_i 是第 i 个指标权重，且满足 $\sum\limits_{i=1}^{n} W_i = 1$，确定指标权重的方法很多，如专家调查法（Delphi 法）、层次分析法、最大熵（GB）技术法、主成分分析法等.

4. 确定模糊综合评判矩阵

对指标因素 B_i 来说，对各个评语的隶属度为 V 上的模糊子集，对指标 B_i 的评判记为 $R_i = [r_{i1}, r_{i2}, r_{i3}, r_{i4}]$，各指标的模糊综合评判矩阵为：

$$R = \begin{bmatrix} r_{11} & r_{12} & r_{13} & r_{14} \\ r_{21} & r_{22} & r_{23} & r_{24} \\ \vdots & \vdots & \vdots & \vdots \\ r_{n1} & r_{n2} & r_{n3} & r_{n4} \end{bmatrix}$$

它是一个从 A 到 V 的模糊关系矩阵.

5. 综合评判

如果有一个从 A 到 V 的模糊关系 $R = (r_{ij})_{n \times m}$，那么利用 R 就可以得到一个模糊变换

$R_R : F(A) \to F(V)$，由此变换，就可以得到综合评判结果. 若 R_i 为单因素评判矩阵，则得到一级评判向量 $Q = W \cdot R$. 若 R_i 为多因素评判矩阵，则先计算子因素集对应下的综合评判，再计算子因素集对应的综合评判，最后计算因素集对应的综合评判，如：对于三级模糊评级集来说，先计算 $W_{C_i} \cdot R_{C_i}$，再计算 $W_{B_n} \cdot R_{B_n}$，最后计算 $W \cdot R$，可令 $Q_{C_i} = W_{C_i} \cdot R_{C_i}, i = 1, 2, \cdots, s$，$Q_{B_i} = W_{B_i} \cdot R_{B_i}, i = 1, 2, \cdots, n$，$Q = W \cdot R$.

模糊综合评价的结果是被评事物对各等级模糊子集的隶属度，它一般是一个模糊向量，而不是一个点值，因而它能提供的信息比其他方法更丰富. 若对多个事物比较并排序，就需要进一步处理，即计算每个评价对象的综合分值，按大小排序，按序择优. 我们将评价结果按照大小顺序排列，评价者从中选出估计值最高的评价作为评价度即可.

8.3.1　一级模糊综合评价模型

例 8.3　人事考核问题

问题提出：人事考核需要从多个方面对员工做出客观全面的评价，因而实际上属于多目标决策问题. 对于那些决策系统运行机制清楚，决策信息完全，决策目标明确且易于量化的多目标决策问题，已经有很多方法能够较好地将其解决. 但是，在人事考核中存在大量具有模糊性的概念，这种模糊性或不确定性不是由于事情发生的条件难以控制而导致的，而是由于事件本身的概念不明确所引起的. 这就使得很多考核指标都难以直接量化. 在评判实施过程中，评价者又容易受人际关系、经验等主观因素的影响，因此对人的综合素质评判往往带有一定的模糊性与经验性.

这里说明如何在人事考核中运用模糊综合评判，从而为企业员工职务的升降、评先晋级、聘用等提供重要依据，促进人事管理的规范化和科学化，提高人事管理的工作效率.

模型建立与求解：

（1）确定因素集.

对员工的表现，需要从多方面进行综合评判，如员工的工作业绩、工作态度、沟通能力、政治表现等. 在此，以这四个方面作为指标，得到因素集为

$$U = \{政治表现 u_1, 工作能力 u_2, 工作态度 u_3, 工作成绩 u_4\}$$

（2）确定评语集.

假定对工作业绩的评价有优秀、良好、一般、较差、差等，故评语集为：

$$V = \{优秀 v_1, 良好 v_2, 一般 v_3, \ 较差 v_4, 差 v_5\}$$

（3）确定各因素的权重.

假定根据某种方法，确定出各因素的权重为 $A = (0.25, 0.2, 0.25, 0.3)$.

（4）确定模糊综合判断矩阵.

对每个因素 u_i 做出评价.

① u_1 比如由群众评议打分来确定.

$$R_1 = (0.1, 0.5, 0.4, 0, 0)$$

上面式子表示，参与打分的群众当中，有 10% 的人认为政治表现优秀，50% 的人认为政治表现良好，40% 的人认为政治表现一般，认为政治表现较差或差的人为 0，用同样的方法对其它因素进行评价.

② u_2, u_3 由部门领导打分来确定.

$$R_2 = (0.2, 0.5, 0.2, 0.1, 0)$$

$$R_3 = (0.2, 0.5, 0.3, 0, 0)$$

③ u_4 由单位考核组员打分来确定.

$$R_4 = (0.2, 0.6, 0.2, 0, 0)$$

以 R_i 为 i 行构成评价矩阵

$$R = \begin{bmatrix} 0.1 & 0.5 & 0.4 & 0 & 0 \\ 0.2 & 0.5 & 0.2 & 0.1 & 0 \\ 0.2 & 0.5 & 0.3 & 0 & 0 \\ 0.2 & 0.6 & 0.2 & 0 & 0 \end{bmatrix}$$

它是从因素集 U 到评语集 V 的一个模糊关系矩阵.

（5）综合评判.

进行矩阵合成运算：

$$B = A \circ R = (0.25 \quad 0.2 \quad 0.25 \quad 0.3) \circ \begin{bmatrix} 0.1 & 0.5 & 0.4 & 0 & 0 \\ 0.2 & 0.5 & 0.2 & 0.1 & 0 \\ 0.2 & 0.5 & 0.3 & 0 & 0 \\ 0.2 & 0.6 & 0.2 & 0 & 0 \end{bmatrix}$$

$$= (0.06 \quad 0.18 \quad 0.1 \quad 0.02 \quad 0)$$

取数值最大的评语作综合评判结果，则评判结果为"良好".

8.3.2 多级模糊综合评价模型

一般来说，在考虑的因素较多时会带来两个问题：一方面，权重分配很难确定；另一方面，即使确定了权重分配，由于要满足归一性，每一因素分得的权重必然很小. 无论采用哪种算子，经过模糊运算后都会"淹没"许多信息，有时甚至得不出任何结果. 所以，需采用分层的办法来解决问题.

例 8.4 物流选址问题

问题提出：物流中心作为商品周转、分拣、保管、仓库管理和流通加工的据点，其促进商品能够按照顾客的要求完成附加价值，克服在其运动过程中所发生的时间和空间障碍. 在物流系统中，物流中心的选址是物流系统优化中一个具有战略意义的问题，非常重要. 目前已建立了一系列选址模型与算法，但这些模型及算法相当复杂. 其主要困难在于：即使简单的问题也需要大量的约束条件和变量；约束条件和变量多使问题的难度呈指数增长.

利用多层次模糊综合评判方法，通过研究各因素之间的关系，可以得到合理的物流中心位置.

模型建立与求解： 根据因素特点划分层次模块，各因素又可由下一级因素构成，因素集分为三级，三级模糊评判的数学模型如表 8.12 所示.

表 8.12 物流中心选址的三级模型

第一级指标	第二级指标	第三级指标
自然环境 u_1 （0.1）	气象条件 u_{11} （0.25） 地质条件 u_{12} （0.25） 水文条件 u_{13} （0.25） 地形条件 u_{14} （0.25）	
交通运输 u_2 （0.2）		
经营环境 u_3 （0.3）		
候选地 u_4 （0.2）	面积 u_{41} （0.1） 形状 u_{42} （0.1） 周边干线 u_{43} （0.4） 地价 u_{44} （0.4）	
公共设施 u_5 （0.2）	三供 u_{51} （0.4）	供水 u_{511} （1/3） 供电 u_{512} （1/3） 供气 u_{513} （1/3）
	废物处理 u_{52} （0.3）	排水 u_{521} （0.5） 固体废物处理 u_{522} （0.5）
	通信 u_{53} （0.2）	
	道路设施 u_{54} （0.1）	

因素集 U 分为三层：

第一层为 $U = \{u_1, u_2, u_3, u_4, u_5\}$；

第二层为 $u_1 = \{u_{11}, u_{12}, u_{13}, u_{14}\}$；$u_4 = \{u_{41}, u_{42}, u_{43}, u_{44}\}$；$u_5 = \{u_{51}, u_{52}, u_{53}, u_{54}\}$；

第三层为 $u_{51} = \{u_{511}, u_{512}, u_{513}\}$；$u_{52} = \{u_{521}, u_{522}\}$.

假设某区域有 8 个候选地址，决断集 $V = \{A, B, C, D, E, F, G, H\}$ 代表 8 个不同的候选地址，数据进行处理后得到诸因素的模糊综合评判如表 8.13 所示.

表 8.13 某区域的模糊综合评判

因　素	A	B	C	D	E	F	G	H
气象条件	0.91	0.85	0.87	0.98	0.79	0.60	0.60	0.95
地质条件	0.93	0.81	0.93	0.87	0.61	0.61	0.95	0.87
水文条件	0.88	0.82	0.94	0.88	0.64	0.61	0.95	0.91
地形条件	0.90	0.83	0.94	0.89	0.63	0.71	0.95	0.91
交通运输	0.95	0.90	0.90	0.94	0.60	0.91	0.95	0.94

因　　素	A	B	C	D	E	F	G	H
经营环境	0.90	0.90	0.87	0.95	0.87	0.65	0.74	0.61
候选地面积	0.60	0.95	0.60	0.95	0.95	0.95	0.95	0.95
候选地形状	0.60	0.69	0.92	0.92	0.87	0.74	0.89	0.95
候选地周边干线	0.95	0.69	0.93	0.85	0.60	0.60	0.94	0.78
候选地地价	0.75	0.60	0.80	0.93	0.84	0.84	0.60	0.80
供水	0.60	0.71	0.77	0.60	0.82	0.95	0.65	0.76
供电	0.60	0.71	0.70	0.60	0.80	0.95	0.65	0.76
供气	0.91	0.90	0.93	0.91	0.95	0.93	0.81	0.89
排水	0.92	0.90	0.93	0.91	0.95	0.93	0.81	0.89
固体废物处理	0.87	0.87	0.64	0.71	0.95	0.61	0.74	0.65
通信	0.81	0.94	0.89	0.60	0.65	0.95	0.95	0.89
道路设施	0.90	0.60	0.92	0.60	0.60	0.84	0.65	0.81

（1）分层作综合评判.

$u_{51} = \{u_{511}, u_{512}, u_{513}\}$，权重 $A_{51} = \{1/3, 1/3, 1/3\}$，由表 8.13 对 $u_{511}, u_{512}, u_{513}$ 的模糊评判构成的单因素评判矩阵：

$$R_{51} = \begin{pmatrix} 0.60 & 0.71 & 0.77 & 0.60 & 0.82 & 0.95 & 0.65 & 0.76 \\ 0.60 & 0.71 & 0.70 & 0.60 & 0.80 & 0.95 & 0.65 & 0.76 \\ 0.91 & 0.90 & 0.93 & 0.91 & 0.95 & 0.93 & 0.81 & 0.89 \end{pmatrix}$$

计算得

$$B_{51} = A_{51} \circ R_{51} = (0.703, 0.773, 0.8, 0.703, 0.857, 0.943, 0.703, 0.803)$$

类似地，$B_{52} = A_{52} \circ R_{52} = (0.895, 0.885, 0.785, 0.81, 0.95, 0.77, 0.775, 0.77)$

$$B_5 = A_5 \circ R_5 = (0.4 \quad 0.3 \quad 0.2 \quad 0.1) \circ \begin{pmatrix} 0.703 & 0.773 & 0.8 & 0.703 & 0.857 & 0.943 & 0.703 & 0.803 \\ 0.895 & 0.885 & 0.785 & 0.81 & 0.95 & 0.77 & 0.775 & 0.77 \\ 0.81 & 0.94 & 0.89 & 0.60 & 0.65 & 0.95 & 0.95 & 0.89 \\ 0.90 & 0.60 & 0.92 & 0.60 & 0.60 & 0.84 & 0.65 & 0.81 \end{pmatrix}$$

$$= (0.802, 0.823, 0.826, 0.704, 0.818, 0.882, 0.769, 0.811)$$

$$B_4 = A_4 \circ R_4 = (0.1 \quad 0.1 \quad 0.4 \quad 0.4) \circ \begin{pmatrix} 0.60 & 0.95 & 0.60 & 0.95 & 0.95 & 0.95 & 0.95 & 0.95 \\ 0.60 & 0.69 & 0.92 & 0.92 & 0.87 & 0.74 & 0.89 & 0.95 \\ 0.95 & 0.69 & 0.93 & 0.85 & 0.60 & 0.60 & 0.94 & 0.78 \\ 0.75 & 0.60 & 0.80 & 0.93 & 0.84 & 0.84 & 0.60 & 0.80 \end{pmatrix}$$

$$= (0.8, 0.68, 0.844, 0.899, 0.758, 0.745, 0.8, 0.822)$$

$$B_1 = A_1 \circ R_1 = (0.25 \quad 0.25 \quad 0.25 \quad 0.25) \circ \begin{pmatrix} 0.91 & 0.85 & 0.87 & 0.98 & 0.79 & 0.60 & 0.60 & 0.95 \\ 0.93 & 0.81 & 0.93 & 0.87 & 0.61 & 0.61 & 0.95 & 0.87 \\ 0.88 & 0.82 & 0.94 & 0.88 & 0.64 & 0.61 & 0.95 & 0.91 \\ 0.90 & 0.83 & 0.94 & 0.89 & 0.63 & 0.71 & 0.95 & 0.91 \end{pmatrix}$$

$$= (0.905, 0.828, 0.92, 0.905, 0.668, 0.633, 0.863, 0.91)$$

（2）多层次的综合评判.

$U = \{u_1, u_2, u_3, u_4, u_5\}$，权重 $A = \{0.1, 0.2, 0.3, 0.2, 0.2\}$，则综合评判

$$B = A \circ R = A \circ \begin{pmatrix} B_1 \\ B_2 \\ B_3 \\ B_4 \\ B_5 \end{pmatrix}$$

$$= (0.1 \quad 0.2 \quad 0.3 \quad 0.2 \quad 0.2) \circ \begin{pmatrix} 0.905 & 0.828 & 0.92 & 0.905 & 0.668 & 0.633 & 0.863 & 0.91 \\ 0.95 & 0.90 & 0.9 & 0.94 & 0.60 & 0.91 & 0.95 & 0.94 \\ 0.90 & 0.90 & 0.87 & 0.95 & 0.87 & 0.65 & 0.74 & 0.61 \\ 0.8 & 0.68 & 0.844 & 0.899 & 0.758 & 0.745 & 0.8 & 0.822 \\ 0.802 & 0.823 & 0.826 & 0.704 & 0.818 & 0.882 & 0.769 & 0.811 \end{pmatrix}$$

$$= (0.871, 0.833, 0.867, 0.884, 0.763, 0.766, 0.812, 0.789)$$

计算程序如下：

```
U=load('ex8_4.txt'); %把表 8.13 中的原始数据保持在纯文本文件 ex8_4.txt 中
A51=[1/3 1/3 1/3]; %输入供水、供电和供气的权重
R51=U([11:13],:); %提取表 8.13 中的供水、供电和供气数据，构成单因素评判矩阵
B51=A51*R51    %对 8 个候选地址的三供进行综合评判
A52=[0.5 0.5];    %输入排水和固体废物处理的权重
R52=U([14 15],:); %提取表 8.13 中的排水和固体废物处理数据，构成单因素评判矩阵
B52=A52*R52    %对 8 个候选地址的废物处理进行综合评判
A5=[0.4 0.3 0.2 0.1];
R5=[B51;B52;U(16,:);U(17,:)];    %给出公共设施下各二级指标评判矩阵
B5=A5*R5
A4=[0.1 0.1 0.4 0.4];
R4=U([7:10],:);
B4=A4*R4
A1=[0.25 0.25 0.25 0.25];
R1=U([1:4],:);
B1=A1*R1
A=[0.1 0.2 0.3 0.2 0.2];
R=[B1;U(5,:);U(6,:);B4;B5];
B=A*R
```

由此可知，8 块候选地的综合评判结果的排序为：D，A，C，B，G，H，F，E，选出较高估计值的地点作为物流中心.

应用模糊综合评判方法进行物流中心选址，模糊评判模型采用层次式结构，把评判因素分为三层，也可进一步分为多层. 这里介绍的计算模型由于对权重集进行归一化处理，采用加权求和型，将评价结果按照大小顺序排列，决策者从中选出估计值较高的地点作为物流中心即可，方法简便.

8.4　灰色关联分析法

在控制论中，人们常用颜色的深浅来形容信息的明确程度，用"黑"表示信息未知，用白表示信息完全明确，用灰表示部分信息明确、部分信息不明确. 相应地，信息未知的系统称为黑色系统，信息完全明确的系统称为白色系统，信息不完全明确的系统称为灰色系统. 灰色系统是介于信息完全知道的白色系统和一无所知的黑色系统之间的中介系统. 带有中介性的事物往往具有独特的性能，值得开发.

灰色系统是贫信息的系统统计方法难以奏效. 灰色系统理论能处理贫信息系统，适用于只有少数观测数据的项目. 灰色系统理论是我国著名学者邓聚龙教授于 1982 年提出的. 它的研究对象是"部分信息已知，部分信息未知"的"贫系统"不确定性系统，它通过对部分已知信息的生成、开发实现对现实世界的确切描述和认识. 换句话说，灰色系统理论主要是利用已知信息来确定系统的未知信息，系统由灰变白. 其最大的特点是对样本量没有严格的要求，不要求服从任何分布.

由于人们对评判对象的某些因素不完全了解，致使评判依据不足；或者由于事物不断发展变化，人们的认识落后于实际，使评判对象已成为过去；或者由于人们受事物伪信息和反信息的干扰，导致判断发生偏差等. 所有这些情况归结为一点，就是信息不完全，即"灰". 灰色系统理论是从信息的非完备性出发研究和处理复杂关系的理论，它不是从系统内部特殊的规律出发去讨论，而是通过对系统某一层次的观测资料加以数学处理，达到在更高层次上了解系统内部变化趋势、相互关系等机制. 灰色关联度分析是灰色系统理论应用的主要方面之一. 基于灰色关联度的灰色综合评价法是利用各方案和最优方案之间关联度的大小对评价对象进行比较、排序. 灰色综合评价法计算简单，通俗易懂，因此，现在也越来越多地被应用于社会、经济、管理的评价问题.

灰色综合评价法是一种定性分析和定量分析相结合的综合评价方法，这种方法可以较好地解决评价指标难以准确量化和统计的问题，排除了人为因素带来的影响，使评价结果更加客观准确. 整个计算过程简单，通俗易懂，易于为人们所掌握；数据不必进行归一化处理，可用原始数据进行直接计算，可靠性强；评价指标体系可以根据具体情况增减；无需大量样本，只要有代表性的少量样本即可.

8.4.1　灰色关联度分析法建模步骤

1. 确定比较数列（评价对象）和参考数列（评价标准）

设评价对象为 m 个，评价指标为 n 个，比较数列为

$$X_i = \{X_i(k) \mid k = 1, 2, \cdots, n\}, \quad i = 1, 2, \cdots, m$$

参考数列为

$$X_0 = \{X_0(k) \mid k = 1, 2, \cdots, n\}$$

2. 确定各指标值对应的权重

可利用层次分析法等确定各指标对应的权重：

$$W = \{W_k \mid k = 1, 2, \cdots, n\}$$

其中 W_k 为第 k 个评价指标对应的权重.

3. 计算灰色关联系数

$$\xi_i(k) = \frac{\min\limits_i \min\limits_k |x_0(k) - x_i(k)| + \xi \max\limits_i \max\limits_k |x_0(k) - x_i(k)|}{|x_0(k) - x_i(k)| + \xi \max\limits_i \max\limits_k |x_0(k) - x_i(k)|}$$

其中 $\xi_i(k)$ 是比较数列 X_i 与参考数列 X_0 在第 k 个评价指标上的相对差值.

4. 计算灰色加权关联度，建立灰色关联度

灰色加权关联度的计算公式为

$$r_i = \sum_{k=1}^{n} W_k \xi_i(k)$$

其中 r_i 为第 i 个评价对象的理想处理对象的灰色加权关联度.

5. 评价分析

根据灰色加权关联度的大小，对各评价对象进行排序，关联度越大其评价结果越好.

8.4.2 应用举例

例 8.5 顾客满意度问题

问题提出：企业顾客满意度是顾客对企业的产品和服务满意程度的综合反映，它受多种因素的影响，且各因素之间的联系难以精确定量和不完全确定，仅仅依靠定性方法和一般的数学评价方法，很难做出合理、准确的判断. 用灰色系统理论评价企业顾客满意度具有一定的适用性和科学性.

灰色系统理论对信息不精确、不完全确知的小样本系统有明显的理论分析优势，这里讨论的顾客满意度评价就是采用灰色关联度分析法将评价因素之间的不完全确定关系进行"白"化.

模型建立与求解：

（1）评价指标体系选择.

顾客满意理论研究的结果表明，顾客满意程度取决于顾客的事前期望与实际感受的关系. 企业顾客满意度就是企业的顾客在购买企业产品或接受服务的过程中，由于在期望与实际感受上的差距所形成的满意态度的定性描述，它是多种因素综合影响的结果. 一般而言，

一个企业常常经营多种产品（服务），在此情况下可选取企业代表性的产品（服务）项目进行测量．以顾客对代表性产品相关因素的满意度来评价是整个企业的顾客满意度．企业代表性产品评价指标体系选择和顾客满意形成过程如图8.2所示．

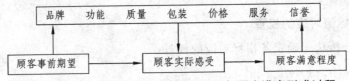

图8.2　企业代表性产品评价指标体系与顾客满意形成过程

（2）确定被评企业的指标指数列和参考评价标准数列．

如选定某行业中5个企业，分别就其代表性产品的品牌、功能、质量、包装、价格、服务和信誉7个因素进行市场调查，让顾客对这7个因素的满意程度打分评价，每个因素的得分数在0~10，满意程度越高其分值越高．对获得的原始分，先采用简单加权平均法统计企业在各评价因素上的综合得分，各企业的得分情况及参考数列如表8.14所示．

表8.14　企业得分情况及参考数列表

企业	品牌	功能	质量	包装	价格	服务	信誉
企业1	8	7	8	7	6	7	8
企业2	6	7	8	7	6	6	5
企业3	7	6	6	8	8	6	7
企业4	6	5	7	8	8	7	6
企业5	4	6	6	8	6	4	5
标准	8	7	8	8	8	7	8

注：表中标准数列的取值为各企业在每一指标得分的最大值．

将表8.14做归一化处理，其方法是用标准数列中的最大值8去除表中所有分值，以百分比表示顾客对企业各评价指标的满意程度，处理结果如表8.15所示．

表8.15　顾客对企业评价指标的满意度表

企业	品牌	功能	质量	包装	价格	服务	信誉
企业1	100	87.5	100	87.5	75	87.5	100
企业2	75	87.5	100	87.5	87.5	75	62.5
企业3	87.5	75	75	100	87.5	75	87.5
企业4	75	62.5	87.5	100	100	87.5	75
企业5	50	75	75	100	100	50	62.5
标准	100	87.5	100	100	100	87.5	100

（3）确定评价因素的权重.

通过专家咨询并利用 AHP 法确定各评价因素的权重，按上述评价指标顺序排列的权重为

$$W = (0.15, 0.1, 0.2, 0.1, 0.15, 0.2, 0.1)$$

（4）计算灰色关联系数.

根据灰色关联系数计算公式，对企业 1 而言，两级最小差与两级最大差分别为：

$$\min_i \min_k |x_0(k) - x_i(k)| = 0, \quad \max_i \max_k |x_0(k) - x_i(k)| = 50$$

取 $\xi = 0.5$，则有

$$\xi_1(1) = 1, \xi_1(2) = 1, \xi_1(3) = 1, \xi_1(4) = 0.67, \xi_1(5) = 0.5, \xi_1(6) = 1, \xi_1(7) = 1$$

即

$$\xi_1(k) = \{1.00, 1.00, 1.00, 0.67, 0.5, 1.00, 1.00\}$$

同理算得

$$\xi_2(k) = \{0.50, 1.00, 1.00, 0.67, 0.67, 0.67, 0.40\}$$
$$\xi_3(k) = \{0.67, 0.67, 0.50, 1.00, 0.67, 0.67, 0.67\}$$
$$\xi_4(k) = \{0.50, 0.50, 0.67, 1.00, 1.00, 1.00, 0.50\}$$
$$\xi_5(k) = \{0.34, 0.67, 0.50, 1.00, 1.00, 0.40, 0.40\}$$

（5）计算灰色关联度，建立关联序.

计算得出企业 1 的顾客满意灰色关联度为

$$r_1 = 0.15 \times 1 + 0.1 \times 1 + 0.2 \times 1 + 0.1 \times 0.67 +$$
$$0.15 \times 0.5 + 0.2 \times 1 + 0.1 \times 0.67 = 0.892$$

同理计算得，企业 2、企业 3、企业 4、企业 5 的顾客灰色关联度分别为：

$$r_2 = 0.715, \quad r_3 = 0.667, \quad r_4 = 0.759, \quad r_5 = 0.587$$

各企业的顾客满意灰色关联度排序为：

$$r_1 > r_4 > r_2 > r_3 > r_5$$

计算程序如下：

```
u=load('ex8_5.txt');          %把表 8.16 中的原始数据保持在纯文本文件 ex8_5.txt 中
a=u([1:5],:)*100/8;           %对表 8.16 中的原始数据作归一化处理
[m,n]=size(a);
cankao=max(a)                 %求参考序列的取值
t=repmat(cankao,[m,1])-a;     %求参考序列与每一个序列的差
mmin=min(min(t));            %计算最小差
mmax=max(max(t));            %计算最大差
rho=0.5;                      %分辨系数
```

```
xishu=(mmin+rho*mmax)./(t+rho*mmax)     %计算灰色关联系数
w=[0.15,0.1,0.2,0.1,0.15,0.2,0.1];
guanliandu=xishu*w'                     %取等权重，计算关联度
[gsort,ind]=sort(guanliandu,'descend')  %对关联度按照从大到小排序
```

（6）企业顾客满意度评价分析.

从以上计算过程和结果可以看出，企业 1 由于其品牌形象好、产品质量高和服务与信誉良好而得到顾客的好评，顾客满意度最高；企业 2 与企业 4 虽然品牌形象一般，但依靠产品质量保证和价格优势也获得了顾客的较好评价；企业 3 的品牌形象尚可，但在产品质量和服务水平上有待进一步提高；企业 5 的问题比较多，应重点在产品质服务信誉上进行改进以建立和提升形象，进而提高顾客满意度.

8.5 数据包络分析法

数据包络分析（data envelopment analysis，DEA）方法是运用数学工具评价经济系统生产前沿有效性的非参数方法，它适应用于多投入多产出的多目标决策单元的绩效评价. 这种方法以相对效率为基础，根据多指标投入与多指标产出对相同类型的决策单元进行相对有效性评价. 应用该方法进行绩效评价的另一个特点是，它不需要以参数形式规定生产前沿函数，并且允许生产前沿函数可以因为单位的不同而不同，不需要弄清楚各个评价决策单元的输入与输出之间的关联方式，只需要最终用极值的方法，以相对效益这个变量作为总体上的衡量标准，以决策单元（DMU）各输入输出的权重向量为变量，从最有利于决策的角度进行评价，从而避免了人为因素确定各指标的权重而使得研究结果的客观性受到影响. 这种方法采用数学规划模型，对所有决策单元的输出都"一视同仁". 这些输入输出的价值设定与虚拟系数有关，有利于找出那些决策单元相对效益偏低的原因. 该方法以经验数据为基础，逻辑上合理，故能够衡量各决策单元由一定量大投入产生预期的输出的能力，并且能够计算在非 DEA 有效的决策单元中，投入没有发挥作用的程度. 最为重要的是应用该方法还有可能进一步估计某个决策单元达到相对有效时，其产出应该增加多少，输入可以减少多少等.

该方法是由美国著名运筹学家 A. Charnes 等人在 1978 年以相对效率概念为基础发展起来的. 其基本思路是：通过对投入产出数据的综合分析，得出每个 DMU 综合相对效率的数量指标，确定各 DMU 是否为 DEA 有效.

8.5.1 DEA 的 C^2R 模型

DEA 有多种模型，其中以 Charnes，Cooper 和 Rhodes 建立的 C^2R 模型因形式简单，理论完善，而得到广泛应用. 设有 n 个待评价的对象（又称之为 n 个决策单元 DMU），每个决策单元都有 m 种类型的投入及 s 种类型的产出，它们所对应的权重向量分别记为 $v=(v_1,v_2,\cdots,v_m)^T$，$u=(u_1,u_2,\cdots,u_s)^T$. 这 n 个决策单元中第 j 个的投入和产出量用向量分别记作

$$x_j=(x_{1j},x_{2j},\cdots,x_{mj})^T，\quad y_j=(y_{1j},y_{2j},\cdots,y_{sj})^T \quad (j=1,2,\cdots,n)$$

其中 x_{ij} 为第 j 个决策单元对第 i 种类型输入的投入总量，y_{rj} 为第 j 个决策单元对第 r 种类型

输出的产出总量，且 x_{ij}，$y_{rj} > 0$；v_i 为第 i 种输入指标的权重系数，u_r 为第种 r 产出指标的权重系数.定义每个决策单元 j 的投入与产出比的相对效率评价指数如下：

$$h_j = \frac{\sum_{r=1}^{s} u_r y_{rj}}{\sum_{i=1}^{m} v_i x_{ij}} \tag{8.14}$$

评价决策单元 j_0 的优化模型如下：

$$\max \quad z = \frac{u^{\mathrm{T}} y_{j_0}}{v^{\mathrm{T}} x_{j_0}} \tag{8.15}$$

$$\text{s.t.} \begin{cases} h_j \leqslant 1, j = 1, 2, \cdots, n \\ u \geqslant 0, v \geqslant 0, u \neq 0, v \neq 0 \end{cases}$$

模型（8.15）是分式规划优化问题模型，为了方便计算，通过 Charnes-Cooper 变换：$\omega = tv$，$\mu = tu$，$t = \dfrac{1}{v^{\mathrm{T}} x_{j_0}}$，我们可以将其化为一个等价的线性规划数学模型：

$$\max \quad z_{j_0} = \mu^{\mathrm{T}} y_{j_0}$$

$$\text{s.t.} \begin{cases} \omega^{\mathrm{T}} x_j - \mu^{\mathrm{T}} y_j \geqslant 0, j = 1, 2, \cdots, n \\ \omega^{\mathrm{T}} x_{j_0} = 1 \\ \omega \geqslant 0, \mu \geqslant 0 \end{cases} \tag{8.16}$$

8.5.2 应用举例

例 8.6 银行效率综合评价问题

问题提出： 银行作为我国经济政策宏观调控的枢纽，一个完善高效的银行体系能够为我国经济建设筹集资金，促进社会的再生产.商业银行在现代金融体系中居于主导地位，作为金融和交易的主要金融中介，一个国家经济状况的晴雨表，银行业在减少经济风险和不稳定因素，保证国家经济顺畅运行等方面发挥着举足轻重的作用，它的运行效率直接影响和决定着国民经济的发展质量.商业银行又是社会性和公众性很强的经济实体，拥有众多的利益相关群体，他们关注商业银行的经营成果、财务状况、现金流量及其反映出的盈利性、安全性和流动性.因此，需要对商业银行经营效果进行综合评价.

问题分析： 效率评价问题可以考虑用 DEA 方法从投入与产出进行评价.从银行业实际出发，考虑投入和产出指标.员工是银行的主要资源，代表银行的实力与业务运作能力，故可把员工人数与机构总数作为投入指标.费用控制水平的高低可以反映银行业务经营模式是粗放型还是集约型，在此，使用营业费用率指标来表示银行的费用控制水平，作为投入指标，其中营业费用率=营业费用/营业收入×100%，营业费用率低，说明银行在营业费用控制方面取得了良好效果，具有较高的运作效率.银行总资产的大小反映了银行的整体规模，规模大小与效率是紧密相连的，故可将总资产作为投入指标.

　　人均利润率综合反映了商业银行的服务质量与运转效率，是体现银行经营管理的主要指标. 此外，资产收益率反映银行资产转化为收入的能力. 因此，可将银行的人均利润率以及资产收益率作为产出指标，其中人均利润率=利润总额/员工人数×100%，总资产利润率=税前利润/总资产×100%.

　　模型建立与求解：将商业银行作为一个决策单元，选择 2005 年度统计数据，从横向对我国 11 家商业银行的相对效率进行比较，评价其竞争力. 作为决策单元的 11 家商业银行的 5 项指标计算结果如表 8.16 所示.

表 8.16　中国 11 家商业银行的投入产出数据表

指标 银行	员工人数（人） （投入）	机构总数（个） （投入）	营业费用 率（投入）	总资产（亿 元）（投入）	人均利润率（万 元）（产出）	资产收益率 （产出）
中国工商银行	361 623	18 764	0.317 581	63 737.91	9.320 2	0.009 312
中国农业银行	478 895	28 234	1.055 699	47 710.19	0.218 002	0.001 651
中国银行	190 828	11 018	0.366 978	39 440.39	14.406 69	0.013 986
中国建设银行	333 240	13 977	0.569 868	45 857.42	14.132 76	0.012 073
中信银行	13 485	416	0.291 994	6 119.35	22.098 63	0.008 766
中国民生银行	9 447	240	0.252 395	5 571.36	28.612 26	0.007 616
华夏银行	7 761	266	0.252 936	3 561.28	16.608 68	0.005 624
招商银行	20 653	456	0.315 615	7 339.83	19.028 71	0.009 037
兴业银行	8 337	328	0.220 726	4 739.88	29.447 04	0.007 443
恒丰银行	1 400	76	0.249 201	369.71	9.642 86	0.004 652
浙商银行	496	6	0.276 882	218.46	13.104 84	0.006 500

资料来源：根据《中国金融年鉴 2006》整理得到.

利用表 8.16 的数据，建立线性规划模型（8.16），运用 Lingo 软件进行求解，程序如下：

```
model:
sets:
dmu/1..11/:s,t,p;          !决策单元，p 为单位坐标向量，s,t 为中间变量;
inw/1..4/:omega;           !输入权重;
outw/1..2/:mu;             !输出权重;
inv(inw,dmu):x;            !输入变量;
outv(outw,dmu):y;
endsets
data:
ctr=?; !实时输入数据，对第 n 个单元做评价时，就输入 n;
x=361623,478895,190828,333240,13485,9447,7761,20653,8337,1400,496
18764,28234,11018,13977,416,240,266,456,328,76,6
0.317581,1.055699,0.366978,0.569868,0.291994,0.252395,0.252936,0.315615,0.220726,0.249201,0.276882
```

63737.91,47710.19,39440.39,45857.42,6119.35,5571.36,3561.28,7339.83,4739.88,369.71,218.46;
y=9.3202,0.218002,14.40669,14.13276,22.09863,28.61226,16.60868,19.02871,29.44704,9.64286,13.10484
0.009312,0.001651,0.013986,0.012073,0.008766,0.007616,0.005624,0.009037,0.007443,0.004652,0.006500;

```
enddata
max=@sum(dmu:p*t);
p(ctr)=1;
@for(dmu(i)|i#ne#ctr:p(i)=0);
@for(dmu(j):s(j)=@sum(inw(i):omega(i)*x(i,j));
t(j)=@sum(outw(i):mu(i)*y(i,j));s(j)>t(j));
@sum(dmu:p*s)=1;
end
```

结果如表 8.17 所示.

表 8.17　中国 11 家商业银行的综合效率值及排名表

DMU	中国工商银行	中国农业银行	中国银行	中国建设银行	中信银行	中国民生银行	华夏银行	招商银行	兴业银行	恒丰银行	浙商银行
有效值	0.560 7	0.176 3	0.485 3	0.312 5	0.668 5	0.853 5	0.854 9	0.615 7	0.873 3	1	1
排名	8	11	9	10	6	5	4	3	3	1	1

结果分析：从表 8.17 可以看出，恒丰银行与浙商银行的相对有效值为 1，这说明在所选的 11 个样本商业银行中这两家商业银行是相对有效的. 恒丰银行与浙商银行的员工人数、机构总数、营业费用率、总资产作为投入，与人均利润率以及资产收益率作为产出，投入与产出是平衡的. 结合表 8.16 数据来看，两家银行的员工人数与机构总数远远少于其他银行，其营业费用率也较低，总体比较平衡. 其余 9 家商业银行为非相对有效的银行，其中中国农业银行有效值最小为 0.176 3. 从表 8.16 数据来看，农行的投入与产出指标呈现"五个之最"的特征. 员工人数与机构总数在 11 家银行中是最多的，营业费用率是最大，而且超过了 100%，人均利润率与资产收益率是最低的，这 5 个之最与农业银行网点多但效率差不无关系.

中国商业银行的平均相对效率不高，仅仅为 0.672 8. 从 4 家国有银行与 7 家股份制银行的 DEA 效率比较来看，4 家国有银行的平均相对效率仅为 0.383 7，而 7 家股份制银行的平均相对效率为 0.838 0，国有银行的相对效率明显不及国家股份制银行.

8.6　秩和比法

秩和比法（Rank-sum ratio，简称 RSR 法），是我国学者田凤调于 1988 年提出的，它是集古典参数估计与近代非参数统计各自优点于一体的统计分析方法. 秩和比指的是表中行（或列）秩次的平均值，是一个非参数计量，具有 0～1 区间连续变量的特征. 其基本思想是在一个 n 行（n 评价对象）m 列（m 个评价指标）矩阵中，通过秩转换，获得无量纲的统计量 RSR，以 RSR 值对评价对象的优劣进行排序或分档排序.

经过二十余年的发展，在广大学者的共同支持和努力下，该方法已日渐完善，广泛地应用于医疗卫生领域的多指标综合评价、统计预测预报、统计质量控制等方面.

8.6.1 建模步骤

秩和比综合评价法基本原理是在一个 n 行 m 列矩阵中，通过秩转换，获得无量纲统计量 RSR；在此基础上，运用参数统计分析的概念与方法，研究 RSR 的分布；以 RSR 值对评价对象的优劣直接排序或分档排序，从而对评价对象作出综合评价. 下面先介绍样本秩的概念.

定义 8.1 设 $x_1, x_2, \cdots, x_n$ 是一元总体样本为 n 的样本，其从小到大顺序统计量为 $x_{(1)}, x_{(2)}, \cdots, x_{(n)}$. 若 $x_i = x_{(k)}$，则称 k 为样本 x_i 在样本中的秩，记为 R_i，对每个 $i = 1, 2, \cdots, n$，称 R_i 是第 i 个样本统计量. $R_1, R_2, \cdots, R_n$ 为样本秩统计量.

一般而言，秩和比综合评价法的建模可分为如下五步.

（1）编秩. 将 n 个评价对象的 m 个评价指标列成 n 行 m 列的原始数据表. 编出每个指标各评价对象的秩，其中高优指标从小到大编秩，低优指标从大到小编秩，同一指标数据相同者编平均秩.

（2）计算秩和比（RSR）. 根据公式

$$\text{RSR}_i = \frac{1}{mn} \sum_{j=1}^{m} R_{ij}$$

计算，式中 $i = 1, 2, \cdots, n$；$j = 1, 2, \cdots, m$；R_{ij} 为第 i 行第 j 列元素的秩. 当各评价指标的权重不同时，计算加权秩和比（WRSR），其计算公式为：

$$\text{WRSR}_i = \frac{1}{n} \sum_{j=1}^{m} w_j R_{ij}$$

w_j 为第 j 个评价指标的权重，$\sum_{j=1}^{m} w_j = 1$.

（3）计算概率单位（Probit）. 编制 RSR（或 WRSR）频率分布表，列出各组频数 f，计算各组累计频数 $\sum f$；确定各组 RSR（或 WRSR）的秩次范围 R 和平均秩次；计算累计频率 p=AR/n；将百分率 P 转换为概率单位 Probit，Probit 为百分率 P 对应的标准正态离差 u 加 5.

（4）计算直线回归方程. 以累计频率所对应的概率单位 Probit 为自变量，以 RSR（或 WRSR）值为因变量，计算直线回归方程，即 $\text{RSR(WRSR)} = a + b \times \text{Probit}$.

（5）分档排序. 根据 RSR（或 WRSR）值对评价对象进行分档排序. 常用分档情况下的百分数 Px 临界值及其对应的概率单位 Probit 值见表 8.18. 依据各分档情况下概率单位 Probit 值，按照回归方程推算所对应的 RSR（或 WRSR）估计值对评价对象进行分档排序. 具体的分档数根据实际情况决定.

表 8.18　常用分档数及对应概率单位

档数	百分位数 P	概率单位 Y	档数	百分位数 P	概率单位 Y
3	P15.866 以下	4.00 以下		P33.360	4.57 ～
	P15.866 ～	4.00 ～		P67.003 ～	5.44 ～
	P84.134 ～	6.00		P89.973 ～	6.27 ～
4	P6.681 以下	3.50 以下		P98.352 ～	7.14 ～
	P6.681 ～	3.50 ～	8	P1.222 以下	2.78 以下
	P50 ～	5.00		P1.222	2.78 ～
	P93.319 ～	6.50 ～		P6.681	3.50 ～
5	P3.593 以下	3.20 以下		P22.663	4.25 ～
	P3.593 ～	3.20 ～		P50	5.00 ～
	P27.425 ～	4.40 ～		P77.337 ～	5.75 ～
	P72.575	5.60 ～		P93.319 ～	6.50 ～
	P96.407	6.80 ～		P98.678	7.22 ～
6	P2.275 以下	3.00 以下	9	P0.990 以下	2.67 以下
	P2.275 ～	3.00 ～		P0.990 ～	2.67 ～
	P15.866 ～	4.00 ～		P4.746 ～	3.33 ～
	P50	5.00 ～		P15.866 ～	4.00 ～
	P84.134 ～	6.00 ～		P37.070 ～	4.67 ～
	P97.725 ～	7.00		P62.930 ～	5.33 ～
7	P1.168 以下	2.86 以下		P84.134	6.00 ～
	P1.168 ～	2.86 ～		P95.254 ～	6.67 ～
	P10.027 ～	3.721 ～		P99.010 ～	7.33 ～

8.6.2　应用举例

例 8.7　综合经济实力评价

问题提出：通过评价区域综合经济实力，既可以发现各区域经济发展的优势，也可以找出区域经济发展的制约因素，并分析各经济因素对地区经济增长的影响程度. 下面针对某省 9 个地级市的综合经济实力进行综合评价.

模型建立与求解：考虑人均 GDP（元）、人均 GDP 增长率（%）、财政收入增长率（%）、银行存贷款量（亿元）、固定资产投资率（%）、城镇居民人均可支配收入（元）和人均社会消费品零售总额（元）等 7 个指标，分别用 x_1，x_2，x_3，x_4，x_5，x_6 和 x_7 表示. 通过分析 2012 年某省每个地区各指标的数据，利用秩和比法进行综合评价.

（1）列原始数据表.

根据某省 2013 年统计年鉴，将 9 个评价对象的 7 个评价指标的数据整理后列在表 8.19.

表 8.19　某省 2012 年各地区综合经济实力指标值

地区	x_1	x_2	x_3	x_4	x_5	x_6	x_7
A	38 673	14.3	28.9	7 873.84	110.9	21 796.26	1 534.67
B	26 402	15.9	47.0	1 184.59	101.7	18 764.05	639.45
C	22 296	16.0	33.5	2 639.85	86.4	19 747.58	670.05
D	16 112	15.9	41.5	833.37	81.1	18 617.45	427.13
E	13 569	15.5	36.7	1 169.48	119.0	19 554.64	267.35
F	14 833	15.4	28.8	917.56	118.0	15 910.52	335.77
G	17 015	15.3	41.5	893.48	93.2	19 471.56	433.11
H	14 302	16.7	54.8	1 109.92	123.1	18 831.41	486.28
I	17 101	15.6	47.6	1 007.38	106.7	19 338.40	421.80

注：该数据来源于某省 2013 年统计年鉴.

（2）编秩.

根据表 8.19 编出每个指标各评价对象的值，其中效益型指标从小到大编秩，成本型指标从大到小编秩，且同一指标数据相同者编平均秩. 因为这里的 7 个指标均为效益型指标，所以均从小到大编秩，得到的秩矩阵记为 $(R_{ij})_{9 \times 7}$，具体数值如表 8.20 所示.

表 8.20　秩矩阵与秩和比

地区	x_1	x_2	x_3	x_4	x_5	x_6	x_7	RSR_i
A	9	1	2	9	6	9	9	0.714 3
B	8	6.5	7	7	4	3	7	0.674 6
C	7	8	3	8	2	8	8	0.698 4
D	4	6.5	5.5	1	1	2	4	0.381 0
E	1	4	4	6	8	7	1	0.492 1
F	3	3	1	3	7	1	2	0.317 5
G	5	2	5.5	2	3	6	5	0.452 4
H	2	9	9	5	9	4	6	0.698 4
I	6	5	8	4	5	5	3	0.571 4

（3）计算秩和比.

根据公式 $RSR_i = \dfrac{1}{7 \times 9} \sum_{j=1}^{7} R_{ij}$ 计算每个地区的秩和比，计算结果列于表 8.20 的最后一列.

（4）确定 RSR 的分布.

将各指标的 RSR 值由小到大进行排列，相同的数只出现一次（见表 8.21 第一列）. 列出各组频数 f，计算各组累计频数 $\sum f$，确定各组 RSR 的秩次 R 和平均秩次 $\bar{R}$，并计算向下累计频率 $P = \bar{R}/9$. 将百分率 P 换算成概率单位 Probit，Probit 为百分率 P 对应的标准

正态分布离差 u 加 5，其中 Probit 的最后一个值 97.2 按 $1-\dfrac{1}{4\times 9}$ 估计，相关计算数值如表 8.21 所示.

（5）计算回归方程.

以累积频率对应的概率单位值 Probit 为自变量，RSR 值为因变量，求得一元线性回归方程为 $R\hat{S}R = -0.170\,9 + 0.137\,8\,\text{Probit}$，并将 RSR 的估计值 $R\hat{S}R$ 列在表 8.21 的最后 1 列.

（6）分档排序.

根据秩和比法分档排序的划分标准（见表 8.18），将各地区的综合经济实力按强、中、弱分为三档，具体分档排序结果见表 8.22 所示.

计算程序如下：

```
aw=load('exam8_7.txt'); %把 x1,...,x6 的数据和权重数据保存在纯文本文件 exam8_7.txt 中
ra=tiedrank(aw) %对每个指标值分别编秩，即对 a 的每一列分别编秩
[n,m]=size(ra); %计算矩阵 ra 的维数
RSR=sum(ra')./(m*n) %计算秩和比，结果列在表 8.20 的最后一列
RSR=sort(RSR,'ascend');    %将 RSR 按照从小到大的顺序排列
RSR(8)=[];                 %将 RSR 中相同的数删掉，此处第 7 和第 8 个数相同
f=[1 2 3 4 5 6 8 9]; %列出累计频数
p=f./n;     %计算累积频率
p(end)=1-1/(4*n) %修正最后一个累积频率，最后一个累积频率按 1-1/(4*n)估计
Probit=norminv(p,0,1)+5    %计算标准正态分布的 p 分位数+5
X=[ones(8,1),Probit'];  %构造一元线性回归分析的数据矩阵
[ab,abint,r,rint,stats]=regress(RSR',X)    %一元线性回归分析
RSRfit=ab(1)+ab(2)*Probit    %计算 RNR 的估计值
```

表 8.21　某省 2012 年各地区综合经济实力的 RSR 值的分布

RSR	f	$\sum f$	R	$\bar{R}$	$(\bar{R}/n)\times 100\%$	Probit	$R\hat{S}R$
0.317 5	1	1	1	1	11.1	3.779 4	0.349 7
0.381 0	1	2	2	2	22.2	4.235 3	0.412 6
0.452 4	1	3	3	3	33.3	4.569 3	0.458 6
0.492 1	1	4	4	4	44.4	4.860 3	0.498 7
0.571 4	1	5	5	5	55.6	5.139 7	0.537 1
0.674 6	1	6	6	6	66.7	5.430 7	0.577 2
0.698 4	2	8	8	8	88.9	6.220 2	0.686 1
0.714 3	1	9	9	9	97.2	6.194 5	0.781 6

表 8.22　某省 2012 年各地区综合经济实力分档排序

等级	P_x	Probit	分档排序结果
弱	$< P_{15.866}$	< 4	F
中	$P_{15.866} \sim$	$4 \sim$	B、D、E、G、I
强	$P_{84.134} \sim$	$6 \sim$	A、C、H

习题 8

1. 某市直属单位因工作需要，拟向社会公开招聘 8 名公务员，具体的招聘办法和程序如下：

（1）公开考试：凡是年龄不超过 30 周岁，大学专科以上学历，身体健康者均可报名参加考试，考试科目有：综合基础知识、专业知识和行政职业能力测验三个部分，每科满分为 100 分. 根据考试总分的高低排序按 1:2 的比例（共 16 人）选择进入第二阶段的面试考核.

（2）面试考核：面试考核主要考核应聘人员的知识面、对问题的理解能力、应变能力、表达能力等综合素质. 按照一定的标准，面试专家组对每个应聘人员的各个方面都给出一个等级评分，从高到低分成 A/B/C/D 四个等级，具体结果见表 8.23 所示.

现要求根据表 8.23 中的数据信息，对 16 名应聘人员作出综合评价，选出 8 名作为录用的公务员.

表 8.23　招聘公务员笔试成绩，专家面试评分

应聘人员	笔试成绩	专家组对应聘者特长的等级评分			
		知识面	理解能力	应变能力	表达能力
人员 1	290	A	A	B	B
人员 2	288	A	B	A	C
人员 3	288	B	A	D	C
人员 4	285	A	B	B	B
人员 5	283	A	B	B	C
人员 6	283	B	D	A	B
人员 7	280	A	B	C	B
人员 8	280	B	A	A	C
人员 9	280	B	B	A	B
人员 10	280	D	B	A	C
人员 11	278	D	C	B	A
人员 12	277	A	B	C	A
人员 13	275	B	C	D	A
人员 14	275	B	B	A	B
人员 15	274	B	B	C	B
人员 16	273	B	A	B	C

2. 某公司需要对其信息化建设方案进行评估，方案由 4 家信息咨询公司分别提供，记为方案一（S_1）、方案二（S_2）、方案三（S_3）、方案四（S_4）. 每套方案的评估标准均包括以下 6 项内容：P_1（目标指标）、P_2（经济成本）、P_3（实施可行性）、P_4（技术可行性）、P_5（人力资源成本）、P_6（抗风险能力）. 按某种标准对 4 家信息咨询公司的各评价内容进行评估后，给出评估值如表 8.24 所示，请根据表 8.24 中数据对各方案进行综合评价，以供该公司决策提供参考.

表 8.24　专家评估值结果

方案	评估内容					
	P_1	P_2	P_3	P_4	P_5	P_6
S_1	8.1	255	12.6	13.2	76	5.4
S_2	6.7	210	13.2	10.7	102	7.2
S_3	6.0	233	15.3	9.5	63	3.1
S_4	4.5	202	15.2	13	120	2.6

3. 某网上运营商在高校开展大学生购物满意度调查，评价指标分别为产品价值、销售服务、售后服务和网络安全，调查数据如表 8.25 所示，请对各网站的综合满意度进行排序.

表 8.25　大学生对 6 网站购物评价指标的满意度

网站	产品价值	销售服务	售后服务	网络安全
1	87.5	87.5	100	87.5
2	75	87.5	87.5	87.5
3	87.5	75	75	100
4	75	62.5	87.5	100
5	50	75	75	100
6	62.5	75	75	100
标准	100	100	100	100

4. 现有 14 家国际航空公司. 已知投入有三项：飞机容量吨公里、营业费用和其他资产（预定系统，便利性以及流动资产），产出有两项：每公里乘客数和非客运收益. 各公司数据如表 8.26 所示，请对各航空公司的综合实力进行评价.

表 8.26 14 家航空公司的数据

航空公司	投 入			产 出	
	飞机容量吨公里	营业费用	其他资产	每公里乘客数	非客运收益
1	5 723	3 239	2 003	26 677	697
2	5 895	4 225	4 557	3 081	539
3	24 099	9 560	6 267	124 055	1 266
4	13 565	7 499	3 213	64 734	1 563
5	5 183	1 880	783	23 604	513
6	19 080	8 032	3 272	95 011	572
7	4 603	3 457	2 360	22 112	969
8	12 097	6 779	6 474	52 363	2 001
9	6 587	3 341	3 581	26 504	1 297
10	5 654	1 878	1 916	19 277	972
11	12 559	8 098	3 310	41 925	3 398
12	5 728	2 481	2 254	27 754	982
13	4 715	1 792	2 485	31 332	543
14	22 793	9 874	4 145	122 528	1 404

4. 某医院对护士考核有 4 个指标,它们分别是:业务考核成绩(x_1)、操作考核结果(x_2)、科内测评(x_3)和工作量考核(x_4). 表 8.27 是某病区 8 名护士的考核结果.

表 8.27 某病区 8 名护士的考核结果

待评对象(n)	x_1	x_2	x_3	x_4
护士甲	86	优 —	100	233.9
护士乙	92	良	98.2	192.9
护士丙	88	良	99.1	311.1
护士丁	72	良	95.5	274.9
护士戊	70	优	97.3	263.6
护士己	94	优	100	182.3
护士庚	84	良	91.97	220.6
护士辛	50	良	91.97	182.0

请利用该考核结果对这 8 个护士进行综合评价.

附录 1　Matlab 基础

在数学建模过程中，需要对大量的数据进行处理，需要借助计算机以及相关数学软件对模型进行求解或数值仿真. 因此，对数学软件的掌握是数学建模的基础. 而常用的数学软件有：Mathematica、Matlab、Maple、Lindo/Lingo. 使用数学软件可以解决：

（1）数学概念、思想、方法直观的几何解释问题；

（2）复杂繁琐的符号演算与数学计算问题；

（3）科学数值计算有关问题；

（4）计算机模拟问题.

下面简单介绍 Matlab 这种常用的数学软件.

1.1　Matlab 软件简介

1.1.1　Matlab 产生的历史背景

Matlab 名字由 MATrix 和 LABoratory 两词的前三个字母组合而成。20 世纪 70 年代，时任美国新墨西哥大学计算机科学系主任的 Cleve Moler（克里夫·莫勒尔）教授出于减轻学生编程负担的动机，为学生设计了一组调用 LINPACK 和 EISPACK 矩阵软件工具包库程序的"通俗易用"的接口，此即用 FORTRAN 编写的萌芽状态的 Matlab.

1983 年春天，Cleve Moler 到 Stanford 大学讲学，Matlab 深深地吸引了工程师 John Little. 他敏锐地觉察到 Matlab 在工程领域的广阔前景. 同年，他和 Cleve Moler、Sieve Bangert 一起，用 C 语言开发了第二代专业版. 这一代的 Matlab 语言同时具备了数值计算和数据图示化的功能.

1984 年，由 Little、Moler、Steve Bangert 合作成立 MathWorks 公司，并把 Matlab 正式推向市场. 从这时起，Matlab 的内核采用 C 语言编写，而且除原有的数值计算能力外，还新增了数据图视功能。

1993 年，MathWorks 公司推出了 4.0 版本。1997 年，Matlab 5.x 版本（release 11）问世。2000 年推出了 6.0 版本（release 12），2003 年推出了 6.5 版本（release 13），2004 年 7 月推出的 7.0 版本（release 14），最新版本是 2012 年 3 月推出的 7.14 版本（release 2012a）。

在当今 30 多个数学类科技应用软件中，就软件数学处理的原始内核而言，可分为两大类. 一类是数值计算型软件，如 Matlab、Xmath、Gauss 等，这类软件长于数值计算，对处理大批数据效率高；另一类是数学分析型软件，如 Mathematica、Maple 等，这类软件以符号计算见长，能给出解析解和任意精度解，其缺点是处理大量数据时效率较低. MathWorks 公司顺应多功能需求之潮流，在其卓越数值计算和图示能力的基础上，又率先在专业水平上开拓了其符号计算、文字处理、可视化建模和实时控制能力，开发了适合多学科、多部门要求的新一代科技应用软件 Matlab. 经过多年的国际竞争，Matlab 已经占据了数值型软件市场的主导地位.

时至今日，经过 Math Works 公司的不断完善，Matlab 已经发展成为适合多学科、多种工作平台的功能强劲的大型软件. 在国外，Matlab 已经经受了多年考验. 在欧美等高校，Matlab 已经成为线性代数、自动控制理论、数理统计、数字信号处理、时间序列分析、动态系统仿真等高级课程的基本教学工具；成为攻读学位的大学生、硕士生、博士生必须掌握的基本技能. 在设计研究单位和工业部门，Matlab 被广泛用于科学研究和解决各种具体问题.

1.1.2　基本功能

Matlab 作为线性系统的一种分析和仿真工具，是理工科大学生应该掌握的技术工具，它作为一种编程语言和可视化工具，可解决工程、科学计算和数学学科中许多问题. Matlab 是建立在矩阵基础上的一种分析和仿真工具软件包，包含多种能够进行特定运算的计算函数，如常用的矩阵运算、方程求根、数值积分、数据插值、数据拟合、优化计算等，并能进行大数据的科学计算；Matlab 提供了编程特性，用户可通过编写与调用特定程序来解决一些具体的、复杂的科学计算与工程问题；Matlab 提供了强大的图形绘制功能，可方便地绘制二维、三维图形. Matlab 使用方便，人机界面直观，输出结果可视化；Matlab 还提供了强大图像处理功能，人们可通过其方便的对图像进行处理.

正是由于 Matlab 具备这些优越功能，Matlab 在许多领域得到广泛应用，并且还被广泛地应用到教学中. 在大学数学教学与学习中，运用它演示某些复杂的数学现象、数学图形，进行数学演算、数据分析，能够取得较好的效果. 目前，Matlab 在全国高校与研究单位正扮演着重要角色，应用领域也越来越广.

1.2　Matlab 的进入与界面

进入 Matlab 之后，会看到 Matlab 界面（附图 1.1）. 在 Matlab 桌面的上层铺放着三个最常用的界面：指令窗（Command Window）、当前目录（Current Directory）、Matlab 工作内存空间（Workspace）、历史指令（Command History）窗.

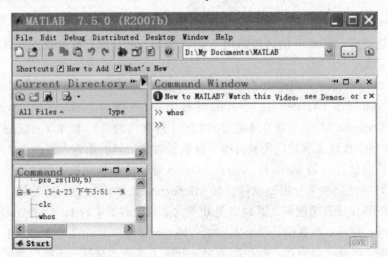

附图 1.1　Matlab 界面

1.2.1　指令窗（Command Window）

命令窗口处于窗口的右侧，用来输入数据、操作命令和显示运行结果. 该窗口是用户使用的主要场所. 在该窗内，可键入各种送给 Matlab 运作的指令、函数、表达式，进行一些简单的运算；用↑↓←→键搜索、修改以前使用过的命令操作；显示除图形外的所有运算结果；运行错误时，给出相关的出错提示. 用 clc 清除窗口；用 help sqrt（help input…）寻求有关帮助.

1.2.2　当前目录（Current Directory）

在该浏览器中，展示着子目录、M 文件、MAT 文件和 MDL 文件等. 对该界面上的 M 文件，可直接进行复制、编辑和运行；界面上的 MAT 数据文件，可直接送入 Matlab 工作内存. 此外，对该界面上的子目录，可进行 Windows 平台的各种标准操作. 此外，在当前目录浏览器正下方，还有一个"文件概况窗". 该窗显示所选文件的概况信息. 比如该窗会展示：M 函数文件的 H1 行内容，最基本的函数格式；所包含的内嵌函数和其他子函数.

1.2.3　工作内存空间（Workspace）

该浏览器默认地位于当前目录浏览器的后台. 该窗口罗列出 Matlab 工作空间中所有的变量名、大小、字节数；在该窗中，可对变量进行观察、图示、编辑、提取和保存.

1.2.4　历史指令窗（Command History）

该窗记录已经运作过的指令、函数、表达式，及它们运行的日期、时间. 该窗中的所有指令、文字都允许复制、重运行及用于产生 M 文件.

1.2.5　捷径（Start）键

引出通往本 Matlab 所包含的各种组件、模块库、图形用户界面、帮助分类目录、演示算例等的捷径，以及向用户提供自建快捷操作的环境.

1.3　变量与函数

1.3.1　变　量

Matlab 的变量命名规则：

（1）Matlab 对变量名的大小写是敏感的；

（2）变量名必须是不含空格的单个词；

（3）变量的第一个字符必须为英文字母，而且不能超过 63 个字符；

（4）变量名可以包含下划线、数字，但不能为空格符、标点.

除了上述自己命名的变量，还有一些默认变量.

附表 1.1　Matlab 默认变量

附表 1.1　Matlab 默认变量

特殊变量	取　值
ans	用于结果的缺省变量名
pi	圆周率
eps	计算机的最小数，和 1 相加时产生一个比 1 大的数
flops	浮点运算数
inf	无穷大，如 1/0
NaN	不定量，如 0/0
i, j	$i = j = \sqrt{-1}$
nargin	所用函数的输入变量数目
nargout	所用函数的输出变量数目
realmin	最小可用负实数

1.3.2　运算符与标点符号

　　Matlab 的运算包括：算式运算、关系运算与逻辑运算. 而 Matlab 的数值数据为双精度类型，数的加、减、乘、除、乘方的算术运算符分别是+、-、*、/（\）、^. 其中减号可以用来表示一个负数，直接写在数的前边. 对于除法，3/2 表示 1.5，而 3\2 表示 0.66…. Matlab 中数的运算规则与数学中的运算规则相同，优先级为：乘方>乘除>加减. 同级运算（乘方除外）从左到右的顺序进行，乘方则从右到左进行.

附表 1.2　Matlab 算术运算符

+	加法运算，适用于两个数或两个同阶矩阵相加.
-	减法运算
*	乘法运算
.*	点乘运算
/	除法运算
./	点除运算
^	乘幂运算
.^	点乘幂运算
\	反斜杠表示左除

　　从附表 1.2 可以看出，Matlab 除一般运算外还有点运算，其含义也有不同.
　　（1）点乘是数组的运算，不加点是矩阵的运算；点乘要求参与运算的两个量两必须是维数相同，是对应元素的相乘；而不加点表示的是矩阵相乘（除的时候通过逆矩阵来实现），要求内维相同，也就是前一个矩阵的列的维数等于后一个矩阵的行的维数.

（2）Matlab 的每条命令后，若为逗号或无标点符号，则显示命令的结果；若命令后为分号，则禁止显示结果.

（3）"%" 后面所有文字为注释

（4）"..."表示续行.

Matlab 赋值语句有两种形式：

（1）变量=表达式

（2）表达式

其中 "表达式" 是用运算符将有关运算量连接起来的式子，其结果是一个矩阵. 而在第二种语句形式下，将表达式的值赋给 Matlab 的永久变量 ans。

Matlab 的关系运算是指判断关系表达式是否成立的运算，当关系表达式满足时其值为真（即 1），当表达式不满足时其值为假（即 0）. 例如：表达式 2>=3 的值为 0，而表达式 4>=3 的值为 1. 而 Matlab 的关系运算符如附表 1.3 所示.

附表 1.3　Matlab 关系运算符

符　号	含　义	对应数学符号
==	相等关系	=
~=	不相等关系	≠
>	大于关系	>
<	小于关系	<
>=	大于等于关系	≥
<=	小于等于关系	≤

Matlab 的逻辑运算包括：逻辑非、逻辑与与逻辑或，其具体含义如附表 1.4 所示.

附表 1.4　Matlab 逻辑运算符

符　号	名　称	含　义
~	逻辑非	当关系表达式 A 为真时，~A 为假 当关系表达式 A 为假时，~A 为真
xor	逻辑异或	当关系表达式 A 为真时，~A 为真 当关系表达式 A 为假时，~A 为假
&	逻辑与	当关系表达式 A 与 B 全为真时，A&B 为真，否则为假
|	逻辑或	当关系表达式 A 与 B 至少一个为真时，A|B 为真，否则为假

1.3.3　常用函数

下面介绍 Matlab 的常用函数.

（1）指数函数.

名称	含义	名称	含义	名称	含义
exp	e 为底的指数	logl0	10 为底的对数	pow2	2 的幂
log	自然对数	log2	2 为底的对数	sprt	平方根

（2）取整函数和求余函数.

名称	含义	名称	含义
ceil	向 + ∞ 取整	rem	求余数
fix	向 0 取整	round	向靠近整数取整
floor	向 − ∞ 取整	sign	符号函数
mod	模除求余		

（3）三角函数和双曲函数.

名称	含义	名称	含义	名称	含义
sin	正弦	csc	余割	atanh	反双曲正切
cos	余弦	asec	反正割	acoth	反双曲余切
tan	正切	acsc	反余割	sech	双曲正割
cot	余切	sinh	双曲正弦	csch	双曲余割
asin	反正弦	cosh	双曲余弦	asech	反双曲正割
acos	反余弦	tanh	双曲正切	acsch	反双曲余割
atan	反正切	coth	双曲余切		
acot	反余切	asinh	反双曲正弦		
sec	正割	acosh	反双曲余弦		

（4）复数函数.

名称	含义	名称	含义	名称	含义
abs	绝对值	conj	复数共轭	real	复数实部
angle	相角	imag	复数虚部		

（5）其他函数.

名称	含义	名称	含义
min	最小值	max	最大值
mean	平均值	median	中位数
std	标准差	diff	相邻元素的差
sort	排序	length	个数
norm	欧氏（Euclidean）长度	sum	总和
prod	总乘积	dot	内积
cumsum	累计元素总和	cumprod	累计元素总乘积
cross	外积	size	求变量的维数

1.3.4　数据的输出格式

Matlab 用十进制数表示一个常数，具体可采用日常记数法和科学记数法两种表示方法．数据输出时用户可以用 format 命令设置或改变数据输出格式．format 命令的格式为 format 格式．Matlab 可以将计算结果以不同的精度输出，如附表 1.5 所示．

附表 1.5　format 命令

命　令	说　明
format short	默认显示，保留小数点后 4 位
format long	有效数字 16 位
format long e	有效数字 16 位加 3 位指数
format short e	有效数字 5 位加 3 位指数
format bank	保留两位小数位
format +	只给出正、负
format rational	以分数形式表示
format hex	16 进制数
format long g	15 位有效数
format short g	5 位有效数

1.3.5　Matlab 常用命令

Matlab 提供了许多好用的函数，如附表 1.6 所示．

附表 1.6　Matlab 常用命令

help	在线帮助	lookfor	通过关键字查找帮助
clc	擦去一页命令窗口	size（a）	显示空间中的变量 a 的尺寸
clear	清除空间中的变量名	length（a）	显示空间中的变量 a 的长度
clf	清除图形窗口中的图形	type name	列出文件
who	显示空间中所有变量的简单列表	save name	将空间中所有变量存入名为 name.mat 的文件中
whos	显示空间中变量的大小、数据格式等详细信息	load name	将文件 name.mat 读入内存
what	M 文件、MAT 文件和 MEX 文件的目录列表	which	函数和文件定位

1.3.6　M 文件

Matlab 的内部函数是有限的，有时为了研究某一个函数的各种性态，需要为 Matlab 定义新函数，为此必须编写函数文件．函数文件是文件名后缀为 M 的文件，这类文件的第一行必须是一特殊字符 function 开始，格式为：

　　　　function　　　　因变量名=函数名（自变量名）

函数值的获得必须通过具体的运算实现，并赋给因变量. M 文件建立方法：

1. 在 Matlab 中，点:File→New → M-file

2. 在编辑窗口中输入程序内容；

3. 点 File → Save，存盘，且 M 文件名必须与函数名保持一致.

1.4　数组与矩阵

1.4.1　矩阵的创建

　　Matlab 特擅长数组（array）y 运算与矩阵（matrix）运算，而这两者基本运算的性质完全不同. 数组运算为数值或矩阵相应位置元素间的运算，要求运算双方的维数一致；而矩阵运算则采用线性代数的矩阵运算方式，要求运算双方的满足矩阵运算的规律. 数组（矩阵）的创立是以"["开始，以"]"结束，元素间以空格、逗号或分号隔开。其中逗号或空格用于分隔某一行的元素，分号用于区分不同的行. 除了分号，在输入矩阵时，按 Enter 键也表示开始新一行. 输入矩阵时，严格要求所有行有相同的列. 例如：输入 m=[1 2 3 4；5 6 7 8；9 10 11 12]等同于输入

　　>> p=[1 1 1 1

　　　　　2 2 2 2

　　　　　3 3 3 3]

对于较小规模矩阵可通过直接输入法创建，例如：

　　A=[1 2 3 4; 5 6 7 8; 9 10 11 12]

　　B=[-1.3, sqrt（3）；（1+2）*4/5, sin（5）;exp（2），6]

观察运行结果

A =

1	2	3	4
5	6	7	8
9	10	11	12

B =

-1.3000	1.7321
2.4000	-0.9589
7.3891	6.0000

　　当矩阵的规模比较大，直接输入法就显得笨拙，出现差错也不易修改. 而对于一些比较特殊的矩阵可使用特殊函数创建（见附表 1.7）.

附表 1.7　特殊矩阵创建命令表

函数符号	说　明
zero (m ,n)	创建 m 行 n 列的全零矩阵
ones (m ,n)	创建 m 行 n 列的全 1 矩阵
eye (m ,n)	创建 m 行 n 列对角线为 1 的矩阵
rand (m ,n)	创建 m 行 n 列的随机矩阵

注意：当附表 1.7 命令中的参数为一个变量时表示生成的矩阵为方阵.

当我们所创建的矩阵或数组为等差形式是，常用这样的语句来建立一维数组

x = a(起始值): h(步长): b(终止值)

来表示 x 为以从 a 开始以 h（可以为负值）为步长不超过 b 的最长等差数列构成的行向量. 例如 x=0:0.1:1 则可以生成从 0 开始，每次递增 0.1，一直到 1 的 11 个数构成的一维数组 x; x=0:.3:1 则表示 x=[0 0.3 0.6 0.9].

同样也可以用命令

linspace（起始值，终止值，等分数）

生成数列，例如运行 x = linspace（0，1，50），则可以生成从 0 到 1，等分成 50 等份的 51 个数组成的一维数组 x. 若不给出等分数，则自动进行 100 等分处理.

1.4.2   数组（矩阵）的访问

通常意义下，我们所说的数组为一行或一列的一维标量，而矩阵为二维的. 故在访问数组（矩阵）的元素时需要知道该元素所在的位置. 在 Matlab 中数组 x 的第 i 个元素以 x（i）表示，矩阵 A 的第 i 行 j 列的元素用 A（i，j）表示. 除此之外，我们可以对数组或矩阵进行分块访问，其中 x（[a b c d]）表示数组 x 的第 a，b，c，d 位置元素所构成的新数组，即[x（a）x（b）x（c）x（d）]. 当数组元素的位置指标为等差数列时，位置指标可以用 a:h:b 表示，例如：x（[1 3 5 7 9]）可表示为 x（1:2:9）.

前面例子中的数组都是一行数列，是行方向分布的. 称之为行向量. 数组也可以是列向量，它的数组操作和运算与行向量是一样的，唯一的区别是结果以列的形式显示. 产生列向量有两种方法：

直接产生，例如：c=[1; 2; 3; 4]

转置产生，例如：b=[1 2 3 4]; c=b'

对于矩阵的元素访问有下面表述

（1）矩阵 A 的第 r 行：A（r，:）；

（2）矩阵 A 的第 j 列：A（:，j）；

（3）依次提取矩阵 A 的每一列，将 A 拉伸为一个列向量：A（: ）；

（4）将矩阵 A（: ）中第 i 个到第 j 个元素依次排成一行：A(i : j)；

（5）取矩阵 A 的第 i1～i2 行、第 j1～j2 列构成新矩阵：A(i1:i2,j1:j2)；

取矩阵 A 的第 i1～i2 列所有元素构成新矩阵：A(:,i1:i2)；

以逆序取矩阵 A 的第 i1～i2 列所有元素构成新矩阵：A(:,i1:-1:i2)；

取矩阵 A 的第 i1～i2 行所有元素构成新矩阵：A(i1:i2,:)；

以逆序取矩阵 A 的第 i1～i2 行所有元素构成新矩阵：A(i1:-1:i2,:)；

（6）将矩阵 A 中的元素按（列）次序构成一个新的 m 行 n 列矩阵：

B=reshape(A,[m,n]))；

（7）将矩阵 A 按逆时针旋转 90 度得到的新矩阵: B=rot90(A)；

将矩阵 A 中的元素左右对称得到的新矩阵：B=fliplr(A)；

将矩阵 A 中的元素上下对称得到的新矩阵：B=flipud(A),flipdim(A,1)=flipud(A), flipdim(A,2)

=fliplr(A);

（9）删除 A 的第 i1 ~ i2 行，构成新矩阵：A(i1:i2,:)=[];

删除 A 的第 j1 ~ j2 列，构成新矩阵：A(:,j1:j2)=[];

（10）将矩阵 A 和 B 拼接成新矩阵：[A　B];[A;B];

（11）将矩阵 A 中所有大于 5 的元素赋值为 1：A(A>5)=1.

1.4.3　数组（矩阵）的运算

数组的运算符号有以下几种：

+ 加、− 减、* 乘、./ 左除、.\ 右除、.^ 次方、.' 转置

在数学建模中，许多运算都是以数组为对象，即是以数组的元素为对象. 因此除了+，−这两个运算外，其余的运算符号（乘、除、次方）都要加上. 来强调两个数组之间元素的运算，称为点乘、点除和点幂运算. 设 a，b 各代表两个不同的数组，a 与 b 之间的运算是元素对元素的方式，则点乘、点除和点幂次方可用下面的表达式来说明：

$$a = [a_1, a_2, \cdots, a_n], b = [b_1, b_2, \cdots, b_n]$$

$$a.*b = [a_1 * b_1, a_2 * b_2, \cdots, a_n * b_n]$$

$$a./b = [a_1/b_1, a_2/b_2, \cdots, a_n/b_n]$$

$$a.\wedge b = [a_1\hat{\ }b_1, a_2\hat{\ }b_2, \cdots, a_n\hat{\ }b_n]$$

矩阵的加减运算同数组一样，需进行计算的矩阵位数一致；乘法运算"*"需满足矩阵相乘的运算规律；而矩阵的除法分为左除与右除，其中左除"\"为求矩阵方程 AX=B 的解：（A，B 的行要保持一致）解为 X=A\B，当 A 为方阵且可逆时有 X=A\B=inv（A）*B；右除"/"为求矩阵方程 XA=B 的解（A，B 的列要保持一致），其解为 X=B/A，而当 A 为方阵且可逆时有 X=B/A=B*inv（A）. 除了基本的矩阵运算，还有下面常用运算：

（1）方阵的行列式：det(A);

（2）方阵的逆：inv(A);

（3）方阵的特征值与特征向量：[V,D]=eig(A).

1.5　简单绘图

Matlab 提供多种图形功能，可以使数据或函数可视化，不再是枯燥乏味的。使用 Matlab 的图形函数，可以绘制二维或三维的数据图形和函数图形，如数据的散点图、直方图、茎干图、饼图、阶梯图和面积图等。使数据可视化的基本步骤是：

（1）准备好数据；

（2）选择适用的绘制图形函数；

（3）选择窗口和位置；

（4）编辑图形标注和说明；

（5）输出或保存图形.

Matlab 是基本的绘图命令有二维曲线绘图命令 plot 和三维曲线绘图命令 plot3.

plot 命令的基本格式为：

plot(X,Y,S)

其中 X，Y 是行向量，分别表示点集的横坐标和纵坐标，s 表示画出曲线的线形或点形. 例如：y=sinx，$0 \leqslant x \leqslant 2\pi$. 则以下语句执行后可得到有关 x 和 y 的图形

```
>> x=1inspace(0,2 * pi,20); %  设定 x 分别为 0 到 2π被等分成 20 份的间隔点
>> y1 = sinx,; y2=cosx;    %   y1，y2 分别是与 x 对应的正弦和余弦值
>> plot(x,y1,x,y2); %   在同一坐标图上分别绘制正弦和余弦曲线
```

如果想分几次在同一坐标图上绘制不同的曲线，可使用 hold 命令：

```
>> hold on;              %   保持坐标图不变，后绘制的图形叠加在原图上
>> hold off;              %   解除对原图的保持，将原图清除后再绘制新图
```

如需要在同一图中画多根曲线，只需依照此基本格式往后追加其他的 x 和 y 的数组即可，即：plot（x1，y1，s1，x2，y2，s2，……，xn，yn，sn）. 其中颜色和图标的英文缩略符请参看附表 1.8.

附表 1.8　Matlab 画图函数参数示意表

参数	意义	参数	意义
r	红色	-	实线
g	绿色	--	虚线
b	蓝色	:	点线
y	黄色	-.	点划线
m	洋红色	o	圆圈
c	青色	x	叉号
w	白色	+	加号
k	黑色	s	正方形
*	星号	d	菱形
.	点号		

还可以利用命令 xlabel、ylabel、title 等分别在 x 轴上、y 轴上以及题头上加上文字说明. grid 命令用来在图形上添加或者删除网格线，它是一个切换命令，若第一次是添加，则再执行一次就是删除. 还有 text 和 gtext 命令，可用来在图中加上文字说明，用法如下：

```
>>text(x,y,'string') %  x，y 是文字安放的起始坐标，String 是要添加的文字.
>>gtext('string')     %   在命令执行后，可用鼠标将文字拖放到图中的任何位置.
```

subplot 命令用来画多个子图，它的命令格式是：subplot（m，n，p），其中 m，n 表示一共有 m 行 n 列个子图，p 是子图的图号，编号的规则是从左到右和从上到下，请看下例：

```
>> x = [0 2 5 7 10 12 15 17 20 21];
>> y = 2 * x;
>> subplot(2,2,1),p1ot(x,y);        %   画左上角的 1 号图
```

>> subplot(2,2,2),semilogx(x,y); %　x 轴采用对数坐标画右上角的 2 号图
>> subplot(2,2,3),semilogy(x,y); %　y 轴采用对数坐标画左下角的 3 号图
>> subplot(2,2,4);loglog(x,y);　　%　x 和 y 轴都采用对数坐标画右下角的 4 号图
下面给出其他的特殊绘图函数命令（附表 1.9）.

附表 1.9　特殊绘图函数命令表

函数	意义	函数	意义
bar	直方图	fill	实心图
area	区域图	feather	羽毛图
errobar	图形加上误差范围	compass	罗盘图
polar	极坐标图	quiver	向量场图
hist	累计图	pie	饼图
rose	极坐标累计图	convhull	凸壳图
stairs	阶梯图	scatter	离散点图
stem	针状图		

在绘图时若要控制绘图纵横轴的比例，可以用附表 1.10 中的 axis 命令.

附表 1.10　axis 命令表

axis（[xmin xmax ymin ymax]）	分别以 xmin、xmax 和 ymin、ymax 来设定横轴和纵轴的下限及上限
axis auto	横轴及纵轴依照作图的数据自动设定，横轴及纵轴比例是 4:3
axis square	横轴及纵轴比例是 1:1
axis equal	将横轴纵轴的比例尺度设成相同
axis xy	按正常第 1 象限的方式显示坐标
axis ij	按第 1 象限的方式，但 y 轴递增的方向是由上到下
axis normal	从 equal square 等方式中返回到正常状态
axis off	将纵横轴取消
axis on	恢复纵轴及横轴

zoom 命令用来将图形放大或缩小，它的用法是:
>>zoo on　　%　开始放大图形，然后每按一次 Enter 键，图形就放大一定比例
>>zoom out　%　开始缩小图形，然后每按一次 Enter 键，图形就缩小一定比例
>>zoom off　%　停止图形的缩放功能

1.6　三维绘图

plot3 命令用来画一个三维的曲线，它的格式类似 plot，只是增加了 z 方向的数据. 其基本用法是 plot3（X，Y，Z，'linetype'），其中的 linetype 用来设定画线的符号和颜色，所填入

的内容同 §5 一节介绍的一样，下面给出一个绘制三维曲线图的例子：

```
>> t=0: pi/50: 10* pi;        %   给出 t 值的分布点
>> piot3(sin(t),cos(t),t)%   绘出 3 维曲线图
>> title('Helix');           %   给出题头
>> xlabel('sin(t)'),ylabel('cos(t)'),zlabel('t')
%   分别给 3 个轴加上标记
>> axis ij;                  %   改变图上的 y 轴及曲线的方向
```

如果要画一个三维曲面，则要用到 meshgrid、mesh 和 surf 命令. 先用 meshgrid 产生 x-y 平面的二维的网格数据，再由这个二维的网格求出一组相应的 Z 轴的数据，然后可进行三维曲面的绘制. 下面的例子可说明上述的绘图过程：

```
>> x=-7.5: 0.5: 7.5;y = x;    %   先产生 x 及 y 两个数组
>>[X,Y]=meshgrid(x,y);        %再根据 meshgrid 形成二维的网格数据
>> R=sqrt(x.^2 + Y.^2)+eps;   %   加上 eps 可避免当 R 在分母趋近于零时无法定义
>> Z=sin(R)./R;              %   求出 z 轴的数据
>>mesh(X ,Y,Z);             %   将 z 轴的变化值以网格方式画出
>> surf(X,Y,Z);             %   将 z 轴的变化值以曲面方式画出
>> title('Mesh plot')
```

与三维绘图有关的还有等高线图，相关命令为 contour，contour3.

contour 是将等高线图以二维图表示，其命令格式有两种：一种是 contour（Z）或者是 contour（Z，n），其中 Z 是一个二维矩阵，而 n 为希望画出的等高线的线数（如果缺省则以自动方式设定）；另一种则是 contour（X，Y，Z）或 contour（X，Y，Z，n），其中 X，Y，Z 代表 x，y，z 轴的数据. contour3 则是将等高线以三维图表示，可利用上例的结果，试画出两种等高线：

```
>>contour(X,Y,Z,8)     %   以二维图的方式做出线数为 8 的等高线图
>>contour3(X,Y,Z,8)    %   以三维图的方式做出线数为 8 的等高线图
```

1.7　Matlab 函数

Matlab 之所以运算功能强大，重要原因之一就是它含有丰富的内建函数，例如数学函数中的三角函数、复函数、多项式函数、数据分析函数的求平均值、最大最小值、排序等，以及逻辑/选择函数如 if – else 等，还有用来模拟随机发生事件的随机函数. 虽然 Matlab 提供了数百种内建函数，但也不是包罗万象，为了解决这个问题，Matlab 提供了十分方便且功能强大的自定义函数（自建函数）.

令 $p(x)$ 代表多项式 $p(x) = x^3 + 4x^2 - 7x - 10$. Matlab 以 p=[1　4　– 7　– 10]来描述这个多项式，其中的数值是多项式的各阶项（从高到低）的系数，然后只要给出一组 X 的值，就可以用 polyval 函数来求此多项式的一组值，为了求上式 $p(x)$ 的值，可执行以下命令：

```
>> x=linspace(-1,3);     %   给出 100 个从-1 到 3 等分的 x 的值
>> p=[1 4 –7 -10];       %   给出要求的多项式
```

>> v=polyval(p,x);　　　　%　v 为所求的与 100 个 x 值对应的多项式的值

在 Matlab 中，多项式的四则运算也很简单，加减直接用运算符相连，做乘除运算须借助 conv 和 deconv 两个函数. 它们的格式是：乘法用 conv（a，b），其中 a、b 是两个多项式系数的数组. 除法用 deconv 函数，其格式是[q，r] = deconv（a，b），其中 q，r 分别代表商多项式及余数多项式. 下面用几个范例，来说明两个多项式的加减乘除运算：

>> a=[1 2 3 4];b=[1 4 9 16];　　　%　给出两个多项式 a 和 b
>> c=a+b;　　　　　　　　　　%　求两个多项式的和的多项式
>> d=a-b;　　　　　　　　　　%　求两个多项式的差的多项式
>> e=conv(a,b)　　　　　　　　%　求两个多项式的积的多项式
>>[q,r]=deconv(a,b)　　　　　　%　求两个多项式的商和余数的多项式

令多项式等于零，则它变成一个方程，Matlab 采用数值法可以很方便地求解高阶方程，求解方程的函数是 roots，它的格式是 roots（p），若存在有复根，会用 i 或 j 来表示虚根. 注意在输入方程的系数时，所缺项的系数一定要用零来补足，给出例子如下：

>> p=[1-12 0 25 116];　　　%　其中二阶项系数为零说明方程中缺二阶项
>> r=roots(p)　　　　　　　%　r 为所求的解,此例既有实数根也有复数根

roots 函数的逆函数是 poly,当已知方程的解 r,可用此函数求出原方程,例如:

>> r=[-2 -1];　　　　　　　%　已知某方程的根分别为-1,-2
>> pp=poly(r)　　　　　　　%　用 poly 函数可求得 pp = (x+2)(x+1)= x^2+3x+2

polyder 函数用来求多项式的微分，格式为 polyde(p). polyder(a,b)求多项式 a，b 乘积的微分；[p，q]= polyder（a，b）求多项式 a，b 商的微分，分母和分子分别保存在 p，q 中. residue 函数完成两多项式相除，结果用部分分式展开来显示，例如：

>> n=10*[1,2];　　　　%　被除的多项式是 10*s+20
>> d=poly ([-l,-3,-4]);　% 作为除数的多项式用根的方式表示,说明要分解成与根相关的分式
>> [r,p,k]=risidue(n,d)　% r 为分子数组,P 为分母常数项,k 为余项

r= -6.6667　5.0000　1.6667
P= -4.0000 -3.0000　-1.0000
k=[ ]

事实上就是完成以下的运算:

$$\frac{10(s+2)}{(s+1)(s+3)(s+4)}=\frac{-6.6667}{s+4}+\frac{5}{s+3}+\frac{1.6667}{s+1}+0$$

上面介绍过用 roots 来求方程的解，但是如果方程式不是多项式的形态就不能用 roots 函数. 而这类的方程多半是非线性方程式，其函数形态变化很大，此时可以用 fzero 函数来求解，它的基本原理就是找 x 的值，将此 x 值代入时，能使该函数值为零. 求非线性方程的根应按照以下步骤：

（1）先定义方程式. 注意必须将方程式转换成 f（x）=0 的形态，例如某方程式为 sin（x）=3，则该方程式应表示为 f（x）= sin（x）– 3.

（2）代入适当范围的 x，求出相应的 f（x）值，然后将该函数图画出，以便了解该方程式的函数走向和趋势.

（3）选取图中可能的 f（x）与 x 轴相交的 x0，再调用 fzero（'function'，x0），即可求出在 x0 附近可能存在的根，其中 function 是先前已定义的方程名．如果从函数分布图看出根不只一个，则需再代人一个 x_1，将下一个根求出．

2）常用数据分析函数

Matlab 提供了很多数据处理和分析的函数，常见的有：

max（x）找出数组 x 中的最大值．

max（x，y）找出数组 x 及 y 的最大值，产生一个由两个数组中最大的元素组成的新数组．[y，i]=max（x）将数组 x 中的最大值赋给 y，其所在位置赋给 i．

min（x）找出数组 x 中的最小值．

min（x，y）找出数组 x 及 y 的最小值，产生一个由两个数组中最小的元素组成的新数组．[y，i]=min（x）将数组 x 中的最小值赋给 y，其所在位置赋给 i．

mean（x）求出数组 x 中的平均值．

median（x）找出数组 x 的中位数．

sum（x）计算数组 x 的总和．

prod（x）计算数组 x 的连乘积．

cumsum（x）产生新的数组，每一项都是原数组 x 中前项的累加和．

cumprod（x）产生新的数组，每一项都是原数组 x 中前项的连乘积．

例如：

```
>> x = [1 2 3 4 5];
>>sum（x）          %将 x 中的各项求和，结果为 15
>> prod（x）         %将 x 中的各项连乘，结果是 120
>> cumsum（x）       %将 x 的每一项与它的前项累加后生成新的数组[1 3 6 10 15]
>> cumprod（x）      %将 x 的每一项与它的前项连乘后生成新的数组[1 2 6 24 120]
```

在分析各种工程问题时，常常需要模拟某种不可预见且不规则的现象，这时可以利用随机数（random number）来产生模拟随机特性的一批数据．随机数按其统计分布特性可分为：均匀（uniform）随机数和正态（normal）随机数．均匀随机数是指其数值平均地分布于某一区间，而正态随机数的数值则是呈现高斯（Gaussian）分布，形状像一个中间高两边低的山丘．

用 Matlab 函数 rand 可产生在[0，1]区间平均分布的随机数，产生均匀随机数的函数是 rand（n）和 rand（m，n），前者产生 n 个随机数，后者产生 mn 个随机数．将这些随机数代入数学模型中，可以模拟某种事件出现的概率．其中要注意 seed（种子）这个选项，它用来设定随机数产生的起始值，有相同起始值的随机数，其后产生的随机数每次都相同．选择随机数种子函数的格式为 rand（'seed'，n），规定 n≥0．其中 n=0 有特别的意义，此时它第一次产生的随机数的起始值为 931 316 785；其他的 n 值就是欲使用的起始值．如果使用相同的起始值，则随机数的序列会一样，因为随机数是依据起始值进行计算的．如果所需的随机值不在[0，1]区间，只需对其进行线性处理即可．

用 Matlab 函数 randn 可产生正态随机数，由于正态随机数并非以上下限来定义，而是用数据的平均值和方差来定义，因此在产生正态随机数时，需设定平均值和方差的大小．randn（n）和 randn（m，n）是分别产生含 n×n 和 m×n 个正态随机数元素的矩阵的函数，其平均值为 0，方差为 1．如果需要产生的正态随机数值的平均值和方差并非 0 和 1，可以采用以下步骤进行转换. 假设要得到一组正态随机数, 它的平均值为 b 方差为 a, 首先产生一组随机数 r, 再将其值乘以方差 a, 接着再加上平均值 b, 算式为 x = a*r+b, 则 x 就是具有所需方差和平均值的随机数的矩阵.

　　3) 矩阵运算函数

　　Matlab 的运算以数组 (array) 及矩阵 (matrix) 方式来进行, 但二者运算性质明显不同, 数组强调元素对元素的运算, 所以在运算符前要加., 而矩阵则采用线性代数的运算方式. 具体情况如附表 1.11 所示.

附表 1.11　运算符号表

数组运算符号	矩阵运算符号	功能
+	+	加
−	−	减
.*	*	乘
./	/	左除
.\	\	右除
.^	^	次方
.'	'	转置

　　若已有一矩阵 A, 则求它的逆矩阵和秩的函数分别为 inv (A) 和 rank (A). 计算矩阵行列式的函数为 det (A). 用 dig (A) 可建立对角矩阵或取矩阵的对角向量; rot90 (A) 可将矩阵旋转 90 度.

1.8　插值及曲线似合

　　Matlab 提供了方便的插值 (interpolation) 和拟合 (curve-fitting) 的功能函数.

　　Matlab 的一维插值函数是 interpl, 其格式为 interpl (x, y, xi, 'method') 或者 interpl (x, y, xi), 其中的 x, y 是已存在的数据, 而 xi 则是要插入其中的数据点. 若选用 method 参数, 可以从 4 种插值算法中选择一种, 它们是: nearest、linear、cubic、spline, 分别对应最近点、一次、三次方程式和 spline 函数, 其中默认的算法是 linear. 如果数据的变化较大, 以 spline 函数插值所形成的曲线最平滑, 效果最好. 而三次方程式所得到的插值曲线平滑度介于线性与 spline 函数之间.

　　二维插值是对双变量函数同时做插值, Matlab 提供了 interp2 和 griddate 进行二维插值, 命令格式是:

　　interp2 (x, y, z, xi, yi); interp2 (x, y, z, xi, yi, 'method'), method 有 nearst、bilinear、bicubic、spline4 种, 其中 x, y 是已有二维数值, z 是由 x, y 决定的第 3 个数值, xi, yi 则是已知的一对数值, 通过插值来找到相应的 zi 值. griddate 的函数格式与此类似, 不同之处在于: interp2 严格要求 x, y 单调, 而 griddate 则可以处理无规则的数据. 下面给出一个二维插值的例子:

有一个汽车引擎在变转速时，温度与时间（单位为 s）的测量值如附表 1.12 所示.

附表 1.12　汽车引擎数据表

时间	引擎速度和温度		
0	2 000 rpm	3 000 rpm	4 000 rpm
1	20	110	176
2	60	180	220
3	68	240	349
4	77	310	450
5	110	405	503

其中温度从 20 ℃ 变化到 503 ℃，如果要估计在 t=2.6，rpm=2 500 的温度，可通过下列命令来求得结果：

```
>> d2(:,j)= [0 1 2 3 4 5]';     %　给出 d2 矩阵(即表中)的第 j 列
>> t= d2(2:6 ,1)                %　时间值,即取第 1 列的第 2 至 6 项
>> rpm= d2(1,2:4)              %　转速值,即取第 1 行的第 2 至 4 项
>> temp= d2(2:6,2:4)          %　给出所要寻找(插入)温度的范围,即表中从 2 行到 6 行,
                                   2 列到 4 列的所有元素
>> temp_i=interp2 (rpm,t,temp,2500,2.6)   %　调用二维插值函数求出在给定条件下的值
```
最后可求得 temp_i=140.4000 （℃）.

曲线拟合与前述的内插有许多相似之处，但是二者最大的区别在于曲线拟合是找出一个曲线方程式而内插仅只是要求出内插数值即可. 要找出与一组数据很相近（也就是最能代表这些数据）的曲线方程式，有许多选择，这里只介绍两种方法：线性回归（linear regression）和多项式回归（polynomial regression）.

线性回归的基本原理是使拟合后的误差的平方和最小（least squares error）. Matlab 的 pdyfit 函数提供了从一阶到高阶多项式的回归法，其格式为 pdyfit（x，y，n），其中 x，y 为待拟合的一组数组，n 为欲拟合生成的多项式的阶数，n=1 就是一阶的线性回归法. 以下给出线性回归的示范：

```
>> x= [0 1 2 3 4 5];
>> y= [0 20 60 68 77 110]
>> coef= polyfit (x,y,1);      %　调用线性回归,获得内含常数项和一次项系数的 coef
>> a0=coef (1); al=coef (2);
%　将常数和一次项系数分别代入 a0 和 a1 最后可求得 a0=20.8286，a1=3.7619
```

当调用 pdyfit 时的回归统称为多项式回归. 阶数的选取要以合适为度，一般来说，越高阶所形成的方程式的振荡程序越剧烈（七阶以上的皆有此现象），另外五阶以上的多项式都会通过所有原始数据点.

1.9　求数值积分

由于有不少的微积分等式无解析解存在，所以必须以数值方法求解. Matlab 提供了一些函数用来求微积分的数值解.

Matlab 提供最简单的积分函数是梯形法 trapz，它的格式是 trapz（x，y），其中 x，y 分别代表数目相同的数组或矩阵，而 y 与 x 的关系可以是连续的函数形态（如 y=sin（x）），也可以是以点的方式描述的离散形态，下面给出实例：

$$k = \int_0^\pi \sin(x)\mathrm{d}x = -\cos(x)\Big|_0^\pi = 2$$

若用 Matlab 梯形法来求：

>> x=0:pi /100:pi ;	%　给出 x 的积分范围
>> y=sin (x);	%　描述 y 与 x 的函数关系
>> k=trapz (x,y)	%　求出定积分值 k=1.9998

Matlab 另外提供有辛普森法（quad、quad8）的两种方法，计算精度按 trapz、quad、quad8 的顺序由低至高. 辛普森法的格式是 quad（'function', a, b）（quad8 语法相同），其中 function 是已定义的函数名，而 a，b 是积分的下限和上限. 下面给出实例：

>> x=-1:0.07:2 ;	%　给出 x 的范围
>> y=humps (x);	%　y 是 x 的 humps 函数
>> area=trapz (x,y);	%　用梯形法求得的结果是 26.6243
>> area= quad ('humps',-1,2);	%　直接用辛普森法,结果是 26.3450

1.10　求数值导数

函数 $f(x)$ 在 $x=a$ 的微商可表示为，$f'(a) = \frac{\mathrm{d}f}{\mathrm{d}x}\big|_{x=a}$，微商在几何上的意义为在点 $x=a$ 处的切线斜率，而数值差分即是用来求数值微商的方法. 微商的计算，可以在两个相邻点 $x+h$ 和 x 间的函数值取极限求得：

$$f'(x) = \frac{\mathrm{d}f(x)}{\mathrm{d}x} = \lim_{h \to 0} \frac{f(x+h) - f(x)}{h}$$

Matlab 有对应的 diff 函数来计算两个相邻点的差值，它的格式为 diff（x），其中 x 代表一组离散点 x_k，$k = 1, 2, \cdots, n$. 因此求 dy(x)/dx 的数值微商，可用 dy=diff(y)./diff（x）来完成. 下面给出一个例子：已有：$f(x) = x^5 - 3x^4 - 11x^3 + 27x^2 + 10x - 24$

要求此多项式的微商，可用以下语句：

>> x=1inspace(-4,5);	%　产生从 − 4 到 5 的 100 个 x 的离散点
>> P=[1 -3 -11 27 10 -24];	%　给出多项式的系数矩阵
>> f=polyval(p,x);	%　计算出 100 个 x 对应的函数值
>>dfb=diff (f)./diff (x);	%　注意要分别计算 diff (f) 和 diff (x)

1.11 解微分方程

一阶常微分方程（ordinary differential equation，ODE）可用下式表示：

$$y' = \frac{dy}{dx} = g(x, y)$$

其中 x 为独立变量而 y 是 x 的函数，解微分方程就是要求其原函数 $y(x)$ 能满足上述 ODE 的 x 的值，此外还需要知道起始条件 $y0 = y(x0)$ 才能求出方程的特解. 以数值方法求解常微分方程的问题，可以转换为在已知 $y(a)$（初始值）的前提下计算出 $y(b)$（任意值），通过泰勒级数对 $y(b)$ 做展开：

$$y(b) = y(a) + hy'(a) + \frac{h^2}{2!} y''(a) + \cdots + \frac{h^n}{n!} y^{(n)}(a) + \cdots, \quad \text{其中 } b = a + h$$

一阶的泰勒级数近似式为 $y(b) = y(a) + hy'(a)$；

二阶的泰勒级数近似式为 $y(b) = y(a) + hy'(a) + (h^2/2)y''(a)$.

Matlab 提供了高阶泰勒级数的数值解法函数 ode23、ode45，称为龙格-库塔（Runge-Kutta）法，其中 ode23 是同时以二阶及三阶龙格-库塔法求解，而 ode45 则是以四阶及五阶龙格-库塔法求解. 其格式为 ode23（'dy'，x0，xn，y0），其中 dy 是自定义的函数名，此函数用来指定常微分方程中等式右边的表达式，x0、xn 是要求解的区间[x0，xn]的两个端点，y0 是初始值（y0 = y（x0））. ode45 的语法与 ode23 中同，下面给出实例：

在区间[2，4]上求解 $y' = g_1(x, y) = 3x^2$，已知初始值 $y(2) = 0.5$.

首先在编程窗输入以下三条指令，并以 g1 .m 的文件名保存：

```
%   m-function，g1 .m         %   先建立一个名为 g1 的函数
function dy=g1 (x,y)；         %   函数的功能是对所求的微分方程进行运算
dy=3*x.^2；                   %   建函数要单独在编辑窗中完成
```

然后再回到命令窗，输入下面的语句：

```
>> [x,num _ y ]=ode23('g1',2,4,0.5);   %  用龙格-库塔法,其中含有对新建函数 g1 的调用
>> anl_ y=x.^3-7.5;                    %  为了对照,求出微分方程的原函数值
>> plot (x,num  y,x,anl _ y,'o')       %   对同一  x 坐标,分别绘出用龙格-库塔求
```

又如在区间[0，3]上求解 $y' = g_4(x, y) = 3y + e^{2x}$，已知初始值 $y(0) = 3$.

同上例，先要建立一个 g4. m 的函数：

```
m-function,g4. m              %   先建立一个名为 g4 的函数
function dy=g4(x,y)           %   函数的功能是对所求的微分方程进行运算
dy=3*y + exp (2*x);          %   无提示符>>表示在编辑窗中
```

然后返回命令窗执行以下指令：

```
>> [x,num_y]=ode23('g4',0,3,3);       %  用龙格-库塔法,其中含有对新建函数 g4 的调用
>> anl _ y=4*exp(3*x)—exp(2*x);        %  求出微分方程的原函数
>> plot(x,num_ y,x,anl_ y,'o')         %  同上例，画出函数曲线做对照，两者也依然吻合
```

如果将上述方法改成用 ode45 计算，无法察觉出其与 ode23 的解之间的差异，原因是例

题所选的函数分布变化平缓，所以高阶方法就显示不出其优点. 不过若在计算误差上做比较，ode45 的误差量级会比 ode23 要小.

高阶常微分方程可以利用变量代换（change of variables）方法改写成一阶常微分方程组. 这里以一个二阶 ODE 为例说明解题方法，已有一个二阶微分方程如下：

$$y'' = g(x, y, y') = y'(1 - y^2) - y$$

此方程测试范围是 $[0，20]$，初始值 $y(0)=0, y'(0)=0.25$

用代换法：$u_1(x) = y', u_2(x) = y$，代入原方程，生成一阶常微分方程组：

$u_1' = y'' = g(x, u_2, u_1) = u_1(1 - u_2^2) - u_2$，测试范围不变，初始值 $u_2(0) = 0, u_1(0) = 0.25$.

下面用 Matiab 来求解此方程，首先要在编程窗内建立一个 eqns2. m 的自定义函数：

```
% function eqns2. m
function u_ prime=eqns2 （x，u）
u_ prime =[u（1）*（1-u（2）^2）-u（2）; u（1）]
```

将新建函数保存后，再在命令窗内键人以下指令：

```
>> [x,num _ y]=ode23 ('eqns2',0,20,[0.25; 0]);        %  求解此方程
>> subplot (2,1,1),plot (x,num _ y (: ,1))             %  在第 1 幅图上绘出时间响应图
>> title ('lst derivative of y'),xlabel ('x');         %  图上加题头、加 x 轴标注
>> subplot (2,1,2),plot (num _ y(: ,1),num _ y (:,2))  %  在第 2 幅图上绘出平面图
>> title ('y'),xlabel ('x'),grid ;                     %  加上标注和网格
```

1.12　符号计算

前面已介绍了 Matlab 在数值运算方面的能力，这里再介绍另一种不同的运算法「符号数学」（symbolic mathematic），也就是解析法. 在这方面，由于 Matlab 要用指令来完成数学表达式的简化或者变换，不如 Mathematica 能用鼠标点击图标来实现，所以不太方便，因此只做一些简单的介绍.

Matlab 用函数 sym（s）来定义符号表达式，并且此函数可自行决定所定义的表达式中哪一个是独立变量. 当事先未指定独立变量时，Matlab 会自行决定. 决定的原则如下：除了 i 和 j 之外而且在字母上最接近 x 的小写字母，如果在式子中并无上述字母，则 x 会被视为默认的独立变量.

```
>> f1=sym ('tan (y/x)')        %  执行完后，f1 就代表右边引号内的表达式，独立变量是 x
>> f2=sym ('x^3-2*x^2+3')      %  同上，x 是独立变量
>> f3=sym ('1/ (cos (angle)+2)')  %  angle 是独立变量
>> f4=sym ('3 * a * b-6')      %  a 是独立变量
```

定义了符号表达式后，可以用函数 ezplot 画出单变量的符号表达式的曲线图，其缺省的独立变量的范围是 $[-2\pi，2\pi]$. 它的格式为 ezplot（S），S 代表符号变量；另一种格式为 ezplot（S，[xmin，xmax]），它可以将独立变量的范围设定为从 xmin 到 xamx. 下面给出几个 ezplot 绘图的例子：

```
>> ezplot (f1)              %   以 x 为变量，做出 f1 的函数图
>> ezplot (f4)              %   以 a 为变量，做出 f4 的函数图
```

以下的函数用来简化数学式，如展开、化简或合并同类项. 相关的命令有：

collect(S)合并 S 的同类项

collect(S,'V')合并 S 的同类项,指定 V 为独立变量

expand(S)将 S 表达式展开为多项式

factor(S)将 S 进行因式（factorization）分解

simple(S)如果可能的话，将 S 表达式化简

simplify(S)采用 Maple 简化法则化简 S 表达式

下面给出一些例子：

```
>> S1=sym ('x^3 -1');           %   分别定义符号表达式 S1、S2、S3、S4
>> S2=sym ('(x-3)^2+ (y-4)^2');
>> S3=sym ('sqrt (a^4 * b^7)');
>> S4=sym ('14 * x^2 / (22 * x * y)');
>> factor (S1)                  %   得到  (x-1)* (x^2 +x +1)
>> expand (S2)                  %   得到  x^2-6* x+25+y^2-8*y
>> collect (S2)                 %   得到  x^2-6*x+9+(y-4)^2
>> collect (S2,'y')             %   得到  y^2-8* y + (x-3)^2+16
>> simplify (S3)                %   得到  (a^4* b^7)^ (1/2)
>> simple (S4)                  %   得到  7/11 * x / y
```

下面列出了几个常用的符号运算函数，可以将一个符号数学式转换成另一种形态.

hornet (S)将 S 转换成巢状表达式,其实就是分解为连乘的形式

numden (S)将 S 表示成分式的形式

numeric (S)将 S 改成数值式（S 内不能含有任何符号变量）

poly2sym (C)转换多项式系数向量 c 为符号多项式

pretty (S)用一般的数学方式来显示 S，例如分式、幂指数等

sym2poly (S)转换 S 为多项式系数向量

symadd(A,B)执行 A+B 的符号加法

symaub(A,B)执行 A+B 的符号减法

symmul(A,B)执行 A+B 的符号乘法

symdiv(A,B)执行 A+B 的符号除法

sympow(S,p)执行 S^p 的符号次方运算

举出几个应用上述函数的例子

```
>> p1='1/ (y-3)';
>> p2='3*y/ (y+2)';
>> p3=' (y+4)* (y-3)* y';
>> symmul(p1,p3)               %   pl 和 p3 相乘，得到(y+4)*y
>> sympow   (p2,3)             %   求 p2 的 3 次方，得到 27*y^3/(y+2)^3
>> symadd(pl,p2)               %   得到 1/ (y-3)+3*y/ (y+2)
>> numden(symadd (pl,p2))
```

%　将 p1 和 p2 相加的结果[-8*y+2+3*y,(y-3)*(y+2)]写成分式，其中第 1 项是分子，第 2 项是分母，

>> horner (symadd (p3,'1'))

%　将 p3+1 后，转换成连乘的形式，它可以减少乘法运算的次数，结果是

1+(-12+(1+y)*y)*y

符号数学可以用来解方程、方程组和微分方程.

以符号数学解一般方程和方程组的函数的格式如下：

solve('f')解方程 f;

solve('f','x')对变量 x 解方程 f;

solve('f1',…,'fn')解由 fi,…,fn 组成的方程组;

solve('f1',…,'fn','v1,v2,…,vn')对指定变量解由 f1,…,fn 组成的方程组

先定义以下的方程：

>> eq1='x-3=4';　　　　　　　　%　也可写成'eq1=x-7'

>> eq2='x*2-x-6=0';　　　　　　%　也可写成'eq2=x*2-x-6'

>> eq3='x^2+2*x+4=0';

>> eq4='3*x+2*y-z=10';

>> eq5='-x+3*y+2*z=5';

>> eq6='x-y-z=-1';

然后调用 solve 函数解方程：

>> solve(eq1)　　　　　　%　可求得方程的根是 7

>> solve(eq2)　　　　　　%　结果是[[3],[-2]]',说明有 3 和一 2 两个根

>> solve(eq3)　　　　　　%　结果是[[-1+i * 3^ (1/2)],[-1-i * 3^ (1/2)]]',是复根

>> solve(eq4,eq5,eq6)　　%　解方程组,得到 x=-2,y=5,z=-6

Matlab 解常微分方程的函数是 dsolve，它的格式是 dsolve（'equation', 'condition'），其中 equation 代表常微分方程即 $y'=g(x,y)$，且以 Dy 代表一阶微分项 y'，D2y 代表二阶微分项 y''，…. condition 则为初始条件.

假设有三个一阶常微分方程和其初始条件如下：

$$\begin{cases} y'=3x^2, y(2)=0.5 \\ y'=2x\cos(y)^2, y(0)=0.25\pi \\ y'=3y+\exp(2x), y(0)=3 \end{cases}$$

对应上述常微分方程的符号运算式为：

>> sol_1=dsolve ('Dy=3*x^2','y (2)=0.5')

　　　　　　%　结果是 3*x^2*t-6*x^2+1/2,t 是默认变量

>> sol_2=dsolve('Dy=2*x*cos (y)^2','y (0)=pi/4')

　　　　　　%　结果是 atan(2*x*t+1)

>> sol_3=dsolve('Dy=3*y+exp(2*x)','y (0)=3');

　　　　　　%　结果是-1/3*exp(2*x)+exp(3*t)*(1/3*exp(2*x)+3)

前面介绍过数值微商与积分，现在利用符号方法求解.

diff 函数用来演算微商，相关的函数格式如下：

diff (f)返回 f 对默认独立变量的一次微商.

diff (f,'t')返回 f 对指定独立变量 t 的一次微商.

diff (f,n)返回 f 对默认独立变量的 n 次微商.

diff (f,'t',n)返回 f 对指定独立变量 t 的 n 次微商.

之前在介绍的数值微商时也使用 diff 函数,因此这个函数是靠输入参数来决定是以数值还是符号进行微商,如果参数为向量则执行数值微商,如果参数为符号表达式则执行符号微商. 下面列举几个例子:

```
>> S1='6*x^3-4*x^2+b*x-5';     %   分别定义符号表达式 S1、S2、S3
>> S2='sin (a)';
>> S3='(1-t^3)/(1+t^4)';
```

由于表达式的变量未给出数值,是以符号表示,所以可用 diff 函数求方程的解析解:

```
>> diff(S1)                    %   结果是 18*x^2-8*X+b
>> diff(S1,2)                  %   结果是 36*X-8
>> diff(S1,'b')                %   结果是 x
>> diff(S2)                    %   结果是 cos(a)
>> diff(S3)                    %   结果是-3*t^2/ (1+t^4)-4* (1-t^3)/ (1+t^4)^2*t^3
>> simplify (diff (S3))        %   结果是 t^2*(-3+t^4-4*t)/ (1+t^4)^2
```

函数 jacobian 用来求偏导,它的调用格式为:R=jacobian (w,v),其中 w 为列向量,v 为行向量,矩阵 R 的元素 R (i,j)为相应的 w (i)对 v (j)的偏导数. 请看下例:

```
>> syms x y z;               %   一次完成 3 个符号变量的定义
>> f=x*y/z;                  %   对 f 赋值,由于 x,y,z 已定义,所以不需加引号
>> g=exp (x)/ cos(y)+z;      %   对 g 赋值
>> h=sin (x)*sin (y)*cos (z); %   对 h 赋值
>> w=[f; g; h];             %   由 f,g,h 构成一个列向量如下:
w=[ x*y/z]
[   exp (x)/ cos (y)+z]
[sin (x)*sin (y)*cos (z)]
>> v=[x,y ,z]               %   由 x,y,z 构成一个行向量如下:
v=[x,y,z]
>> R=jacobian (w,v)        %   由 jacobian 函数求 w 又 v 的偏导
```

依次求 $\partial f/\partial x$、$\partial f/\partial y$、$\partial f/\partial z$、$\partial g/\partial x$、$\partial g/\partial y$、$\partial g/\partial z$、$\partial h/\partial x$、$\partial h/\partial y$、$\partial h/\partial z$.

符号法求积分的函数是 int,这个函数要找出符号式 F 使得 diff(F)=f. 如果积分式的解析式(analytical form,closed form)不存在或是 Matlab 无法找到,则 int 返回原输入的符号式. 其调用格式如下:

int (f)返回 f 对默认独立变量的积分值.

int (f,'t')返回 f 对指定独立变量 t 的积分值.

int (f,a,b)返回 f 对默认独立变量的积分值,积分区间为[a,b],a 和 b 为数值式.

int (f,'t',a,b)返回 f 对指定独立变量 t 的积分值,积分区间为[a,b],a 和 b 为数值式.

int (f,'m','n')返回 f 对默认变量的积分值,积分区间为[m,n].

附录 2　Lingo 软件简介

Lingo 是用来求解线性和非线性优化问题的简易工具. Lingo 内置了一种建立最优化模型的语言，可以简便地表达大规模问题，利用 Lingo 高效的求解器可快速求解并分析结果.

2.1　Lingo 快速入门

在 windows 下开始运行 Lingo 系统时，会得到如附图 2.1 所示的一个窗口.

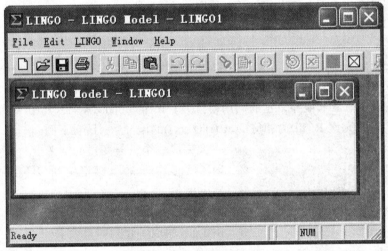

附图 2.1　Matlab 界面图

外层是主框架窗口，包含了所有菜单命令和工具条，其他所有的窗口将被包含在主窗口之下. 在主窗口内的标题为 Lingo Model – Lingo1 的窗口是 Lingo 的默认模型窗口，建立的模型都都要在该窗口内编码实现.

例 2.1　如何在 Lingo 中求解如下的 LP 问题：

$$\min \quad z = 2x_1 + 3x_2$$
$$\text{s.t.} \quad x_1 + x_2 \geqslant 350$$
$$x_1 \geqslant 100$$
$$2x_1 + x_2 \leqslant 600$$

在模型窗口中输入如下代码：

```
min=2*x1+3*x2;
x1+x2>=350;
x1>=100;
```

2*x1+x2<=600;
然后点击工具条上的按钮 💿 即可.

2.2　Lingo 中的集

对实际问题建模的时候，总会遇到一群或多群相联系的对象，比如工厂、消费者群体、交通工具和雇工等等．Lingo 允许把这些相联系的对象聚合成集（sets）．一旦把对象聚合成集，就可以利用集来最大限度地发挥 Lingo 建模语言的优势．

2.2.1　为什么使用集

集是 Lingo 建模语言的基础，是程序设计最强有力的基本构件．借助于集，能够用一个单一的、长的、简明的复合公式表示一系列相似的约束，从而可以快速方便地表达规模较大的模型．

2.2.2　什么是集

集是一群相联系的对象，这些对象也称为集的成员．一个集可能是一系列产品、卡车或雇员．每个集成员可能有一个或多个与之有关联的特征，我们把这些特征称为属性．属性值可以预先给定，也可以是未知的，有待于 Lingo 求解．例如，产品集中的每个产品可以有一个价格属性；卡车集中的每辆卡车可以有一个牵引力属性；雇员集中的每位雇员可以有一个薪水属性，也可以有一个生日属性等等．

Lingo 有两种类型的集：**原始集**（primitive　set）和**派生集**（derived set）.

一个原始集是由一些最基本的对象组成的，对应现实生活中的向量或数组．

一个派生集是用一个或多个其他集来定义的，也就是说，它的成员来自于其他已存在的集，对应现实中的矩阵或多维数组．

2.2.3　模型的集部分

集部分是 Lingo 模型的一个可选部分．在 Lingo 模型中使用集之前，必须在集部分事先定义．集部分以关键字"sets:"开始，以"endsets"结束．一个模型可以没有集部分，或有一个简单的集部分，或有多个集部分．一个集部分可以放置于模型的任何地方，但是一个集及其属性在模型约束中被引用之前必须定义了它们．

为了定义一个原始集，必须详细声明：

·集的名字

　·可选，集的成员

　·可选，集成员的属性

定义一个原始集，用下面的语法：

setname/member_list/:attribute_list;

Setname 是你选择的来标记集的名字,最好具有较强的可读性. 集名字必须严格符合标准命名规则：以拉丁字母或下划线为首字符，其后由拉丁字母（A—Z）、下划线、阿拉伯数字（0，1，…，9）组成的总长度不超过 32 个字符的字符串，且不区分大小写. 而该命名规则同样适用于集成员名和属性名等的命名.

member_list 是集成员列表，用以区分集合成员的个数（维数）. 如果集成员放在集定义中，那么对它们可采取显式罗列和隐式罗列两种方式. 如果集成员不放在集定义中，那么可以在随后的数据部分定义它们.

① 当显式罗列成员时，必须为每个成员输入一个不同的名字，中间用空格或逗号搁开，允许混合使用.

例 2.2　可以定义一个名为 students 的原始集，它具有成员 John、Jill、Rose 和 Mike，属性有 sex 和 age：

sets:
　　students/John,Jill,Rose,Mike/: sex,age;
endsets

例 2.2 表示定义集合：students，该集合所定义的变量有 4 个元素，并且变量 sex 与 age 均具有该集合所定义的维数.

② 当隐式罗列成员时，不必罗列出每个集成员. 可采用如下语法：

　　　　setname/member1..memberN/: attribute_list;

这里的 member1 是集的第一个成员名，memberN 是集的最末一个成员名. Lingo 将自动产生中间的所有成员名. Lingo 也接受一些特定的首成员名和末成员名，用于创建一些特殊的集（附表 2.1）.

附表 2.1　集合成员创建表

隐式成员列表格式	示　例	所产生集成员
1..n	1..5	1, 2, 3, 4, 5
StringM..StringN	Car2..car14	Car2, Car3, Car4, …, Car14
DayM..DayN	Mon..Fri	Mon, Tue, Wed, Thu, Fri
MonthM..MonthN	Oct..Jan	Oct, Nov, Dec, Jan

③ 集成员不放在集定义中，而在随后的数据部分来定义.

例 2.3

!集部分;
sets:
　　students:sex，age;
endsets
!数据部分;
data:
　　students，sex，age= John 1 16
　　　　　　　　　　　Jill 0 14
　　　　　　　　　　　Rose 0 17
　　　　　　　　　　　Mike 1 13;
enddata

注意：开头用感叹号（！），末尾用分号（；）表示注释，可跨多行.

例 2.2 在集部分只定义了一个集 students，并未指定成员. 在数据部分罗列了集成员 John、Jill、Rose 和 Mike，并对属性 sex 和 age 分别给出了值.

集成员无论用何种字符标记，它的索引都是从 1 开始连续计数. 在 attribute_ list 可以指定一个或多个集成员的属性，属性之间必须用逗号隔开. 并且集属性的值一旦在模型中被确定，就不可能再更改.

当遇到如矩阵等多维数据时，需要定义一个派生集. 而定义一个派生集需先定义每个子集的集合，例如定义一个 2 行 3 列的矩阵型数据，需先定义一个含 2 个元素的集，还要定义一个含 3 个元素的集，然后再将两个集合联合在生成一个新的派生集. 其集合部分的语法为

sets:

集合名称 1/成员列表 1/：属性 1_1，属性 1_2，…，属性 1_n1；

集合名称 2/成员列表 2/：属性 2_1，属性 2_2，…，属性 2_n2；

派生集名称（集合名称 1，集合名称 2）：属性 3_1，…，属性 3_n3；

endsets

例 2.4　试生成如附表 2.2 的数据集.

附表 2.2　派生集产生示例表

	A	B
M		
N		

其命令为：

sets:

   product/A B/;

   machine/M N/;

   allowed（product，machine）:x;

endsets

2.3　模型的数据部分和初始部分

在处理模型的数据时，需要为集指派一些成员并且在 Lingo 求解模型之前为集的某些属性指定值. 为此，Lingo 为用户提供了两个可选部分：输入集成员和数据的**数据部分**和为决策变量设置初始值的**初始部分**.

2.3.1　模型的数据部分

1．数据部分入门

数据部分提供了模型相对静止部分和数据分离的可能性. 显然，这对模型的维护和维数的缩放非常便利.

数据部分以关键字"data:"开始，以关键字"enddata"结束．在这里，可以指定集成员、集的属性．其语法如下：

object_list = value_list;

对象列（object_list）包含要指定值的属性名、要设置集成员的集名，用逗号或空格隔开．一个对象列中至多有一个集名，而属性名可以有任意多．如果对象列中有多个属性名，那么它们的类型必须一致．如果对象列中有一个集名，那么对象列中所有的属性的类型就是这个集．

数值列（value_list）包含要分配给对象列中的对象的值，用逗号或空格隔开．注意属性值的个数必须等于集成员的个数．看下面的例子．

例 2.5

```
sets:
    set1/A，B，C/: X，Y;
endsets
data:
    X=1，2，3;
    Y=4，5，6;
enddata
```

在集 set1 中定义了两个属性 X 和 Y．X 的三个值是 1、2 和 3，Y 的三个值是 4、5 和 6．也可采用如下例子中的复合**数据声明**（data statement）实现同样的功能．

例 2.6

```
sets:
    set1/A，B，C/: X，Y;
endsets
data:
    X，Y=1 4
        2 5
        3 6;
enddata
```

看到这个例子，可能会认为 X 被指定了 1、4 和 2 三个值，因为它们是数值列中前三个，而正确的答案是 1、2 和 3．假设对象列有 n 个对象，Lingo 在为对象指定值时，首先在 n 个对象的第 1 个索引处依次分配数值列中的前 n 个对象，然后在 n 个对象的第 2 个索引处依次分配数值列中紧接着的 n 个对象，......，以此类推．

模型的所有数据——属性值和集成员——被单独放在数据部分，这可能是最规范的数据输入方式．

2. 参数

在数据部分也可以指定一些标量变量（scalar variables）．当一个标量变量在数据部分确定时，称之为**参数**．看一例，假设模型中用利率 8.5% 作为一个参数，就可以像下面一样输入一个利率作为参数.

例 2.7

data:

interest_rate = .085;

enddata

也可以同时指定多个参数.

例 2.8

data:

interest_rate，inflation_rate = .085 .03;

enddata

3. 实时数据处理

在某些情况，对于模型中的某些数据并不是定值. 譬如模型中有一个通货膨胀率的参数，我们想在 2% 至 6% 范围内，对不同的值求解模型，来观察模型的结果对通货膨胀的依赖有多么敏感. 我们把这种情况称为**实时数据处理**（what if analysis）. Lingo 有一个特征可方便地做到这件事.

在本该放数的地方输入一个问号（?）.

例 2.9

data:

interest_rate，inflation_rate = .085　　?;

enddata

每一次求解模型时，Lingo 都会提示为参数 inflation_rate 输入一个值. 在 WINDOWS 操作系统下，将会接收到一个如附表 2.2 所示的对话框：

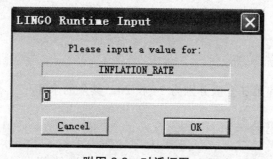

附图 2.2　对话框图

直接输入一个值再点击 OK 按钮，Lingo 就会把输入的值指定给 inflation_rate，然后继续求解模型.

除了参数之外，也可以实时输入集的属性值，但不允许实时输入集成员名.

4. 指定属性为一个值

可以在数据声明的右边输入一个值来把所有的成员的该属性指定为一个值. 看下面的例子.

例 2.10

```
sets:
Days /MO,TU,WE,TH,FR,SA,SU/:needs;
endsets
data:
    needs = 20;
enddata
```

Lingo 将用 20 指定 days 集的所有成员的 needs 属性. 对于多个属性的情形, 见下例.

例 2.11

```
sets:
    days /MO,TU,WE,TH,FR,SA,SU/:needs,cost;
endsets
data:
    needs cost = 20 100;
enddata
```

5. 数据部分的未知数值

有时只想为一个集的部分成员的某个属性指定值, 而让其余成员的该属性保持未知, 以便让 Lingo 去求出它们的最优值. 在数据声明中输入两个相连的逗号表示该位置对应的集成员的属性值未知. 两个逗号间可以有空格.

例 2.12

```
sets:
    years/1..5/: capacity;
endsets
data:
    capacity = ,34,20,,;
enddata
```

属性 capacity 的第 2 个和第 3 个值分别为 34 和 20, 其余的未知.

2.3.2　模型的初始部分

初始部分是 Lingo 提供的另一个可选部分. 在初始部分中, 可以输入**初始声明**（initialization statement）, 和数据部分中的数据声明相同. 对实际问题的建模时, 初始部分并不起到描述模型的作用, 在初始部分输入的值仅被 Lingo 求解器当作初始点来用, 并且仅仅对非线性模型有用. 和数据部分指定变量的值不同, Lingo 求解器可以自由改变初始部分初始化的变量的值.

一个初始部分以 "init:" 开始, 以 "endinit" 结束. 初始部分的初始声明规则和数据部分的数据声明规则相同. 也就是说, 我们可以在声明的左边同时初始化多个集属性, 可以把集属性初始化为一个值, 可以用问号实现实时数据处理, 还可以用逗号指定未知数值.

例 2.13

init:

   X,Y = 0,.1;

endinit

Y=@log(X);

X^2+Y^2<=1;

好的初始点会减少模型的求解时间.

2.4 Lingo 函数

Lingo 有多种类型的函数，包括：

1. 基本运算符：包括算术运算符、逻辑运算符和关系运算符；
2. 数学函数：三角函数和常规的数学函数；
3. 概率函数：Lingo 提供了大量概率相关的函数；
4. 变量界定函数：这类函数用来定义变量的取值范围；
5. 集操作函数：这类函数为对集的操作提供帮助；
6. 集循环函数：遍历集的元素，执行一定的操作的函数；
7. 数据输入输出函数：这类函数允许模型和外部数据源相联系，进行数据的输入输出；
8. 辅助函数：各种杂类函数.

2.4.1 基本运算符

这些运算符是非常基本的，甚至可以不认为它们是一类函数. 事实上，在 Lingo 中它们是非常重要的.

1. 算术运算符

算术运算符是针对数值进行操作的. Lingo 提供了 5 种二元运算符：

^　乘方　　*　乘　　/　除　　+　加　　-　减

Lingo 唯一的一元算术运算符是取反函数 "-".

这些运算符的优先级由高到底为：-（取反），^，* /，+-

运算符的运算次序为从左到右按优先级高低来执行. 运算的次序可以用圆括号 "（ ）" 来改变.

2. 逻辑运算符

在 Lingo 中，逻辑运算符主要用于集循环函数的条件表达式中，来控制在函数中哪些集成员被包含，哪些被排斥. 在创建稀疏集时用在成员资格过滤器中.

Lingo 具有 9 种逻辑运算符：

#not#　　否定该操作数的逻辑值，# not # 是一个一元运算符

#eq#　　若两个运算数相等，则为 true；否则为 flase

#ne#	若两个运算符不相等，则为 true；否则为 flase

#gt#　　　若左边的运算符严格大于右边的运算符，则为 true；否则为 flase

#ge#　　　若左边的运算符大于或等于右边的运算符，则为 true；否则为 flase

#lt#　　　若左边的运算符严格小于右边的运算符，则为 true；否则为 flase

#le#　　　若左边的运算符小于或等于右边的运算符，则为 true；否则为 flase

#and#　　仅当两个参数都为 true 时，结果为 true；否则为 flase

#or#　　　仅当两个参数都为 false 时，结果为 false；否则为 true

这些运算符的优先级由高到低为：

高　#not#

　　#eq#　#ne#　#gt#　#ge#　#lt#　#le#

低　#and#　#or#

例 2.14　逻辑运算符示例

2 #gt# 3 #and# 4 #gt# 2，其结果为假（0）.

3. 关系运算符

在 Lingo 中，关系运算符主要是被用在模型中，来指定一个表达式的左边是否等于、小于等于、或者大于等于右边，形成模型的一个约束条件. 关系运算符与逻辑运算符#eq#、#le#、#ge#截然不同，前者是模型中该关系运算符所指定关系的为真描述，而后者仅仅判断一个该关系是否被满足：满足为真，不满足为假.

Lingo 有三种关系运算符："="、"<="和">=". Lingo 中还能用"<"表示小于等于关系，">"表示大于等于关系. Lingo 并不支持严格小于和严格大于关系运算符. 然而，如果需要严格小于和严格大于关系，比如让 A 严格小于 B：

$$A<B$$

那么可以把它变成如下的小于等于表达式：

$$A+\varepsilon<=B$$

这里 ε 是一个小的正数，它的值依赖于模型中 A 小于 B 多少才算不等.

下面给出以上三类操作符的优先级：

高　#not#　　-（取反）

　　　^

　　*　/

　　+　-

　　#eq#　#ne#　#gt#　#ge#　#lt#　#le#

　　#and#　#or#

低　<=　=　>=

2.4.2　数学函数

Lingo 提供了大量的标准数学函数：

@abs(x)　　　　　　　　返回 x 的绝对值

@sin(x)	返回 x 的正弦值，x 采用弧度制
@cos(x)	返回 x 的余弦值
@tan(x)	返回 x 的正切值
@exp(x)	返回常数 e 的 x 次方
@log(x)	返回 x 的自然对数
@lgm(x)	返回 x 的 gamma 函数的自然对数
@sign(x)	如果 x<0 返回-1；否则，返回 1
@floor(x)	返回 x 的整数部分. 当 x>=0 时，返回不超过 x 的最 大整数；当 x<0 时，返回不低于 x 的最大整数.
@smax(x1,x2,…,xn)	返回 x1,x2,…,xn 中的最大值
@smin(x1,x2,…,xn)	返回 x1,x2,…,xn 中的最小值

2.4.3　概率函数

1. @pbn(p,n,x)

二项分布的累积分布函数. 当 n 和（或）x 不是整数时，用线性插值法进行计算.

2. @pcx(n,x)

自由度为 n 的 χ^2 分布的累积分布函数.

3. @peb(a,x)

当到达负荷为 a，服务系统有 x 个服务器且允许无穷排队时的 Erlang 繁忙概率.

4. @pel(a,x)

当到达负荷为 a，服务系统有 x 个服务器且不允许排队时的 Erlang 繁忙概率.

5. @pfd(n,d,x)

自由度为 n 和 d 的 F 分布的累积分布函数.

6. @pfs(a,x,c)

当负荷上限为 a，顾客数为 c，平行服务器数量为 x 时，有限源的 Poisson 服务系统的等待或返修顾客数的期望值. a 是顾客数乘以平均服务时间，再除以平均返修时间. 当 c 和（或）x 不是整数时，采用线性插值进行计算.

7. @phg(pop,g,n,x)

超几何（Hypergeometric）分布的累积分布函数. pop 表示产品总数，g 是正品数. 从所有产品中任意取出 n（n≤pop）件. pop，g，n 和 x 都可以是非整数，这时采用线性插值进行计算.

8. @ppl(a,x)

Poisson 分布的线性损失函数，即返回 max（0，z-x）的期望值，其中随机变量 z 服从均值为 a 的 Poisson 分布.

9. @pps(a,x)

均值为 a 的 Poisson 分布的累积分布函数. 当 x 不是整数时，采用线性插值进行计算.

10. @psl(x)

单位正态线性损失函数，即返回 max（0，z-x）的期望值，其中随机变量 z 服从标准正态分布.

11. @psn(x)

标准正态分布的累积分布函数.

12. @ptd(n,x)

自由度为 n 的 t 分布的累积分布函数.

13. @qrand(seed)

产生服从（0，1）区间的拟随机数. @qrand 只允许在模型的数据部分使用，它将用拟随机数填满集属性. 通常，声明一个 m×n 的二维表，m 表示运行实验的次数，n 表示每次实验所需的随机数的个数. 在行内，随机数是独立分布的；在行间，随机数是非常均匀的. 这些随机数是用"分层取样"的方法产生的.

如果没有为函数指定种子，那么 Lingo 将用系统时间构造种子.

14. @rand(seed)

返回 0 和 1 间的伪随机数，依赖于指定的种子. 典型用法是 U(I+1)=@rand(U(I)). 注意如果 seed 不变，那么产生的随机数也不变.

2.4.4 变量界定函数

变量界定函数实现对变量取值范围的附加限制，共 4 种：

@bin（x）　　　　　限制 x 为 0 或 1
@bnd(L,x,U)　　　　限制 L≤x≤U
@free(x)　　　　　取消对变量 x 的默认下界为 0 的限制,即 x 可以取任意实数
@gin(x)　　　　　限制 x 为整数

在默认情况下，Lingo 规定变量是非负的，也就是说下界为 0，上界为+∞. @free 取消了默认的下界为 0 的限制，使变量也可以取负值. @bnd 用于设定一个变量的上下界，它也可以取消默认下界为 0 的约束.

2.4.5　集操作函数

Lingo 提供了几个函数帮助处理集.

1. @in(set_name,primitive_index_1 [,primitive_index_2,...])

如果元素在指定集中，返回 1；否则返回 0.

2.　@index([set_name,] primitive_set_element)

该函数返回在集 set_name 中原始集成员 primitive_set_element 的索引. 如果 set_name 被忽略, 那么 Lingo 将返回与 primitive_set_element 匹配的第一个原始集成员的索引. 如果找不到, 则产生一个错误.

3.　@wrap(index,limit)

该函数返回 $j=index-k*limit$, 其中 k 是一个整数, 取适当值保证 j 落在区间[1, limit]内. 该函数相当于 index 模 limit 再加 1. 该函数在循环、多阶段计划编制中特别有用.

4.　@size(set_name)

该函数返回集 set_name 的成员个数. 在模型中明确给出集大小时最好使用该函数. 它的使用使模型更加数据中立, 集大小改变时也更易维护.

2.4.6　集循环函数

集循环函数遍历整个集进行操作. 其语法为

@function(setname(set_index_list)|conditional_qualifier:expression_list);

@function 相应于下面罗列的四个集循环函数之一; setname 是要遍历的集; set_index_list 是集索引列表; conditional_qualifier 是用来限制集循环函数的范围, 当集循环函数遍历集的每个成员时, Lingo 都要对 conditional_qualifier 进行评价, 若结果为真, 则对该成员执行 @function 操作, 否则跳过, 继续执行下一次循环. expression_list 是被应用到每个集成员的表达式列表, 当用的是@for 函数时, expression_list 可以包含多个表达式, 其间用逗号隔开. 这些表达式将被作为约束加到模型中. 当使用其余的三个集循环函数时, expression_list 只能有一个表达式. 如果省略 set_index_list, 那么在 expression_list 中引用的所有属性的类型都是 setname 集.

1.　@for

该函数用来产生对集成员的约束. 基于建模语言的标量需要显式输入每个约束, 不过 @for 函数允许只输入一个约束, 然后 Lingo 自动产生每个集成员的约束.

例 2.15　产生序列{1,4,9,16,25}
```
model:
sets:
  number/1..5/:x;
endsets
@for(number(I): x(I)=I^2);
end
```

2.　@sum

该函数返回遍历指定的集成员的一个表达式的和.

例 2.16　求向量[5, 1, 3, 4, 6, 10]前 5 个数的和。

```
model:
data:
N=6;
end
sets: number/1..N/:x;
endsets
data:
x = 5 1 3 4 6 10;
enddata
s=@sum(number(I)| I #le# 5: x);
end
```

3. @min 和 @max

返回指定的集成员的一个表达式的最小值或最大值.

例 2.17　求向量[5，1，3，4，6，10]前 5 个数的最小值，后 3 个数的最大值。

```
model:
data:
        N=6;
enddata
sets:
        number/1..N/:x;
endsets
data:
        x = 5 1 3 4 6 10;
enddata
    minv=@min ( number ( I ) | I #le# 5: x ) ;
maxv=@max ( number ( I ) | I #ge# N-2: x ) ;
end
```

2.4.7　输入和输出函数

输入和输出函数可以把模型和外部数据比如文本文件、数据库和电子表格等连接起来.

1. @file 函数

该函数用从外部文件中输入数据，可以放在模型中任何地方. 该函数的语法格式为
@file ('filename'). 这里 filename 是文件名，可以采用相对路径和绝对路径两种表示方式.
@file 函数对同一文件的两种表示方式的处理和对两个不同的文件处理是一样的，这一点必
须注意.

当在模型中第一次调用@file 函数时，Lingo 打开数据文件，然后读取第一个记录；第二

次调用@file 函数时,Lingo 读取第二个记录等. 文件的最后一条记录可以没有记录结束标记, 当遇到文件结束标记时, Lingo 会读取最后一条记录, 然后关闭文件. 如果最后一条记录也有记录结束标记, 那么直到 Lingo 求解完当前模型后才关闭该文件. 如果多个文件保持打开状态, 可能就会导致一些问题, 因为这会使同时打开的文件总数超过允许同时打开文件的上限 16.

当使用@file 函数时, 可把记录的内容（除了一些记录结束标记外）看作是替代模型中 @file（'filename'）位置的文本. 这也就是说, 一条记录可以是声明的一部分, 整个声明, 或一系列声明. 在数据文件中注释被忽略. 注意在 Lingo 中不允许嵌套调用@file 函数.

2.　@text 函数

该函数被用在数据部分用来把解输出至文本文件中. 它可以输出集成员和集属性值. 其语法为

$$@text（['filename']）$$

这里 filename 是文件名, 可以采用相对路径和绝对路径两种表示方式. 如果忽略 filename, 那么数据就被输出到标准输出设备（大多数情形都是屏幕）.@text 函数仅能出现在模型数据部分的一条语句的左边, 右边是集名（用来输出该集的所有成员名）或集属性名（用来输出该集属性的值）.

我们把用接口函数产生输出的数据声明称为**输出操作**. 输出操作仅当求解器求解完模型后才执行, 执行次序取决于其在模型中出现的先后.

3.　@ole 函数

@OLE 是从 EXCEL 中引入或输出数据的接口函数, 它是基于传输的 OLE 技术. OLE 传输直接在内存中传输数据, 并不借助于中间文件. 当使用@OLE 时, Lingo 先装载 EXCEL, 再通知 EXCEL 装载指定的电子数据表, 最后从电子数据表中获得 Ranges. 为了使用 OLE 函数, 必须有 EXCEL5 及其以上版本. OLE 函数可在数据部分和初始部分引入数据.

@OLE 可以同时读集成员和集属性, 集成员最好用文本格式, 集属性最好用数值格式. 原始集每个集成员需要一个单元（cell）, 而对于 n 元的派生集每个集成员需要 n 个单元, 这里第一行的 n 个单元对应派生集的第一个集成员, 第二行的 n 个单元对应派生集的第二个集成员, 依此类推.

@OLE 只能读一维或二维的 Ranges（在单个的 EXCEL 工作表（sheet）中）, 但不能读间断的或三维的 Ranges. Ranges 是自左而右、自上而下来读.

4.　@ranged（variable_or_row_name）

为了保持最优基不变, 变量的费用系数或约束行的右端项允许减少的量.

5.　@rangeu（variable_or_row_name）

为了保持最优基不变, 变量的费用系数或约束行的右端项允许增加的量.

6. @status（ ）

返回 Lingo 求解模型结束后的状态：

0　　Global Optimum（全局最优）

1　　Infeasible（不可行）

2　　Unbounded（无界）

3　　Undetermined（不确定）

4　　Feasible（可行）

5　　Infeasible or Unbounded（通常需要关闭"预处理"选项后重新求解模型，以确定模型究竟是不可行还是无界）

6　　Local Optimum（局部最优）

7　　Locally Infeasible（局部不可行，尽管可行解可能存在，但是 Lingo 并没有找到一个）

8　　Cutoff（目标函数的截断值被达到）

9　　Numeric Error（求解器因在某约束中遇到无定义的算术运算而停止）

通常，如果返回值不是 0、4 或 6 时，那么解将不可信，几乎不能用. 该函数仅被用在模型的数据部分来输出数据.

7. @dual

@dual（variable_or_row_name）返回变量的判别数（检验数）或约束行的对偶（影子）价格（dual prices）.

2.4.8　辅助函数

1. @if（logical_condition，true_result，false_result）

@if 函数将评价一个逻辑表达式 logical_condition，如果为真，返回 true_result，否则返回 false_result.

例 2.18　求解最优化问题

$$\min \ f(x) + g(y)$$

s.t.

$$f(x) = \begin{cases} 100 + 2x, & x > 0 \\ 2x, & x \leqslant 0 \end{cases}$$

$$g(y) = \begin{cases} 60 + 3y, & y > 0 \\ 2y, & y \leqslant 0 \end{cases}$$

$$x + y \geqslant 30$$

$$x, y \geqslant 0$$

其 Lingo 代码如下：

```
model:
  min=fx+fy;
  fx=@if（x #gt# 0，100，0）+2*x;
  fy=@if（y #gt# 0，60，0）+3*y;
  x+y>=30;
end
```

2. @warn（'text'，logical_condition）

如果逻辑条件 logical_condition 为真，则产生一个内容为'text'的信息框.

参考文献

[1]　《运筹学》教材编写组. 运筹学[M]. 修订版. 北京：清华大学出版社，1990.

[2]　萧树铁. 数学实验[M]. 北京：高等教育出版社，1999.

[3]　司守奎，孙玺菁. 数学建模算法与应用[M]. 北京：国防工业出版社，2014.

[4]　杨启帆，方道元. 数学建模[M]. 杭州：浙江大学出版社，1999.

[5]　叶其孝. 大学生数学建模竞赛辅导教材（一）[M]. 长沙：湖南教育出版社，1993.

[6]　叶其孝. 大学生数学建模竞赛辅导教材（二）[M]. 长沙：湖南教育出版社，1997.

[7]　叶其孝. 大学生数学建模竞赛辅导教材（三）[M]. 长沙：湖南教育出版社，1998.

[8]　姜启源. 数学模型[M]. 2 版. 北京：高等教育出版社，1993.

[9]　赵静，但琦. 数学建模与数学实验[M]. 北京：高等教育出版社，施普林格出版社，2000.

[10]　李涛，贺勇军，刘志俭，等. Matlab 工具箱应用指南——应用数学篇[M]. 北京：电子
　　　工业出版社，2000.

[11]　胡运权. 运筹学习题集[M]. 3 版. 北京：清华大学出版社，2003.

[12]　雷功炎. 数学模型讲义[M]. 北京：北京大学出版社，1999.

[13]　谢金星，刑文训. 网络优化[M]. 北京：清华大学出版社，2000.

[14]　白其峥. 数学建模案例分析[M]. 北京：海洋出版社，2000.

[15]　李火林，等. 数学模型及方法[M]. 江西：江西高校出版社，1997.

[16]　陈理荣. 数学建模导论[M]. 北京：北京邮电大学出版社，1999.

[17]　丁丽娟. 数值计算方法[M]. 北京：北京理工大学出版社，1997.

[18]　盛骤，谢式千，潘承毅. 概率论与数理统计[M]. 2 版. 北京：高等教育出版社，1989.

[19]　谢云荪，张志让. 数学实验[M]. 北京：科学出版社，2000.

[20]　蔡锁章. 数学建模原理与方法[M]. 北京：海洋出版社，2000.

[21]　陈桂明，戚红雨，潘伟. Matlab 数理统计[M]. 北京：科学出版社，2002.

[22]　吴翊，吴梦达，成礼智. 数学建模的理论与实践[M]. 长沙：国防科技大学出版社，1999.

[23]　王振龙. 时间序列分析[M]. 北京：中国统计出版社，2000.

[24]　唐焕文，贺明峰. 数学模型引论[M]. 2 版. 北京：高等教育出版社，2002.

[25]　范金城，梅长林. 数据分析[M]. 北京：科学出版社，2002.

[26]　谢金星，薛毅. 优化建模与 LINDO/LINGO 软件[M]. 北京：清华大学出版社，2005.

[27]　韩中庚. 数学建模方法及其应用[M]. 北京：高等教育出版社，2005.

[28]　杨文鹏，贺兴时，杨选良. 新编运筹学教程——模型、解法及计算机实现[M]. 西安：
　　　陕西科学技术出版社，2005.

[29]　沈继红，施久玉，高振滨，等. 数学建模[M]. 哈尔滨：哈尔滨工程大学出版社，2002.

[30]　杨虎，刘琼荪，钟波. 数理统计[M]. 北京：高等教育出版社，2004.

[31]　刘思峰，党耀国，方志耕，等. 灰色系统理论及其应用[M]. 北京：科学出版社，2005.

[32] 谭永基，蔡志杰，俞文鲎. 数学模型[M]. 上海：复旦大学出版社，2004.

[33] 王松桂，陈敏，陈立萍. 线性统计模型——线性回归与方差分析[M]. 北京：高等教育出版社，1999.

[34] 玄光男，程润伟. 遗传算法与工程设计[M]. 汪定伟，等，译. 北京：科学出版社，2000.

[35] 边馥萍，侯文华，梁冯珍. 数学模型方法与算法[M]. 北京：高等教育出版社，2005.

[36] 高惠璇. 应用多元统计分析[M]. 北京：北京大学出版社，2006.

[37] 罗家洪. 矩阵分析引论[M]. 广州：华南理工大学出版社，2005.

[38] 张润楚. 多元统计分析[M]. 北京：科学出版社，2006.

[39] 倪安顺. Excel 统计与数量方法应用[M]. 北京：清华大学出版社，1998.

[40] 陈毅衡. 时间序列与金融数据分析[M]. 黄长全，译. 北京：中国统计出版社，2004.

[41] 胡守信，李柏年. 基于 MATLAB 的数学实验[M]. 北京：科学出版社，2004.